高等学校“十二五”规划教材

起重与运输机械

主　编　纪　宏
副主编　侯秀菊

北　京
冶金工业出版社
2021

内 容 简 介

本书以起重机械和运输机械为研究对象，重点介绍了起重与运输机械的结构、组成、种类、工作特点、适用场合及其主要零部件的使用与维护等内容。

本书可作为高等院校相关专业的教材，也可供从事相关工作的人员参考。

图书在版编目(CIP)数据

起重与运输机械/纪宏主编．—北京：冶金工业出版社，2012.10（2021.1 重印）

高等学校“十二五”规划教材

ISBN 978-7-5024-5986-4

Ⅰ.①起… Ⅱ.①纪… Ⅲ.①起重机械—高等学校—教材 ②运输机械—高等学校—教材 Ⅳ.①TH2

中国版本图书馆 CIP 数据核字(2012)第 232727 号

出 版 人　苏长永
地　　址　北京市东城区嵩祝院北巷 39 号　邮编　100009　电话　(010)64027926
网　　址　www.cnmip.com.cn　电子信箱　yjcbs@cnmip.com.cn
责任编辑　戈　兰　美术编辑　彭子赫　版式设计　孙跃红
责任校对　禹　蕊　责任印制　李玉山
ISBN 978-7-5024-5986-4
冶金工业出版社出版发行；各地新华书店经销；北京建宏印刷有限公司印刷
2012 年 10 月第 1 版，2021 年 1 月第 4 次印刷
787mm×1092mm　1/16；16 印张；385 千字；244 页
35.00 元

冶金工业出版社　投稿电话　(010)64027932　投稿信箱　tougao@cnmip.com.cn
冶金工业出版社营销中心　电话　(010)64044283　传真　(010)64027893
冶金工业出版社天猫旗舰店　yjgycbs.tmall.com
（本书如有印装质量问题，本社营销中心负责退换）

前 言

本书是依据高等教育课程改革的要求，以工程应用为导向，全面提高高等教育教学质量为指导思想进行编写的。

考虑到机械工程类专业学生的就业需求——掌握机械设备的使用与维护的知识与技能，本书将原有的课程体系及内容进行有机地融合，分别讲解了起重机械和运输机械的相关内容。本书在内容的选取上，主要根据机械类应用型和技能型人才培养目标与岗位需求，以必需够用为度，侧重科学性、通用性、实用性，读者在学习了第1章和第2章后可以有选择性地学习其他较关注的内容。在结构的安排上，注重层次简洁分明、条理清楚、重点突出；内容的讲解上，做到概念清晰、简明扼要、深入浅出。在编写过程中，对一些理论性强、计算复杂的章节不做复杂讲解，力求知识点明确、够用。此外，本书还对新设备、新技术进行了介绍，为学生能够更好地适应相关工作岗位奠定良好的基础。

本书由辽宁科技学院纪宏主编，侯秀菊任副主编，张兆刚、苑中英参编。全书共8章，其中第1章、第5章第1~4节和第6节、附录由苑中英编写；第2章、第5章第5节由纪宏编写；第3章、第4章第1节由侯秀菊编写；第4章第2~4节由刘朝红老师编写；第6~8章由张兆刚编写。全书由纪宏负责统稿审核。

本书在编写过程中得到了辽宁科技学院的领导和老师、冶金工业出版社相关工作人员的帮助，在此一并表示衷心的感谢。另外，书中内容参考了一些相关的文献，在此向所有参考文献的作者表示感谢。

限于编者水平，书中错误和不足之处，恳请广大读者批评指正。

编 者

2012年7月

目　　录

1 绪　　论

【学习重点】

(1) 起重运输机械的用途;

(2) 起重机械的工作特点;

(3) 运输机械的工作特点;

(4) 起重机械的分类;

(5) 运输机械的分类。

【关 键 词】用途、工作特点、分类、发展趋势

1.1 起重运输机械的用途、工作特点及发展趋势

1.1.1 起重运输机械的用途

起重运输机械是主要用于装卸、搬运和输送物料及产品的机械设备，是现代工业企业中实现生产过程机械化、自动化，减轻工人劳动强度，降低装卸费用，减少货物的破损，提高劳动生产率，完成人们无法直接完成的某些工作的重要工具。

起重运输机械应用十分广泛，现已成为工业生产流程中的重要设备。它不仅应用于工厂、矿山、港口、车站、建筑工地、电站等各个生产领域，而且也应用到人们的生活领域。例如，在港口码头和铁路车站，没有起重与运输机械，装卸工作就不能进行；在冶金生产中，起重与运输机械已用于金属生产的全部过程；现代建筑工程，不能离开起重机械；在农业和林场，最困难、最费力的工作由起重与运输机械来完成。在核发电站中，采用特殊的起重机，用以代替人的操作来完成对人体健康有严重危害的作业。

1.1.2 起重运输机械的工作特点

1.1.2.1　起重机械的工作特点

起重机械是一种周期性、间歇动作、短程搬运物料的机械。

起重机械的一个工作循环一般包括上料、运送、卸料及回到原位等过程，即取物装置从取物地点由起升机构把物料提起，由运行、回转或变幅机构把物料移位，然后物料在指定地点下放，接着进行相反动作，使取物装置回到原位，以便进行下一次的工作循环。在两个工作循环之间一般有短暂的停歇。起重机械工作时，各机构经常是处于启动、制动以及正向、反向等相互交替的运动状态之中。

1.1.2.2　运输机械的工作特点

运输机械是在一定的线路上连续输送散料或质量轻、体积小的单件物品的搬运机械。

它包括连续运输机和装卸机两大类。

连续运输机生产效率高，输送能力大，设备简单，运距长，可进行水平、倾斜和垂直输送，也可组成空间输送线路，还可在输送过程中同时完成若干工艺操作。但连续运输机输送线路较为固定，并只能输送一定种类的物品。

装卸机可将物品举起运至需要的地点，其一般自带动力，结构紧凑，运动灵活。

1.1.3 起重运输机械的发展趋势

随着现代科学技术的迅速发展、工业生产规模的扩大和自动化程度的提高，起重运输机械在现代化生产过程中的应用越来越广，作用越来越大，对起重运输机械的要求也越来越高。尤其是电子计算机技术的广泛应用，促使了许多跨学科的先进设计方法的出现，推动了现代制造技术和检测技术的提高。激烈的国际市场竞争也越来越依赖于技术的竞争。这些都促使起重运输机械的技术性能进入崭新的发展阶段，起重运输机械正经历着一场巨大的变革。

（1）大型化和专用化。工业生产规模不断扩大，生产效率日益提高，以及产品生产过程中物料装卸搬运费用所占比例逐渐增加，促使对大型或高速起重运输机械的需求量不断增长，对能耗和可靠性的要求也更高。目前世界上最大的履带起重机起重量 3000t，最大的桥式起重机起重量 1200t，堆垛起重机最大运行速度 240m/min，垃圾处理用起重机的起升速度达 100m/min。

工业生产方式和用户需求的多样性，使专用起重机的市场不断扩大，品种也不断更新。例如，冶金、核电、造纸、垃圾处理专用起重机，以特有的功能满足特殊的需要，发挥出最佳的效用。又如，德国德马格公司研制出一种飞机维修保养的专用起重机。这种起重机安装在房屋结构上，跨度大、起升高度大、可过跨、停车精度高。在起重小车下面安装有多节伸缩导管，与飞机维修平台相连，并可作 360°旋转。通过大车和小车的位移、导管的升降与旋转，可使维修平台到达飞机的任一部位，使飞机的维护和修理极为便捷。

（2）模块化和组合化。用模块化设计代替传统的整机设计方法，将起重运输机械上功能基本相同的构件、部件和零件制成有多种用途、有相同连接要素和可互换的标准模块，通过不同模块的相互组合，形成不同类型和规格的起重运输机械。模块化和组合化可以降低制造成本，提高通用化程度，用较少规格数的零部件组成多品种、多规格的系列产品，充分满足用户需求。目前，德国、英国、法国、美国和日本的著名起重与运输机械公司都已采用模块化设计起重运输机械，并取得了显著的效益。

（3）轻型化和多样化。有相当批量的起重运输机是在通用的场合使用的，工作并不很繁重。这类起重运输机械运输批量大、用途广。从综合效益角度考虑，起重运输机械应尽量减小外形尺寸，简化结构，减小自重和轮压，降低造价，同时使厂房建筑结构的建造费用和起重机的运行费用大大减少。按照这种新的设计理论开发出来的这类设备比传统的同类产品自重轻 60%。

例如，德国德马格公司经过几十年的开发和创新，已形成了一个轻型组合式的标准起重机系列。起重量 1～63t，工作级别 A1～A7，整个系列由工字形和箱形单梁、悬挂箱形单梁、角形小车箱形单梁和箱形双梁等多个品种组成。主梁与端梁相接以及起重小车的布置有多种形式，可适合不同建筑物及不同起吊高度的要求。根据用户需要，每种规格起重机都有三种单速及三种双速供任意选择，还可以选用变频调速。操纵方式有地面手电门自行移动、手电门随小车移动、手电门固定、无线遥控、司机室固定、司机室随小车移动、司机室自行移动等七种选择。大车及小车的供电有电缆小车导电、DVS 系统两种方式。如此多的选择项，通过不同的组合，可搭配成百上千种起重机，充分满足用户不同的需求。

（4）自动化和智能化。起重运输机械的更新和发展，在很大程度上取决于电气传动与控制的改进。将机械技术和电子技术相结合，将先进的计算机技术、微电子技术、电力电子技术、光缆技术、液压技术、模糊控制技术应用到机械的驱动和控制系统中，实现起重运输机械的自动化和智能化。例如，采用激光装置可查找起吊物的重心位置，在取物装置上装有超声波传感器可引导取物装置自动抓取货物。吊具自动防摇系统能在运行速度200m/min、加速度 $0.5m/s^2$ 情况下很快使起吊物摇摆振幅减至几个毫米。起重机可通过磁场变换器或激光实现高精度定位。在起重机上安装近场感应系统，可避免起重机之间的互相碰撞；安装微机自诊断监控系统，可进行大部分常规维护检查，如齿轮箱油温、油位，车轮轴承温度，起重机的载荷、应力和振动情况，制动器摩擦衬片的寿命及温度状况等。

（5）新型化和实用化。结构方面采用薄壁型材和异形钢，减少结构的拼接焊缝，提高抗疲劳性能；采用各种高强度低合金钢新材料，提高承载能力，改善受力条件，减轻自重和增加外形美观。

在机构方面进一步开发新型传动零部件，简化机构。“三合一”运行机构，即将电动机、减速器和制动器合为一体，是当今世界轻、中级起重机运行机构的主流。这种机构具有结构紧凑、轻巧美观、拆装方便、调整简单、运行平稳、配套范围大等优点，国外已广泛将其应用到各种起重与运输机械的运行机构上。为使中小吨位的起重小车结构尽量简化，同时降低起重机的尺寸高度，减小轮压，国外已大量采用电动葫芦作为起升机构。

今后会更加注重起重运输机械的安全性，研制新型安全保护装置；重视司机的工作条件，应用人体工程学原理优化设计司机操作室，降低司机的劳动强度。

1.2 起重运输机械的分类

起重运输机械可以分为起重机械和运输机械两大类。

1.2.1 起重机械的分类

起重机械按其功能和构造特点可分为三类：第一类是轻小型起重设备，其特点是轻便，动作简单，结构紧凑；第二类是升降机，其特点是重物或取物装置只能沿导轨升降；第三类是起重机，其特点是可以使挂在起重吊钩或其他取物装置上的重物在空间实现垂直升降和水平运移。这三类起重机械又由许多结构和工作用途不同的起重机械组成的，具体分类如下：

- 起重机械
  - 轻小型起重设备：千斤顶、手动和电动葫芦、绞车等
  - 升降机：电梯、垂直升降机等
  - 起重机
    - 桥架类起重机：桥式起重机、门式起重机、绳索式起重机等
    - 臂架类起重机：塔式起重机、门座式起重机、流动式起重机等

1.2.1.1 轻小型起重设备

轻小型起重设备主要有千斤顶、葫芦和绞车等。

（1）千斤顶。千斤顶是一种起升高度小的最简单的起重设备，它有机械式和液压式两种。机械式千斤顶可分为齿条千斤顶（见图1－1）和螺旋千斤顶（见图1－2）两种。机械式千斤顶由于起重量小，操作费力，一般用于机械维修工作。液压式千斤顶（见图1－3）因其结构紧凑、体积小、工作平稳、承载力大、有自锁能力，广泛适用于轿车、货车等各类车辆维修或拆换轮胎时顶升汽车。

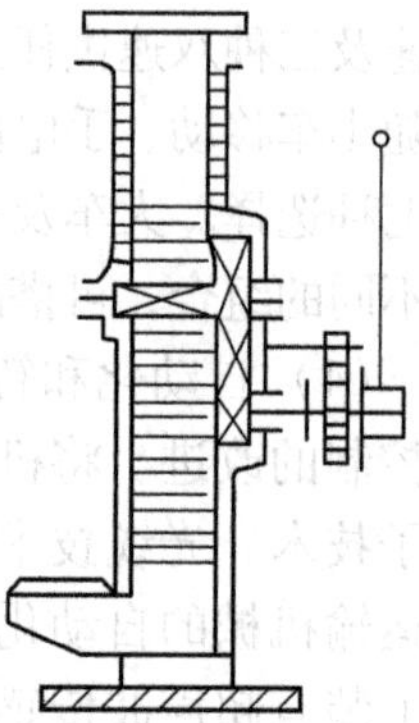

图1－1 齿条千斤顶

（2）葫芦。葫芦按其工作原理分为手动葫芦和电动葫芦两种类型。

手动葫芦（见图1－4）是以焊接环链作为挠性承载件的一种起重机械，可单独使用，也可以与手动单轨小车配套组成起重小车，应用于手动梁式起重机或架空单轨运输系统中，是一种万能型手动牵引起重机械。

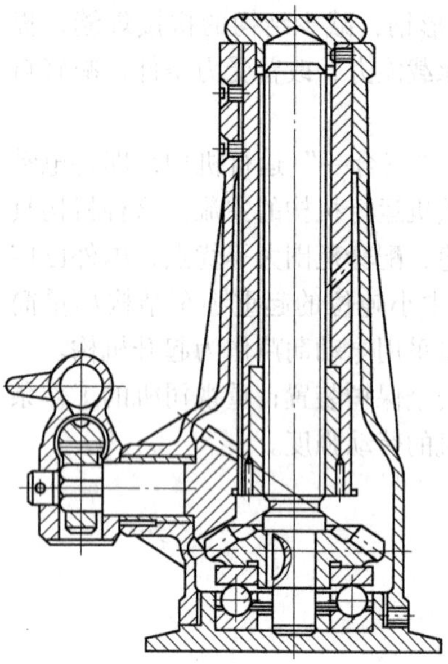

图1－2 螺旋千斤顶

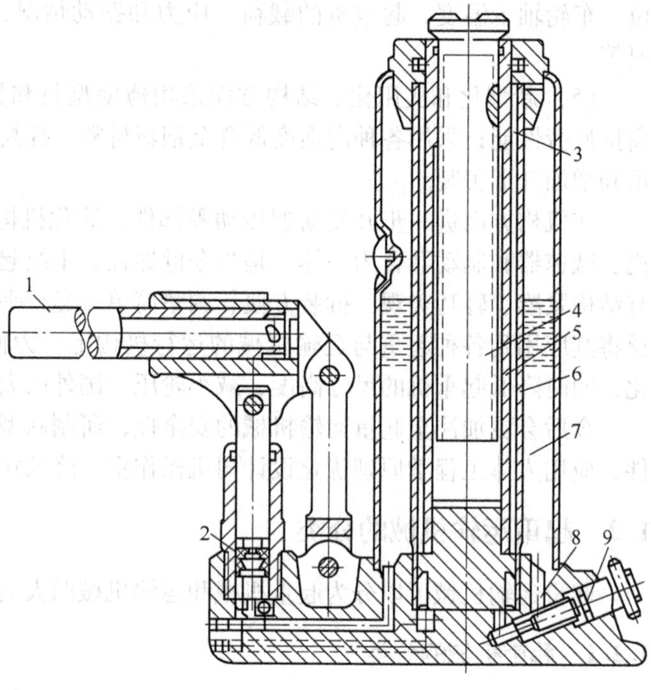

图1－3 液压千斤顶

1—手柄；2—油泵；3—限位油孔；4—调整螺杆；5—活塞；6—油缸；7—储油室；8—通油孔；9—回油阀

电动葫芦（见图1－5）是一种小型起重设备，适用于悬挂在起重机主梁上或悬挂在架空轨道上。电动葫芦具有结构紧凑、自重轻、体积小、维护方便、经久耐用等特点。

（3）绞车。绞车是一种用卷筒缠绕钢缆绳或链条提升、牵引重物的轻小型起重设备，又称卷扬机（见图1－6）。绞车可单独使用，也可作起重、筑路和矿井提升等机械中的组成部件。它因操作简单、绕绳量大、移动方便而被广泛应用。

绞车按驱动原理可分为手动、电动和内燃机驱动三类；按卷筒数量不同又可分为单筒、双筒和多筒绞车。

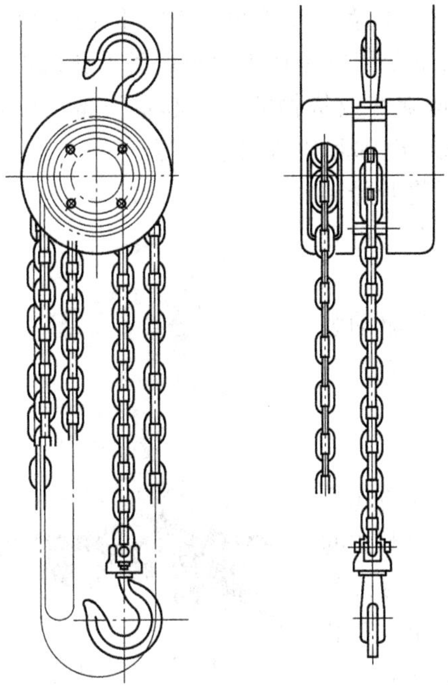

图1-4 手动葫芦

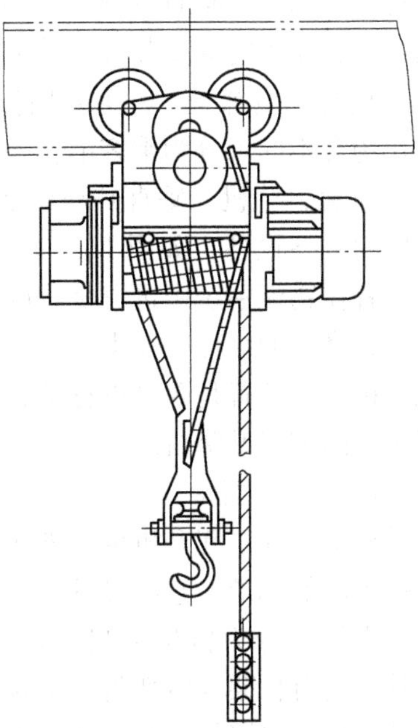

图1-5 电动葫芦

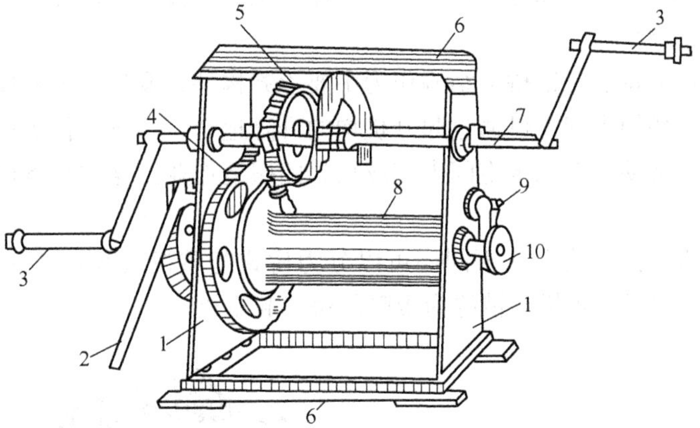

图1-6 手摇卷扬机

1—机架夹板；2—闸把；3—摇柄；4—大齿轮；5—传动齿轮；
6—机架横撑；7—传动轴；8—卷筒；9—止动爪；10—棘轮

手动绞车手柄回转的传动机构上装有棘轮停止器，可使重物保持在需要的位置。装配或提升重物的手动绞车还设置有安全手柄和制动器。手动绞车一般用在起重量小、设施条件较差或无电源的地方。

电动绞车广泛用于工作繁重和需牵引力较大的场所。单卷筒电动绞车的电动机经减速器带动卷筒，电动机与减速器之间装有制动器。为适应提升、牵引、回转等作业的需要，还有双卷筒和多卷筒装置的电动绞车。

内燃机驱动的绞车，常用于户外需经常移动的作业，或缺乏电源的场所。

1.2.1.2 升降机

常见的升降机有垂直升降机、电梯等。它虽然也只有一个升降机构，但由于可以载人，因而配有完善的安全装置及其他附属装置，其复杂程度是轻小起重设备不能比拟的。

（1）电梯。电梯是一种主要用作建筑物内运送乘客或货物的固定起重设备。按其用途和工作场合不同可分为乘客电梯、货用电梯、观光电梯和建筑用电梯等。

（2）垂直升降机。垂直升降机是一种将人或货物升降到某一高度的升降设备，如图1-7所示。它主要供人进行登高作业或者在物流系统中进行货物的垂直输送。

图1-7 垂直升降机

垂直升降机的结构一般由底座、臂架、工作台和驱动装置组成。按工作位置是否可以移动，垂直升降机可分为移动式升降机和固定式升降机。

1.2.1.3 起重机

起重机是指除了起升机构以外还有其他运动机构的起重设备。按不同的标准，它有多种分类方法。根据运动形式的不同，起重机可分为桥架类起重机和臂架类起重机两大类别。此外，还有桥架与臂架类型综合的起重机，例如，在装卸桥上装有可旋转臂架的起重机，在冶金桥式起重机上装有可旋转小车等。根据取物装置和用途的不同，起重机可分为吊钩起重机、抓取起重机、电磁起重机、冶金起重机、堆垛起重机、集装箱起重机和救援起重机等。

A 桥架类起重机

桥架类起重机的特点是以桥形结构作为主要承载构件，取物装置悬挂在可以沿主梁运行的起重小车上。桥架类起重机通过起升机构的升降运动、小车运行机构和大车运行机构的水平运动的组合运动，在三维空间内完成物料的搬运作业。这类起重机应用于车间、仓库、露天堆场等处。

桥架类起重机根据结构形式不同还可以分为桥式起重机（见图1-8）、门式起重机（见图1-9）等，门式起重机又被称为带腿的桥式起重机。

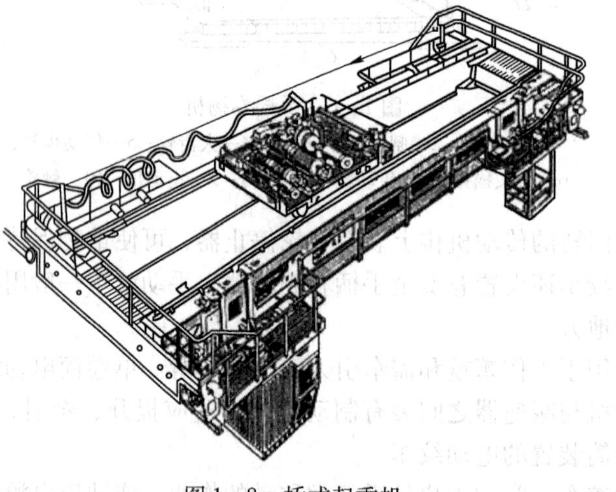

图1-8 桥式起重机

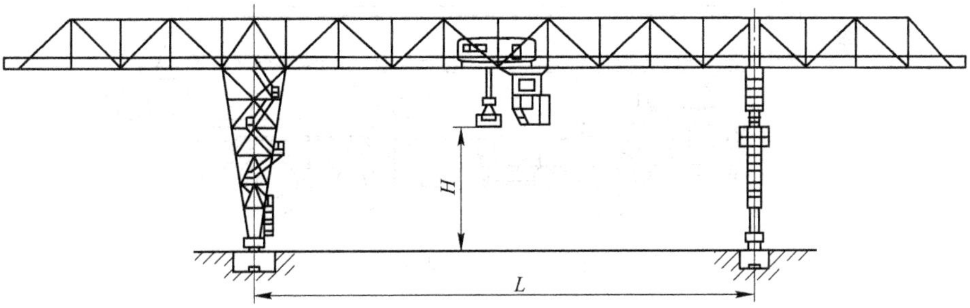

图1-9 门式起重机

B 臂架类起重机

臂架类起重机的结构都有一个悬伸、可旋转的臂架作为主要受力构件，除了起升机构外，通常还有旋转机构和变幅机构。通过起升机构、变幅机构、旋转机构和运行机构四大机构的组合运动，可以实现空间装卸作业。门座式起重机、塔式起重机、流动式起重机、铁路起重机等都属于臂架类起重机。

（1）门座式起重机。它是回转臂架安装在门形座架上的起重机，沿地面轨道运行的门座架下可通过铁路车辆或其他车辆，如图1-10所示。门座式起重机多用于港口装卸作业，或造船厂进行船体与设备装配。

（2）塔式起重机。如图1-11所示，塔式起重机的结构特点是悬架长，塔身高，设计精巧，可以快速安装、拆卸，轨道临时铺设在工地上，以适应经常搬迁的需要。

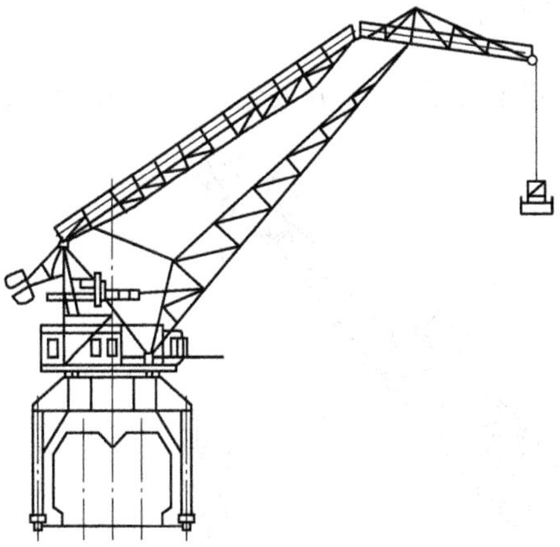

图1-10 门座式起重机

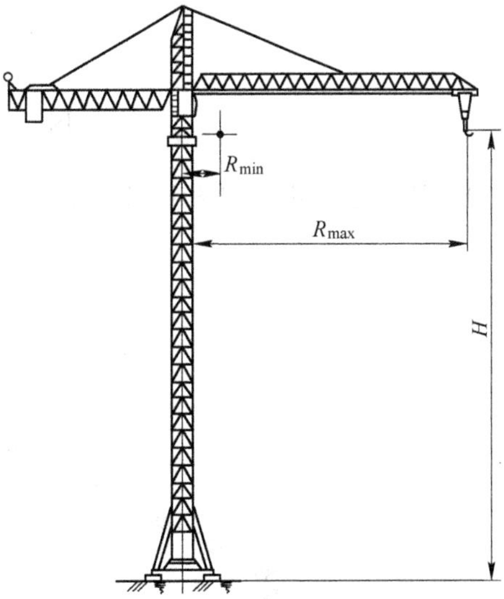

图1-11 塔式起重机

（3）流动式起重机。流动式起重机主要采用充气轮胎或履带作运行装置。该起重机的工作场合经常变化，能在承载和无载情况下沿无轨路面运行，并依靠自身平衡保持稳定。它主要包括汽车起重机、轮胎起重机、履带起重机和全路面起重机等。

1）汽车起重机。汽车起重机（见图1-12）以通用或者专用的汽车底盘作为承载装置和运行机构，具有机动灵活、行驶速度快、可迅速投入工作等特点。汽车起重机主要用于公路救援和流动性大、工作地点分散的作业场合。

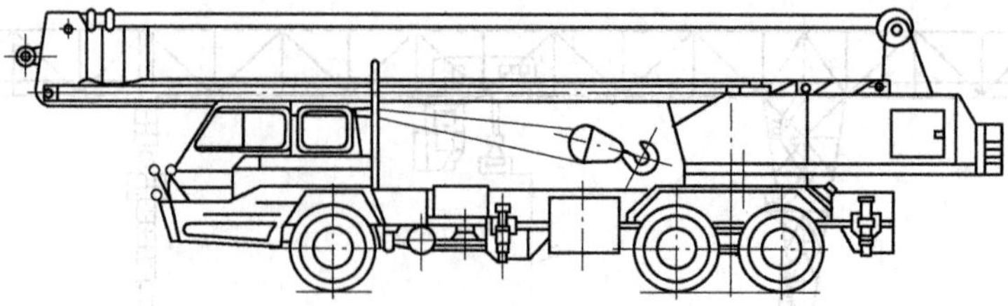

图 1－12 汽车起重机

2）轮胎起重机。轮胎起重机（见图 1－13）适用于作业地点比较集中的场合。它的作业部分装在特制的自行轮胎底盘上，行驶速度较慢，一般具有全回转转台。

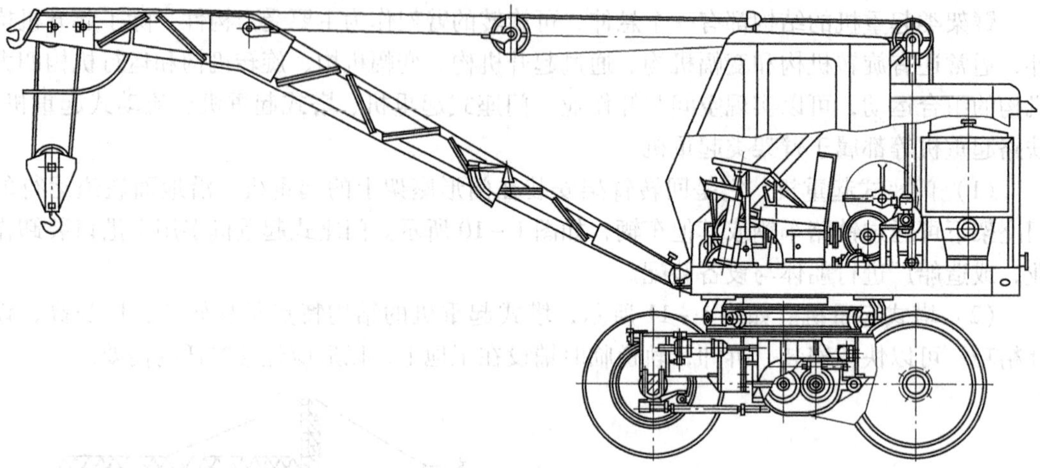

图 1－13 轮胎起重机

3）履带起重机。如图 1－14 所示，履带起重机起重作业部分安装在履带底盘上，具

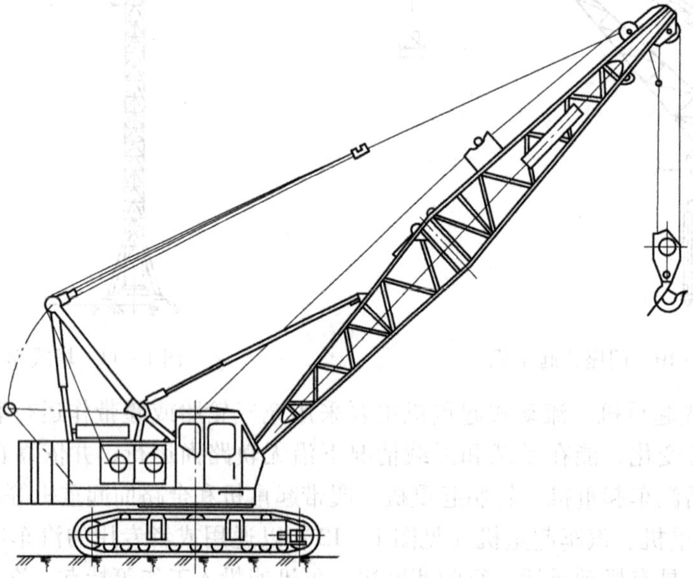

图 1－14 履带起重机

有全回转转台，起升高度大，牵引系数高，爬坡度大，行驶速度低，行驶过程可能对路面造成损坏，一般不宜在公路上行驶，主要用于松软、泥泞地面作业。

4）全路面起重机。全路面起重机既具有载重汽车的高速行驶性能，又具有越野轮胎起重机在崎岖路面上起重作业、吊重行驶的性能。它适用于流动性大、通行条件极差的油田、铁路建设工地等工作场合。

图1－15为徐工集团重型机械厂生产的全路面起重机，它代表了目前国内该类产品的最高技术水平。

图1－15 全路面起重机

1.2.2 运输机械的分类

运输机械的种类很多，按其结构特点和用途可分为连续运输机和装卸机械，具体如下：

运输机械
- 连续运输机
  - 有挠性构件：带式输送机、刮板输送机、斗式输送机等
  - 无挠性构件：螺旋输送机、振动输送机、辊子输送机等
- 装卸机械：叉车、堆取料机、单斗装载机等

1.2.2.1 连续运输机

连续运输机根据工作原理和构造特征可分为带有挠性构件的运输机和没有挠性构件的运输机。二者的主要区别在于前者是把货物置于承载件上，由挠性构件牵引拖动承载件沿一定的路线运行。

A 带有挠性构件的运输机

带有挠性构件的输送机的结构特点是：被运送物料装在与挠性构件连接在一起的承载构件内，或直接装在挠性构件（如输送带）上，挠性构件绕过各滚筒或链轮首尾相连，形成包括运送物料的有载分支和不运送物料的无载分支的闭合环路，利用牵引件的连续运动输送物料。

带有挠性构件的运输机主要包括带式输送机、刮板输送机、悬挂输送机、链板输送机和斗式输送机等。

图1－16 水平带式输送机

(1) 带式输送机。带式输送机是一种利用连续而且具有挠性的输送带不停地运转来输送物料的输送机（见图1－16、图1－17）。它主要由输送带、滚筒、托辊子、驱动装置、支撑底架等部件组成。它借助传动滚筒与输送带之间的摩擦传递动力，实现物料输送。

(2) 板式输送机。板式输送机（见图1－18）主要由驱动装置、传动链轮、张紧装置、运载机构、机架和清扫装置等机构组成。板式输送机输送线路布置灵活，倾角可达35°，一般用来输送散状物料或成件物品，尤其适合输送沉重、粒度大、摩擦性强和热度高的物料，能够在露天、潮湿等恶劣条件下可靠地工作，广泛地应用于冶金、煤炭、化工、电力、水泥和机械制造等部门。

图 1-17 倾斜带式输送机

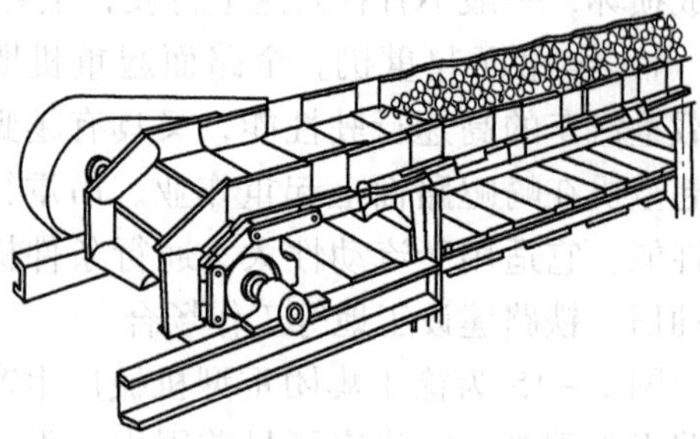

图 1-18 板式输送机

(3) 刮板输送机。刮板输送机是一种利用固结在焊接链上的刮板在料槽中的移动来输送散状物料的输送机械（见图 1-19）。按照工作原理和结构形式，刮板输送机可分为普通刮板输送机和埋刮板输送机。

(4) 斗式输送机。斗式输送机是一种广泛应用的垂直输送机械（见图 1-20），主要用于机械化的铸造车间，用来提升旧砂、废砂、黏土块、清理铁渣等。它与带式输送机相结合使用，可以布置成功能齐全的输送系统。斗式提升机的主要优点是占地面积小，提升高度大，有较好的密封性能；缺点是要求供料均匀，牵引构件容易损坏，需要频繁清理。

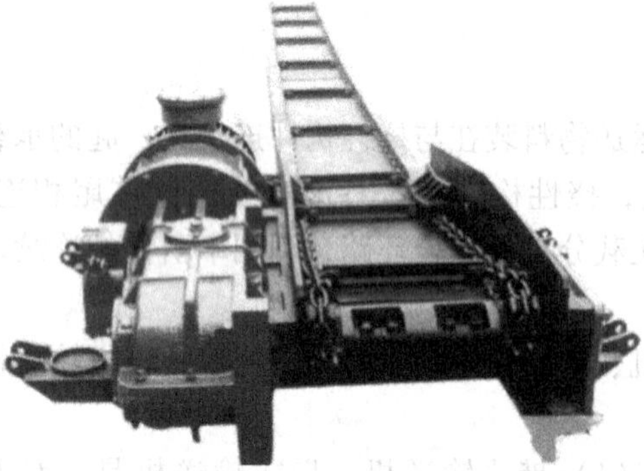

图 1-19 刮板输送机

图 1-20 斗式输送机

B 没有挠性构件的输送机

这类输送机的结构特点是：利用工作构件的旋转运动或往复运动，或利用介质在管道中的流动使物料向前输送。它主要包括螺旋输送机、振动输送机、辊子输送机和气力输送装置等。

(1) 螺旋输送机。螺旋输送机是一种常用的无挠性输送设备（见图 1-21），它依靠带有螺旋叶片的轴在封闭的料槽中旋转而推动物料移动。

图 1-21 螺旋输送机

螺旋输送机结构紧凑合理、维修量小、输送能力大、检修方便、使用周期长，广泛用于各生产建筑部门粉粒状物料的输送，如水泥、煤粉、散料、灰渣、粮食等。

（2）振动输送机。振动输送机是利用振动来实现物料输送的一种输送机（见图1－22）。它一般用作散装物料的水平或小倾角输送，广泛地被用于采矿、冶金、化工、机械制造以及其他许多工业部门的物料输送。

（3）辊子输送机。辊子输送机是一种用途十分广泛的连续输送设备（见图1－23）。它具有结构简单、运行可靠、维护方便、经济节能、布置灵活等优点，可根据需要组成分支、合流等各种形式的输送线路，并且输送线路易于封闭。

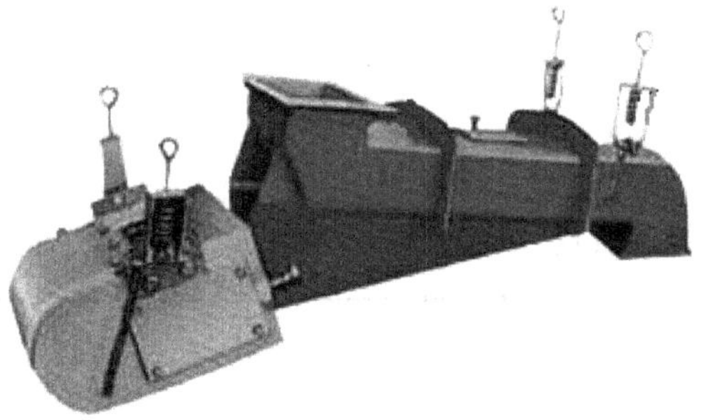

图1－22　振动输送机

图1－23　辊子输送机

1.2.2.2　装卸机械

装卸机械主要有叉车（见图1－24）、单斗装载机（见图1－25）、翻车机、堆取料机和卸车机等。

图1－24　叉车

图1－25　单斗装载机

复习思考题

1－1　举例说明起重运输机械在现代化工业生产中的应用？

1－2　起重运输机械各自有何工作特点？

1－3　起重运输机械各自有哪些种类？

2 起重机专用零部件

【学习重点】

(1) 各种专用零部件的类型;

(2) 各种专用零部件的构造及工作原理;

(3) 主要专用零部件的检查、维护方法;

(4) 主要专用零部件的报废标准。

【关 键 词】类型、构造、工作原理、检查、维护、报废

2.1 钢丝绳

2.1.1 钢丝绳的用途及构造

钢丝绳是起重机械的重要零件之一。它是一种易于弯曲的挠性件，具有强度高、挠性好、自重轻、运行平稳、极少突然断裂等优点，因而广泛用于起重机的起升机构、变幅机构、运行机构，也可用于旋转机构。它还用作捆绑物件的绳索，桅杆起重机的张紧绳，缆索起重机和架空索道的牵引绳、承载绳等。

因起重用钢丝绳要有很高的强度和韧性，所以常采用含磷、硫较低的优质碳素钢冷拔成丝。在拔制过程中经反复热处理和拔制得到抗拉强度在 1400 ~ 2000MPa 之间、直径为 0.2 ~ 2.0mm、适应起重机使用的优质钢丝，再将其捻制成股，然后将若干股围绕着绳芯制成绳。绳芯是被绳股所缠绕的挠性芯棒，起到支撑和固定绳股的作用，并可用来贮存润滑油和增加钢丝绳的挠性。

钢丝绳中的钢丝强度极限以 1400 ~ 1850MPa 为宜。很少选用钢丝强度达 2000MPa 的钢丝绳。钢丝强度越高，僵性越大，卷绕性越差。

根据钢丝的韧性，钢丝可分为 3 级，即适用于电梯的特级、用于起重机的Ⅰ级和用作司索与张紧绳的Ⅱ级钢丝。

根据适用的场合不同，绳芯可分为以下几种:

(1) 金属芯。金属芯是用软钢丝制成，可耐高温并能承受较大的挤压应力。因挠性较差，只适用于高温或多层缠绕的场合，代号为 IWR。

(2) 有机芯。有机芯常用浸透润滑油的麻绳制成，也有采用棉芯的。采用这种芯的钢丝绳具有较大的挠性和弹性，润滑性也好，但不能承受横向压力，因易燃，不可用于高温场合。

(3) 石棉芯。石棉芯是用石棉绳制成，性能与有机芯相似，但耐高温。

有机芯和石棉芯都属于天然纤维芯，代号为 NF。

(4) 合成纤维芯。合成纤维芯是用高分子材料如聚乙烯、聚丙烯纤维制成，强度高，代号为 SF。

一般情况下常选用有机物芯的钢丝绳。用浸透油脂的麻绳作有机芯，有利于防止钢丝绳锈蚀，减少钢丝的磨损。石棉纤维芯和金属芯钢丝绳适用于高温车间，金属芯钢丝绳能承受较大的横向挤压力，可在多层绕卷筒上使用。

2.1.2 钢丝绳的类型与标记

2.1.2.1 钢丝绳的类型

(1) 根据捻绕次数分类。根据捻绕次数分，钢丝绳可分为单捻绳和双捻绳。

1) 单捻绳：其截面如图 2－1 所示，由若干断面相同或不同的钢丝一次捻制而成。由圆形断面的钢丝捻绕成的单股钢丝绳僵性大、绕性差、易松散，不宜用作起重绳，可作张紧绳用。密封钢丝绳一般只用作承载绳，其他场合较少采用。

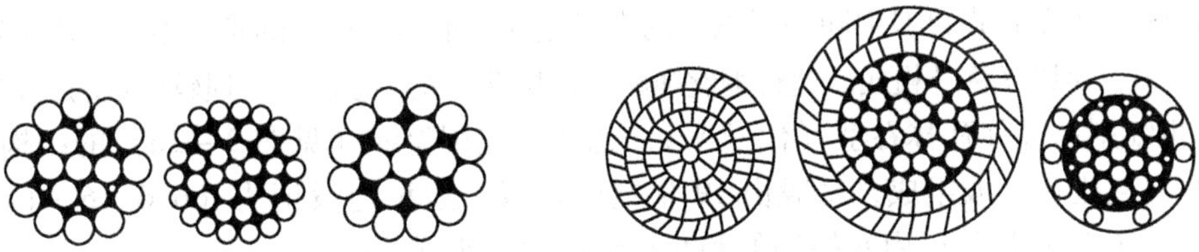

(a) (b)

图 2－1 单捻绳

(a) 圆钢丝单股钢丝绳；(b) 密封钢丝绳

2) 双捻绳：其截面如图 2－2 所示，先由钢丝绕成股，再由股绕成绳。双捻绳挠性好，制造也不复杂，在起重机中被广泛采用。

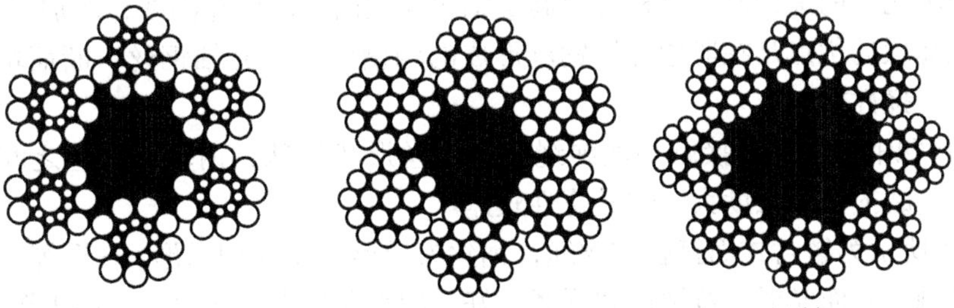

(a) (b) (c)

图 2－2 双捻绳

(a) 外粗式；(b) 粗细式；(c) 填充型

(2) 根据股中相邻二层钢丝的接触状态分类。根据股中相邻二层钢丝的接触状态分，钢丝绳可分为点接触钢丝绳、线接触钢丝绳和面接触钢丝绳。

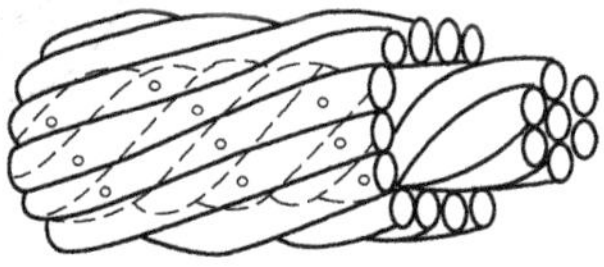

图 2－3 点接触钢丝绳

1) 点接触钢丝绳。如图 2－3 所示，点接触钢丝绳绳股中各层钢丝直径相同，为了使各层钢丝有稳定的位置，内外各层钢丝的捻距不同，互相交叉，在交叉点上接触。由于接触应力较大，在反复弯曲时，绳内钢丝易于磨损折断，使寿命降低。

2）线接触钢丝绳。如图2－4所示，线接触钢丝绳股中的钢丝直径不同，但每层钢丝的节距相同，外层钢丝位于内层钢丝的沟槽中，内外钢丝的接触为一条螺旋线，形成了线接触。这种构造有利于钢丝之间的滑动，使钢丝绳的挠性得以改善。当承载能力相同时，线接触钢丝间接触应力小、磨损小、钢丝绳寿命长。钢丝绳可选用较小的直径，从而可以选用较小的卷筒、滑轮、减速器，以减小起升机构的尺寸与质量。现在的起重机已用线接触钢丝绳代替过去常用的普通点接触钢丝绳。

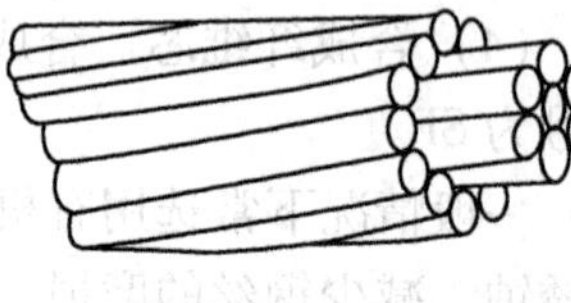

图2－4 线接触钢丝绳

线接触钢丝绳按绳股断面的不同结构分，还可分为外粗型、粗细型和密集型3种。

①外粗型：又称西鲁型（代号X）。西鲁式钢丝绳（见图2－2a）的结构标记为6X(19)。它由6股组成，每股又由19根钢丝构成，这种绳股记为（9＋9＋1），表示最外层布置9根钢丝（粗），第二层又布置9根钢丝（细），股中心只有一根钢丝（粗）。

西鲁式绳股的优点是股中同一层钢丝的直径相同，不同层钢丝的直径不同，内层钢丝细，外层钢丝粗，所以又称外粗式。此种钢丝绳耐磨，挠性稍差，适用于磨损较严重的地方。

②粗细型：又称瓦林吞型（代号W）。瓦林吞式钢丝绳（见图2－2b）的结构标记为6W(19)。它也由6股组成，每股由19根钢丝构成，这种绳股记为（6/6＋6＋1）。它分为三层，6/6表示最外层由6根细的和6根粗的钢丝组成。

瓦林吞式绳股的优点是外层采用粗、细两种钢丝，根据这个特征，瓦林吞式又称为粗细式。粗钢丝位于内层钢丝的沟槽中，细钢丝位于粗钢丝之间。这种钢丝绳断面填充率较高，挠性较好，承载能力大，是起重机常用的钢丝绳。

③密集型：又称填充型（代号T）。填充式钢丝绳（见图2－2c）的结构标记为8T(19)，它的外层布置12根相同直径的钢丝，在外层钢丝与里层钢丝所形成的空隙中，填充6根称为填充丝的细钢丝。这样做提高了钢丝绳截面的金属充满率，增加了破断拉力。

填充式绳股的优点是在股中外层钢丝形成的沟槽中，填充细钢丝，断面填充率更高，承载能力大，挠性好。

3）面接触钢丝绳。面接触钢丝绳绳股内钢丝形状特殊，钢丝与钢丝之间呈面接触，接触应力小，磨损小，强度大，但其挠性较差。

图2－5所示为密封式面接触钢丝绳，钢丝为异形断面（如梯形、S形等），捻制后的钢丝呈面接触，表面光滑，抗蚀性和耐磨性好，能承受较大的横向力，用于缆式起重机和架空索道作承载绳。

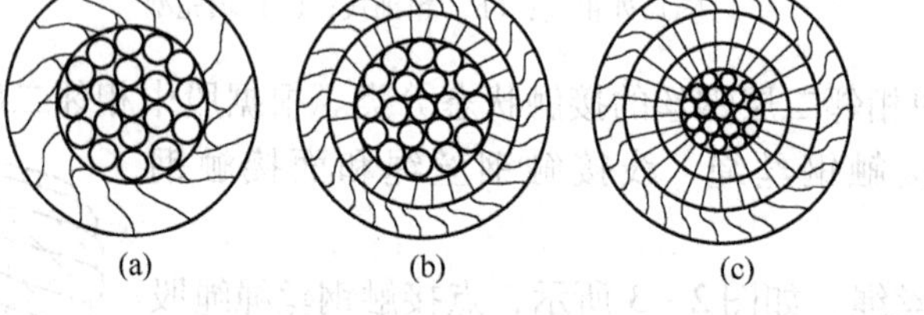

(a) (b) (c)

图2－5 密封式面接触钢丝绳

（a）一层S形钢丝；（b）一层S形钢丝，一层梯形钢丝；（c）一层S形钢丝，两层梯形钢丝

钢丝绳使用场合及合适的结构形式见表2－1。

表 2-1 钢丝绳使用场合及结构形式

使用场合及结构					常用型号
起升或变幅用	单层卷绕	吊钩及抓斗起重机	e	<20	6X(31)、6X(37)、6W(36)、6T(25)、8T(25)
				≥20	6X(19)、6W(19)、8X(19)、8W(19)
		起升高度大的起重机（多股不扭转）			18×7、18×19
	多层卷绕（使用金属芯）				6X(19)、6W(19)
牵引用	无导绕系统（不绕过滑轮）				1×19、6×19、6×37
	有导绕系统（绕过滑轮）				与起升绳或变幅绳相同

注：e 为滑轮或卷筒直径与钢丝绳直径之比。

（3）根据钢丝绳的捻绕方向分类。钢丝绳的捻制方向，国标规定用两个字母表示，第一个字母表示绳股捻成钢丝绳的捻向，第二个字母表示钢丝捻成股的捻向。字母“Z”表示右向捻（与右旋螺纹或“Z”字形的旋向同向）；字母“S”表示左向捻。

左绕绳：把钢丝绳立起来观看，绳股捻成钢丝绳的捻制螺旋方向是由右侧开始向左上方伸展，如图 2-6（a）、（c）所示。

右绕绳：把钢丝绳立起来观看，绳股捻成钢丝绳的捻制螺旋方向是由左侧开始向右上方伸展，如图 2-6（b）、（d）所示。

交互捻：由钢丝捻成股的捻制螺旋方向与由股捻成绳的捻制螺旋方向相反，如图 2-6（a）、（b）所示。这种钢丝绳股与绳的扭转趋势能起到一定的抵消作用，起吊重物时不易扭转和松散，因而被广泛用作起重绳。但股间外层钢丝接触状况较差、易磨损、寿命短、挠性较差。

同向捻：钢丝捻成股和股捻成绳的捻向相同，如图 2-6（c）、（d）所示。同向捻挠性好、寿命长，但有强烈的扭转趋势，易松散、打结，仅适用于经常保持张紧状态的场合，如导轨提升或牵引状态，在起升机构中不宜用作起重绳。

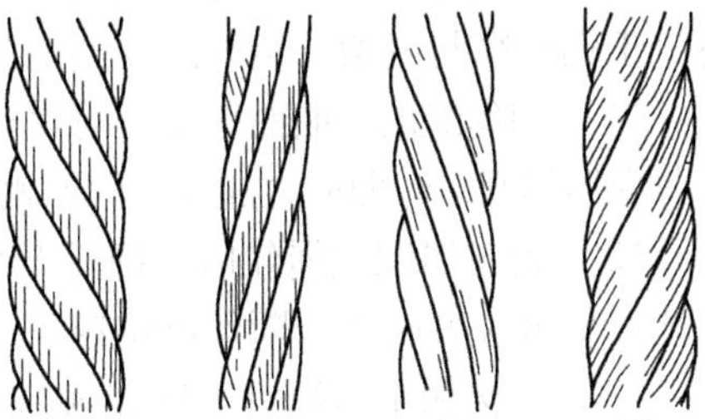

(a) (b) (c) (d)

图 2-6 钢丝绳的绕向

“ZZ”和“SS”表示右同向捻和左同向捻。“ZS”和“SZ”表示右交互捻和左交互捻。

在捻制钢丝绳时，捻角和捻距是重要的工艺参数。捻角指捻制时钢丝（或股）中心线与股（或绳）中心线的夹角。捻距指钢丝绳围绕股芯或股围绕绳芯旋转一周对应两点间的距离。

（4）按钢丝绳中股的数目分类。按钢丝绳中股的数目分，钢丝绳有 6 股绳、8 股绳、17 股绳和 34 股绳等。外层股的数目愈多，钢丝绳与滑轮、卷筒槽接触的情况愈好，寿命愈长。

（5）按钢丝表面情况分类。按钢丝表面情况分，钢丝绳可分为光面和镀锌钢丝绳两种。光面钢丝代号为 NAT。镀锌钢丝分为三种级别：甲级（高级防腐）镀锌钢丝，代号为 ZAA；乙级（中级防腐）镀锌钢丝，代号为 ZAB；丙级（低级防腐）镀锌钢丝，代号为 ZBB。在室内或一般工作环境中大都使用光面钢丝绳。镀锌钢丝绳适于在潮湿环境或有酸性侵蚀的地方工作。

2.1.2.2 钢丝绳的标记

钢丝绳标记应由以下内容组成：尺寸、钢丝表面状态、钢丝绳结构、芯结构、钢丝绳机械性能、捻制类型及方向等。由于标记有繁有简，表达格式并不完全相同，现举例如下：

18 ZAA 6×(9+9+1)+SF 1770 ZS 190 117 GB/T 8918

① ② ③④ ⑤ ⑥ ⑦ ⑧ ⑨ ⑩

①钢丝绳直径，mm；

②高级镀锌钢丝绳；

③钢丝绳的股数；

④钢丝绳的结构形式，点接触标记为“×”，线接触瓦林吞型（粗细型）标记“W”，线接触西鲁型（外粗型）标记“X”，线接触填充型（密集型）“T”；

⑤每股钢丝数；

⑥合成纤维芯；

⑦钢丝公称抗拉强度，MPa；

⑧钢丝捻成股为左旋股捻成钢丝绳为右旋，交互捻；

⑨钢丝绳最小破断拉力，kN；

⑩单位长度（每100m）质量，kg，实际中也写为kg/100m。

2.1.3 钢丝绳的选择与使用

2.1.3.1 钢丝绳的受力特征

钢丝绳受力复杂。受载时，钢丝绳中有拉伸应力、弯曲应力、挤压应力以及钢丝绳捻制时的残余应力等。钢丝绳当绕过滑轮时，受到交变应力作用，使金属材料产生疲劳，最终由于钢丝绳与绳槽、钢丝绳之间磨损而破断。试验表明：

（1）钢丝绳的弯曲曲率半径对钢丝绳的影响很大。这是因为绳轮直径减小时，钢丝的弯曲变形加剧，弯曲应力加大，因而钢丝绳磨损加快，疲劳损伤加快，钢丝绳的寿命缩短。

（2）钢丝绳绕过绳轮时，绳轮与钢丝绳接触面间的压力和相对滑动，使钢丝绳磨损断丝。接触应力越大，断丝越迅速。

（3）点接触钢丝绳钢丝间接触应力大，钢丝的交叉又增大了横向压力，因此强度损失要比线接触式大，抗疲劳性能也差。所以线接触钢丝绳比点接触钢丝绳寿命长。

（4）当钢丝绳一个捻距间的断丝数达到全部钢丝的10%时，继续使用，绳的断丝速率明显加快，短时内即出现断股。

（5）当其他条件相同时，选用的钢丝绳安全系数越高，其使用寿命越长。

2.1.3.2 钢丝绳破断的原因

综上所述，钢丝绳破断的主要原因是超载和磨损。这与钢丝绳在滑轮、卷筒上的卷绕次数有关。每卷绕一次，钢丝绳就产生由弯变直，再由直变弯的一个过程，这是造成钢丝绳损坏的一个主要原因之一。再就是钢丝绳的破断还与它所穿过滑轮或卷筒的直径有关。滑轮或卷筒的直径愈小，则钢丝绳的弯曲愈严重，愈易损坏。因此，一般要求滑轮（卷筒）直径与钢丝绳直径之比大于20~30。此外，钢丝绳的破断还与工作类型、使用环境（温度、腐蚀性气体）、保管、使用状况有关。钢丝绳的磨损，一是与卷筒和滑轮之间的磨损，二是钢丝绳之间的磨损。要减小磨损，关键在于钢丝绳的润滑。如果做到使钢丝绳处于正常润滑状态，必然会使钢丝绳的磨损降到最低限度。

2.1.3.3 钢丝绳的选用

起重钢丝绳的选用应考虑使用环境和场合及作业的繁重程度，一般来说，起重钢丝绳应有较好的韧性。

绕经滑轮和卷筒的钢丝绳应优先选用线接触钢丝绳。在有酸、碱等腐蚀环境中应选用镀锌钢丝绳。在高温环境中使用的钢丝绳，以选用石棉芯和金属芯钢丝绳为宜。

为了使起吊平稳，不发生打转现象，一般采用交互捻（反捻）钢丝绳。

为了保证钢丝绳有一定寿命，应根据机构的工作级别和用途，正确选用钢丝绳的安全系数。

根据起重机设计规范（GB/T 3811—2008），钢丝绳直径可根据最大工作静力计算：

$$d = c\sqrt{s} \qquad (2-1)$$

式中 d——钢丝绳最小直径，mm；

c——选择系数，mm/$\sqrt{\text{N}}$；

s——钢丝绳最大静拉力，N。

选择系数 c 值可根据安全系数 n 和机构工作级别从表 2－2 中选用，并据此选用合适的钢丝绳直径 d，以及滑轮直径 D、卷筒直径 D_1 与钢丝绳直径 d 的比值。

在选用钢丝绳时，先要用近似公式作静力计算，然后验算卷筒、滑轮与绳径的比值关系，其应符合表 2－3 的最小比值。

表 2－2 c 和 n 值

钢丝绳种类	机构工作级别	选择系数 c 值							安全系数 n	
		钢丝公称抗拉强度/MPa								
		1470	1570	1670	1770	1870	1960	2160	运动绳	静态绳
纤维芯钢丝绳	M1	0.081	0.078	0.076	0.073	0.071	0.070	0.066	3.15	2.5
	M2	0.083	0.080	0.078	0.076	0.074	0.072	0.069	3.35	2.5
	M3	0.086	0.083	0.080	0.078	0.076	0.074	0.071	3.55	3
	M4	0.091	0.088	0.085	0.083	0.081	0.079	0.075	4	3.5
	M5	0.096	0.093	0.090	0.088	0.085	0.083	0.079	4.5	4
	M6	0.107	0.104	0.101	0.098	0.095	0.093	0.089	5.6	4.5
	M7	0.121	0.117	0.114	0.110	0.107	0.105	0.100	7.1	5
	M8	0.136	0.132	0.128	0.124	0.121	0.118	0.112	9	5
金属芯钢丝绳	M1	0.078	0.075	0.073	0.071	0.069	0.067	0.064	3.15	2.5
	M2	0.080	0.077	0.075	0.073	0.071	0.069	0.066	3.35	2.5
	M3	0.082	0.080	0.077	0.075	0.073	0.071	0.068	3.55	3
	M4	0.087	0.085	0.082	0.080	0.078	0.076	0.072	4	3.5
	M5	0.093	0.090	0.087	0.085	0.082	0.080	0.076	4.5	4
	M6	0.103	0.100	0.097	0.094	0.092	0.090	0.085	5.6	4.5
	M7	0.116	0.113	0.109	0.106	0.103	0.101	0.096	7.1	5
	M8	0.131	0.127	0.123	0.120	0.116	0.114	0.108	9	5

表 2－3 卷筒直径和滑轮直径与钢丝绳直径的最小比值

机构工作级别	卷筒与钢丝绳直径的比值（e_1）	滑轮与钢丝绳直径的比值（e）	平衡滑轮与钢丝绳直径的比值（e_2）
M1	11.2	12.5	11.2
M2	12.5	14	12.5
M3	14	16	12.5
M4	16	18	14
M5	18	20	14
M6	20	22.4	16
M7	22.4	25	16
M8	25	28	18

2.1.3.4 钢丝绳的润滑保养

延长钢丝绳寿命的方法是使用钢丝绳麻芯脂来润滑钢丝绳。将需要润滑的钢丝绳洗净盘好，浸入加热至 80～100℃的麻芯脂中泡至饱和，这样能使润滑脂浸透到绳芯内。当钢丝绳工作时，油脂将从绳芯中渗溢到钢丝绳的缝隙中，从而减少钢丝间的磨损，同时绳外层也有了润滑脂，减轻了与卷筒或滑轮之间的磨损。这种方法虽然麻烦，但对保养钢丝绳却非常有效。使用这种方法对钢丝绳进行润滑保养时，可备用一套钢丝绳，即一套在用，一套可从容地清洗、浸泡，这样就不会影响生产。用这种方法润滑钢丝绳，外观洁净，很容易检查钢丝绳有无磨损和断丝。

如果采用往卷筒上抹润滑脂的方法，应选用规定的合格润滑脂。也有用油壶往钢丝绳上浇淋稀油的。这些方法，外观上看起来油脂很多，但只能解决一时的外层润滑，解决不了钢丝与钢丝之间的润滑。因此，钢丝绳寿命都很短，磨损严重时，两三个月就要更换一次绳。此外，外层油脂很多，对查看钢丝绳的磨损和断丝不利。

经常吊运高温物件时应用金属芯钢丝绳。钢丝绳尽量不要与煤粉、矿渣、沙子、酸、碱等物接触，一旦粘上这些东西应及时清除干净。

2.1.3.5 钢丝绳的更换与使用

更换新绳时必须用原设计的型号、直径、公称抗拉强度及有合格证明的钢丝绳。若只求直径相同而其他性能或指标低于要求时，则钢丝绳寿命必然受影响。

禁止使用没有合格证明文件的钢丝绳，必要时应取样进行抗拉试验（整根试验时钳夹间距应在 20 倍钢丝绳直径以上，且不小于 250mm），必要时须参照 GB/T 8918—2006 的规定，证明其符合要求后方可使用。

如钢丝绳直径与原设计不符时，首先必须保证与原设计有相等的总破断拉力，所选钢丝绳直径与原设计直径之差不得大于：直径在 20mm 以下的为 1mm；直径大于 20mm 的为 1.5mm。太粗会造成钢丝绳在卷筒上缠绕时相互摩擦，而增加磨损。

在更换或缠绕钢丝绳时，要注意不让钢丝绳打结。实践证明，凡打过结的钢丝绳，在使用中打结处最易磨损和断丝。

起升机构中禁止将两根钢丝绳接起来使用。

2.1.4 钢丝绳的维护

钢丝绳的安全使用寿命，很大程度上取决于维护的好坏，因此正确使用和维护钢丝绳是项重要的工作。一般应做到：

(1) 钢丝绳是成盘包装出厂，打开原卷钢丝绳时，要按正确方法进行，不得造成扭曲或打结。

此外，新换钢丝绳时，如果钢丝绳缠卷扭劲（因为缠卷在木滚上），没有放松，也会使钢丝绳跳槽，甚至使滑轮组的几根钢丝绳绞在一起。为了防止这一事故，可把成盘的钢丝绳悬挂起来逐渐放开拉直，扭劲就可以完全消除了。

(2) 切断钢丝绳时，应有防止绳股散开的措施。

(3) 安装钢丝绳时，不应在不洁净的地方拖拉，也不应绕在其他物体上，应防止划、磨、碾压和过度弯曲。

(4) 钢丝绳应保持良好的润滑状态。每月至少要润滑 2 次。润滑时先用钢丝刷子刷去钢丝绳上的污物并用煤油清洗，然后用加热到 80℃以上的润滑油蘸浸钢丝绳，使润滑油浸到绳芯里。润滑时应特别注意不易看到和不易接近的部位，如平衡滑轮处的钢丝绳。

(5) 对日常使用的钢丝绳每天都应进行检查，包括对端部的固定连接、平衡滑轮处的检查，并作出安全性的判断。

(6) 领取钢丝绳时，必须检查该钢丝绳的合格证，以保证力学性能、规格与原设计规定的钢丝绳一致。

(7) 对钢丝绳应防止损坏、腐蚀或其他物理化学原因造成的性能降低。

2.1.5 钢丝绳末端的连接方法及报废标准

2.1.5.1 钢丝绳末端的连接方法

钢丝绳末端的连接方法有以下几种。

(1) 编结法：又称末端捆扎法，如图 2－7（a）所示。这种方法是绳端利用绳套套入心形垫环上，再以钢丝扎紧，捆扎长度 $L \geqslant (20 \sim 25)d$（$d$ 为钢丝绳直径），同时不应小于 300mm。这种方法操作简便，连接处强度不得小于钢丝绳破断拉力的 75%。目前这种方法应用较为普遍，是常用的连接方式。

(2) 绳卡固定法（见图 2－7b）：这种方法是采用套环与特制绳卡固定。绳卡数目不得少于 3 个，绳卡间距应是钢丝绳直径 5～6 倍，即 $(5 \sim 6)d$。连接时，绳卡压板应在钢丝绳长头，即受力端。连接强度不应低于钢丝绳破断拉力的 80%。

(3) 斜楔套筒固定（见图 2－7c）：这种方法是钢丝绳绕过楔形块并一起卡入锥形套，利用楔块在套筒内与锥套的摩擦自锁作用使钢丝绳固定。这种固定方法用于空间紧凑的地方，其优点是构造简单、拆装方便，但不适用于受冲击载荷的情况。固定处的强度约为钢丝绳强度的 75%～85%。

(4) 锥形套浇灌法（见图 2－7d）：这种方法将钢丝绳绳端拆散，穿入锥形套内，并将钢丝末端弯成钩状，然后灌入锌、铅或其他易熔金属。固定处的强度与钢丝绳强度大致相同。

(5) 锥形套筒中多楔固定（见图 2－7e）：这种固定方法用于有粗钢丝的承载绳。钢丝绳尾端穿入套筒后，将钢丝松散，在各层粗钢丝之间插入楔条，再浇入锌液。

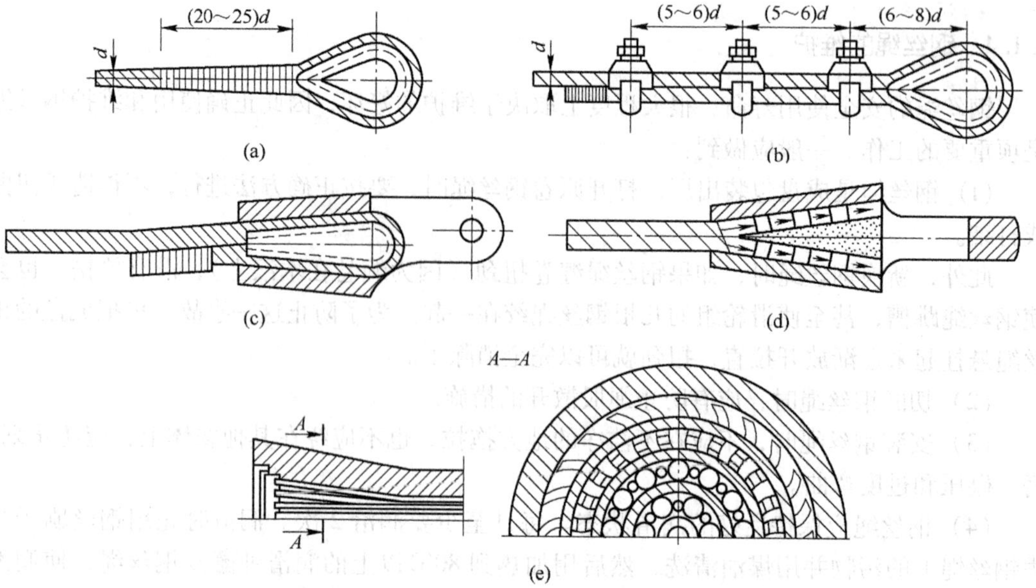

图 2 - 7 钢丝绳末端的连接方法

(a) 编结法；(b) 绳卡固定；(c) 斜楔套筒固定；(d) 锥形套浇灌法；(e) 锥形套筒中多楔固定

2.1.5.2 钢丝绳的报废

钢丝绳的报废标准，应依据《起重机钢丝绳保养、维护、安装、检验和报废》进行判定。有关项目包括断丝的性质和数量、绳端断丝、断丝的局部聚集程度、断丝的增加率、绳股的断裂情况、绳径的减小程度、弹性降低的程度、外部及内部磨损情况、外部及内部腐蚀情况、变形情况、由于受热或电弧造成的损坏情况。

(1) 断丝的性质和数量：6 股和 8 股钢丝绳，断丝主要发生在外表面。对于多层绳股的钢丝绳，断丝大多数发生在内部，是“非可见”的断丝。表 2 - 4 和表 2 - 5 是把各种因素进行综合考虑后的断丝控制标准。

表 2 - 4 钢制滑轮上使用的单层钢丝绳和单层绕钢丝绳中报废标准的可见断丝数

外层股中承载钢丝的总数 n	可见断丝数					
	在钢制滑轮或单层缠绕在卷筒上工作的钢丝绳区段				多层缠绕在卷筒上工作的钢丝绳区段	
	工作级别 M1 ~ M4 或未知级别				所有工作级别	
	交互捻		同向捻		交互捻和同向捻	
	长度范围				长度范围	
	$>6d$	$>30d$	$>6d$	$>30d$	$>6d$	$>30d$
$n \leqslant 50$	2	4	1	2	4	8
$51 \leqslant n \leqslant 75$	3	6	2	3	6	12
$76 \leqslant n \leqslant 100$	4	8	2	4	8	16
$101 \leqslant n \leqslant 120$	5	10	2	5	10	20
$121 \leqslant n \leqslant 140$	6	11	3	6	12	22
$141 \leqslant n \leqslant 160$	6	13	3	6	12	26

续表 2-4

外层股中承载钢丝的总数 n	可见断丝数					
	在钢制滑轮或单层缠绕在卷筒上工作的钢丝绳区段				多层缠绕在卷筒上工作的钢丝绳区段	
	工作级别 M1 ~ M4 或未知级别				所有工作级别	
	交互捻		同向捻		交互捻和同向捻	
	长度范围				长度范围	
	$>6d$	$>30d$	$>6d$	$>30d$	$>6d$	$>30d$
$161\leqslant n\leqslant180$	7	14	4	7	14	28
$181\leqslant n\leqslant200$	8	16	4	8	16	32
$201\leqslant n\leqslant220$	9	18	4	9	18	36
$221\leqslant n\leqslant240$	10	19	5	10	20	38
$241\leqslant n\leqslant260$	10	21	5	10	20	42
$261\leqslant n\leqslant280$	11	22	6	11	22	44
$281\leqslant n\leqslant300$	12	24	6	12	24	48
$n>300$	$0.04n$	$0.08n$	$0.02n$	$0.04n$	$0.08n$	$0.16n$

注：1. 未知级别可将以上所列断丝数的两倍数值用于已知其工作级别为 M5 ~ M8 的机构。

2. d 为钢丝绳直径。

表 2-5　多层绳股钢丝绳中达到或超过报废标准的可见断丝数

外层股数和在外层股中承载钢丝的总数 n	可见断丝数			
	在钢制滑轮或单层缠绕在卷筒上工作的钢丝绳区段		多层缠绕在卷筒上工作的钢丝绳区段	
	长度范围		长度范围	
	$>6d$	$>30d$	$>6d$	$>30d$
4 股 $n\leqslant100$	2	4	2	4
3 股或 4 股 $n\geqslant100$	2	4	4	8
$76\leqslant n\leqslant100$	2	4	4	8
$101\leqslant n\leqslant120$	2	4	5	10
$121\leqslant n\leqslant140$	2	4	6	11
$141\leqslant n\leqslant160$	3	6	6	13
$161\leqslant n\leqslant180$	4	7	7	14
$181\leqslant n\leqslant200$	4	8	8	16
$201\leqslant n\leqslant220$	4	9	9	18
$221\leqslant n\leqslant240$	5	10	10	19
$241\leqslant n\leqslant260$	5	10	10	21
$261\leqslant n\leqslant280$	6	11	11	22
$281\leqslant n\leqslant300$	6	12	12	24
$n>300$	6	12	12	24

（2）绳端断丝：当绳端或其附近出现断丝时，即使数量很少，也表明该部位应力很高，可能是由于绳端固定装置不正确造成的，应查明损坏原因。如果绳长允许，应将断丝的部位切去，再重新合理安装。

（3）断丝的局部聚集程度：如果断丝紧靠一起形成局部聚集，则钢丝绳应报废。如果这种断丝聚集在小于6d（d为钢丝绳直径）的绳长范围内，或者集中在任一支绳股里，那么，即使断丝数比表2－4和表2－5的数值小，钢丝绳也应予报废。

（4）断丝的增加率：在某些使用场合，疲劳是引起钢丝绳损坏的主要原因，断丝是在使用一个时期以后开始出现的，断丝数逐渐增加，其时间间隔越来越短。在此情况下，为了判定断丝的增长率，应仔细检查并记录断丝增长情况，并与报废极限值作出比较以得到关于钢丝绳劣化趋向的规律，根据此劣化趋向的规律来确定钢丝绳报废的日期。

（5）绳股折断：如果出现整根绳股的断裂，则钢丝绳应报废。

（6）由于绳芯损坏而引起的绳径减小：当钢丝绳的纤维芯或钢丝（或多层绳股的内部绳股）断裂而造成绳径显著减小时，钢丝绳应报废。

对于微小的损坏，特别是当所有各绳股中应力处于良好平衡时，用通常的检验方法可能显示不鲜明。然而，这种损坏会引起钢丝绳的强度大大降低。所以，对发现的任何内部细微损坏均应进行检验，予以查明。一经认定损坏，则该钢丝绳就应报废。

（7）弹性降低：在某些情况下（通常与工作环境有关），钢丝绳的弹性会显著减小。若继续使用，是不安全的。

钢丝绳的弹性减小是较难发觉的，弹性降低一般伴随有如下现象发生：

1）绳径减小；

2）钢丝绳节距伸长；

3）由于各部分相互压紧，钢丝之间和绳股之间空隙减小；

4）绳股凹处出现细微的褐色粉末；

5）韧性降低。

虽未发现断丝，但钢丝绳明显地不易弯曲。同时，其直径的减小也比单纯由于磨损引起的直径减小要快得多。这种情况会导致在动载作用下钢丝绳突然断裂，故应立即报废。

（8）外部和内部磨损：产生磨损的原因有如下两种情况。

1）内部磨损及压坑。这种情况是由于绳内各绳股之间和钢丝之间的摩擦引起的，特别是当钢丝绳受弯曲时。

2）外部磨损。钢丝绳外层绳股表面的磨损，是由于它在压力作用下与滑轮和卷筒的绳槽接触摩擦造成的。在吊载加速和减速运动时，钢丝绳与滑轮的接触部位的磨损尤为明显，并表现为外表面钢丝磨成平面状。润滑不足或不正确，以及接触部存在污垢或沙粒，都会加剧磨损。

磨损使钢丝绳截面积减小，从而使强度降低。当外层钢丝磨损达到其直径的40%时，或者当钢丝绳直径相对于公称直径减小7%或更多时，钢丝绳应报废。

（9）外部及内部腐蚀：在海洋或工业污染的大气中钢丝绳特别容易发生腐蚀，这不仅减小了钢丝绳的金属面积从而降低了破断强度，而且还将引起表面粗糙，并开始出现裂纹以致加速疲劳。严重的腐蚀，还会引起钢丝绳弹性的降低。

1）外部腐蚀。外部钢丝的腐蚀可用肉眼观察。当表面出现深坑、钢丝相当松弛时应报废。

2）内部腐蚀。内部腐蚀比外部腐蚀较难发现。但下列现象可供识别：

①钢丝绳直径的变化。钢丝绳在绕过滑轮的弯曲部位的直径通常变小。但静止段的钢丝绳常由于外层绳股生锈而引起直径增加。

②钢丝绳的外层绳股间的空隙减小，还经常伴随出现外层绳股之间的断丝。

如果有内部腐蚀的迹象，则应对钢丝绳进行内部检验。若确认有严重的内部腐蚀，则钢丝绳应立即报废。

（10）变形：钢丝绳失去正常形状产生可见的畸形称为变形。在变形部位可能导致钢丝绳内部应力分布不均匀。

钢丝绳变形从外观上可分下述几种：

1）波浪形。这种变形是钢丝绳的纵向轴线成螺旋线形状，此变形不一定导致强度降低，但变形严重会造成运行中产生跳动，发生不规则的传动，时间长了会引起磨损及断丝。出现波浪形时，绕过滑轮或卷筒的钢丝绳在任何载荷状态下与不弯曲的直线部分满足 $d_1 > \frac{4d}{3}$（d 为钢丝绳公称直径；d_1 是钢丝绳变形后包络面的直径），则钢丝绳应报废；或绕过滑轮或卷筒的钢丝绳的弯曲部分满足 $d_1 > 1.1d$，则钢丝绳应报废。

2）笼状畸变。这种变形出现在具有钢芯的钢丝绳上，多在外层绳股发生脱节或者变得内部绳股长的时候发生，出现笼形畸变的钢丝绳应立即报废。

3）绳股挤出。这种状况通常伴随笼形畸变产生。绳股被挤出说明钢丝绳不平衡。这种钢丝绳应予报废。

4）钢丝挤出。这种变形是一部分钢丝或钢丝束在钢丝绳背着滑轮槽的一侧拱起形成环状，常因冲击载荷引起。此种变形严重的钢丝绳应报废。

5）绳径局部增大。钢丝绳直径有可能发生局部增大，并波及相当长度。绳径增大常与绳芯畸变有关（如在特殊环境中），纤维芯因受潮而膨胀，其结果会造成外层绳股定位不正确而产生不平衡。绳径局部严重增大的钢丝绳应报废。

6）扭结。这是指成环状的钢丝绳，在不可能绕其轴线转动的情况下被拉紧而造成的一种变形。其结果是出现节距不均，引起不正常的磨损；严重时，钢丝绳将产生扭曲，以致只留下极小一部分钢丝绳强度。严重扭结的钢丝绳应立即报废。

7）绳径局部减小。这种状态常与绳芯的折断有关。应特别仔细检验靠近接头的绳端部位有无此种变形。绳径局部减小严重的钢丝绳应报废。

8）局部压扁。通过滑轮部分压扁的钢丝绳将会很快损坏，表现为断丝并可能损坏滑轮，如此情况的钢丝绳应立即报废。

9）弯折。这是钢丝绳在外界影响下引起的角度变形。这种变形的钢丝绳应立即报废。

（11）由于热或电弧的作用而引起的损坏：钢丝绳经受了特殊热力的作用，其外表出现可识别的颜色时，应予报废。

2.2 滑轮及滑轮组

2.2.1 滑轮

滑轮是起重机中的承载零件，主要作用是穿绕和支承钢丝绳，并引导钢丝绳方向的改变。

按用途分，滑轮可分为定滑轮和动滑轮。动滑轮装在可上、下移动的心轴上，通常与定滑轮一起组成滑轮组，达到省力的目的，并使电动机的高速旋转与上、下移动的心轴速度相适应。

2.2.1.1 滑轮的构造

如图2-8所示，滑轮由轮缘1、轮辐2和轮毂3三部分组成，滑轮的主要尺寸是滑轮绳槽底部的直径 D，这个直径称为滑轮的名义直径。

轮缘由一个圆弧形的槽底与两个倾斜的侧壁组成。滑轮的绳槽断面形状如图2-9所示。滑轮槽形应满足以下要求：

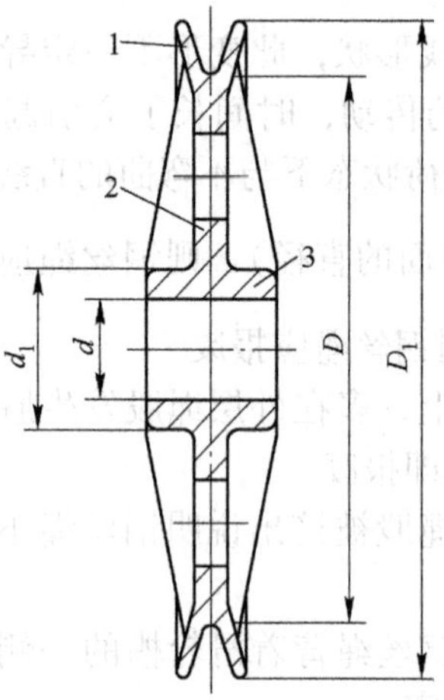

图2-8 滑轮的结构

1—轮缘；2—轮辐；3—轮毂

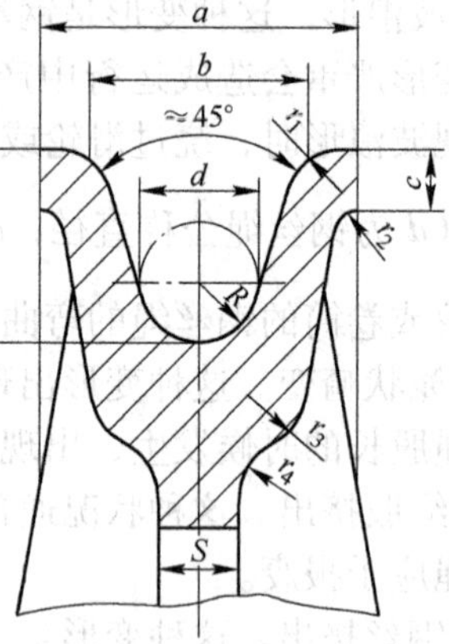

图2-9 滑轮轮槽

（1）保证钢丝绳与绳槽有足构的接触面积，为此绳槽应有适当的半径 R，通常 $R=(0.53\sim0.6)d$，式中 d 为钢丝绳直径。

（2）容许钢丝绳有一定的偏斜（通常偏斜角不大于5°），不使钢丝绳与绳槽边缘摩擦；绳槽侧面应有适当的夹角，通常近似45°。

（3）为防止绳索脱槽，绳槽应有足够的深度。

小滑轮轮辐制成整体的辐板，较大的滑轮一般加4~6个筋板，各筋板间有适当的圆孔。焊接滑轮轮辐可用扁钢、圆钢或钢管制成。

在轮毂内装有轴承。简单轮毂可以用滑动轴承；近代起重机上的滑轮绝大多数采用滚动轴承，因为滚动轴承阻力小、效率高、装配方便。

钢丝绳绕进或绕出滑轮时偏斜的最大角度应不大于40°。滑轮直径的大小直接影响到钢丝绳的寿命。增大滑轮的直径将减小钢丝绳的弯曲应力和钢丝绳与滑轮间的挤压应力。为保证钢丝绳的寿命，滑轮的最小缠绕直径应满足式（2-2）所列条件：

$$D_0 \geqslant ed \tag{2-2}$$

式中 D_0——按钢丝绳中心计算的滑轮的直径，mm；

e——与机构工作级别和钢丝绳结构有关的系数，按表2-3选取；

d——钢丝绳的直径（钢丝绳外接圆直径），mm。

2.2.1.2 滑轮的制造与材料

根据制造方法分，滑轮可分为铸铁滑轮、铸钢滑轮、焊接滑轮、尼龙滑轮等。直径较小的滑轮可铸成实心的圆盘，直径较大时，圆盘上应带有刚性肋和减重孔。对于大尺寸滑轮，为减轻自重，采用焊接性好的Q235钢，以焊接轮代替铸造轮。

（1）铸铁滑轮：有灰铸铁（HT15~33）滑轮和球墨铸铁（QT10~40）滑轮。灰铸铁滑轮，工艺性能良好，对钢丝绳磨损小，但易碎，多用于轻级、中级工作级别中。球墨铸铁滑轮比灰铸铁滑轮的强度和冲击韧性高些，所以可用于重级工作级别中。

（2）铸钢滑轮：一般用ZG25Ⅱ、ZG35Ⅱ制造，有较高的强度和冲击韧性，但工艺性能稍差，由于表面较硬，对钢丝绳磨损较严重，多用于重级和特重级的工作条件中。

（3）焊接滑轮：对于大尺寸（$D>800$mm）（D为滑轮的名义直径，即滑轮槽底部直径）滑轮多采用焊接滑轮，材料为A3钢。这种滑轮与铸钢滑轮大致相同，但质量很轻，有的可减轻为铸钢的1/4左右。

（4）其他：目前尼龙滑轮和铝合金滑轮在起重机上已有应用。尼龙滑轮轻而耐磨，但刚度较低。铝合金滑轮硬度低，对钢丝绳的磨损很小。

2.2.1.3 滑轮的安全要求及报废标准

（1）滑轮直径与钢丝绳直径的比值应不小于规定的数值。

（2）滑轮槽应光洁平整，不得有损伤钢丝绳的缺陷。

（3）滑轮应有防止钢丝绳跳出轮槽的装置。

（4）金属铸造的滑轮，出现下述情况之一时，应报废：

1）裂纹。

2）轮槽不均匀磨损达3mm。

3）轮槽壁厚磨损达原壁厚的20%。

4）因磨损使轮槽底部直径减小量达钢丝绳直径的50%。

5）其他损害钢丝绳的缺陷。

2.2.2 滑轮组

滑轮组是由一定数量的定滑轮和动滑轮以及绕过它们的绳索组成，是起重机械的重要组成部分。

滑轮组有动滑轮组和定滑轮组。以桥式起重机为例，桥式起重机中的动滑轮组装在吊钩组中，而定滑轮组则装在小车架上。除平衡滑轮外，其他滑轮都装有滚动轴承。为了使小车布局紧凑，定滑轮组多装设在小车架的下面，上边还设有防护罩，不易观察，所以就要更加注意。必要时应把防护罩打开或从小车下边观察吊钩组在升降时，各工作滑轮是否转动，滑轮轮缘是否破碎。定滑轮组在歪拉、斜吊重物时，最容易造成滑轮壁面的破碎，发现后应及时修理或更换，防止磨损钢丝绳或使钢丝绳脱槽，并应保证油路畅通。

2.2.2.1 滑轮组的种类

按构造形式，滑轮组可分为单联滑轮组（见图2-10）和双联滑轮组（见图2-11）；按功用，滑轮组可分为省力与增速滑轮组。在起重机上常用的是省力滑轮组。随着起重量的不同，滑轮的尺寸和工作滑轮的数目也不一样。通常起重量越大，滑轮的数目越多，这样可以使单根钢丝绳承受的拉力不大，钢丝绳的直径也就不必选得太粗，相应的零部件也可以减小。

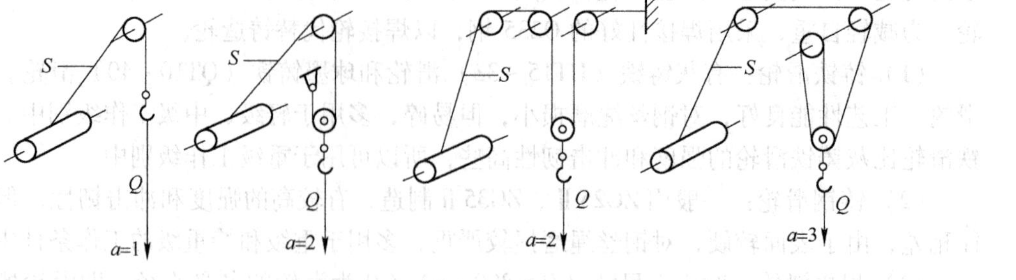

图 2－10 单联滑轮组

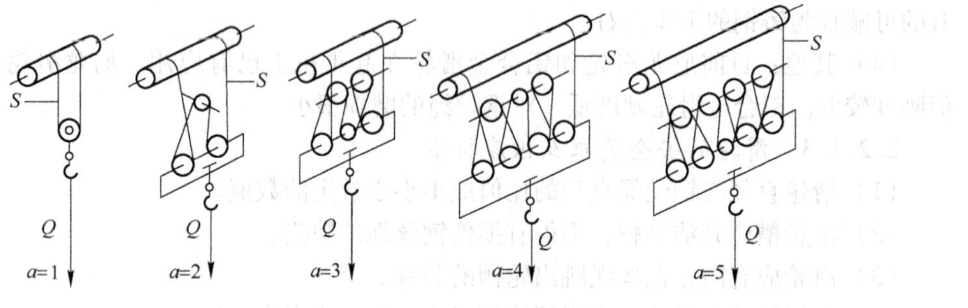

图 2－11 双联滑轮组

（1）单联滑轮组：绕入卷筒的钢丝绳数只有一根。单联滑轮组的优点是结构简单、重量轻。其缺点是绳索在卷入或卷出时，有水平移动；起升速度大时，必引起重物晃动，不利于机器的安装工作。克服办法是在绳索绕入卷筒之前通过一个固定的导向轮。这种滑轮组用于臂架起重机上，或用于要求结构紧凑的电葫芦中。

（2）双联滑轮组：绕入卷筒的绳索为两根。桥式起重机常用这种滑轮组。双联滑轮组克服了单联滑轮组的缺点，重物在升降过程中没有水平移动。为平衡两个单联滑轮组绳索的拉力与长度，可采用平衡杆或采用平衡轮，平衡杆和平衡轮分别如图 2－12（a）、（b）中 P 处所示。

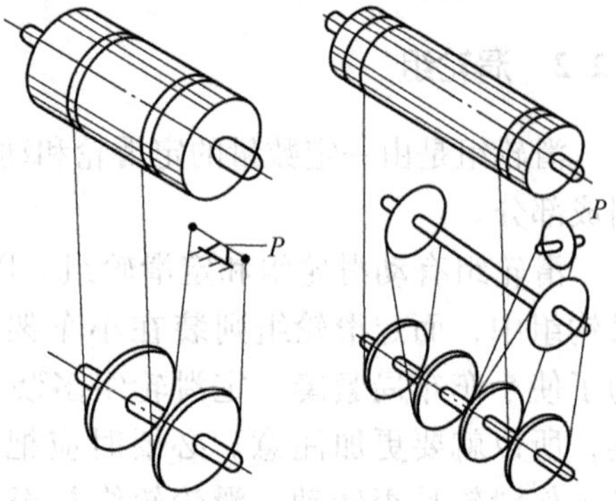

图 2－12 滑轮组中的平衡杆和平衡轮
（a）平衡杆；（b）平衡轮

2.2.2.2 滑轮组的倍率

滑轮组的倍率表示滑轮组省力或减速的倍数。

不考虑滑轮中的摩擦和钢丝绳的僵性阻力等，理论上滑轮组倍率 a 等于起升载荷 Q 与理论提升力 P 之比，并可推导出多种表达形式。

$$a=\frac{Q}{P}=\frac{L}{H}=\frac{v_j}{v_n}=\frac{Z_c}{Z_j} \tag{2-3}$$

式中 L——钢丝绳绕入卷筒长度；

H——提升物品起升高度；

v_j——钢丝绳绕入卷筒圆周速度；

v_n——提升物品起升速度；

Z_c——钢丝绳承载分支数；

Z_j——钢丝绳绕入卷筒的绳索分支数。

对具体结构形式单联滑轮组和双联滑轮组倍率表达形式为：

单联滑轮组
$$a=\frac{Q}{P}=\frac{Q}{Q/Z_c}=Z_c \quad (2-4)$$

双联滑轮组
$$a=\frac{Q}{2Q/Z_c}=\frac{Z_c}{2} \quad (2-5)$$

选用大倍率可使钢丝绳分支拉力减小，以使卷筒直径和减速器传动比减小，达到起升机构尺寸紧凑、重量轻的目的。但滑轮组倍率大，滑轮组效率低，钢丝绳磨损严重，卷筒长度增大。

流动式起重机常用的单联滑轮组倍率值见表 2－6，门座起重机常用的双联滑轮组倍率值见表 2－7，门、桥式起重机常用的双联滑轮组倍率值见表 2－8。

表 2－6　流动式起重机常用的单联滑轮组倍率值

额定起重量/t	3	5	8	12	16	25	40	65	100
倍率	2	3	4～6	6	6～8	8～10	10	12～16	16～20

表 2－7　门座起重机常用的双联滑轮组倍率值

额定起重量/t	5	10	16	25	32	40	63	100	150	200
倍率	1	1	1	1	1 或 2	4	4	4	4	4

表 2－8　门、桥式起重机常用的双联滑轮组倍率值

额定起重量/t	3	5	8	12.5	16	20	32	50	80	100	125	160	200	250
倍率	1	2	2	3	3	4	4	5	5	6	6	6	8	8

2.2.2.3　滑轮组效率

实际上，滑轮组中的每一动滑轮和定滑轮的轴承处都存在着摩擦阻力，并且钢丝绳在绕入、绕出各个滑轮时，由直变弯或由弯变直都存在着附加阻力（称为钢丝绳的僵性阻力）。

由于有着上述的两种阻力，绕入卷筒的绳索分支上的实际拉力，即绳索分支最大静拉力 S_{max} 必定比理想拉力大。

滑轮组效率与滑轮效率和滑轮组倍率有关，可由式（2－6）计算：

$$\eta_h=\frac{1-\eta^a}{a(1-\eta)} \quad (2-6)$$

式中　η_h——滑轮组效率；

η——单个滑轮的效率。

滑轮和滑轮组效率可由表 2－9 查得。

表 2-9 滑轮和滑轮组效率

滑轮类型	滑轮效率	滑轮组倍率						
		2	3	4	5	6	8	10
		滑轮组效率						
滚动轴承	0.98	0.99	0.98	0.97	0.96	0.95	0.93	0.92
滑动轴承	0.96	0.98	0.95	0.93	0.90	0.88	0.84	0.80

注：倍率为 2 的滑轮只有一个动滑轮。由于动滑轮的效率高于定滑轮，因此倍率为 2 的滑轮组效率高于滑轮效率。

对于倍率为 a 的任意滑轮组，绳索分支最大静拉力的一般计算式为：

单联滑轮组
$$S_{\max}=\frac{Q}{a\eta_{\rm h}} \tag{2-7}$$

双联滑轮组
$$S_{\max}=\frac{Q/2}{a\eta_{\rm h}}=\frac{Q}{2a\eta_{\rm h}} \tag{2-8}$$

式中 $S_{\max}$——绳索分支最大静拉力。

对于单联滑轮组，绕入卷筒绳索分支的实际拉力，即绳索分支最大静拉力 $S_{\max}$ 就是作用在卷筒上的圆周力。若为双联滑轮组，卷筒上的圆周力则为 $2S_{\max}$。根据实际拉力 $S_{\max}$，就可以求出卷筒所需的驱动力矩和选择所需要的钢丝绳。

2.3 卷筒

卷筒用来卷绕钢丝绳，并把原动机的驱动力传递给钢丝绳，同时又将原动机的旋转运动变为直线运动。

2.3.1 卷筒的类型与制造

起重机中主要采用圆柱形卷筒。按钢丝绳在卷筒上的卷绕方式，卷筒有单层卷绕和多层卷绕两种，如图 2-13 所示。

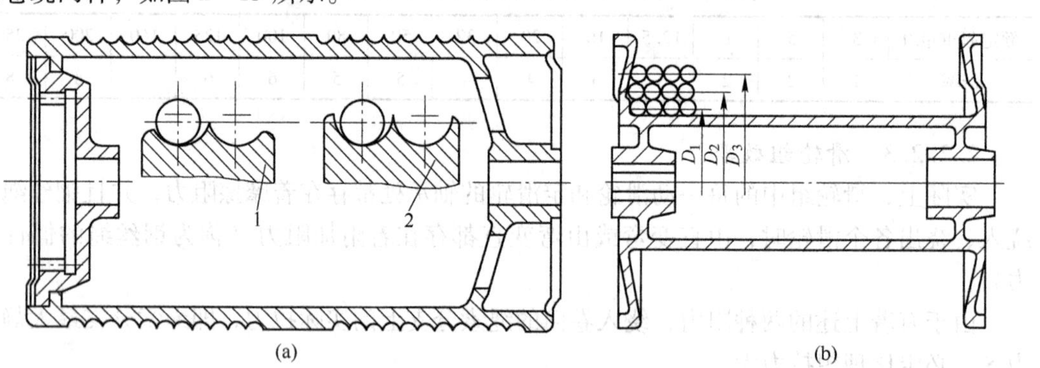

图 2-13 绳索卷筒

（a）有螺旋槽卷筒；（b）光面卷筒

1—标准槽；2—深槽

单层绕卷筒（又称有螺旋槽卷筒）上加工有螺旋槽，钢丝绳单层排列于螺旋槽中，绳圈依次卷绕在槽内，使绳索与卷筒接触面积增大，从而降低单位压力；此外，绳槽的节距大于绳索直径，绳圈之间有一定间隙，防止工作时相邻钢丝绳相互摩擦，延长钢丝绳的使用寿命。一般情况下都使用单层绕卷筒，只有在起升高度很大，而卷筒长度又受到限制时才采用多层绕卷筒，例如桥式起重机常用单层卷绕方式。

多层绕卷筒（又称光面卷筒）通常采用没有螺旋槽的光面卷筒，各层钢丝绳互相交叉挤压，互相摩擦，钢丝绳使用寿命短，用于起升高度特大的情况下，例如在汽车起重机上常采用多层绕卷筒。

卷筒上的螺旋槽有标准槽和深槽两种形式，如图 2－14 所示。为防止绳索脱槽，可采用引导作用好的深槽卷筒。

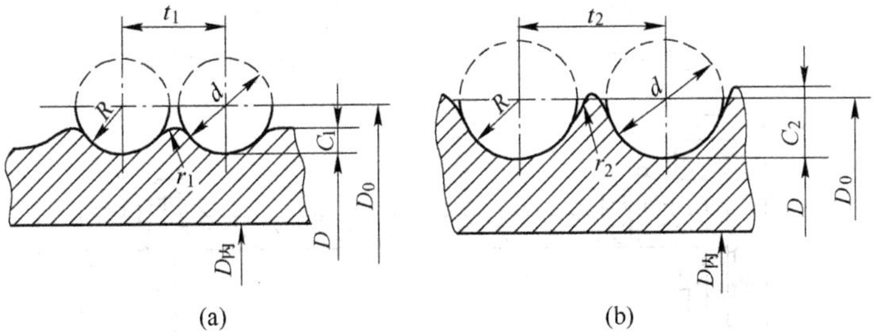

图 2－14　绳槽尺寸图
（a）标准槽；（b）深槽

对于单联滑轮组使用的卷筒，只在上面加工一条右旋的螺旋槽；而对于和双联滑轮组一起使用的卷筒，则应有螺旋方向相反的两条螺旋槽，两螺旋槽之间的一段卷筒应做成光面。

当起升机构把载荷提升到最高位置，双联滑轮组的绳索绕满两螺旋槽时，由动滑轮出来的两段绳索应靠向卷筒中部，这样使绳索在载荷位于高位和低位时的偏角都不致太大。

卷筒材料一般应用不低于 HT200 或 ZG230～450 的材料铸造。焊接卷筒采用 A3 钢制造。

卷筒各尺寸如图 2－14 所示。

卷筒直径和滑轮直径一样，与钢丝绳的最小缠绕直径相关。

卷筒直径尽量取下列标准值：$D(\mathrm{mm}) = 300, 400, 500, 650, 700, 800, 900, 1000$。

卷筒绳槽半径：$R = (0.54 \sim 0.6)d(\mathrm{mm})$；

标准槽 $C_1 = (0.25 \sim 0.4)d(\mathrm{mm})$；

深槽 $C_2 = (0.6 \sim 0.9)d(\mathrm{mm})$；

卷筒绳槽节距：标准槽 $t_1 = d + (2 \sim 4)(\mathrm{mm})$，深槽 $t_2 = d + (8 \sim 9)(\mathrm{mm})$。

2.3.2　卷筒组的结构形式

卷筒组有长轴卷筒组和短轴卷筒组。长轴卷筒组又有齿轮连接盘式卷筒组（见图 2－15）和开式大齿轮式卷筒组（见图 2－16）。长轴卷筒组是一种目前应用较多的结构形式。

短轴卷筒组是一种新的结构形式，如图 2－17 所示。卷筒与减速器输出轴用法兰盘刚性连接，减速器底座通过钢球或圆柱销与小车架连接。这种结构形式的优点是：结构简单、调整与安装方便。

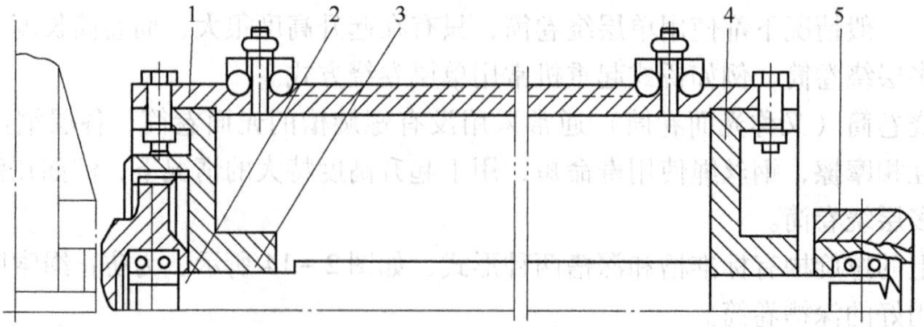

图 2-15　齿轮连接盘式卷筒组

1—卷筒；2—轴；3—齿轮盘；4—卷筒毂；5—轴承盘

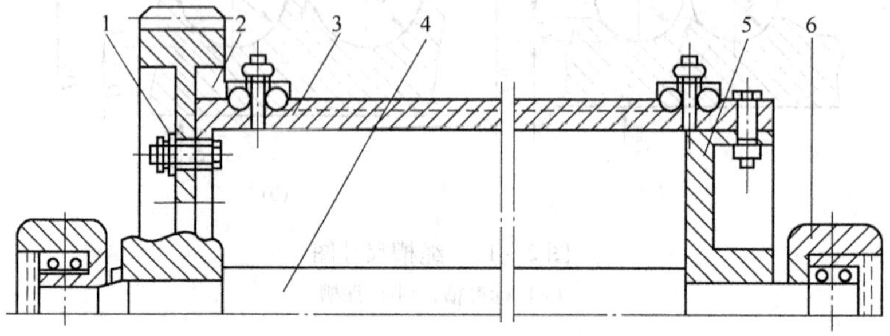

图 2-16　开式大齿轮式卷筒组

1—剪力套；2—齿轮；3—卷筒；4—轴；5—卷筒毂；6—轴承座

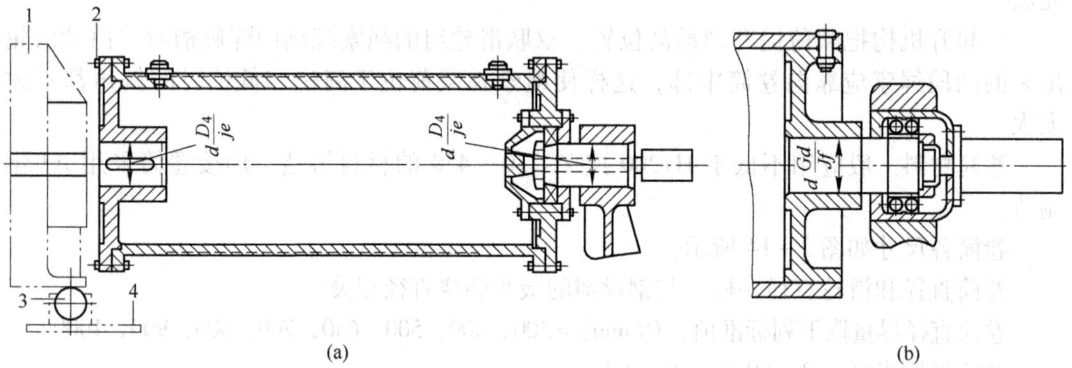

图 2-17　短轴式卷筒组

（a）定轴式支座侧；（b）转轴式支座侧

1—减速器；2—法兰盘；3—钢球或圆柱销；4—小车架底板

此外还有采用行星减速器放在卷筒内部的，这种结构的优点是驱动装置紧凑，质量轻。

行星减速器连同卷筒的传动原理见图 2-18，它由两级行星齿轮传动构成（根据用户对传动比的要求，也可制成单级或三级的传动），二级行星传动的传动比为 25 ~ 79。两个内齿轮固定在基座上，末级行星传动的行星架与卷筒连接，实现传动。

2.3.3 钢丝绳在卷筒上的固定

钢丝绳末端在卷筒上的固定应保证安全可靠，便于检查与更换，并且在固定处不应使钢丝绳过分弯曲。钢丝绳在卷筒上的固定原理都是利用摩擦力，方法如下：

(1) 楔形块固定法（见图2－19a）。这种方法是将钢丝绳绕在楔形块上，然后打入卷筒的楔孔内从而将其固定。为满足自锁条件（见式2－9），楔形块的斜度应在1∶4～1∶5范围内，通常取为0.15。这种方法多用于多层绕卷筒和直径 d 较小的钢丝绳（$d<12$mm）。

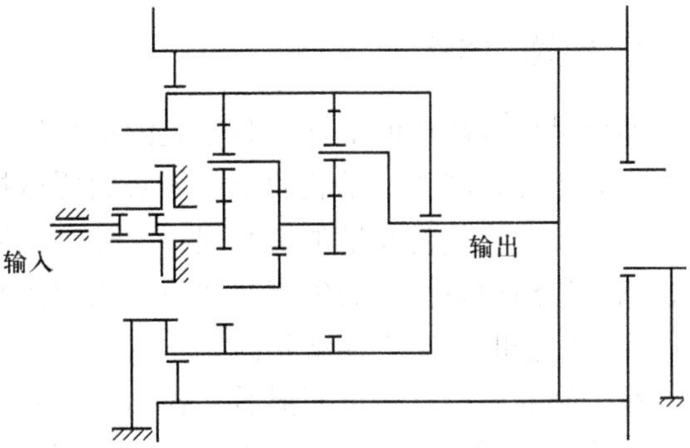

图2－18 在卷筒内部的行星减速器的传动原理

$$\tan\phi<2\mu \qquad (2-9)$$

式中 ϕ——楔形块工作面的夹角；

μ——绳索与卷筒和楔形块间的摩擦系数。

(2) 长板条固定法（见图2－19b）。这种方法是将钢丝绳引入卷筒的特制的槽内，用长板条和压紧螺钉固定。为保证固定安全可靠，必须满足 $2F\geqslant S$，式中 F 为螺钉压紧力产生的摩擦力，S 为固定绳处的拉力。

(3) 压板螺栓固定法（见图2－19c）。这种方法是用刻有圆形或梯形槽的压板与螺栓将钢丝绳固定在卷筒的外表面。其优点是构造简单，检查、更换钢丝绳方便，使用安全可靠，因此，被广泛用于单层绕卷筒。为确保安全，压板数不能少于两个。当钢丝绳缠绕在卷筒上的附加圈数为1.5圈时，用3个压板；当附加圈数为2时，随着附加圈数的增加，绳端固定处拉力的减小，压板数可以减少到2个。

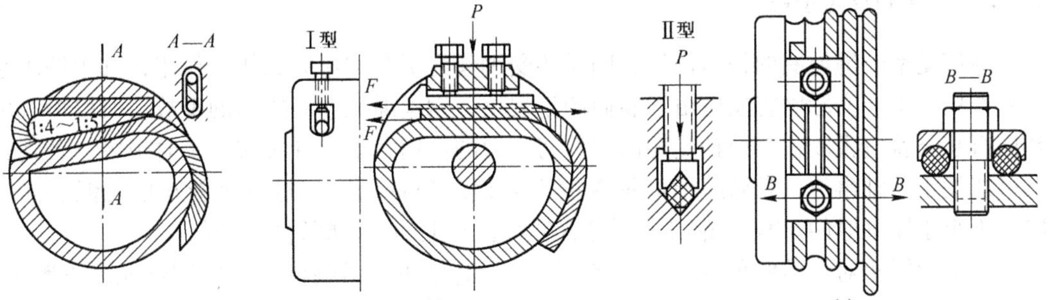

图2－19 钢丝绳在卷筒上的固定方法

(a) 楔形块固定；(b) 长板条固定；(c) 压板螺栓

钢丝绳在卷筒上固定通用的方法是采用压板，它的优点是构造简单，拆卸方便。

为了保证安全，减小对固定压板的压力或楔子的受力，设计时，要保证取物装置下放到极限位置时，在卷筒上除固定绳圈之外，还应留2～3圈钢丝绳。这几圈钢丝绳称为安全圈，也称为减载圈。

采用安全圈，绳尾固定圈拉力仅为钢丝绳最大拉力的13.4%。如果没有这个安全圈，则固定圈拉力就是钢丝绳最大拉力。而压板都是按有安全圈设计的，因此在使用时，一定要注意不允许把钢丝绳圈放光，而必须留有安全减载圈。

钢丝绳在光卷筒上的卷绕方向与钢丝绳的捻向有关。右捻绳（Z）应从左向右排列，左捻绳（S）应从右向左排列。只要一层排列整齐，第二层也就不会卷乱。

2.3.4 卷筒的修复

卷筒是比较耐用的部件，其常见的损坏形式是卷绳用的沟槽磨损。空载时，钢丝绳在沟槽中处于松弛状态；吊载后钢丝绳必然要被拉紧，钢丝绳在槽中产生了相对滑动，如果润滑不好，就会使卷筒槽加快磨损。另外，在缠绕中因钢丝绳对沟槽的偏斜作用而产生摩擦，从而逐渐地将槽峰磨尖直至磨平。当沟槽磨损到不能控制钢丝绳在沟槽中有秩序的排列而经常跳槽时，应更换新卷筒。

有个别卷筒经过一定磨损后，露出了原有的内在铸造缺陷。如果是单个气孔或砂眼，其直径不超过 8mm，深度不超过该处名义壁厚的 20%（绝对值不超过 4mm），在每 100mm 长度内（任何方向）不多于 1 处，在卷筒全部加工面上的总数不多于 5 处时，可以不焊补，继续使用。如出现的缺陷经清理后，其大小在表 2 – 10 中所列范围内，允许焊补；同一断面上和长度 100mm 内不多于 2 处，焊补后可以不经热处理，只需用砂轮磨平磨光焊补处即可。

表 2 – 10 卷筒允许焊补条件

材 质	卷筒直径/mm	单个缺陷面积/cm^2	缺陷深度	总数量/个
铸铁、球铁	≤700	≤2	≤2.5 壁厚	≤5
	>700	≤2.5		
铸铁	≤700	≤2.5	≤30% 壁厚	≤8
	>700	≤3		

2.3.5 卷筒的安全检查

卷筒受钢丝绳绳圈的挤压作用，同时还受钢丝绳引起的弯曲和扭转作用，其中挤压起主要作用。生产实际中曾发生由于卷筒产生裂纹，钢丝绳把卷筒压陷的事故，所以检查出卷筒有裂纹就应报废；卷筒轴受弯曲和剪切应力的作用，如发现裂纹应及时报废，否则就有可能发生断轴事故；卷筒绳槽磨损深度不应超过 2mm，当超过可重新车槽，但卷筒壁厚应不小于原壁厚的 80%；轮毂上不得有裂纹，其上的连接螺钉要紧固。

当钢丝绳相对绳槽偏角过大时，钢丝绳就会磨槽边甚至跳槽，造成钢丝绳严重磨损。对于有槽卷筒，钢丝绳相对绳槽的允许偏角为 4° ~5°，当大于 6°时，钢丝绳就可能跳槽。其常见的原因是吊钩滑轮组离卷筒的距离过小，这时可作适当的调整；也可能是由于吊钩滑轮组与卷筒安全位置偏斜，或由于斜吊货物造成偏斜而使钢丝绳跳槽。

2.4 取物装置

取物装置是起重机械中的一个重要部件，在装卸、转载和安装等作业过程中，抓取物品。不同物理性质和形状的物品，应使用不同的取物装置。通用取物装置中最常见的是吊钩，专用的取物装置有抓斗、夹钳、电磁吸盘、真空吸盘、吊环、料斗、吊梁和集装箱吊具等。

2.4.1 吊钩和吊钩组

吊钩是使用最多的取物装置。一般情况下，吊钩并不与钢丝绳直接连接，通常是与动滑轮合成吊钩组进行工作。

2.4.1.1 吊钩

A 吊钩的分类与构造

吊钩有多种形式，如图 2-20 所示。以其中（a）图为例，吊钩上面部分称钩颈，钩颈尾部圆柱螺纹是装配时安装螺母用的；下面弯曲部分称为钩身。

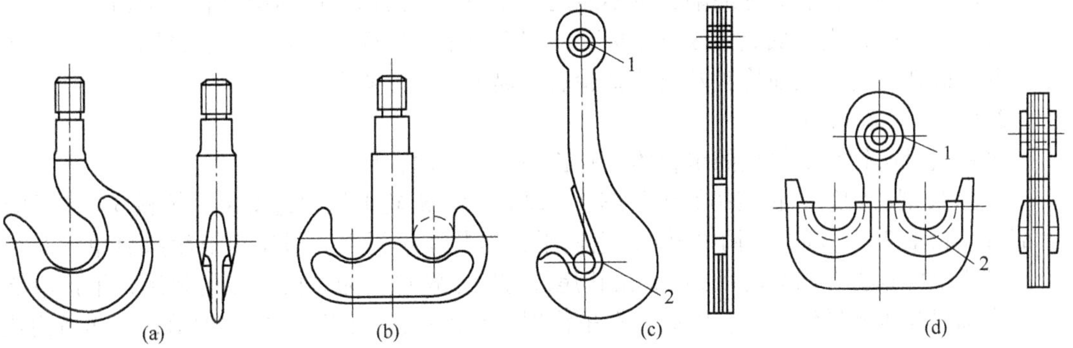

图 2-20 钢丝绳在卷筒上的固定方法

（a）锻造单钩；（b）锻造双钩；（c）片式单钩；（d）片式双钩

1—轴套；2—垫板

根据形状吊钩可分为单钩和双钩；以制造方法又可分为锻造钩、片式钩（也称板钩，冲压再将多片钢板叠合铆接制成）。单钩制造和使用方便，常用于起吊轻物；双钩用于起吊重量较大的物件，它的优点是当双钩平均挂重时，中间的钩颈部分不存在弯曲应力。一般锻造单钩主要用于起吊 30t 以下的起重机；锻造双钩用于起吊 50～100t 的起重机；片式单钩用于起吊 75～350t 的起重机；片式双钩用于起吊 100t 以上的起重机。

吊钩钩身截面形状有圆形、方形、梯形和“T”字形，如图 2-21 所示。按受力情况分析，“T”字形截面最合理，但锻造工艺复杂。使用最多的是梯形断面吊钩，梯形截面受力较合理，锻造容易。矩形截面只用于片式吊钩，断面的承载能力得不到充分利用，较笨重。圆形截面只用于小型吊钩。

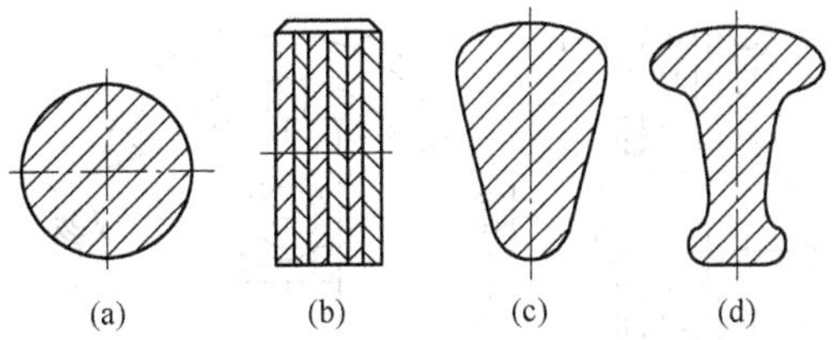

图 2-21 吊钩钩身截面形状

（a）圆形；（b）方形；（c）梯形；（d）“T”字形

锻造吊钩的尾部通常用三角螺纹，其应力集中严重，容易在裂纹处断裂。因此，大型吊钩多采用梯形或锯齿形螺纹，而国外则多采用圆形螺纹。

B 吊钩所用材料

吊钩对于起重机的安全可靠工作是至关重要的。为此，对吊钩的材料及加工都有严格的要求。由于高强度钢对裂纹和缺陷很敏感，因而制造吊钩的材料都是采用专用的优质低碳镇静钢或低碳合金钢，钢材牌号为 DG20、DG20Mn 钢和 DG34CrMo、DG34CrNiMo 合金钢。经锻造和冲压，退火后再经机械加工制成的吊钩，具有强度高、塑性韧性好的特点。

片式钩一般用于大吨位受强烈灼热物炽烤的场所。通常用厚度不小于 20mm 的 A3、20 号或 16Mn 钢板制造片式钩，不会发生突然断裂，可靠性高。由于缺陷引起的断裂只局限于个别钢板，剩余钢板仍可支承吊重，只需更换个别钢板即可，吊钩板片不可能同时断裂，因此它具有较大的安全性。但片式钩只能制造成矩形断面，所以钩体材料的强度性能不能被充分利用。

因为铸造材料存在较多质量缺陷，如有缩孔、缩松、热应力、夹渣等缺陷，易产生裂纹，不易被发现，所以起重机械不得使用铸钢吊钩；不能采用焊接吊钩，因为焊接有气孔、夹渣、未焊透，裂缝等缺陷；也不能用强度高、冲击韧性低的钢材制造吊钩。

锻打吊钩时，应在低应力区打印标有额定起重量、厂标、检验标志、日期、编号等标记，并由锻造厂进行表面检验及负荷试验后，提供合格证明文件。

2.4.1.2 吊钩组

吊钩组是吊钩与滑轮组的组合体，有长型和短型两种形式。

（1）长型吊钩组。长型吊钩组如图 2－22 所示，滑轮 1 的两边安装着拉板 3。拉板的上部有滑轮轴 2，下部有吊钩横梁 4，它们平行地装在拉板上。滑轮组滑轮数目单、双均可。横梁中部垂直孔内装着吊钩 5，吊钩尾部有固定螺母。为方便物品的装卸，吊钩应能绕垂直轴线和水平轴线旋转。因此，在吊钩螺母与吊钩横梁间装有推力轴承，这样吊钩就支承在吊钩横梁上，并能绕吊钩钩颈轴线旋转。同时，吊钩横梁支承在两边拉板的孔中（间隙配合），使横梁和吊钩能绕水平轴线旋转。横梁两端各加工一环形槽并用定轴挡板固定在拉板上，以防止横梁的轴向移动。滑轮轴两端也支承在拉板上，但由于滑轮轴两端加工成扁缺口，定轴挡板卡在其中，所以滑轮轴既不能转动也不能移动。

（2）短型吊钩组。短型吊钩组如图 2－23 所示，与长型吊钩组不同，它是将吊钩横梁加长，在横梁两端对称地安装滑轮，而不另设滑轮轴，这样就使吊钩组整体高度减小，故称其为“短型”。但为使吊钩转动而又不碰两边滑轮，它采用了长吊钩。短型吊钩组只能用于双倍率滑轮组。

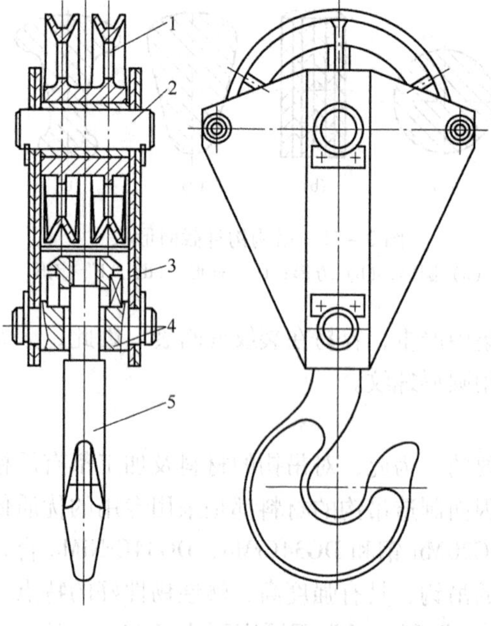

图 2－22 长型吊钩组

1—滑轮；2—滑轮轴；3—拉板；

4—吊钩横梁；5—吊钩

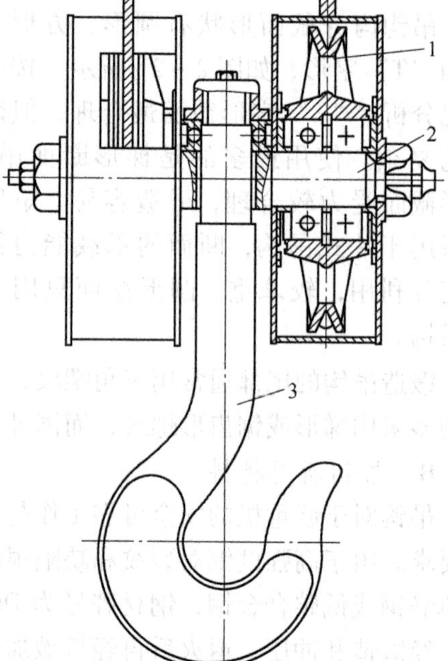

图 2－23 短型吊钩组

1—滑轮；2—滑轮轴；3—吊钩

在电磁、三用和锻造起重机吊钩组上都设有防止吊钩旋转的固定装置，防止起重电磁铁、抓斗或翻钢机所用的电缆因吊钩转动而缠绕到钢丝绳上，影响升降或咬断电缆。

2.4.1.3 吊钩（组）的损坏形式

吊钩（组）在使用中，从外观可见到的损坏形式，常有钩口部位的磨损和滑轮轮缘的破碎。钩口部位的磨损为正常现象。用钢丝绳直接吊物如图2－24所示，如果辅助吊具的用法得当，会磨损的慢些，甚至很少有磨损。实践证明用单根钢丝绳跨挂重物的方法不当，是造成钩口磨损的主要因素。当重物被吊起时，必然要自行调整重心，迫使钢丝绳在钩口处滑动，致使钩口很快磨损。有的单位一个新吊钩，只用了两个月就磨到报废的程度。如果改用类似如图2－25所示的辅助吊具，就会改善这种情况。

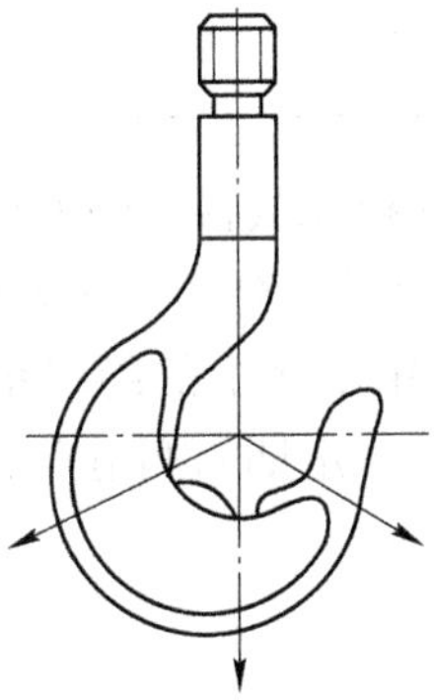

图2－24 钢丝绳直接吊物

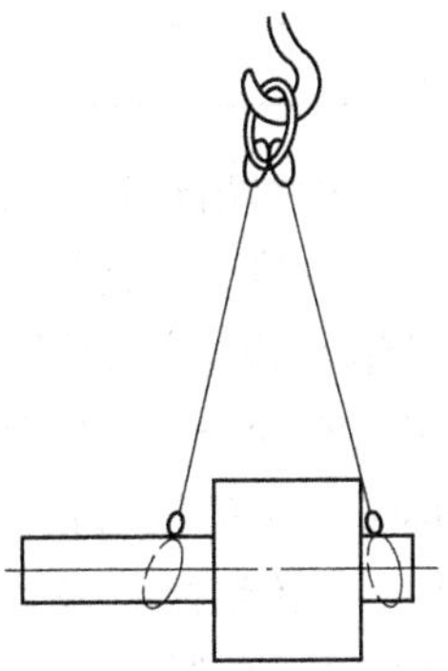

图2－25 辅助吊具吊物

另外如图2－26所示的钩口变形，在使用中吊钩的钩口由于产生了永久变形而增大，如果尺寸 a 逐渐张开到 a'，当 a' 与尺寸 d 相等时，则吊钩应更换新钩。

滑轮的轮缘破碎，主要是由碰撞造成的。原因是吊钩组没有升到必要的高度，车开得不稳或斜拉歪吊重物，使吊钩等产生了强烈摆动，从而使滑轮碰撞到其他物件上。还有因司机违反操作规程，不检查限位开关的起升工作情况，不注意吊钩的起升情况而造成了所谓的吊钩“上天”（不论钢丝绳是否被拉断），使滑轮损坏。如果产生了滑轮破碎，则应及时修补或更换滑轮。

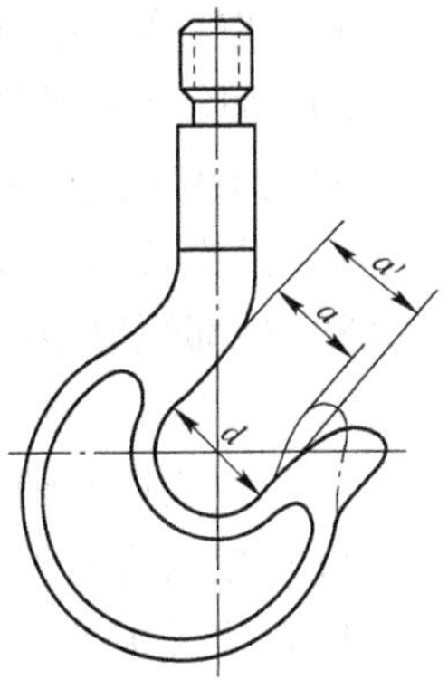

图2－26 钩口变形

吊钩（组）中不易发现的隐患，常常是吊钩尾部螺纹的底径或螺纹与杆部之间的空刀槽处，因应力集中而产生裂纹。检修时应把吊钩螺母卸下，清洗干净上边的污垢后，认真仔细查看。检查已断裂的吊钩，发现旧断口往往占断裂面积的1/3左右。这说明只要检修时提早发现该处裂纹，就可以避免由于突然断裂而造成的严重后果。

2.4.1.4 吊钩（组）的检查

吊钩若使用不当极易损坏或折断，造成重大事故和经济损失，因此必须对吊钩经常进行检查，发现问题，及时处理，吊钩组的检查见表2－11。

表 2－11 吊钩组检查表

项 目	检查时间与方法
吊钩回转状态	定期用手转动，应轻巧灵活
防脱钩装置	用手检验，确认可靠
滑轮	应有防护罩，转动时应无异常声响
螺栓、销	定期检查，应无松动、脱落
危险断面磨损	按国家标准定期检查，危险断面磨损量不超过原尺寸的 10%
裂纹	半年进行一次磁粉探伤
吊钩开口度	必要时进行及时检查，开口度不能超过原尺寸的 15%
螺纹	卸去螺母，检查有无裂纹
轴承及轴瓦	不得有裂纹和严重磨损

还应当经常检查吊钩螺母或其他连接方式的零件是否有松脱或被切断的情况，防止吊钩自行脱落。还应检查吊钩尾部螺纹和吊钩螺母上的腐蚀情况，对经常接触腐蚀性气体、液体的吊钩（组）应涂抹润滑脂以防腐蚀。绝缘起重机所用吊钩上的绝缘垫、绝缘套等不得破裂，应经常检查，及时清除灰尘，潮湿后应立即烘干。定期向润滑点和铰接点加润滑脂，吊钩螺母下边的推力轴承处更应注意加油。

2.4.1.5 吊钩报废标准

（1）吊钩表面有裂纹。

（2）危险断面磨损达原尺寸的 10%。

（3）开口度比原尺寸增加 15% 时。

（4）扭转变形超过 10°时。

（5）危险断面或吊钩颈部产生塑性变形。

（6）钩柄腐蚀后的尺寸小于原尺寸的 90%。

（7）吊钩磨损后有补焊。

（8）尾部螺纹根部有裂纹。

（9）片式吊钩衬套磨损达原尺寸的 50%，应报废衬套。

（10）片式钩心轴磨损达原尺寸的 5%，应报废心轴。

（11）板钩防磨板磨损达原尺寸的 50%，应报废防磨板。

（12）片式板钩上有侧向变形，当变形的弯曲半径大于板厚的 20 倍时，必须更换钩片。

2.4.2 抓斗

抓斗是靠颚板的开闭，自行抓取、卸出散粒物料的取物装置，主要用于装卸大量散粒物料。抓斗按开闭方式不同有单绳抓斗、双绳抓斗和电动抓斗。

2.4.2.1 单绳抓斗

单绳抓斗（见图 2－27）用于只有一个起升卷筒的普通起重机。单绳抓斗主要由上横梁、撑杆、颚板及下横梁组成。它只有一根工作绳，通过特殊的闭锁装置实现起升和开闭绳的转换，完成起升和开闭抓斗的任务。单绳抓斗生产率低，不宜用于经常装卸散粒物料的地方。

图2-28所示是一种单绳抓斗的工作原理。其闭锁装置由固定在钢丝绳上的一个钢球和上横梁上的一钢叉组成。卸料时（见图2-28d），先将抓斗落在料堆上，放下钢丝绳，使球体卡在钢叉中，然后再提升钢丝绳，颚板在料重的作用下开斗卸料。这时钢球以下部分钢丝绳是松弛的，允许颚板张开，钢球以上部分钢丝绳作起升绳用。卸完料后，抓斗仍以开斗状态进行垂直与水平运动。下一次抓取物料时，先将抓斗落在料堆上（见图2-28a），使钢丝绳偏过一边，让球体从钢叉中脱出，再提升钢丝绳（见图2-28b），即可进行抓取物料，这时钢丝绳起开闭绳作用。钢丝绳继续上升，使满载抓斗闭合上升（见图2-28c），然后水平运移抓斗至卸料处卸料，完成上述重复动作。

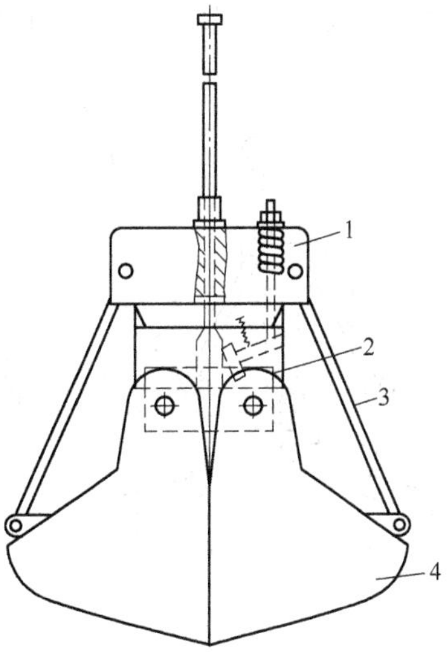

图2-27 单绳抓斗
1—上横梁；2—下横梁；3—撑杆；4—颚板

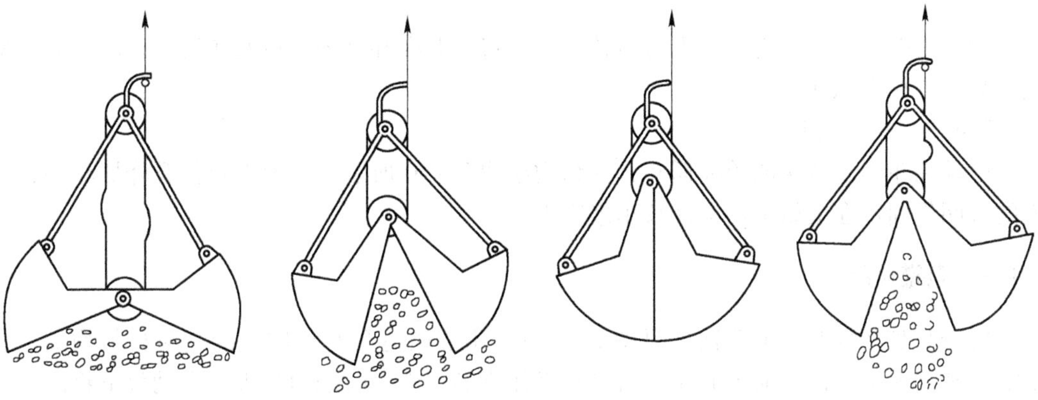

图2-28 单绳抓斗工作原理图
（a）开斗落于料堆；（b）抓取物料；（c）起升；（d）开斗卸料

2.4.2.2 双绳抓斗

双绳抓斗颚板的开闭或升降分别由开闭绳和起升绳驱动。因此双绳抓斗只能用于专门的双卷筒起升机构中。

双绳抓斗（见图2-29）主要由颚板、撑杆、上横梁、下横梁等部分组成。起升绳用来升降抓斗，它的一端固定在上横梁上，另一端连起升卷筒。开闭绳用来操纵斗的开闭，它绕在上下横梁的滑轮组上，另一端与开闭卷筒连接。滑轮组的倍率通常为2~6。

抓斗以张开状态下降到料堆上，开闭卷筒回转，使开闭绳上升，此时起升卷筒停止不动，抓斗逐渐闭合，抓斗颚板在自重的作用下插入料堆，抓取物料（见图2-29a）。待抓斗完全闭合后，起升卷筒与开闭卷筒同速回转，将满载的抓斗升到一定高度（见图2-29b）。当抓斗移动到卸料位置后，起升卷筒停止不动，反方向回转开闭卷筒，开闭绳下降，抓斗在料重的作用下张开卸料（见图 2－29c）。

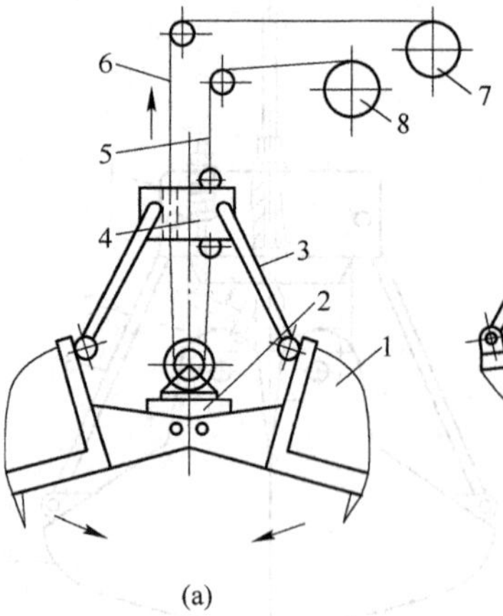

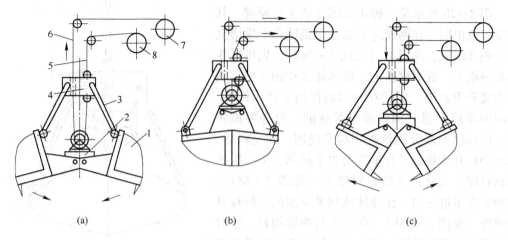

图 2－29 双绳抓斗
（a）抓取物料；（b）起升；（c）卸料
1—颚板；2—下横梁；3—撑杆；4—上横梁；5—起升绳；
6—开闭绳；7—开闭卷筒；8—起升卷筒

为了使抓斗工作时稳定，不易扭转，通常将起升绳和开闭绳成对布置。这时共有四根绳，故又称四绳抓斗。

2.4.2.3 电动抓斗

电动抓斗属于特殊的单绳抓斗，其结构如图 2－30 所示。钢丝绳只作升降抓斗用，颚板的开闭靠固定在横梁上的电动绞车来实现。

2.4.3 电磁吸盘

电磁吸盘又称起重电磁铁（见图 2－31），用于搬运具有导磁性的金属材料物品。它不需要辅助人员帮助，通电时靠磁力自动吸住物品，断电时磁力消失，自动放下物品。由于供电电缆要随电磁吸盘一起升降，所以在起重机起升机构上，常设有专门的电缆卷筒。

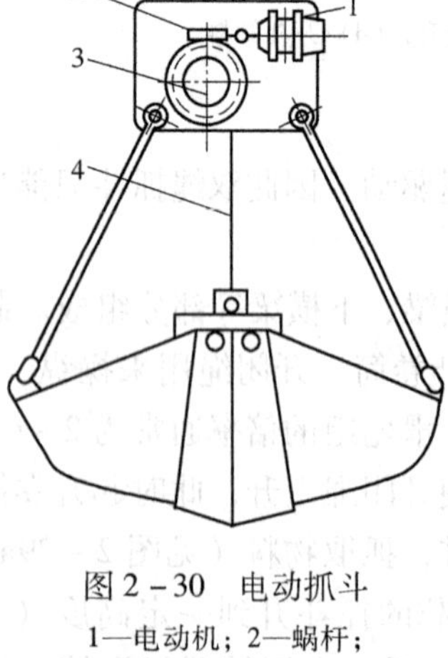

图 2－30 电动抓斗
1—电动机；2—蜗杆；
3—蜗轮；4—开闭颚板绳索

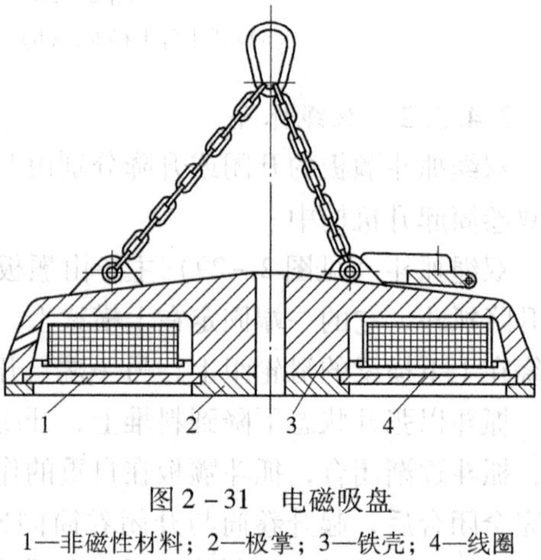

图 2－31 电磁吸盘
1—非磁性材料；2—极掌；3—铁壳；4—线圈

根据用途的不同，电磁吸盘的底面通常制成圆形或长方形。圆形电磁盘用来搬运钢锭、钢铁铸件以及废钢屑等。矩形电磁盘用来搬运成型的钢材，如钢板、钢管以及各种型钢等。在搬运较长的型材时，常在一根承梁下同时使用几个电磁盘进行工作。

搬运高温物品时，电磁吸盘是一种很方便的取物装置，但电磁吸盘的起重量受被搬运物品温度高低的影响，物品温度升高，电磁吸盘吸力随着降低。当温度达 730℃时，磁性接近于零，完全不能工作。

电磁盘的主要优点是装卸物品可以自动进行。但是它也有一些缺点，如自重大、消耗功率大、断电时物品会坠落、起重能力随物品的性质和块粒大小相差很大。

2.5 制动装置

起重机是一种间歇动作的机械，它的工作特点是经常启动和制动。起重机械的安全规程中规定：动力驱动的起重机，其起升、变幅、运行、旋转机构都必须装设制动器；人力驱动的起重机，其起升机构和变幅机构必须装设制动器或停止器。

2.5.1 概述

制动装置的主要作用是用来阻止悬吊重物下降，实现停车以及某些特殊情况下，按工作需要实现降低或调节机构运动速度。在露天工作或斜坡上运行的起重机，制动器还有防止风力吹动或下滑的作用。

综上所述，制动器的作用如下：

（1）支持——保持不动。

（2）停止——用摩擦消耗运动部分的动能，以一定的减速度使机构停止下来。

（3）落重——制动力与重力平衡，重物以恒定的速度下降。

在起重机的各种机构中，制动器可以具有上述一种或几种作用。

制动器是利用摩擦原理来实现机构制动的。制动器的摩擦零件以一定的作用力压紧机构中某一根轴上的制动轮，产生制动力矩，利用这个制动力矩使物体质量和惯性力等所产生的力矩减小，直至两个力矩平衡，达到调速或制动的目的。采用摩擦制动的优点是：机构制动平衡可靠，有时还可以根据需要调整制动力矩的大小。

在选用制动器时，应充分注意制动器的任务以及对它的要求。例如支持制动器，其制动力矩必须具有足够的储备，也就是应当保证一定的安全系数。对于安全性有高度要求的机构需要装设双重制动器。例如，运送熔化铁水包的起升机构，规定必须装设两个制动器，其中每一个制动器都能安全地支持铁水包不致坠落。对于落重制动器，则应考虑散热问题，它必须具有足够的散热面积，将重物的位能所产生的热量散去，以免制动器过热而损坏或失效。

为了减小制动力矩、缩小制动器的尺寸，通常将块式制动器安装在高速轴上，也就是电动机轴上或减速器的输入轴上。某些安全制动器则装在低速轴上或卷筒上，以防传动系统断轴时物品坠落。特殊情况下也有将制动器装在中速轴上的，如需要浸入油中的载重制动器。有些电葫芦为了减轻发热与磨损，就装在减速器壳里。

2.5.2 制动器的种类

起重机所用的制动器是多种多样的。按不同的标准，制动器可分成不同的种类。

（1）根据构造分类，制动器可分为块式制动器、带式制动器和盘式制动器三种。

1）块式制动器。块式制动器在制动轮轮缘外侧对称地安装两个制动瓦块，并用杠杆系统把它们联系起来，使两个制动瓦块根据机构合闸或松闸，如图 2－32 所示。

块式制动器的构造简单，制造与安装都很方便，成对的瓦块压力互相平衡，使制动轮轴不受弯曲载荷，在起重机上广泛使用。

2）带式制动器。带式制动器（见图 2－33）由于制动带的包角很大，因而制动力矩较大，对于同样的制动力矩可以采用比块式制动器更小的制动轮。由于它的结构紧凑，可以使起重机的机构布置得很紧凑。因此，在外形尺寸受限制、制动转矩要求很大的场合，可考虑选用带式制动器。流动式起重机上多采用这种制动装置。它的缺点是安全性较低，制动带断裂将造成严重后果，制动带的合力使制动轮轴受到弯曲载荷，这就要求制动轮轴有足够的刚度。装在卷筒端部的安全制动器常用这种形式。

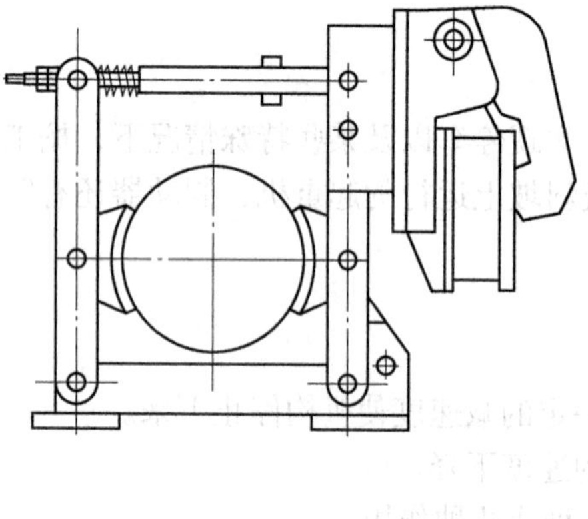

图 2－32　短行程电磁块式制动器

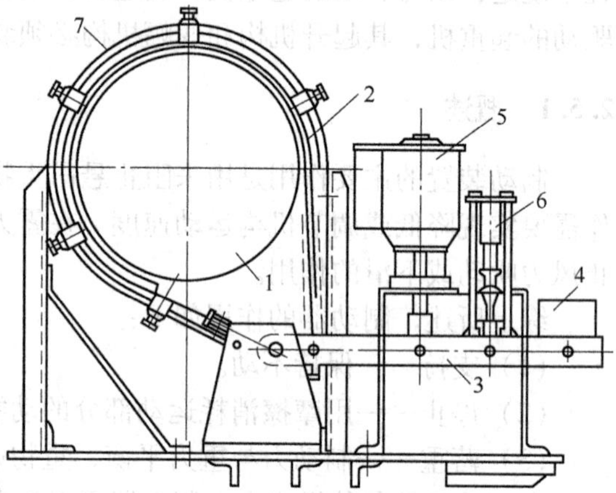

图 2－33　带式制动器

1—制动轮；2—制动带；3—杠杆；4—重锤；
5—电磁铁；6—缓冲器；7—护板

3）盘式制动器。盘式制动器制动转矩大，转动惯量小，可调范围大，结构紧凑，外形尺寸小，体积小，摩擦面积大，衬片磨损均匀，磨损小，重量轻，比压大，制动轮轴不受弯曲载荷，制动力的大小与制动盘旋转方向无关，制动平稳可靠。它常用于电动葫芦上，使电动葫芦的结构非常紧凑，并且应用日趋广泛。盘式制动器的缺点是散热差，湿度高，需用热稳定性较好的摩擦材料，对制动衬块（片）材质要求较高。

（2）根据工作状态分类，制动器可分为常闭式制动器和常开式制动器两种。

1）常闭式制动器。常闭式制动器经常处于合闸状态，在机构不工作期间是闭合的，当机构工作时由松闸装置如电磁铁或电力液压推杆器等外力将制动器松闸。从工作安全出发，起重机一般多用常闭式制动器，特别是起升机构必须采用常闭式制动器，以确保安全。制动器的闭合力大多数由弹簧产生。

2）常开式制动器。常开式制动器与常闭式制动器相反，经常处于松闸状态，只有在需要制动时才根据需要施以外力，产生制动力矩进行合闸制动。

（3）根据驱动方式分类，制动器可分为自动式制动器、操纵式制动器和综合式制动器三种。

1）自动式制动器。自动式制动器的上闸与松闸是自动的。起重机上常用的制动器是由电磁铁、电动推杆等进行松闸。这些制动器都是随着电动机的开停而自动松闸、上闸。

2）操纵式制动器。操纵式制动器的制动力矩是可以由人随意控制的。对于需要停车准确的运行机构，宜于采用操纵式制动器。这种制动器通常用手柄或足踏板进行操纵。传动方式可以是机械的（如拉索或刚性杠杆与连杆），也可以是液压的。图2－34所示为液压操纵带式制动器。它的动作原理是：踏下踏板1，凸轮2即将活塞3推动，将油缸4中的油通过油管5压入油缸6，从而推动活塞7，然后通过杠杆系统使带式制动器上闸。放松踏板，即由弹簧将各活塞复位。泄漏的油由储油器8补充。液压操纵的优点是可以很方便地操纵任何位置的制动器。最省力的操纵是利用压力空气，其缺点是需要有压气机。

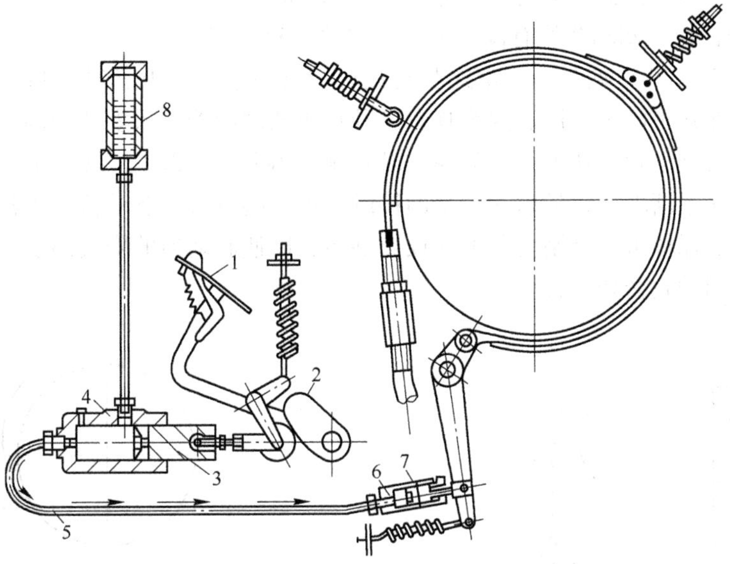

图2－34 液压操纵带式制动器

1—踏板；2—凸轮；3，7—活塞；4，6—油缸；5—油管；8—储油器

3）综合式制动器。综合式制动器在正常工作时为自动式，操纵可以保证安全，图2－35所示的制动器就是在这种意义上的制动器。起重机工作时，电磁铁通电将重块抬起，使制动器松开，而利用操纵杠杆可以随意进行制动。当起重机不工作时，切断电源，电磁铁将重块释放，制动器上闸以防起重机滑走。

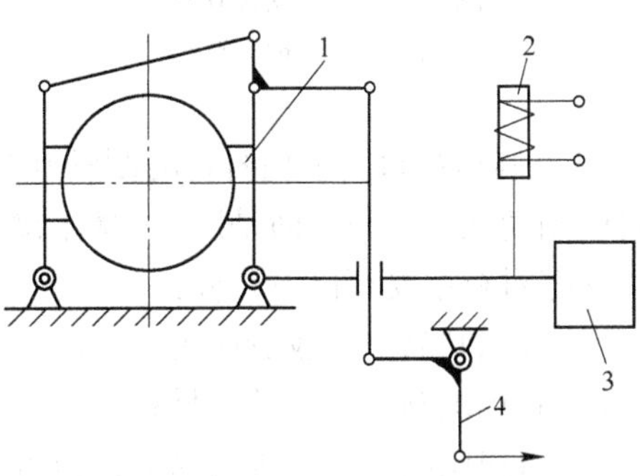

图2－35 综合式制动器

1—制动器；2—电磁铁；3—重块；4—操纵杠杆

2.5.3 块式制动器

2.5.3.1 块式制动器的构造

块式制动器的主要部分是制动轮、制动瓦块、制动臂和松闸器，此外还有一些附属装置。

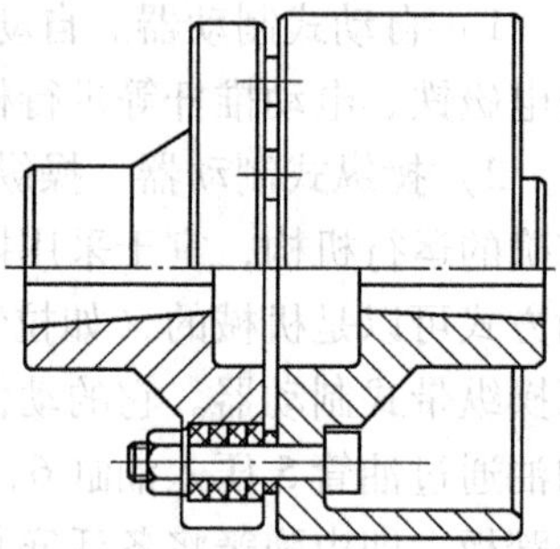

图 2－36 带制动轮的联轴器

(1) 制动轮。制动轮通常由铸钢制造，转速不高的制动轮也可以用组织细密的铸铁制造。通常把制动轮作为联轴器的一个半体（见图 2－36）。从减轻联轴器受力的观点出发，应该将带制动轮的半体装在减速器一侧。这样布置对起升机构来说可以使联轴器在电动机断电后完全卸载，对于运行机构来说也可以使联轴器承受较小的惯性力矩，因为电动机转子的惯性比运行质量的惯性小得多。但有时从装配工艺出发，也有反过来装的，弹性柱销联轴器的半体不宜作热负荷很大的制动轮，如下降制动器。

制动轮的宽度通常比制动瓦块的宽度大 5～10mm。

(2) 制动瓦块。制动瓦块有固定式（见图 2－37a）和铰接式（见图 2－37b）两种。固定式制动瓦块构造简单，但由于对带制动轮的联轴器安装要求高，现在几乎已不采用。因为具有这种瓦块的制动器如果安装偏高或偏低，瓦块的圆弧面就不能与制动轮密切配合，只在一端接触（见图 2－38），只是在衬料大量磨损之后，接触面积才逐渐增大，最后达到全面接触。现在起重机的制动器几乎都是采用铰接式制动瓦块。由于瓦块可以绕制动臂上的铰点旋转，即使制动器的安装高度略有误差，瓦块仍能很好地与制动轮密切配合。

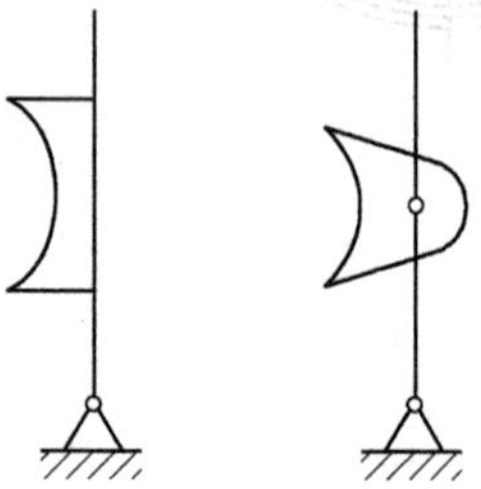

(a) (b)

图 2－37 制动瓦块图

(a) 固定式；(b) 铰接式

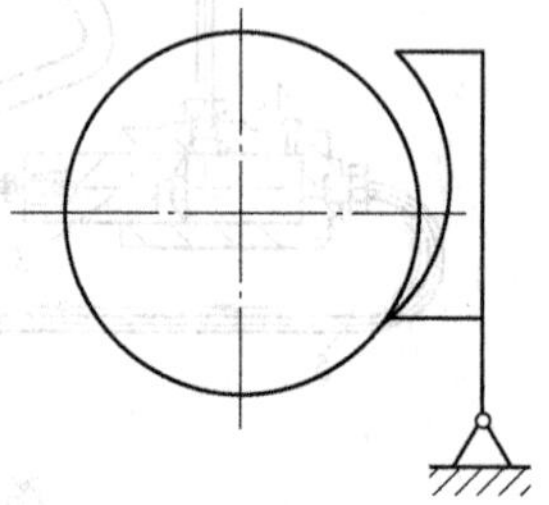

图 2－38 固定式瓦块与制动轮初始接触情况

(3) 制动衬料。不加衬料的制动瓦块只用于铁路车辆。起重机制动器采用带有摩擦衬料的制动瓦块，一方面是因为衬料的摩擦因数大，另一方面使制动轮的磨损小。

摩擦衬料主要有以下几种：

1）棉织制品——较少应用。

2）石棉织制品——常用材料。

3）石棉压制品——价廉物美，值得推广应用。

4）石棉树脂材料——耐热性好。

5）粉末冶金摩擦材料——新摩擦材料，适合高速重载工作和高温下工作。

(4) 制动臂。制动臂可用铸钢或钢板制造，但不允许用铸铁。铸钢制动臂断面为工字形，钢板制动臂断面为矩形。

(5) 松闸器。块式制动器的差别主要是松闸器不同，制动器性能的好坏很大程度上取决于松闸器的性能。根据松闸器杠杆的行程长短，块式制动器有长行程制动器与短行程制动器之分。短行程制动器的松闸器可以直接装在制动臂上，使制动器结构紧凑，但由于松闸力小，只适用于小型制动器（制动轮直径一般不大于 ϕ300m）。短行程松闸器的松闸行程通常为 5mm 以下。长行程制动器的松闸器可以通过杠杆系统产生很大的松闸力，适用于大型制动器。长行程松闸器的松闸行程通常大于 20mm。

（6）闸瓦松闸间隙（退距）。制动器在松闸状态时应当使制动瓦块与制动轮间具有适当的间隙。通常松闸间隙随着闸瓦衬料的磨损而逐渐增大。为了保证制动器正常工作，松闸间隙不能过大或过小。最小松闸间隙根据制动衬料的弹性而定，通常为 $\varepsilon_{min}=0.6\sim0.8$mm，用以保证制动轮在旋转时不致由于振摆、轴的挠度及热膨胀而与制动瓦块接触。松闸间隙过大可能引起很大的上闸冲击和延长上闸时间，所以最大的松闸间隙通常为 $\varepsilon_{max}=1.5\varepsilon_{min}$，最大不超过 2mm。

2.5.3.2 块式制动器的种类

块式制动器有短行程电磁块式制动器、长行程瓦块式制动器、电力块式制动器、电磁液压块式制动器等。

（1）短行程电磁块式制动器。短行程电磁块式制动器（见图 2－32）结构简单、质量轻、制动快。其缺点是冲击和噪声大，寿命短，制动力矩小，有时有剩磁现象，只适用于起升机构，无防爆型用直流电源时，需要更换电磁铁。

短行程电磁块式制动器使用短行程制动电磁铁松闸器。短行程电磁块式制动器的特点是构造简单，工作安全可靠，但工作时响声大，冲击大，电磁铁线圈寿命短。目前采用一种新型的电磁铁，称为压电磁铁。这种电磁铁消除了简单电磁铁的缺点，特点是：动作平稳，无噪声，寿命长，能自动补偿瓦块衬料的磨损，但制造工艺要求较高，价格昂贵。

（2）长行程电磁块式制动器。长行程电磁块式制动器（见图 2－39）优点是行程大，可以获得较大的制动力矩，制动快，很少有剩磁现象，比较安全；缺点是冲击和噪声较大，寿命不够长，构件多且复杂，体积和质量大，效率低，只适用于起升机构。

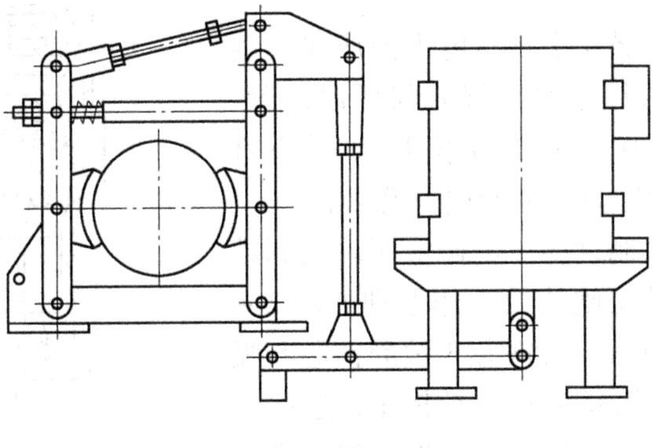

图 2－39 长行程电磁块式制动器

长行程电磁块式制动器使用长行程制动电磁铁松闸器。

（3）电力块式制动器。电力块式制动器的推杆有液压式推杆和离心式推杆两种。二者的基本原理都是利用旋转物体的离心力，前者利用旋转液体离心力所产生的液体压力，后者是利用重块旋转时的离心力。

电力液压块式制动器如图2-40所示，它的松闸器工作原理如图2-41所示。松闸器以隔套2为界分为上下两部分，下部为非油浸的电动机1；上部由离心泵叶轮3、活塞4、油缸5、弹簧6、推杆7和注油螺塞8等部分组成。机构工作时，电动机通电，带动离心泵叶轮旋转，排出的高压油克服弹簧的张力，推动活塞和推杆上升，制动器杠杆使制动器松闸。机构不工作时，电动机断电，油压降低，推杆及活塞在弹簧张力的作用下迅速复位，制动器在主弹簧张力作用下合闸制动。

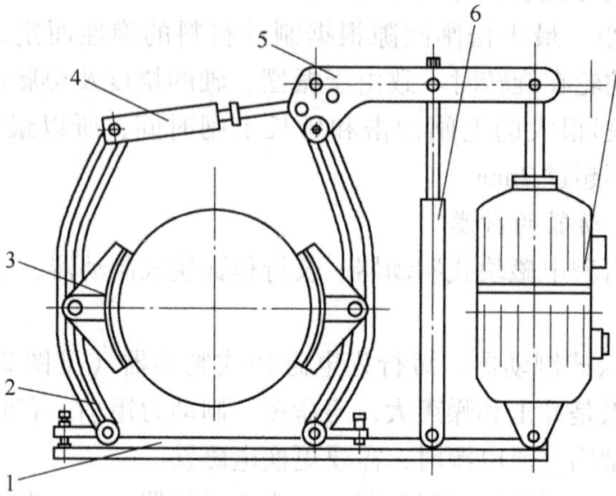

图2-40 电力液压块式制动器

1—底座；2—制动臂；3—制动瓦块；4—副弹簧；5—杠杆；6—主弹簧架；7—推动器

电力液压块式制动器的特点是：动作平稳，无噪声，允许开动的次数多，推力恒定，所需电动机功率小，耗电少；但上闸缓慢，用于起升机构时，制动行程较长，不适于低温环境，只宜于垂直布置，偏角一般不大于10°。

电力离心块式制动器几乎具有电力液压块式制动器的所有优点，并可用于寒冷气候与任何位置，但由于惯性质量大，松闸、上闸动作迟缓，故不宜用于起升机构。目前我国尚未生产这种松闸器。

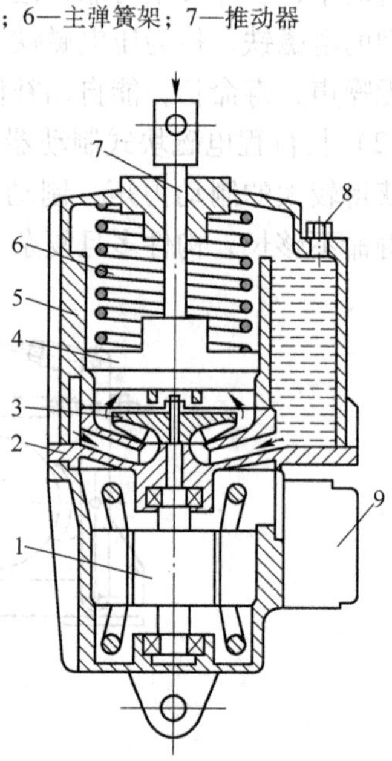

图2-41 电力液压块式制动器的松闸器

1—电动机；2—隔套；3—离心泵叶轮；4—活塞；5—油缸；6—弹簧；7—推杆；8—注油螺塞；9—接线盒

（4）电磁液压块式制动器。电磁液压块式制动器如图2-42所示，其松闸器的工作原理如图2-43所示。当线圈4通电后，动铁芯3被静铁芯8吸引向上运动。两铁芯间隙里的油液被挤出，这些油液推动活塞14将推杆13压出，同时推动杠杆进一步压缩主弹簧，使制动器松闸。当下面油腔内没有压力时，阀片20的自重使单向阀19打开，油从油缸进入工作油腔。当工作油腔内有压力时，阀片20被压向上面的“O”形密封圈，将油路切断。单向阀19能保证当线圈断电时，动铁芯3能落到底。

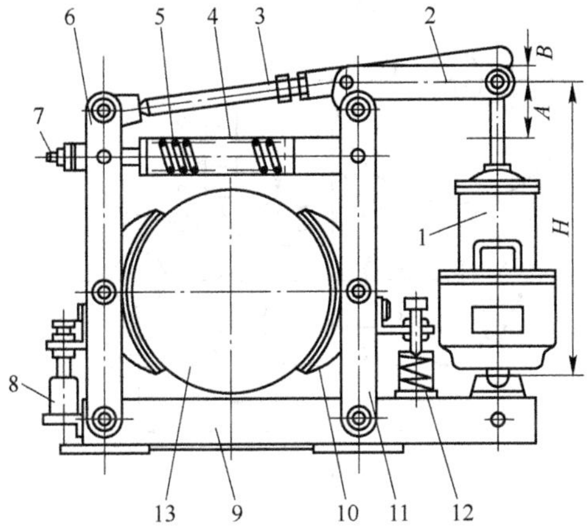

图2-42 电磁液压块式制动器

1—液压电磁铁；2—杠杆；3，7—拉杆；4—弹簧架；5—主弹簧；6，11—左、右制动臂；8，12—自动补偿器；9—底座；10—制动瓦；13—制动块；A—补偿行程；B—额定行程

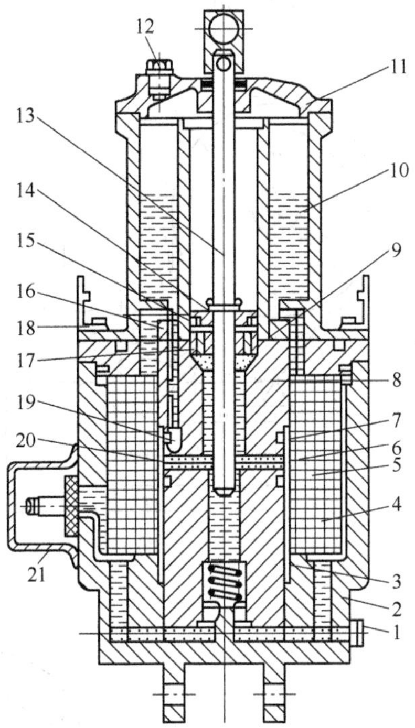

图2-43 电磁液压松闸器示意图

1—放油螺塞；2—底座；3—动铁芯；4—线圈；5，7，9，15—密封圈；6—工作间隙；8—静铁芯；10—油缸；11—盖；12—注油螺塞；13—推杆；14—活塞；16—通道；17—轴承；18—吊环；19—齿形阀片；20—垫阀；21—接线盒

电磁液压电磁铁消除了电磁铁的缺点，动作平稳、快速、无噪声、寿命长、能自动补偿制动衬片磨损引起的间隙；但其结构复杂，对密封元件和制造工艺要求高，对维修技术要求高，价格较贵，制造不完善的液压电磁铁常有失灵现象，已被电动液压推动器代替。

2.5.4 带式制动器

带式制动器（见图2-33）由制动带2、与机构相连的制动轮1、杠杆3、合闸重锤4和松闸电磁铁5等部分组成。重锤的重力通过杠杆拉紧制动带并紧抱制动轮实现制动，为常闭式制动器。当需要松闸时，电磁铁通电，电磁吸引力克服重锤和杠杆的重力，使杠杆逆时针转动，制动带脱开制动轮，实现松闸。

制动带可用Q235号钢制成。为了增加摩擦系数，在带的工作表面衬有石棉带或木块等摩擦系数较大的材料，衬层用铆钉或螺钉固定在钢带上。制动器松闸时，应使制动带与制动轮间形成1~1.5mm的径向间隙。在制动带的外围装有固定挡板，用挡板上均布的调节螺钉来保证径向间隙的均匀。

根据制动带与制动杠杆连接点对杠杆支点的位置，带式制动器分为简单带式、差动带式和综合带式三种，如图 2－44 所示。

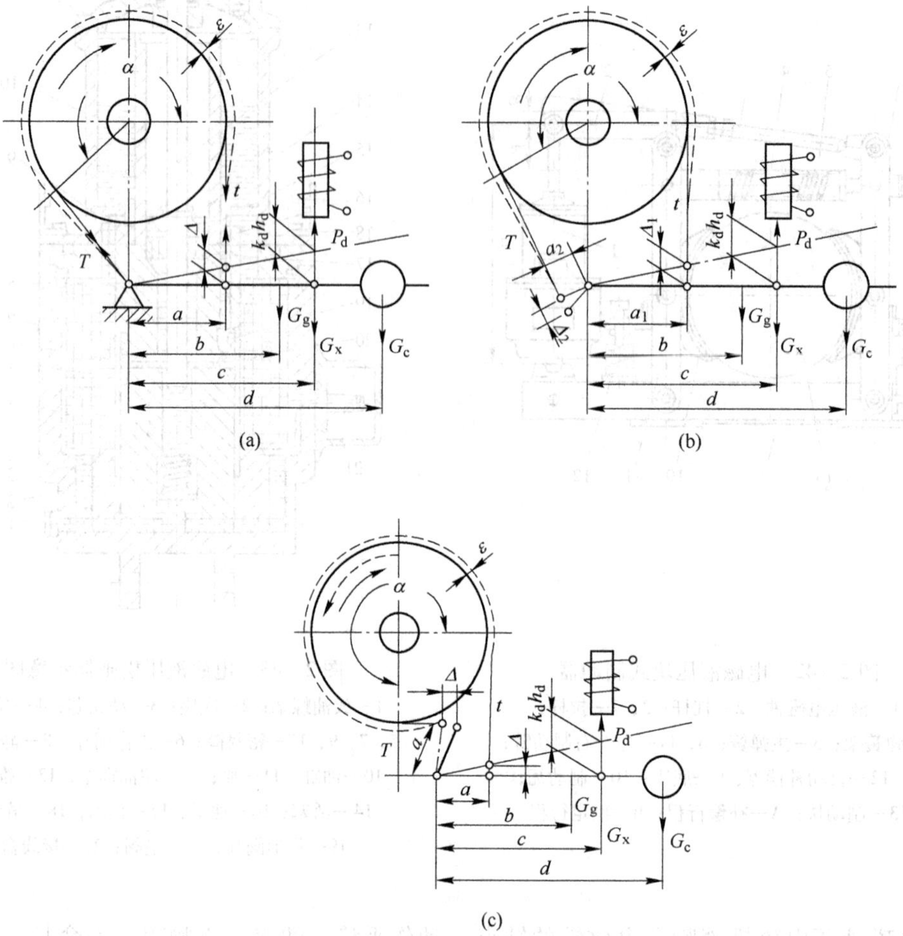

图 2－44　带式制动器的种类
（a）简单带式制动器；（b）差动带式制动器；（c）综合带式制动器

简单带式制动器（见图 2－44a）的结构特点是制动带一端固定在机架（即杠杆支点）上，另一端绕过制动轮后固定在制动杠杆上。制动时，制动带一端不动，另一端收紧。差动带式制动器（见图 2－44b）的结构特点是制动带两端都固定在制动杠杆上，而且分置于杠杆支点的两侧。制动带两端的张力对支点的力矩相反，故制动时，制动带一端收紧而另一端放松。综合带式制动器（见图 2－44c）的结构特点是制动带两端都固定在制动杠杆上，且置于杠杆支点的同侧。制动带两端的张力对支点的力矩方向相同，制动时，制动带两端都收紧。

三种带式制动器由于结构的不同，在性能上相互存在一定的差别。三种带式制动器的对比见表 2－12。

表 2－12 简单带式、差动带式和综合带式制动器的对比

项目		计算公式及说明		
		简单带式制动器	差动带式制动器	综合带式制动器
结构形式		见图 2－44(a)	见图 2－44(b)	见图 2－44(c)
产生制动力矩 M_z 时，所需重锤的重量 G_c		$G_c=\frac{ta}{d\eta}-\frac{G_g b+G_x c}{d}$	$G_c=\frac{ta_1-Ta_2}{d\eta}-\frac{G_g b+G_x c}{d}$	$G_c=\frac{(T+t)a}{d\eta}-\frac{G_g b+G_x c}{d}$
产生的制动力矩 M_z	顺时针	$M_z=(e^{\mu\alpha}-1)(G_c d+G_g b+G_x c)\frac{D}{2a}\eta$	$M_z=\frac{e^{\mu\alpha}-1}{a_1-\eta a_2 e^{\mu\alpha}}(G_c d+G_g b+G_x c)\frac{D}{2}\eta$	$M_z=\frac{e^{\mu\alpha}-1}{e^{\mu\alpha}+1}(G_c d+G_g b+G_x c)\frac{D}{2a}\eta$
	逆时针	M_z 减小为顺时针时的$\frac{1}{e^{\mu\alpha}}$	M_z 减小为顺时针时的$\frac{a_1-\eta a_2 e^{\mu\alpha}}{a_1 e^{\mu\alpha}-\eta a_2}$	M_z 大小不变
适用条件及特点		正反转制动力矩不同，用于起升机构及变幅机构	正反转制动力矩不同，上闸所需重锤的重量 G_c 小，用于起升机构及变幅机构	正反转制动力矩相同，用于运行及旋转机构

注：表中符号意义如下：η—制动杠杆效率，一般取 $\eta=0.9\sim0.95$；G_g—制动杠杆重量；G_x—电磁铁衔铁重量；G_c—重锤的重量；μ—制动带与制动轮间的摩擦系数；a，b，c，d—如图 2－44 所示尺寸，通常取 $d/a=10\sim15$；T，t—制动带两端张力；a_1，a_2—如图 2－44（b）所示尺寸；为避免自锁现象，应使 $a_1>a_2e^{\mu\alpha}$，通常取 $a_1=(2.5\sim3)a_2$，$a_2=30\sim50$mm；D—制动轮直径；P_d—电磁铁吸力；h_d—电磁铁行程；k_d—电磁铁行程利用系数，$k_d=0.8\sim0.85$；α—制动带绕在制动轮上的包角，如图 2－44（c）所示尺寸；e—常数，2.7182818…。

2.5.5 盘式制动器

盘式制动器是靠轴向力压紧制动盘，利用制动盘与固定盘产生的摩擦力而实现制动的装置。为了增大摩擦力，在盘的摩擦面上铆接由摩擦材料制作的衬片。

盘式制动器分为锥盘式和圆盘式两类。制动时需要的轴向力可以由人力、弹簧、气压或油压等产生。

图2-45所示为油压合闸的常开式圆盘制动器。它是由两个在结构上完全相同的制动油缸组成，成对使用，同时动作。它靠油压合闸制动，弹簧松闸。当需要制动时，油液进入油缸5，油压克服弹簧3的张力，推动活塞4，使固定盘2抱紧制动盘1合闸制动。反之，当油缸内无压力油时，弹簧张力推动活塞回移，制动盘与固定盘脱离松闸。如果制动时油压大小不同，则对制动盘施加的轴向压力不同，因此可以通过调节不同的油压来获得不同的制动力矩。

图2-46所示为常闭式圆盘制动器。它的工作原理是，当电磁铁线圈接通电源时，电磁铁衔铁1克服弹簧2的压力而吸合，同时使定制动片3（带有制动环）脱开动制动片（不带制动环，可与电动机轴同时旋转），使电动机正常运转。当断电时，依靠弹簧2的压力使定制动片开始压紧动制动片，产生摩擦制动力矩使动制动片制动，同时也使电动机停止转动达到制动目的。

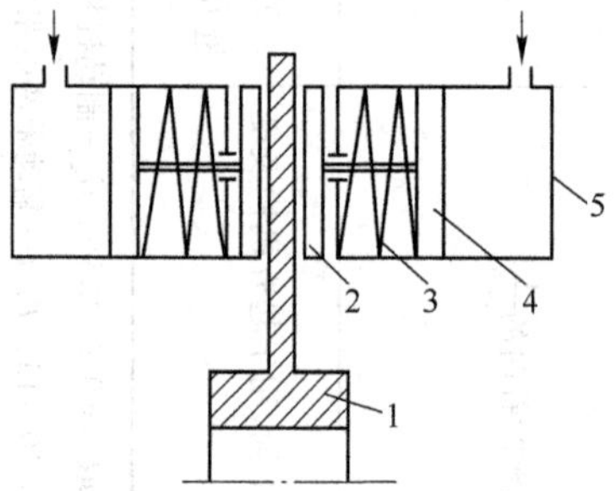

图2-45 油压合闸的常开式圆盘制动器
1—制动盘；2—固定盘；3—弹簧；
4—活塞；5—油缸

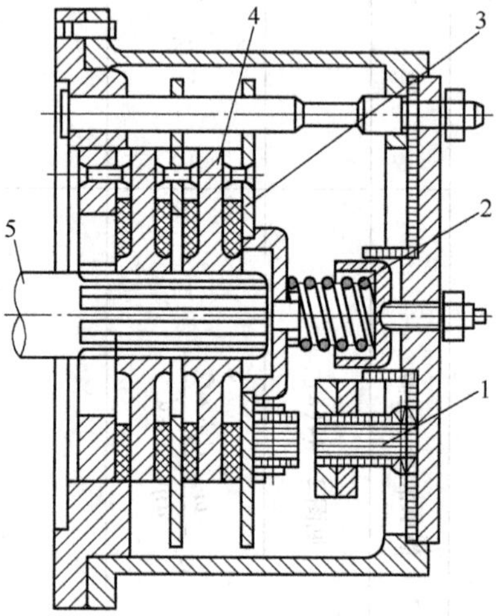

图2-46 常闭式圆盘制动器
1—电磁铁；2—弹簧；3—定制动片；
4—动制动片；5—电动机轴

锥盘式制动器如图2-47所示。锥盘式制动器的制动环与制动轮均为锥形。锥盘式制动器是锥形电动机的一部分。锥形电动机之所以把转子、定子设计制作成锥形，其目的就是为了获得一种结构简单轻巧，制作装配调整方便，并与电动机不可分割的制动器。锥盘式制动器的动作原理是，当电路接通时，轴向的磁拉力使弹簧5压缩，并使制动环3与制动轮4脱开，实现正常运转。当电路切断时，弹簧5在弹簧压力作用下，使制动环3压紧制动轮4并产生摩擦制动力矩，使电动机停止运转达到制动目的。

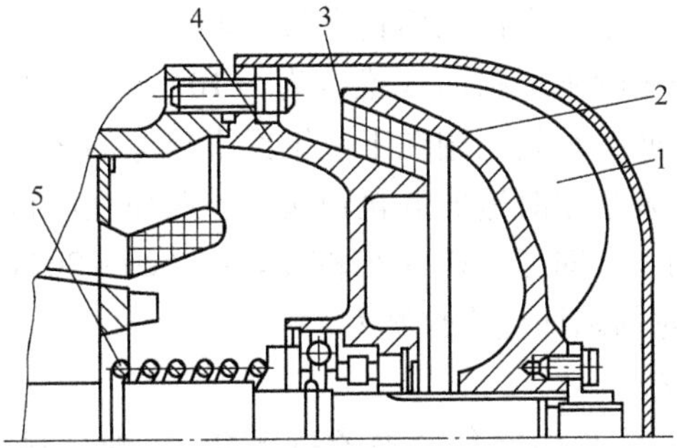

图 2-47 锥盘式制动器

1—风扇轮；2—锥形制动盘；3—制动环；4—制动轮；5—弹簧

2.6 车轮与轨道

起重机运行机构可分为有轨的和无轨的（如汽车起重机）两种，这里主要介绍有轨的车轮和轨道。有轨的起重机常采用钢制车轮在专门铺设的轨道上运行。这种运行方式由于负荷能力大，运行阻力小，制造和维护费用少，因而成为起重机的主要运行方式。

2.6.1 车轮

2.6.1.1 车轮的类型

车轮按轮缘分为双轮缘、单轮缘和无轮缘三种，如图 2-48 所示。为防止车轮脱轨，大轨距情况下应采用双轮缘车轮，如桥式起重机大车车轮。轨距不超过 4m 的情况下，允许采用单轮缘车轮，如桥式起重机的起重小车车轮。但对于有轮缘的车轮，当起重机走斜时，常会发生轮缘与轨道的强烈摩擦和严重磨损，这种现象称为啃轨。有时为避免啃轨磨损、减小运行阻力而采用无轮缘车轮，但这种车轮只能在保证不脱轨的情况下——有水平导向滚轮时才采用。

车轮与轨道接触的滚动面，又称车轮踏面，可加工成圆柱面或圆锥面，见图 2-49。

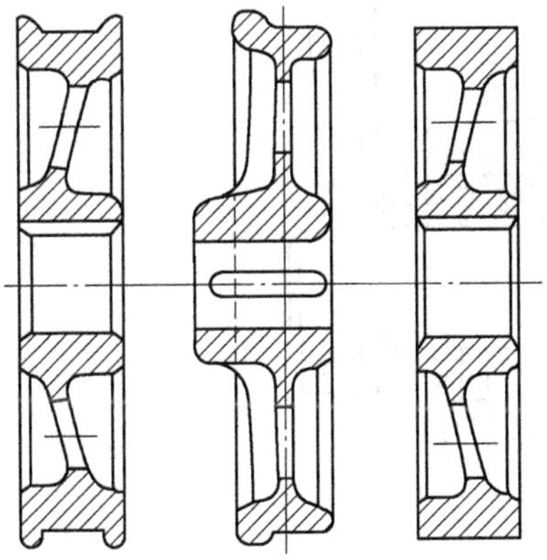

图 2-48 车轮类型

（a）双轮缘；（b）单轮缘；（c）无轮缘

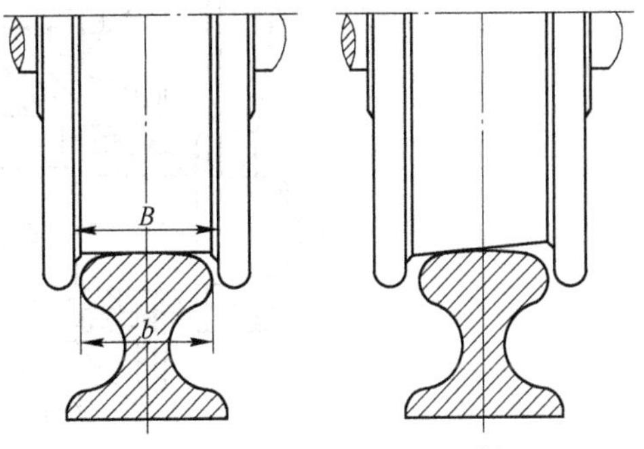

图 2-49 车轮踏面

（a）圆柱面；（b）圆锥面

在直线轨道上行走的起重机中，大都采用具有圆柱形踏面的车轮。但有的桥式起重机中带动桥架运行的主动车轮采用圆锥形踏面（锥度为1:10），这是因为它能自动矫正桥架运行中产生的偏斜。圆锥形踏面的车轮还用在工字钢梁下翼缘的运行小车上。

为了补偿在铺轨或安装车轮时造成的轨距误差，避免在结构中产生应力，车轮的踏面宽度 B 应比轨顶宽度 b 稍大。对于双轮缘车轮 $B = b + (20 \sim 30)$ mm；集中驱动的圆锥车轮 $B = b + 40$mm；单轮缘车轮的踏面应当更宽些。

2.6.1.2 车轮的材料

车轮多用碳素铸钢ZG55Ⅱ和低合金钢ZG50SiMn两种材料。对于ZG55Ⅱ铸钢车轮，规定滚动面硬度为300～350HB，淬硬层深度为距滚动面20mm处达到260HB；对于ZG50SiMn车轮，规定滚动面硬度为420～480HB，淬硬层深度为滚动面20mm处达280HB。车轮通常是根据最大轮压选择。近年来，随着工程塑料的发展有的已开始采用耐磨塑料车轮。表2－13为车轮、轨道、轮压的关系。

表2－13 车轮、轨道、轮压的关系

车轮直径/mm	250	350	400	500	600	700	800	900
轨道型号	P11	P24	P38	QU70	QU70	QU70	QU70	QU80
最大轮压/t	3.3	8.8	16	26	32	39	44	50

2.6.1.3 车轮的支承和安装

车轮有定轴式和转轴式两种支承和安装方式。

定轴式是把车轮安装在固定机架的心轴上，如图2－50所示。轮毂与心轴之间可以装滑动轴承，也可以装滚动轴承，车轮绕心轴能够自由转动。驱动转矩是靠与车轮固定在一起的齿圈传递给车轮的。由于是开式齿轮传动，齿轮磨损严重，并且检修更换车轮或齿圈时要抽出心轴，很不方便。

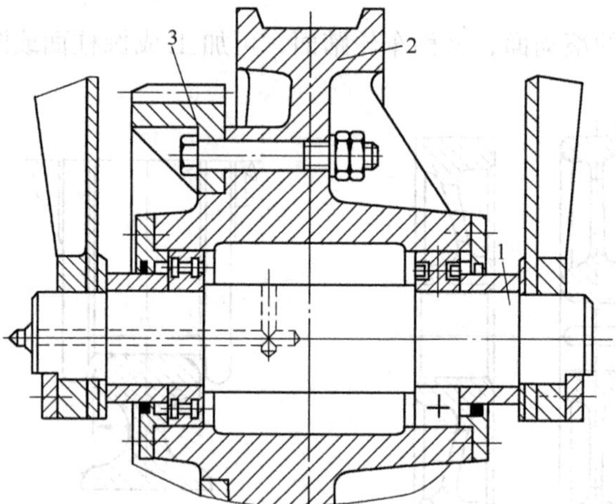

图2－50 安装在固定心轴上的车轮

1—固定心轴；2—车轮；3—齿圈

转轴式是把车轮安装在转动轴上（见图2－51），通过转轴来传递转矩的车轮是主动

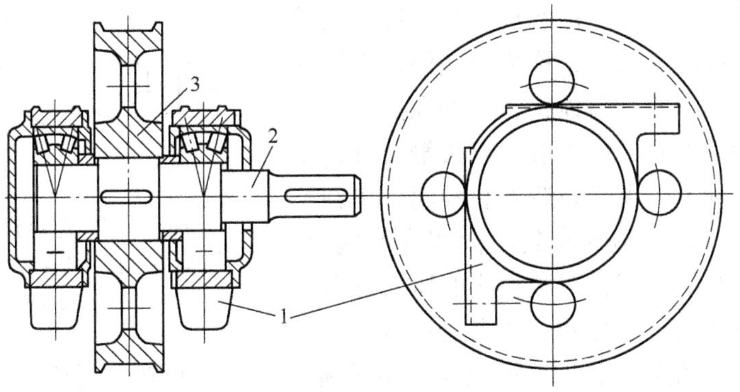

图 2－51 安装在转轴上的主动车轮
1—角型轴承箱；2—转轴；3—车轮

车轮。转轴不传递转矩的是从动车轮，它没有图 2－51 中的转轴轴伸，如图 2－52 所示。轴承是装在特制的角型轴承箱中。角型轴承箱和车轮形成一个组件。组件整体通过专用螺栓固定在起重机机架上。这种车轮组制造容易，安装和拆卸方便，便于装配和维修。角型轴承箱内一般采用自动调心的滚子轴承，它允许一定程度的安装误差和机架变形，降低了对安装、检修的要求。

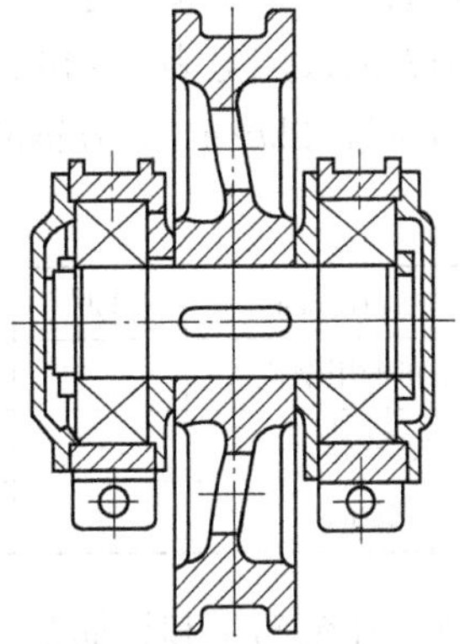

图 2－52 安装在转轴上的从动车轮

2.6.1.4 均衡车架装置

车轮直径的大小主要根据轮压来确定，轮压大的轮径应大。但由于受厂房和轨道承载能力的限制，轮压又不宜过大。这时可用增加车轮数并使各车轮轮压相等的办法来降低轮压，具体地说就是采用均衡车架装置，图 2－53 为这种装置的简图。它实际上是一个杠杆系统，把安装车轮的车架铰接在起重机机体上，铰接保证了各车轮轮压相等。

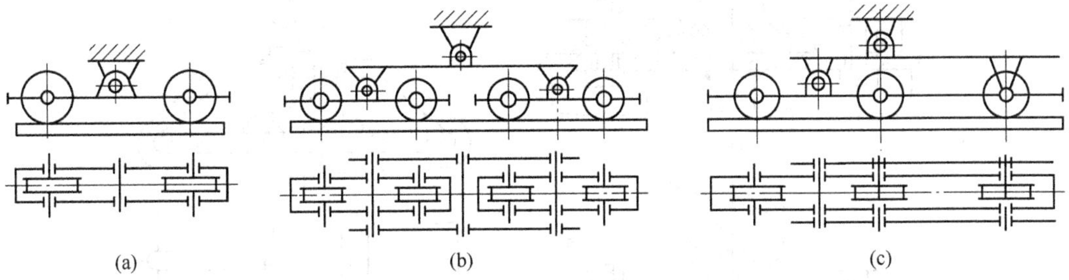

图 2－53 均衡装置
（a）两轮；（b）四轮；（c）三轮

2.6.2 轨道

起重机车轮运行的轨道，常采用铁路钢轨；当轮压较大时，采用起重机专用钢轨，如图 2－54 所示；有时也使用扁钢或方钢作为代用的钢轨，但这种轨道轨顶是平的，而且抗弯能力较差，耐磨性也较差。

钢轨的轨顶有凸顶和平顶两种。圆柱形车轮踏面与平顶钢轨的接触成直线，称为线接触；而圆柱形或圆锥形踏面的车轮与凸顶钢轨接触在点上，称为点接触。从理论上看，线接触比点接触要好，承载能力大。但实际上，由于制造安装及起重机在不同载荷时的不同变形，造成车轮不同程度的偏斜，使圆柱形的车轮与平顶钢轨在接触线的压力分布不均，有时甚至只在轨道边缘的一个点上接触，产生很大的挤压应力；而点接触凸顶钢轨对这不可避免的车轮倾斜的适应性却很好。实践证明，采用凸顶钢轨时车轮的寿命比采用平顶钢轨的长。所以，起重机大多采用凸顶钢轨。

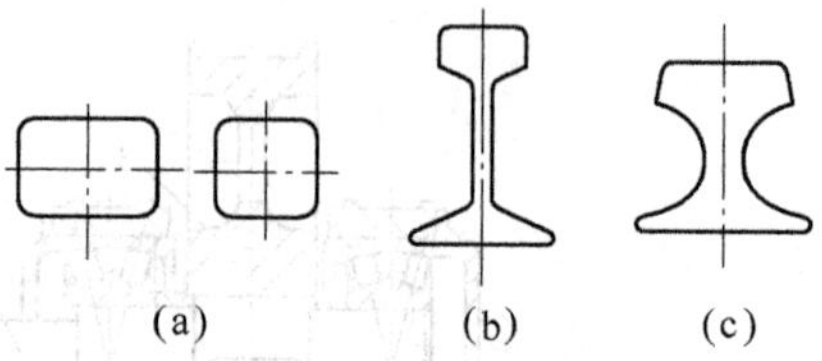

图 2－54　起重机轨道形式

（a）扁钢、方钢；（b）铁路钢轨；（c）起重机专用钢轨

钢轨通常用含碳、锰的质量分数较高的钢材制成，同时要进行热处理，使其有较高的强度和韧性，顶面又有足够的硬度。

钢轨的选用见表 2－14。起重机专用钢轨和铁路钢轨型号中的数字表示这种钢轨单位长度的质量（kg/m）。方钢的型号则是以边长来表示。

表 2－14　钢轨的选用

车轮直径/mm	200	300	400	500	600	700	800	900
起重机专用钢轨						QU70	QU70	QU80
铁路钢轨	P15	P18	P24	P38	P38	P43	P43	P50
方钢/mm	40	50	60	80	80	80	90	100

轨道在金属梁和钢筋混凝土上，用压板、螺栓或钩条与钢筋混凝土梁或金属梁固定，其固定方法如图 2－55 所示。

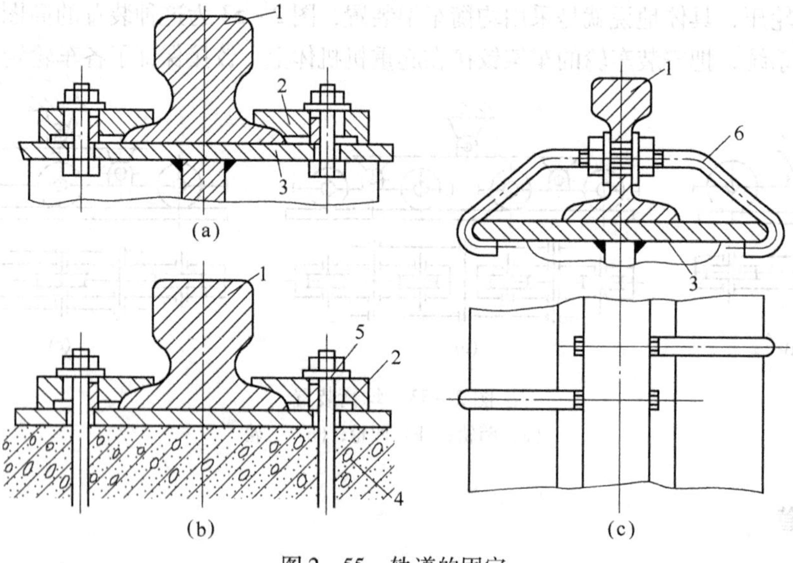

图 2－55　轨道的固定

（a）用螺栓压板固定在金属梁上的轨道；（b）用压板固定在钢筋混凝土梁上的轨道；
（c）用钩条固定在金属梁上的轨道

1—轨道；2—压板；3—金属梁；4—钢筋混凝土梁；5—螺栓；6—钩条

复习思考题

2－1 什么是滑轮组的倍率？倍率与承载分支数之间是什么关系？判断图2－56中各滑轮组的倍率。

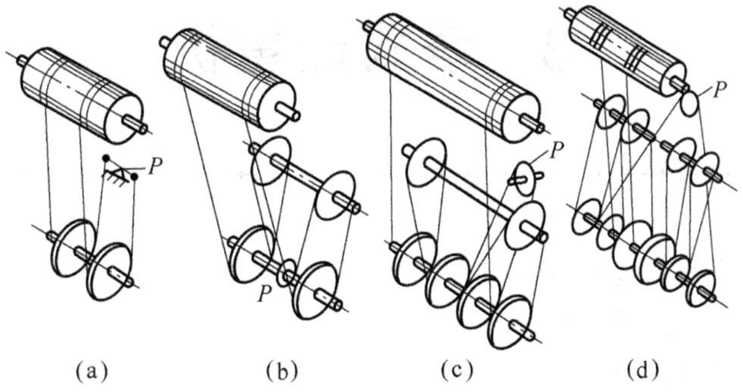

图2－56 滑轮组

2－2 试解释如下钢丝绳标记中各部分的含义：

16 ZAB 6X37＋NF 1870

2－3 吊钩能否用铸造和焊接的方法加工，为什么？吊钩一般采用的加工方法有哪些？哪种更安全，为什么？

2－4 试说明无轮缘、单轮缘和双轮缘车轮各自的适用条件。

2－5 起重机起升机构的制动器应选择常闭式还是常开式，为什么？应安装在减速器高速轴上还是低速轴上，为什么？

3　塔式起重机

【学习重点】

（1）塔式起重机的类型和特点；

（2）塔式起重机的主要参数；

（3）塔式起重机的工作机构；

（4）塔式起重机的金属结构；

（5）塔式起重机的安装；

（6）塔式起重机的维护与使用。

【关 键 词】金属结构、起升机构、动臂变幅、小车变幅、回转机构、起重臂、平衡臂、塔身、动臂式塔机、自升式塔机

塔式起重机是臂架安装在塔身顶部并可回转的臂架式起重机（见图3－1），属于起重机门类中的一大专门类型，是现代工业与民用建筑的主要施工机械之一。随着大型塔式起重机（如M900型塔式起重机的最大起重力矩为9800kN·m，最大起重量500kN）及多功能塔式起重机（如塔式起重布料两用机）的相继开发，其应用范围得到了很大的拓展，如应用于水力发电站、核电站、火力发电厂、桥梁、电视塔等大型工程的施工，大型化工设备的吊装等。

图3－1　塔式起重机

塔式起重机与其他类型起重机相比具有以下特点。

（1）工作幅度大：塔机的起重臂比较长，旋转后其水平覆盖面（即有效作业面）广，幅度利用率高，能充分利用起重机的工作空间，靠近施工对象，如TC7030塔机的工作幅度最小为2.6m，最大达70m。

（2）起升高度高：塔身高，其起重臂的铰点装置处于塔身（桅）的顶部，起升高度能随安装高度的升高而增高。这种结构使塔机的有效起吊高度大，能满足建筑物施工中垂直运输的全高度要求。例如，TC7030塔机的最大工作幅度达70m，固定状态下最大起升高度为61.3m，附着状态时最大起升高度为241.3m。

（3）自身稳定性好：独立起升高度无需任何附着装置，机动性能好，能自升（如附着式）或自行（如行走式）。

(4) 工作速度高：由于塔机在工作时能同时进行起升、回转、变幅及行走等工步的运动，能同时满足建筑施工中的垂直与水平运输的要求，作业效率高，而且具有安装微动性能及良好的调速性能。例如，TC7030 塔机的最大起升速度达 120m/min；塔机的慢就位速度按国家标准应小于 5m/min。

(5) 司机视野好：塔机的驾驶室设于塔桅的高处，司机的视野开阔，工作条件比较好；能看见整个作业过程，有利于安全生产。

(6) 维修、保养容易：塔机的构造比较简单，其维修、保养容易。

(7) 便于实现功能扩展。

3.1 塔式起重机的分类、组成和参数

3.1.1 塔式起重机的类型

塔式起重机种类繁多，形式各异，大小不一，性能各异，但通过分析可以发现它们之间仍然存在着共同之处。

3.1.1.1 按照回转部分装设的位置分类

按照回转部分装设位置的不同，塔式起重机可分为上回转塔式起重机和下回转塔式起重机两类。

A 上回转塔式起重机

上回转塔式起重机是指回转支承装设在塔机上部的塔式起重机。其特点是塔身不转动，在回转部分与塔身之间装有回转支承装置，这种装置既将上、下两部分系为一体，又允许上、下两部分相对回转。按照回转支承的构造形式，上回转部分的结构又可分为塔帽式、转柱式、平台式。

图 3-2 (a) 为塔帽式构造示意图。起重臂及平衡臂等安装在塔身顶部的塔帽上，并能绕塔顶轴线回转。它有上、下两个支承。上支承为水平及轴向止推支承，承受水平载荷及垂直载荷；下支承为水平支承，承受水平力。这种形式的塔机的回转部分比较轻巧，转动惯量较小，但由于上、下支承间距有限，能承受的不平衡力矩较小，所以经常在中、小型塔式起重机上采用。

图 3-2 (b) 为转柱式构造示意图。起重臂及平衡臂等安装在插入塔身上部可回转的柱状结构上。转柱上有上、下两个支承，但与塔帽式相反，上支承只承受水平力，下支承既承受水平力又承受轴向力。由于塔身和转柱重叠，金属结构重量大，但因上下支承间距可以做得很大，能承受较大的力矩，故常用于重型工业建筑塔式起重机上。

图 3-2 (c) 为平台式构造示意图。回转平台设置在塔身顶端，起重臂装在回转平台上，回转平台用轴承式回转支承与塔身连接。转台上装有人字架，用以改善变幅钢丝绳的受力。这种形式构造较为紧凑，金属结构无重叠部分，故重量较轻。轴承式回转支承精度高，间隙小，回转时冲击振动也小，是很有发展前途的一种构造形式，主要用于自升式塔式起重机。

由于上回转塔式起重机回转部分装在塔身上部，其高度位置总是在建筑物之上，因此，只要不与其他建筑物相碰，尾部尺寸可以设计得稍大一点，以便在减小平衡重重量的同时，改善塔身受力，减小弯矩作用。

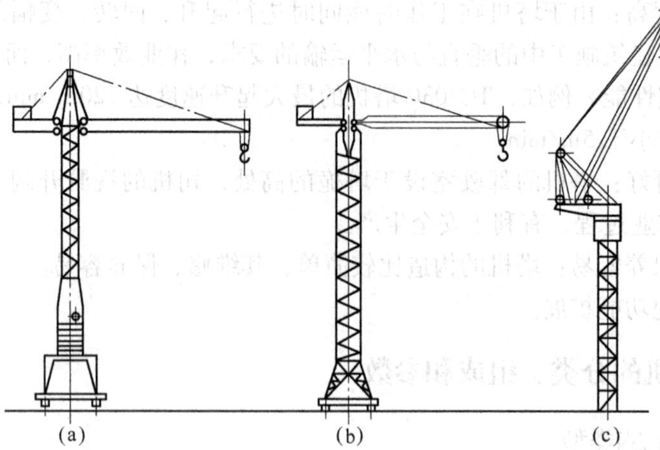

图 3-2 上回转塔式起重机
（a）塔帽回转式；（b）转柱式；（c）上回转平台式

B 下回转塔式起重机

下回转塔式起重机是指回转部分设置在塔机的下部，吊臂装在塔身顶部，塔身、平衡重和所有的机构均安装在转台上，并与转台一起回转的塔式起重机。此种塔机除了具有重心低、稳定性好、塔身受力较有利的好处外，其最大优点是：因平衡重放在下部，能做到自行架设、整体搬运。

下回转塔式起重机根据头部构造可分为下列三种形式。

图 3-3（a）为具有杠杆式吊臂的塔式起重机示意图。这种形式塔机的吊臂中部铰接于塔身顶部，此时吊臂受弯，但塔身上的附加弯矩小，变幅机构及其钢丝绳缠绕方式简单。由于吊臂受弯，故它只在轻型小吨位塔式起重机上采用。此种塔式起重机在转移工地时不必拆散，折叠后可直接拖运。

图 3-3（b）为具有固定支承的下回转塔式起重机示意图。这种形式塔机的塔身带有

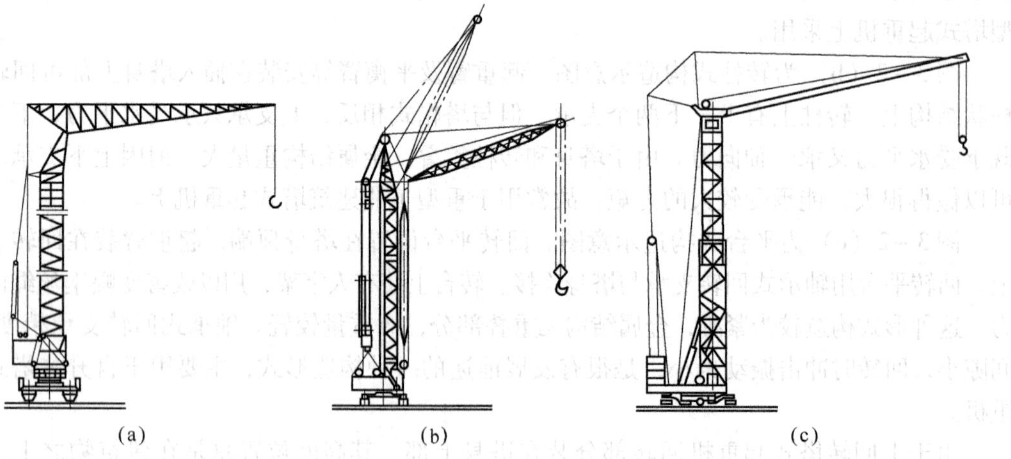

图 3-3 下回转塔式起重机
（a）杠杆式；（b）固定支承式；（c）活动支承式

尖顶，吊臂端部铰接在塔顶下方，铰点离塔顶的距离必须使变幅钢丝绳与吊臂具有一定的夹角。这种形式的起重机，吊臂受力比杠杆式的要好，吊臂只是一个压杆，但塔身要承受很大的附加弯矩，因此，变幅钢丝绳必须按图 3-4 所示的方式穿绕，使塔身承受一个反弯矩，并尽可能使其接近平衡。图 3-4 中 1~7 为变幅绳分支。变幅绳 5、6、7 分支在正常变幅时虽不起作用，但对塔身造成一个反弯矩作用。显然，若要平衡塔身较大的弯矩，就应增加这部分变幅绳的分支数。下回转塔式起重机变幅机构除了要变幅外，还要承担起落塔身（包括吊臂）的任务。塔身起落时要求安装速度较慢，但起落塔身的力要求很大。图 3-4 所示的变幅绳绕法，正好能满足这个要求，正常变幅时变幅滑轮组倍率为4，安装塔身时，倍率增加为7。此种塔式起重机，头部金属结构加工费时，加之塔顶不能折叠，拖运长度较长，故适用于中型塔式起重机。

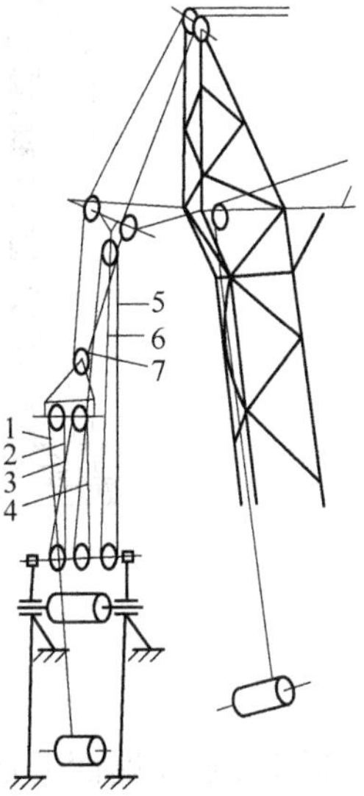

图 3-4 变幅绳绕法示意图

图 3-3（c）为具有活动支承的下回转塔式起重机示意图。这种形式的起重机塔身没有尖顶部分，吊臂端部铰接在塔身顶部，活动的三角形起支承人字架作用。塔身顶部构造简单、重量轻，拖运时三脚架因挠性件连接而不占空间，拖运长度短，所以采用这种形式的下回转塔式起重机越来越多。这种形式的起重机塔身亦受有弯矩，设计时要求合理确定活动支承的尺寸参数及其布置位置，使塔身顶部所受的横向水平力比较合理地尽量抵消。

3.1.1.2 *按有无运行机构分类*

塔式起重机按照有无运行机构，可以分为移动式塔式起重机和固定式塔式起重机两类。

A *移动式塔式起重机*

移动式塔式起重机是指具有行走装置，可以行走的塔式起重机。根据行走装置的不同，移动式塔式起重机还可再分为轨道式、轮胎式、汽车式和履带式四种。

图 3-3 所示为轨道式塔式起重机。这种形式的塔机是在轨道上运行的塔式起重机，是应用最为广泛的一种形式。这种塔式起重机是用刚性车轮把整台起重机支承在临时性的轨道上，轨道铺设在碎石子与枕木上，或直接铺设在用钢板焊成的承轨箱上，塔机可在较长的一个区域范围内进行水平运输，也可转弯行驶，故能适应不同造型建筑物的需要。其最大特点是可带载行走，有利于提高生产效率。

图 3-5（a）是轮胎式塔式起重机示意图。这种形式的塔机是以专用轮胎底盘为运行底架的塔式起重机。其优点是无需铺设轨道，不需要拖运辅助装置，吊臂、塔身折叠后即可全挂拖运。但此种塔式起重机只能在使用支腿的情况下工作，故不能进行水平运输（指在工地上较长距离的搬运），亦不适合在雨水较多的潮湿地区使用。

汽车式塔式起重机是指以汽车底盘为运行底架的塔式起重机。其特点与轮胎塔式起重机相类似，不同的是转移场地时汽车式塔式起重机使用自身动力。

图 3-5（b）是履带式塔式起重机示意图。这种形式的塔机是指以履带底盘为运行底架的塔式起重机。此种塔机对地面要求比轮胎式低，但机构比较复杂，转移也不如轮胎式方

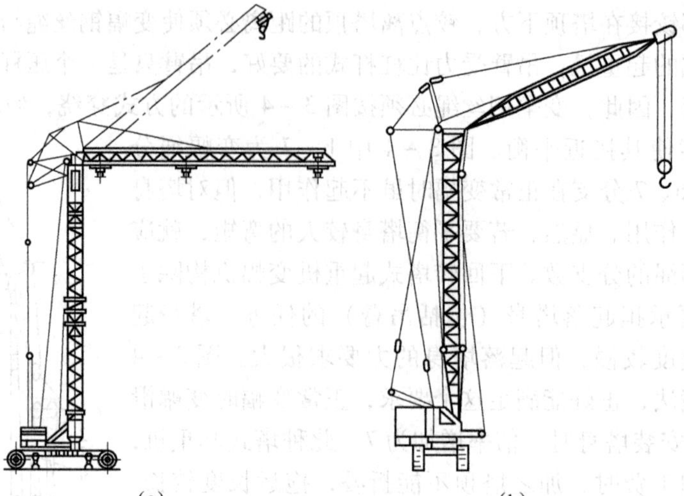

(a)　　　　(b)

图 3－5　移动式塔式起重机

(a) 轮胎式；(b) 履带式

便，适用于施工路面很差的工地。履带式塔式起重机一般都由履带式挖掘起重机改装而成。

对于起升高度、工作幅度较大的下回转塔式起重机，为减小整体拖运长度，吊臂和塔身常做成折叠式或伸缩式。这时，起重机必须增设一个安装架设机构或其他辅助装置，使塔身和吊臂的伸缩与折叠完全自动进行。

B　固定式塔式起重机

固定式塔式起重机是指通过连接件将塔身基础固定在地基基础或结构物上进行起重作业的塔式起重机。由于没有运行机构，因此塔机不能做任何移动。固定式塔式起重机分为塔身高度不变式和自升式。所谓自升式是指依靠自身的专门装置，增、减塔身标准节或自行整体爬升的塔式起重机。因此，它又可分为附着式和内爬式两种。

图 3－6 是附着式塔式起重机示意图。这种形式的塔机是指按一定间隔距离通过支承装置将塔身锚固在建筑物上的自升式塔式起重机。它由普通上回转塔式起重机发展而来，塔身上部套有爬升套架，爬升套架顶部通过回转支承装置与回转的塔顶相连，塔顶端部用钢丝绳拉索连接吊臂和平衡臂。起升机构、平衡重移动机构安装在平衡臂上，小车牵引（变幅）机构放在水平吊臂根部，回转机构装在回转支承上面的回转塔顶上。为了附着的需要，塔身除标准节外，还设有附着节和调整节。由于传力需要，附着节结构需要加强；调整节做得比正常标准节要短，以便调整建筑物附着点与附着节位置的高度差。附着装置（见图 3－7）由框架 1、撑杆 2 和支脚 3 等部件所组成，它使塔身和建筑物连成一体，从而较大地减小了塔身的计算长度，提高了塔身的承载能力。

图 3－8 是内爬式塔式起重机示意图。这种形式的塔机是指设置在建筑物内部（如电梯井、楼梯间等），通过支承在结构物上的专门装置（爬升机构），使整机能随着建筑物高度的增加而升高的塔式起重机。由于建筑物可作为起重机的直接支承装置，所以起重机的塔身不长，构造也和普通上回转塔式起重机基本相同，它只是增加了一个套架和一套爬升机构。因其安装于建筑物的内部，故不占用建筑物外围的空间场地，特别有利于城区

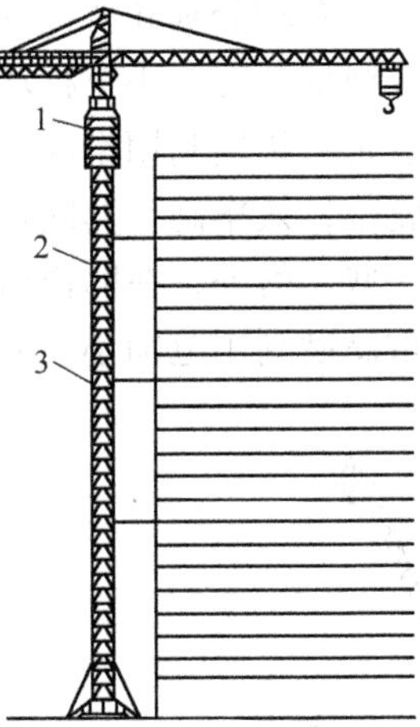

图3-6 附着式塔式起重机
1—顶升套架；2—标准节；3—附着装置

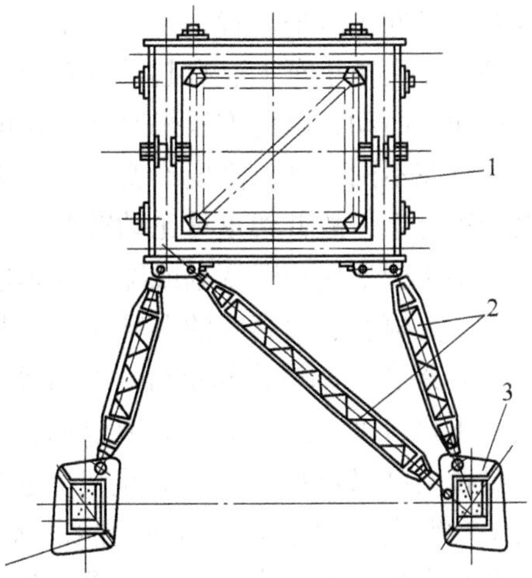

图3-7 附着装置构造示意图
1—框架；2—撑杆；3—支脚

改建工程。又由于吊钩能绕其回转轴线做360°回转，工作覆盖面大，所以起重机的幅度可以设计得小一些。再加之它是利用建筑物向上爬升，爬升高度不受限制，塔身可以做得很短，因而结构较轻，造价较低。内爬式塔式起重机的缺点是：司机在进行吊装时不能直接看到起吊过程，操作不便；施工结束后，塔机要在建筑物顶上先解体，再利用其他辅助起重设备一件一件地从顶部吊到地面上，因此费工费时；当塔机受到建筑物结构形式或施工工艺限制只能安装在建筑物受力不大的构件上（例如安装在楼面的梁柱上）时，为了能支承住塔机，必须对薄弱的承载构件给予局部加强，再考虑到固定塔机需要安装预埋固定螺栓等各种因素，建筑物的构件施工变得复杂化。

3.1.1.3 按不同的变幅方式分类

塔式起重机按照变幅方式不同，可以分为动臂变幅塔式起重机、小车变幅塔式起重机、综合变幅塔式起重机三类。

（1）动臂变幅塔式起重机。动臂变幅塔式起重机是通过臂架俯仰运动进行变幅的塔式起重机。幅度的改变是利用变幅卷扬机和变幅滑轮组系统来实现的。这种变幅方式的优点是，臂架受力状态良好，自重较轻，当塔身高度一定时，与其他类型塔式起重机相比，具有一定的起升高度优势；但在没有补偿卷筒的条件下达不到起重与变幅的平移目的。另外，因臂架的仰角受到限制，故对靠近塔身中心的变幅半径利用有一定的损失，变幅功率也较大。因此这种变幅方式只适用于起升高度低，变幅幅度较小的中、小型塔式起重机。

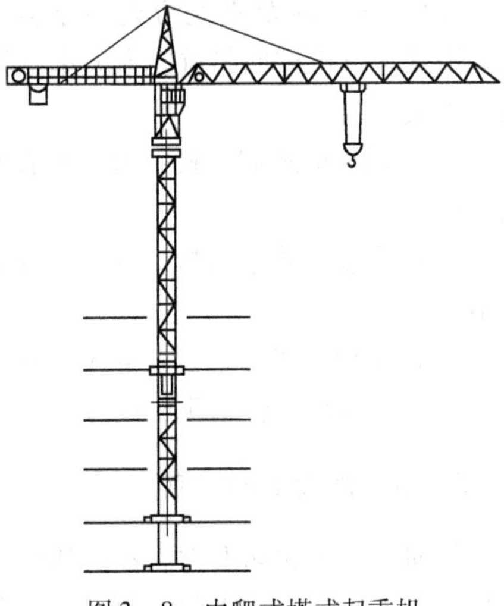

图3-8 内爬式塔式起重机

（2）小车变幅塔式起重机。小车变幅塔式起重机（见图3-8）是指通过起重小车沿起重臂运行进行变幅的塔式起重机。这类塔式起重机的起重臂架始终处于水平位置，变幅小车悬挂于臂架下弦杆上，两端分别和变幅卷扬机的钢丝绳连接。在变幅小车上装有起升滑轮组，当收放变幅钢丝绳拖动变幅小车移动时，起升滑轮组也随之而动，以此方法来改变吊钩的幅度。它的优点是：幅度利用率高，而且变幅时所吊重物在不同幅度时高度不变，工作平稳，便于安装就位，效率高。其缺点是：臂架受力以弯矩为主，故臂架重量比动臂变幅臂架的重量稍大一些。另外，在同样塔身高度的情况下，小车变幅比动臂变幅或综合变幅塔式起重机的起重高度利用范围小。故这种变幅方式多用于大幅度、大高度的自升式塔式起重机。

（3）综合变幅塔式起重机。综合变幅塔式起重机（见图3－9）是指根据作业的需要臂架可以弯折的塔式起重机。它同时具备动臂变幅和小车变幅的功能，从而在起升高度与幅度上弥补了上述两种塔式起重机使用范围的局限性。这种变幅采用的是一套折臂式组合式臂架系统，该臂架实际上是由钢丝绳、人字架、A字架及后臂架组成的平行四边形后段和由钢丝绳、A字架及前臂架组成的三角形前段，中间用铰连接而成。当变幅滑轮组钢丝绳绕进时，两段相对曲折，但前段在变幅中其轴线仍与轨面平行，如水平臂架一样，只是小车只能沿着前段水平臂架运行，变幅范围减小。当两端折弯成90°时，后段垂直接高塔身，提高了起升高度。吊钩可有两种方式工作，一种是水平移动方式，当两段不曲折时，可在吊臂全长上工作，曲折后只能沿前段水平臂架工作；另一种方式，是将吊钩固定于臂架的最前端，只随臂架摆动而变幅，如同动臂变幅方式一样，这种折叠臂变幅方案，应用也较广泛。

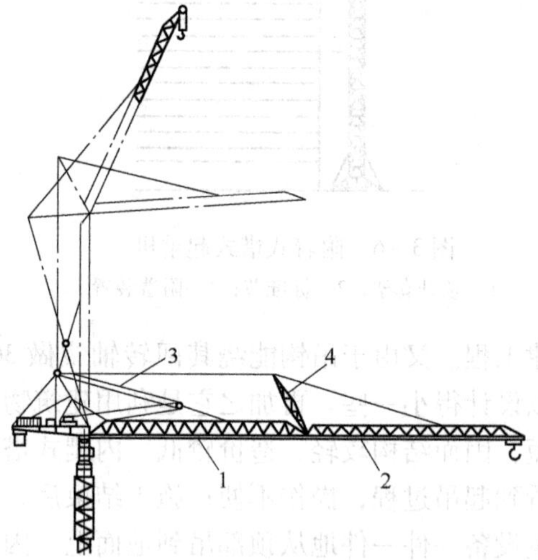

图3－9　综合变幅塔式起重机
1—后臂架；2—前臂架；3—变幅滑轮组；4—A字架

3.1.1.4　按起重能力大小分类

塔式起重机按照起重能力大小分为轻型塔式起重机、中型塔式起重机、重型塔式起重机三大类。

（1）轻型塔式起重机：起重量在0.5～3t之间，一般适用于5、6层以下的民用建筑施工中。

（2）中型塔式起重机：起重量在3～15t之间，一般适用于高层建筑施工和工业建筑的吊装。

（3）重型塔式起重机：起重量在20～40t之间，甚至更大，适用于重工业厂房和设备的吊装，如钢铁联合企业、火力发电厂的建筑施工。

3.1.2　塔式起重机的组成

任何一台塔式起重机，不论其技术性能还是构造上有什么差异，总可以将其分解为金属结构、工作机构和驱动控制系统三个部分。

塔式起重机金属结构部分由塔身、塔头或塔帽、起重臂架、平衡臂架、回转支承架、底架、台车架等主要部件所组成。对于特殊的塔式起重机，由于构造上的差异，个别部件也会有所增减。

金属结构是塔式起重机的骨架，它承受着起重机的自重以及作业时的各种外载荷，是塔式起重机的主要组成部分，其重量通常占整机重量一半以上。因此，金属结构的设计合理与否，对减轻起重机自重、提高起重性能、节约钢材以及提高起重机的可靠性等都有重要意义。

工作机构是为了实现塔式起重机不同的机械运动要求而设置的各种机械部分的总称。例如，一台性能完善的自升塔式起重机，往往装备着以下工作机构：起升机构、变幅机构、回转机构、大车运行机构和顶升机构等，有的还有其他各种辅助性的机构。这些机构完成的功能分别是：起升机构实现物品的上升与下降；变幅机构改变吊钩的幅度位置；回转机构使起重臂架做360°的回转，改变吊钩在工作平面内的位置；大车运行机构使整台塔机移动位置，改变其作业地点；顶升机构使塔式起重机的回转部分升降，从而改变塔式起重机的工作高度。上述各个工作机构，既可单独工作，也可根据需要2或3个机构协同配合工作，以利于加快施工速度。图3-10所示为塔式起重机工作机构的原理简图。

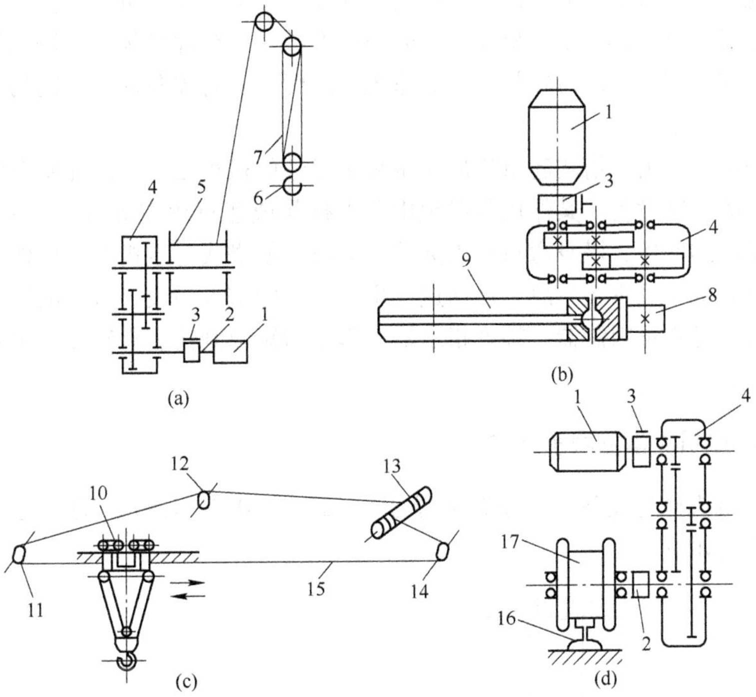

图3-10　塔式起重机工作机构的原理图

(a) 起升机构；(b) 回转机构；(c) 变幅机构；(d) 运行机构

1—电动机；2—联轴器；3—翻动器；4—减速器；5—卷筒；6—吊钩；7—滑轮组；8—小齿轮；9—交叉回转支承；10—小车；11—吊臂端部导向滑轮；12—张紧轮；13—变幅机构传动装置；14—吊臂根部导向滑轮；15—钢丝绳；16—轨道；17—车轮

起升机构是塔式起重机必备的机构，它由驱动装置、传动装置、制动装置和工作装置四部分组成。驱动装置主要采用交流电动机，用来发出动力。传动装置按机构布置的需要，采用各种减速装置，用来完成转速与力矩转换的最佳匹配，使电动机在满足工作装置要求的情况下处于高效的最佳工作状态。工作装置由卷筒、钢丝绳、滑轮组与吊钩等组成，当传动装置驱动卷筒转动时，通过钢丝绳、滑轮组变为吊钩的垂直上下直线运动。制动装置可控制吊装物品的下降速度或使其停止在空中某一位置，不允许在重力作用下下落。由于重力始终作用在被悬吊的物品上，所以起升机构必须选用制动力矩在制动器不松闸时始终作用在制动轮上的常闭式制动器，以保安全。大型塔式起重机往往备有两套起升机构，吊大重量的称为主起升机构或主钩。吊小重量的称为副起升机构或副钩。副钩的起重量一般为主钩的1/5～1/3或更小。其他机构的工作装置随机构的不同而不同。例如，牵引小车变幅机构和大车运行机构的工作装置分别为小车和车轮装置，回转机构的工作装置为支承回转装置上的啮合齿轮。回转机构中的制动器一般选用常开式。

驱动控制系统是塔式起重机又一个重要的组成部分。驱动装置用来给各种机构提供动力，最常用的是YZR与YZ系列交流电动机。控制系统对工作机构的驱动装置和制动装置实行控制，完成机构的启动、制动、改向、调速以及对机构工作的安全性实行监控，并及时将工作情况用各种参量：电流值、电压值、速度、幅度、起重量、起重力矩、工作位置与风速等数值显示出来，以使司机在操作时心中有数。一台性能优越的塔式起重机，必须由性能良好、安全可靠、寿命较长的控制系统与之配合，有关驱动与控制的详细介绍可参阅有关书籍。

必须强调指出，由于塔式起重机属于事故多发性的机种之一，因此安全装置是塔式起重机必不可少的关键设备。其作用是避免由于误操作或违章操作等所导致的灾难性恶果。例如超载而引起的倒塌、塔身弯折；因夹轨器失灵，使塔式起重机在大风作用下走至轨道尽头遇到挡板而翻车等重大事故，从而造成生命财产的重大损失。常用的安全装置有：起升高度限位器、起重量限制器、幅度指示器、起重力矩限制器、夹轨器、锚定装置以及各种行程限位开关等。

3.1.3 塔式起重机类型的表示方法

根据《建筑机械与设备产品分类及型号》（JG/T 5093—1997）的规定，塔式起重机型号的编制方法如下：

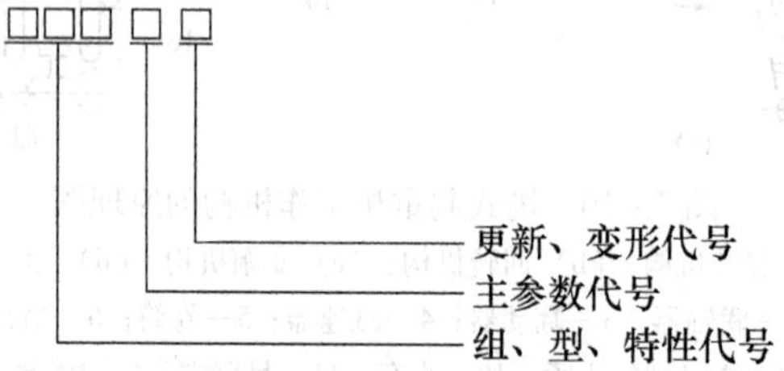

塔式起重机产品的分类形式及代号应符合表3－1的规定。例如，额定起重力矩为800kN·m的上回转自升式塔式起重机的产品型号为：QTZ80。

表 3-1 塔式起重机分类形式及代号

组		型		特性	产品		主参数代号		
名称	代号	名称	代号	代号	名称	代号	名称	单位	表示法
塔式起重机	QT（起塔）	轨道式（固定式）			上回转塔式起重机	QT	额定起重力矩	kN·m	主参数×10^{-1}
				Z（自）	上回转自升塔式起重机	QTZ			
				A（下）	下回转塔式起重机	QTA			
				K（快）	快装塔式起重机	QTK			
		汽车式	Q（汽）		汽车塔式起重机	QTQ			
		轮胎式	L（轮）		轮胎塔式起重机	QTL			
		履带式	U（履）		履带塔式起重机	QTU			
		组合式	H（合）		组合塔式起重机	QTH			

3.1.4 塔式起重机的参数

塔式起重机的参数是指直接影响塔式起重机的工作性能、结构设计及其制造成本的各种参数，包括基本参数和主参数。

3.1.4.1 基本参数

塔式起重机的基本参数包括幅度、起升高度、额定起升载荷、轴距和轮距、起重机重量、塔机尾部回转半径和各种工作速度等。

（1）幅度：塔式起重机空载时，其回转中心线至吊钩中心垂线的水平距离，表示起重机不移动时的工作范围，以 R 表示（见图 3-11），单位为 m。

（2）起升高度：空载时，对于轨道塔式起重机，是吊钩内最低点到轨顶面的距离；对于其他形式起重机，则为吊钩内最低点到支承面的距离。起升高度以 H 表示（见图 3-11），单位为 m。对于动臂起重机，当吊臂长度一定时，起升高度随幅度的减小而增大。

（3）额定起升载荷：在规定幅度时的最大起升载荷，包括物品、取物装置（吊梁、抓斗、起重电磁铁等）的重量，以 F_Q 表示，单位为 N。

（4）轴距：同一侧行走轮的轴心线或一组行走轮中心线之间的距离，以 B 表示（见图 3-12），单位为 m。

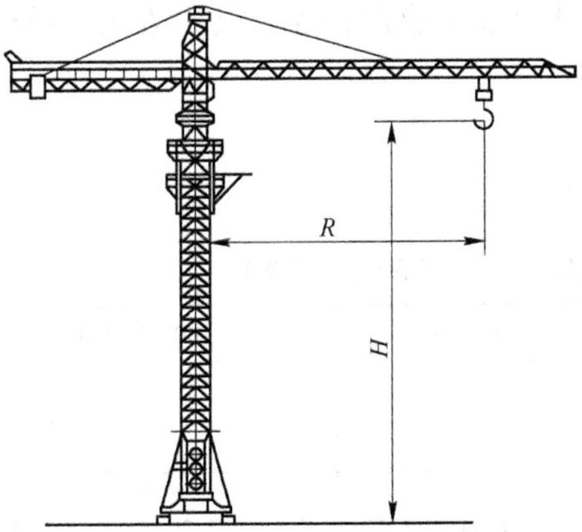

图 3-11 塔机的幅度和起升高度

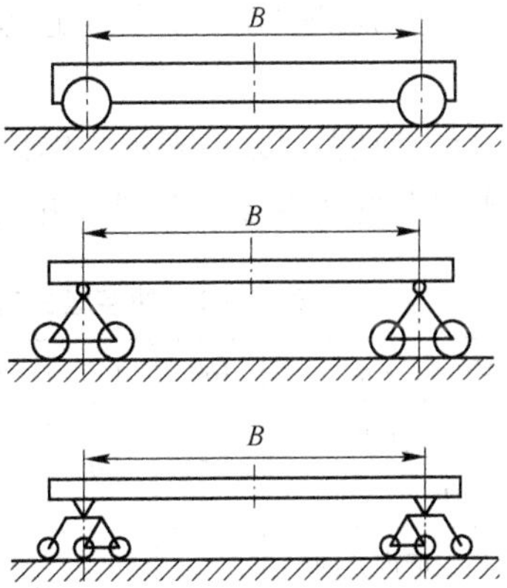

图 3-12 塔机的轴距

（5）轮距：同一轴心线左右两个行走轮、轮胎或左右两侧行走轮组或轮胎组中心径向平面间的距离，以 K 表示（见图 3－13），单位为 m。

轴距和轮距是塔式起重机的重要参数，直接影响到整机的稳定性及起重机本身尺寸，其大小是由主参数——起重力矩值来确定的。随着主参数的增大，轴距和轮距也增大或增宽。

（6）起重机重量：包括平衡重、压重和整机重，以 G 表示，单位为 t。该参数是评价起重机的一个综合性能指标，它反映了起重机设计、制造和材料技术水平。

（7）尾部回转半径：回转中心至平衡重或平衡臂端部的最大距离以 r 表示（见图 3－14），单位为 m。

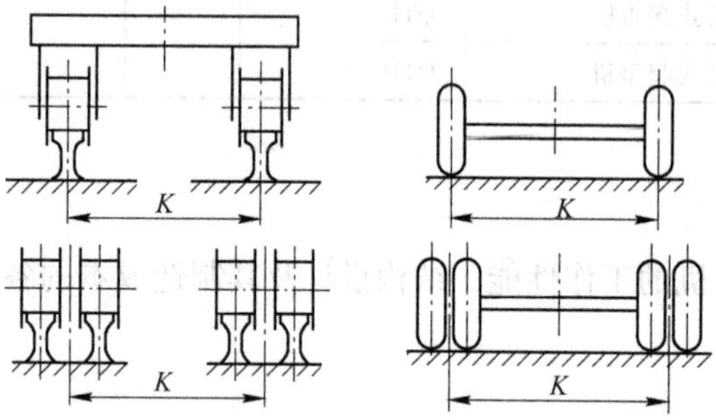

图 3－13　塔机的轮距

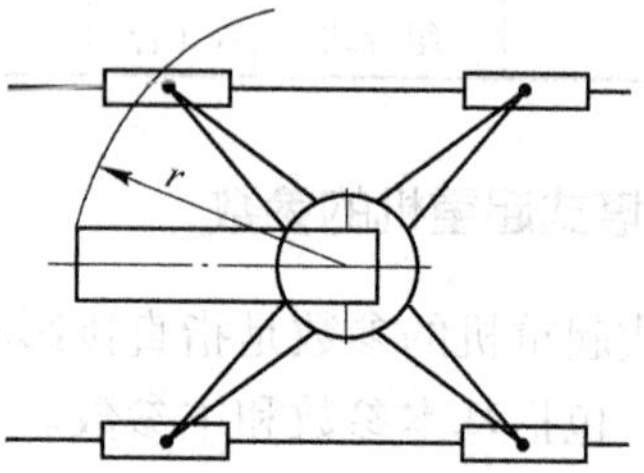

图 3－14　塔机的尾部回转半径

（8）工作速度：塔式起重机的工作速度主要包括起升、变幅、回转和行走的速度。

1）额定起升速度：在额定起升载荷时，对于一定的卷筒卷绕外层钢丝绳中心直径、变速挡位、滑轮组倍率和电动机额定工况所能达到的最大稳定起升速度。如不指明钢丝绳在卷筒上的卷绕层数，即按最外层钢丝绳中心计算和测量。额定起升速度以 v_q 表示，单位为 m/min。

2）最低稳定速度：为了起升载荷安装就位的需要，起重机起升机构所具备的最小速度。最低稳定速度以 v_d 表示，单位为 m/min。

3）变幅速度：是指吊钩自最大幅度到最小幅度时的平均线速度，以 v_b 表示，单位为 m/min。

4）额定回转速度：带着额定起升载荷回转时的最大稳定转速，以 n 表示，单位为 r/min。

5）行走速度：以 v_a 表示，单位为 m/min。

塔式起重机基本参数系列参见表 3－2、表 3－3。

表 3－2　快装塔式起重机基本参数系列（GB/T 5031—2008）

主参数/kN·m	100	160	200	250	315	400	500	630	800	1000	1250
基本臂最大长度/m	14	16	20	25		30		35		40	
基本臂最大幅度处的额定起重量/t	0.71	1.00		1.26		1.34	1.67	1.8	2.29	2.5	3.13

续表 3-2

主参数/kN·m		100	160	200	250	315	400	500	630	800	1000	1250
最大起重量/t	水平起重臂	1.0	1.5	2.0	2.5	3.0	4.0		5.0	6.0	8.0	
	动臂								6.0	8.0	10.0	
起升高度（不小于）/m		15	18	20	23		25		27	30	32	
轨距/m		2.4	2.8	3.2			4.0		4.5	5.0	5.5	6.0

表 3-3 非快装塔式起重机基本参数系列（GB/T 5031—2008）

主参数/kN·m		160	200	250	315	400	500	630	800	1000	1250
基本臂最大长度/m		16	20	25		30		35		40	
基本臂最大幅度处的额定起重量/t		1.00			1.26	1.34	1.67	1.8	2.29	2.5	3.13
最大起重量/t	水平起重臂	1.5	2.0	2.5	3.0	4.0		5.0	6.0	8.0	
	动臂							6.0	8.0	10.0	
起升高度（不小于）/m		20	22	25		25		27	30	32	
轨距/m		2.8		3.2		4.0		4.5	5.0		

主参数/kN·m		1600	2000	2500	3150	4000	5000	6300
基本臂最大长度/m		45			50			55
基本臂最大幅度处的额定起重量/t		3.56	4.4	5.6	6.3	8.0	10.0	11.46
最大起重量/t	水平起重臂	10	12		16	20		25
	动臂	12	16		20	25		32
起升高度（不小于）/m		50	55		60	65	70	80
轨距/m		6.0	6.5			8.0		10.0

3.1.4.2 主参数

塔式起重机的主参数是公称起重力矩。公称起重力矩是指起重臂为基本臂长时，最大幅度与相应额定起重量重力的乘积。公称起重力矩以 M 表示，单位为 N·m。额定起重力矩综合了起重量与幅度两个因素参数，所以能比较全面和确切地反映塔式起重机的起重能力。主参数系列见表 3-4。

表 3-4 塔式起重机的主参数系列（GB/T 5031—2008）

公称起重力矩/kN·m	100	160	200	250	315	400	500	630
	800	1000	1250	1600	2000	2500		
	3150	4000	5000	6300				

3.2 塔式起重机的工作机构

塔式起重机的工作机构是为实现塔机不同的运动要求而设置的。为了完成包括起吊重物、运送重物到指定地点并安装就位三项动作在内的吊装作业全过程，塔式起重机需要起升机构、变幅机构、回转机构等三大工作机构。自升式塔机要备有顶升机构，运行式塔机备有行走机构，有的塔机为了特殊需要还备有平衡重牵引机构和辅助卷扬机构等。

起升机构用来实现重物在垂直方向的升、降运动，变幅机构、回转机构用来实现重物在两个水平方向的移动，通过这些机构即可实现重物的三大空间运动。顶升机构用来实现塔机的顶升加节从而实现塔机升高以适应高层建筑的需要。行走机构用来扩大塔机工作的有效范围以及塔机转移工作场所。起升机构一般安装在平衡臂上；变幅机构一般安装在起重臂上；回转机构一般安装在上支座一侧或两侧；顶升机构一般安装在爬升架上；行走机构一般安装在行走台车上。

3.2.1 起升机构

实现重物升、降运动的机构称为起升机构。塔式起重机的起升机构通常由电动机、制动减速器、卷筒、钢丝绳、滑轮组及吊钩等零部件组成，如图 3 - 15 所示。

电动机 1 通过联轴器 2 和减速器 3 相连，减速器的输出轴上装有卷筒 4，它通过钢丝绳和安装在塔身或塔顶上的导向滑轮 5 及起重滑轮组 6 与吊钩 7 相连。电动机工作时，卷筒将缠绕在其上的钢丝绳卷进或放出，通过滑轮组使悬挂于吊钩上的物品起升或下降。当电动机停止工作时，制动器通过弹簧力将制动轮刹住。

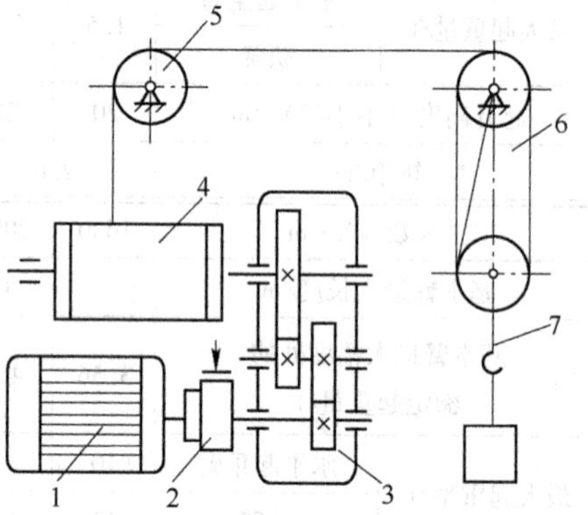

图 3 - 15　起升机构示意图

1—电动机；2—联轴器；3—减速器；4—卷筒；5—导向滑轮；6—滑轮组；7—吊钩

起升机构采用的减速器通常有以下几种：圆柱齿轮减速器、蜗杆减速器、行星齿轮减速器等。

圆柱齿轮减速器（见图 3 - 16a），由于效率高、功率范围大、已经标准化，所以使用普遍，但其体积重量较大。

蜗杆减速器（见图 3 - 16b），尺寸小、传动比大、重量轻，但效率低、寿命较短，一般只用于小型塔式起重机的起升机构。

行星齿轮减速器（见图 3 - 16c），包括摆线针轮行星减速器及少齿差行星减速器等，具有结构紧凑、传动比大、重量轻等特点，但价格较贵。行星齿轮减速器可直接安装在起升卷筒内，使结构更紧凑。

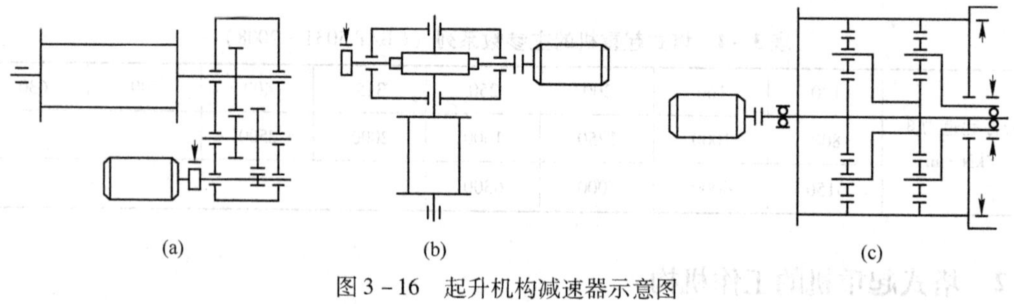

图 3 - 16　起升机构减速器示意图

（a）圆柱齿轮减速器；（b）蜗杆减速器；（c）行星齿轮减速器

起升机构与减速器的连接有多种不同形式。

减速器输出轴与卷筒轴为两根轴，采用联轴器连接（见图3－17a）。这种连接方式可减小部分安装调整困难及机架变形产生的影响，但联轴器占位增加了轴向尺寸。

减速器输出轴加长，卷筒直接固定于其上（见图3－17b）。这种连接方式结构简单、紧凑，转矩通过卷筒轴传至卷筒，对卷筒受力较为有利。但卷筒轴为超静定三点支承轴，安装调整比较困难，且卷筒右端只能使用调心轴承，否则对起升机构不利。

减速器输出轴与卷筒轴用十字沟槽式联轴器或齿形联轴器连接（见图3－17c），卷筒空套在卷筒轴上，轴的一端支承在机架的轴承上，另一端借助于球轴承支承在减速器输出轴端的内孔中。这种连接方式机构尺寸紧凑，并能补偿减速器输出轴与卷筒轴间的安装误差，传递较大的功率，但结构比较复杂。

卷筒两端各有一个齿轮，且大小不同，而减速器的输出轴上装有能沿轴向滑动的双联齿轮（见图3－17d），可分别与卷筒两端齿轮啮合，以使卷筒得到两种转速。

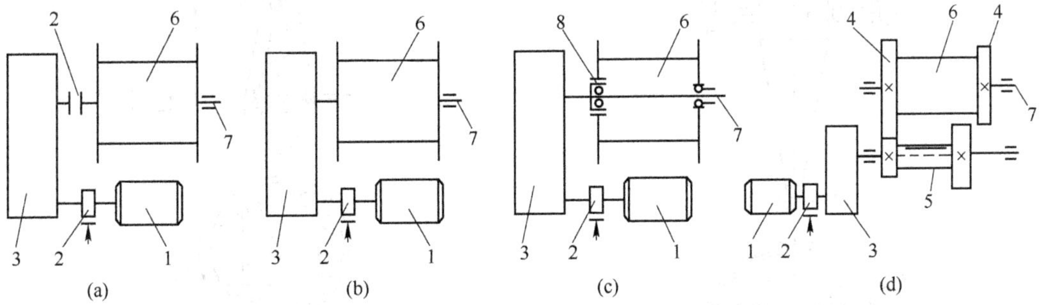

图3－17 卷筒与减速器的连接

1—电动机；2—联轴（制动）器；3—减速器；4—齿轮；5—双联齿轮；6—卷筒；7—卷筒轴；8—十字沟槽式或齿形联轴器

起升机构的制动器应是常闭式，且多采用块式制动器，其上装有电磁铁或电动推杆作为自动松闸装置，并与电动机间连锁，即电动机通电时松闸，电动机断电时上闸，以保证起升机构的正常工作和安全可靠。

3.2.2 回转机构

塔式起重机的回转运动，在于扩大机械的工作范围。当吊有物品的起重臂架绕塔机的回转中心做360°的回转时，就能使物品吊运到回转圆所及的范围以内。这种回转运动是通过回转机构来实现的。

回转机构由回转支承装置和回转驱动装置两部分组成。在实现回转运动时，为塔式起重机回转部分提供稳定、牢固的支承，并将回转部分的载荷传递给固定部分的装置称为回转支承装置。驱动塔式起重机的回转部分，使其相对塔式起重机的固定部分实现回转的装置称为回转驱动装置。

3.2.2.1 回转支承装置

回转支承装置简称回转支承。在塔式起重机中主要使用柱式和滚动轴承式回转支承装置。

A 柱式回转支承装置

柱式回转支承装置又可分为转柱式和定柱式两类。图 3 – 18 所示为转柱式回转支承装置。塔式起重机的起重臂架和平衡臂架均通过横梁装在转柱上，转柱安装在塔身顶部的中央，当转柱被驱动装置带动回转时，起重臂架和平衡臂架随之回转。此种回转支承装置结构简单，制造方便，适用于起升高度和工作幅度以及起重量均较大的塔式起重机。

图 3 – 19 所示为定柱式回转支承装置。塔身顶部为定柱，塔帽罩在塔尖上，顶部设有径向止推轴承，塔帽下部设有由回转大齿圈形成的滚道，供装在塔顶井架上的支承滚轮沿滚道回转。当塔帽做 360°回转时，装在其上的起重臂架及平衡臂架将随之一起回转。定柱式回转支承装置结构简单，制造方便，起重机回转部分的转动惯量小，自重和驱动功率较小，能使起重机的重心降低。

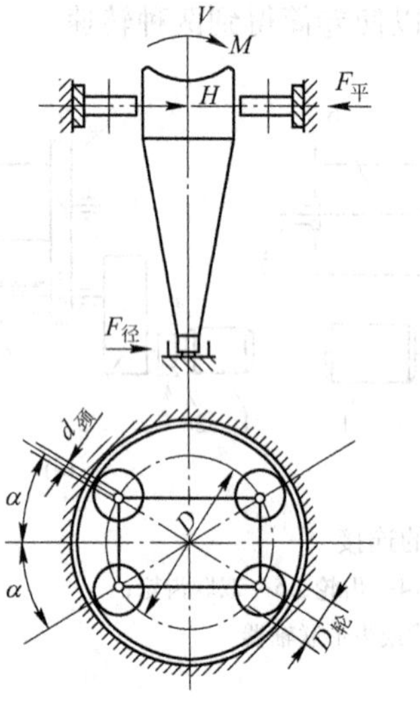

图 3 – 18 转柱式回转支承装置

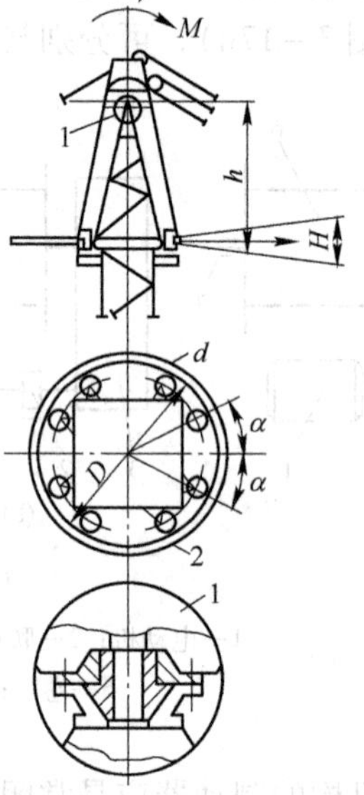

图 3 – 19 定柱式回转支承装置

1—径向止推轴承；2—支承滚轮

B 滚动轴承式回转支承装置

图 3 – 20 所示为滚动轴承式回转支承装置，起重机回转部分固定在大轴承的回转座圈上，而大轴承的固定座圈则与底架或门座的顶面相固结。常用的滚动轴承式回转支承装置按滚动体的形状和排列方式可分为下面四种结构。

（1）单排四点接触球式回转支承，如图 3 – 20（a）所示。它由两个座圈组成，其滚动体为圆球形，每个滚动体与滚道间呈四点接触，能同时承受轴向力、径向力和倾覆力矩，适用于中小型塔式起重机。

（2）双排球式回转支承，如图 3 – 20（b）所示。它有三个座圈，采用开式装配，上下两排钢球采用不同直径以适应受力状况的差异。由于滚道接触压力角较大（60° ~ 90°），因此它能承受很大的轴向载荷和倾覆力矩，适用于中型塔式起重机。

（3）单排交叉滚柱式回转支承，如图 3 – 20（c）所示。它由两个座圈组成，其滚动体为圆柱形，相邻两滚动体的轴线呈交叉排列，接触压力角为 45°。由于滚动体与滚道间是线接触，故其承载能力高于单排钢球式。这种回转支承装置制造精度高，装配间隙小，安装精度要求较高，适用于中小型塔式起重机。

（4）三排滚柱式回转支承，如图3-20（d）所示。它由三个座圈组成，上下及径向滚道各自分开。上下两排滚柱水平平行排列，承受轴向载荷和倾覆力矩，径向滚道垂直排列的滚柱承受径向载荷。三排滚柱式回转支承是常用四种形式的回转支承中承载能力最大的一种，适用于回转支承直径较大的大吨位起重机。

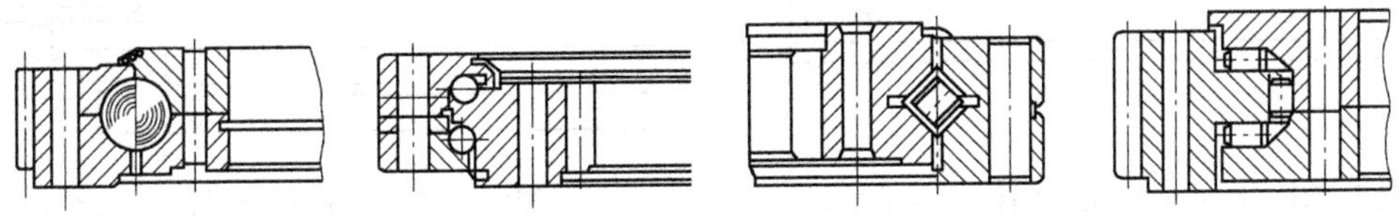

(a) (b) (c) (d)

图3-20 滚动轴承式回转支承装置

（a）单排四点接触球式；（b）双排球式；（c）单排交叉滚柱式；（d）三排滚柱式

滚动轴承式回转支承装置结构紧凑，可同时承受垂直力、水平力和倾覆力矩，是目前应用最广的回转支承装置。为保证轴承装置正常工作，要求固定轴承座圈的机架有足够的刚度。

3.2.2.2 回转驱动装置

塔式起重机上一般采用电动回转驱动装置。回转驱动装置通常安装在塔机的回转部分，电动机经减速器带动最后一级小齿轮，小齿轮与装在塔机固定部分上的大齿圈相啮合，以实现回转运动。在塔机回转机构中常用的是下列两种形式的机械传动装置。

（1）卧式电动机与蜗杆减速器传动。如图3-21所示，回转机构由电动机1，经联轴器2，由蜗杆7、蜗轮3和极限力矩联轴器组成的减速器减速后，又经中间齿轮8、9传动，最后通过回转小齿轮10带动整个旋转架以上的部分绕大齿圈11回转。极限力矩联轴器由弹簧5、摩擦锥体6、蜗轮3和螺母4组成，用以防止回转机构超负荷运行，同时使启动和停止平稳。

这种传动方案的优点是结构紧凑，传动比大，但效率低，常用于要求结构紧凑的中小型塔式起重机。

（2）立式电动机与行星齿轮减速器传动。如图3-22所示，电动机1通过液力耦合器2带动行星齿轮减速器3，再通过小齿轮4与固定在塔身上的大齿圈5相啮合，小齿轮在绕自身轴线回转的同时围绕大齿圈回转，从而带动了塔机回转部分的回转。

这种传动方案采用的行星齿轮减速器有摆线针轮传动、渐开线少齿差和谐波传动等。行星传动具有传动比大、结构紧凑等优点，是塔式起重机回转机构较理想的传动方案。

塔式起重机的电动回转机构推荐采用可操纵的常开式制动器，以避免制动作用过猛，遇有强风时，亦能自动回转到顺风位置，减小倾覆危险（采用常开式制动器时，应有制动器制动后的锁紧装置）。

3.2.3 变幅机构

为了满足物料装、卸工作位置的要求，充分利用自身的起吊能力（幅度减小能提高

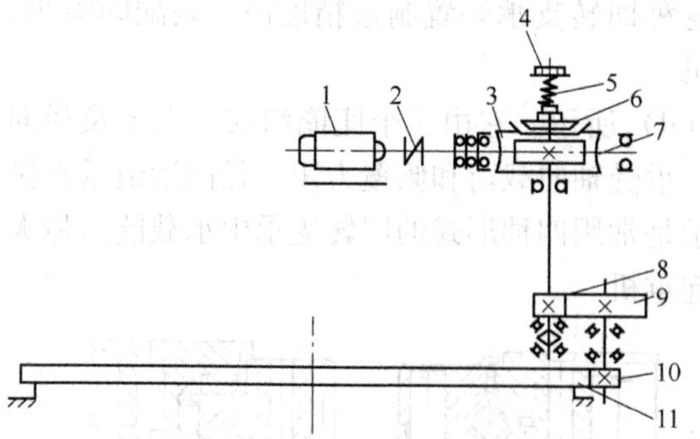

图3-21 卧式电动机与蜗杆减速器传动

1—电动机；2—联轴器；3—蜗轮；4—螺母；5—弹簧；6—摩擦锥体；7—蜗杆；8，10—小齿轮；9—大齿轮；11—大齿圈

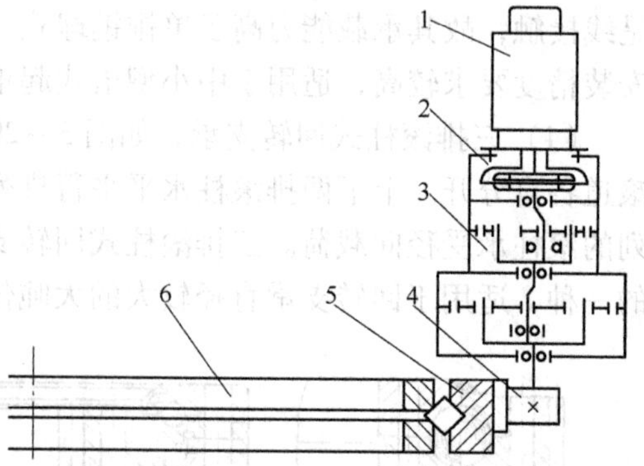

图3-22 立式电动机与行星齿轮减速器传动

1—电动机；2—液力耦合器；3—行星齿轮减速器；4—小齿轮；5—大齿圈；6—上下座圈

起重量），塔式起重机需要经常改变幅度。变幅机构是实现改变幅度的工作机构，并用来扩大塔式起重机的工作范围，提高生产率。

3.2.3.1 变幅机构的类型

（1）塔式起重机的变幅机构按工作性质分类。塔式起重机的变幅机构按工作性质可分为非工作性变幅机构和工作性变幅机构。

1）非工作性变幅机构指只在空载时改变幅度，调整取物装置的作业位置，而在重物装卸、移动过程中幅度不再改变。这种变幅机构变幅次数少，变幅时间对起重机的生产率影响小，一般采用较低的变幅速度。其优点是构造简单、自重轻。

2）工作性变幅机构是指能在带载条件下变幅的机构。这种机构的变幅过程是起重机工作循环的主要环节，变幅时间对起重机的生产率有直接影响，一般采用较高的变幅速度（吊具平均水平位移速度为0.33～0.66m/s）。其优点是生产率高，能更好地满足装卸工作的需要。工作性变幅机构驱动功率较大，而且要求安装用以限速和防止超载的安全装置。与非工作性变幅机构相比，工作性变幅机构构造复杂，自重也较大。

（2）塔式起重机的变幅机构按机构运动形式分类。塔式起重机的变幅机构按机构运动形式分为臂架摆动式变幅机构（简称动臂式）和运行小车式变幅机构（简称小车式），如图3-23所示。

1）动臂式变幅机构（见图3-23a），是通过吊臂俯仰摆动实现变幅的，可用钢丝绳滑轮组和变幅液压缸使吊臂做俯仰运动，塔式起重机中一般多用前者。动臂式变幅机构在变幅时，物品和臂架的重心会随幅度的改变而发生不必要的升降，耗费额外的驱动功率，而且在增大幅度时，由于重心下降，容易引起较大的惯性载荷，所以一般多用于非工作性变幅。动臂式变幅的优点是：具有较大的起升高度，在建筑群施工中不容易产生死角（见图3-24），拆卸也比较方便。其缺点是：幅度的有效利用率低；变幅速度不均匀；没有装设补偿装置时，重物不能做到水平移动，安装就位不便，变幅功率也大。

2）小车变幅机构（见图3-23b），是通过移动牵引起重小车实现变幅的。工作时吊臂安装在水平位置，小车由变幅牵引机构驱动，沿着吊臂的轨道（弦杆）移动。小车变幅的优点是：变幅时物料做水平移动、安装就位方便；速度快、功率省；幅度有效利用率

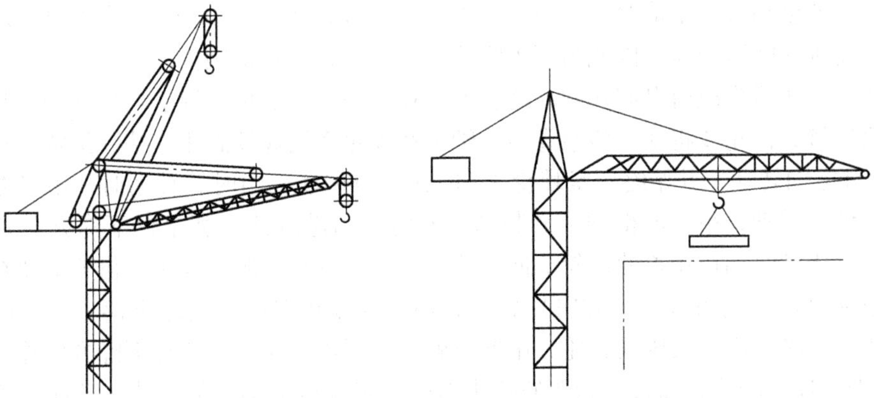

图 3－23　塔式起重机变幅方案

（a）动臂式变幅机构；（b）小车式变幅机构

大。其缺点是：吊臂承受较大的弯矩，结构笨重，用钢量大。

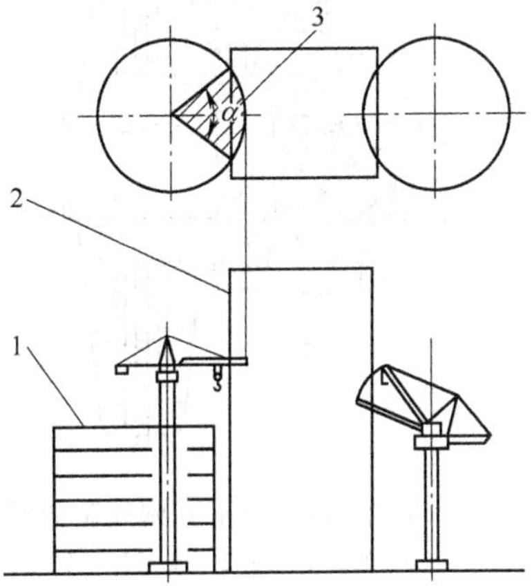

图 3－24　两种变幅方案作业范围比较

1—正在施工建筑；2—原有建筑；3—塔机小车变幅施工死角区域

综合以上两种方案的优点，有的塔式起重机同时采用两种变幅方案，吊臂做成两用，既可使小车沿吊臂水平移动，又可将小车固定在臂端实现吊臂俯仰变幅。

3.2.3.2　动臂式变幅机构

按照吊臂和驱动装置间传动件的结构形式，动臂式变幅机构可分为挠性传动和刚性传动两类。这里仅讨论在塔式起重机上常用的利用钢丝绳滑轮组实现变幅的挠性传动变幅机构（见图 3－23a）。

通常为了减小变幅绳长度，挠性传动变幅机构的变幅滑轮组的动滑轮轴通过拉杆或拉索与吊臂端部相连，变幅滑轮组的定滑轮固定在塔式起重机的塔帽或者人字架上。为了使零部件尽可能做到通用，变幅钢丝绳常取与起升钢丝绳相同的规格。这样，当变幅滑轮组最大拉力确定后，即可方便地确定出变幅滑轮组所需的倍率。

变幅机构传动装置与起升机构基本相似，有齿轮传动（或行星齿轮）和蜗轮传动两种基本形式。非工作性变幅机构大多采用蜗轮传动。

动臂变幅，吊臂是靠自重和重物重量自动下落的。当采用齿轮传动时，下降速度一般靠电气制动进行控制；当采用自锁的蜗轮传动时，吊臂只能在电动机反转的情况下降落，吊臂下降速度可由电动机控制。

为了可靠地控制落臂速度，确保工作安全，在非电气制动和调速的齿轮传动变幅机构中，甚至在具有自锁能力的蜗轮传动变幅机构中，为在重力下降时能够限速，以及防止蜗轮因磨损而失去自锁能力，一般都装设有限速安全制动器。

图 3－25 所示为离心式限速制动器，它装在传动轴 6 上，重块 4 随传动轴一起转动。

当吊臂下降速度超过额定值时，重块 4 向外飞出，零件 1、3 和不能转动的制动片 2 相互压紧，传动轴 6 随即减速，因此吊臂下降速度能限制在一定范围内。

图 3－26 所示为载荷自制式制动器，安装在变幅机构的传动轴上。传动轴 1 与变幅机构电动机连接，齿轮 2 将动力传给卷筒，轴 1 和齿轮 2 用螺纹副相连接，吊臂自重使齿轮 2 沿逆时针方向转动，并始终压紧棘轮 3。因此，当传动轴顺时针转动时，吊臂能正常提升，一旦停止转动，吊臂就得到可靠制动。若传动轴逆时针（朝吊臂下降方向）转动一个角度，由于螺纹副作用迫使齿轮 2 向右移动，并与棘轮 3 脱开，于是齿轮 2 便在吊臂自重作用下逆时针（朝吊臂下降方向）转动，吊臂亦在该时间内随之下落。与此同时，齿轮 2 由于螺纹副作用重又压紧棘轮，吊臂也就停止下落。所以只要在下降方向连续转动轴 1，吊臂即能连续降落，而且齿轮 2 的转速不可能超过传动轴 1 的转速，从而使落臂速度受到限制，所以变幅是安全的。

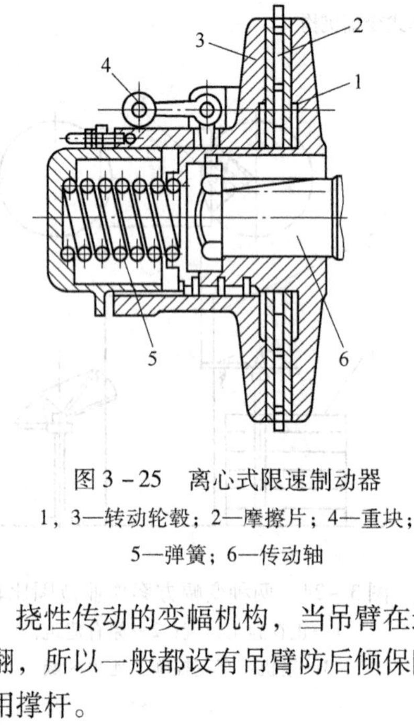

图 3－25 离心式限速制动器
1，3—转动轮毂；2—摩擦片；4—重块；5—弹簧；6—传动轴

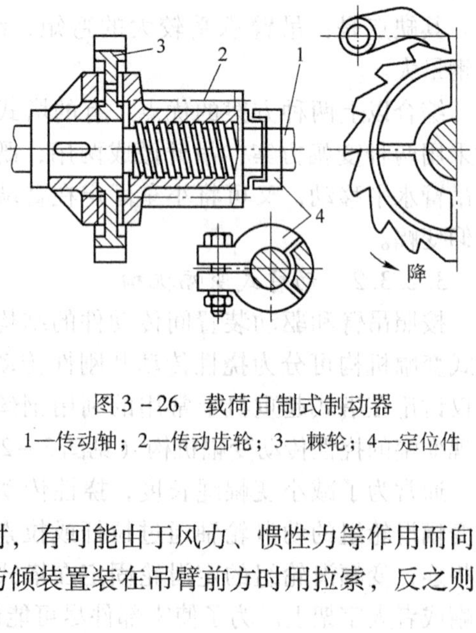

图 3－26 载荷自制式制动器
1—传动轴；2—传动齿轮；3—棘轮；4—定位件

挠性传动的变幅机构，当吊臂在最小幅度时，有可能由于风力、惯性力等作用而向后倾翻，所以一般都设有吊臂防后倾保险装置。防倾装置装在吊臂前方时用拉索，反之则必须用撑杆。

3.2.3.3 小车式变幅机构

按照小车沿吊臂弦杆行走的方式，小车式变幅机构分为自行式和绳索牵引式两类。自行式小车变幅机构驱动装置直接装在小车上，依靠车轮与吊臂轨道间的附着力，驱动车轮使小车运行，电动滑车沿吊臂弦杆行走就是这类变幅机构的典型例子。由于牵引力受附着力的限制，而且小车自重也比较大，故这种自行式小车变幅机构只适用于小型塔式起重机。

绳索牵引式变幅机构的小车依靠变幅钢丝绳牵引沿吊臂轨道运行，其驱动力不受附着力的限制，故能在略呈倾斜的轨道上行走；又由于驱动装置装在小车外部，从而使小车自重大为减小，所以适用于大幅度、起重量较大的起重机。在塔式起重机中大都采用绳索牵引式变幅机构，这样既可减轻吊臂载荷，又可以使工作可靠，而且因其驱动装置放在吊臂根部，平衡重也可略为减小。

图3－27所示为绳索牵引小车的典型构造。除车架外，它装有行走滚轮、导向轮、起升绳导向轮等零部件以及用来改变滑轮倍率的销子。变幅钢丝绳穿绕方式如图3－28所示。运行小车由设置在起重臂架上的牵引卷筒驱动。

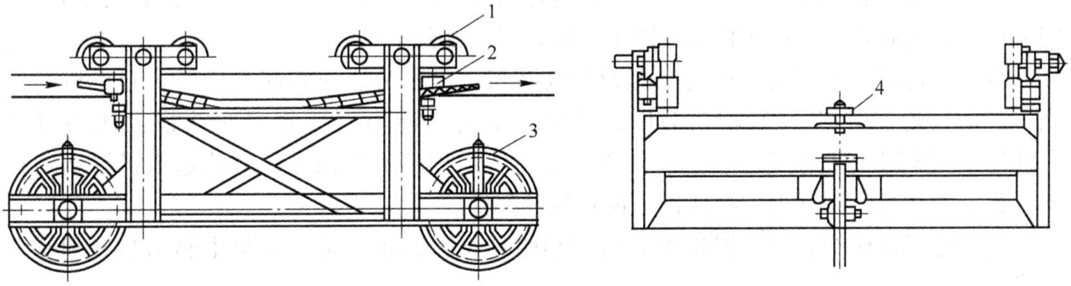

图3－27　绳索牵引小车构造

1—滚轮；2—导向轮；3—起升绳导向轮；4—倍率滑轮销轴

驱动卷筒通常分为普通牵引卷筒（见图3－29a）、摩擦卷筒（见图3－29b）两种。前者工作可靠，但牵引卷筒较长，而且要有两根钢丝绳。后者牵引卷筒及钢丝绳长度可减少一半，但必须装设张紧导向轮，且需经常调整牵引绳张力，以保证摩擦卷筒能正常工作。由于牵引力受限制，摩擦卷筒一般只用于小型塔式起重机上。卷筒的传动机构可采用普通标准卷扬机。为了使尺寸更紧凑，目前已广泛采用行星摆线针轮和渐开线齿轮的少齿差减速器传动，而且在卷筒轴端部装有用蜗杆或链轮带动的幅度指示器及限位器，以确保工作安全。

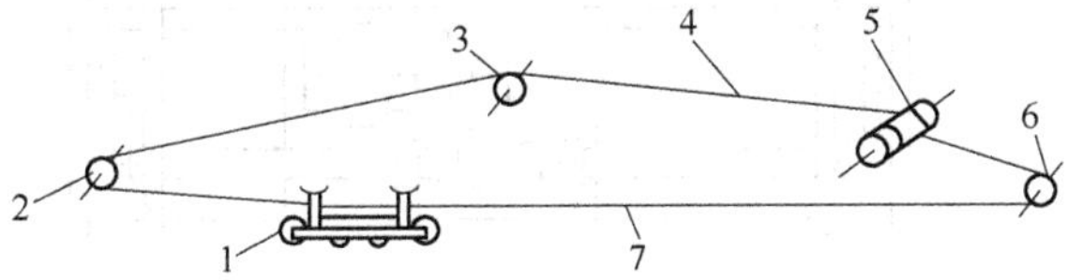

图3－28　变幅钢丝绳穿绕方式

1—小车；2，3，6—导向滑轮；

4，7—变幅绳；5—卷筒

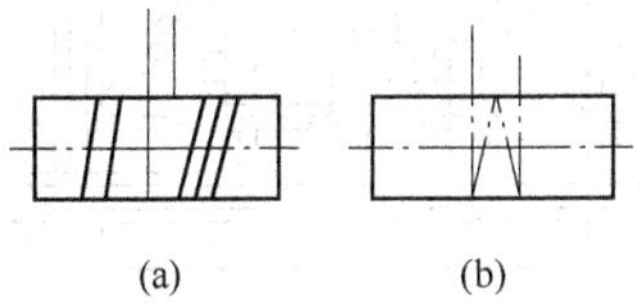

图3－29 驱动卷筒

（a）牵引卷筒；（b）摩擦卷筒

为了在变幅时能保证重物做水平移动，起升绳的终端不能固定在运行小车上，而必须固定在起重臂架的端部，如图3－30所示。图3－30（a）所示为起升绳固定在起重臂头部的绕法。图3－30（b）所示为起升绳固定在起重臂根部的绕法。后者起重绳需要较长，但由于在起重臂端部引出的起升绳起了支承起重臂的作用，水平臂架受力性能改善。

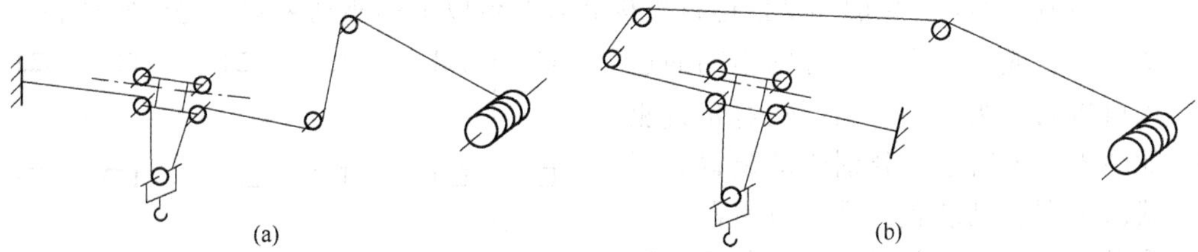

图3－30　起升钢丝绳穿绕方式

（a）固定在起重臂头部的绕法；（b）固定在起重臂根部的绕法

3.2.4 运行机构

运行机构用以支承起重机本身重量和起升载荷并使起重机水平运行。起重机的运行方式分为有轨运行和无轨运行两类。有轨运行是指车轮在专门铺设的轨道上运行；无轨运行则采用轮胎或履带，可以在普通道路上行驶，机动性强。

有轨运行机构包括支承运行装置及驱动装置两大部分。前者起支持塔式起重机的作用，包括行走车轮或台车等零部件，其优点是支承能力大（每只车轮最大压力可达400kN），运行平稳且阻力小。后者依靠车轮与轨道顶面的摩擦力使塔式起重机沿轨道移动，包括电动机、制动器、减速器、齿轮等零部件。

有轨运行机构的驱动装置根据其布置和驱动位置的不同可分为集中驱动和分别驱动两类。

（1）集中驱动。集中驱动是由一台电动机驱动两组主动车轮，使塔机沿轨道行驶。它又可分为单边集中驱动和双边集中驱动。

图3-31为单边集中驱动的传动简图。在塔式起重机底架上布置有和主动车轮装在同一侧的运行机构。电动机1的动力经联轴制动器2的联轴器传到减速箱3，再由传动轴5传给减速器4，然后驱动行走车轮6使塔式起重机沿轨道行驶。

图3-32为双边集中驱动的传动简图。电动机1的动力经联轴制动器2的联轴器传到减速箱3，再由传动轴4传给开式齿轮5并驱动主动车轮6，从而使塔式起重机沿轨道行驶。

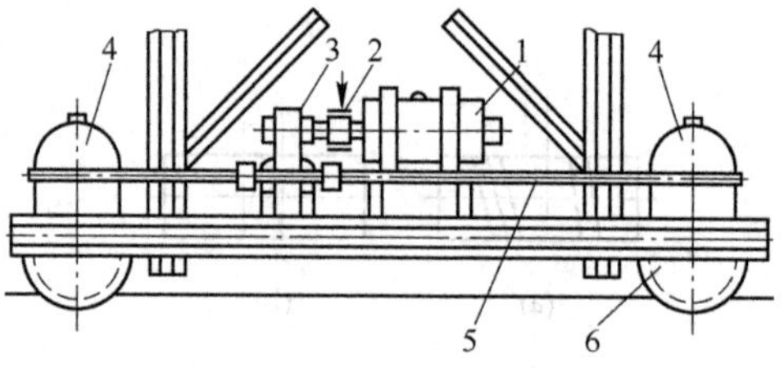

图3-31 单边集中驱动

1—电动机；2—制动器；3—减速箱；

4—减速器；5—传动轴；6—行走车轮

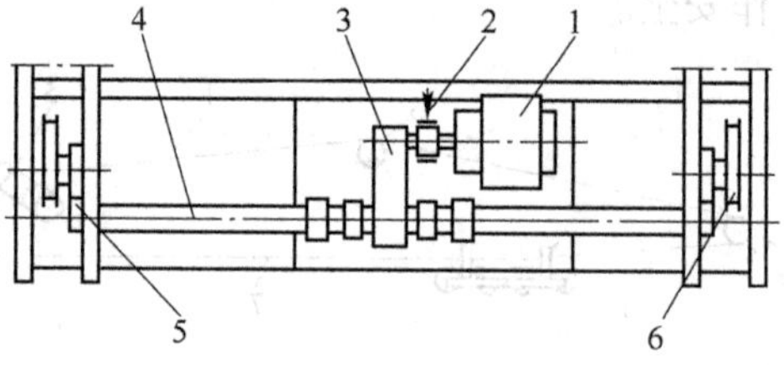

图3-32 双边集中驱动

1—电动机；2—制动器；3—减速箱；

4—传动轴；5—开式齿轮；6—主动车轮

集中驱动的传动方式比较复杂，不便维修。同时，由于传动轴较长，对底架的变形较为敏感，因而对塔式起重机底架的刚度要求高。但集中驱动只需一套驱动装置，且能保证两轴同步。

（2）分别驱动。分别驱动是指运行机构装有两台以上的驱动装置，每台驱动装置驱动一个主动轮或一个台车。分别驱动的运行机构可以布置为单边、双边和对角线驱动，如图3-33所示。分别驱动装置有标准立式减速器驱动装置、卧式减速器驱动装置和蜗轮蜗杆驱动装置等，如图3-34所示。

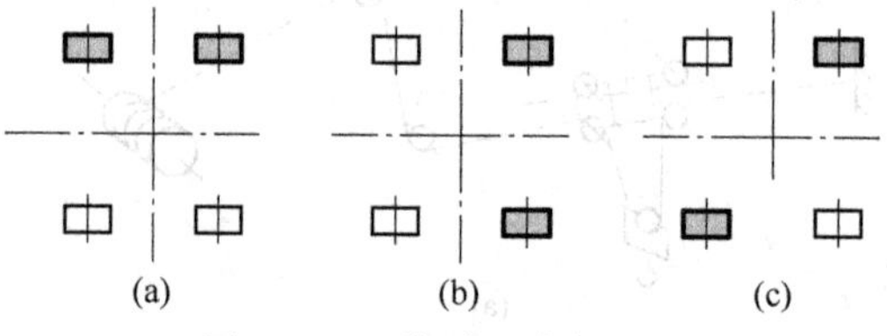

图3-33 分别驱动布置图

（a）单边驱动；（b）双边驱动；（c）对角线驱动

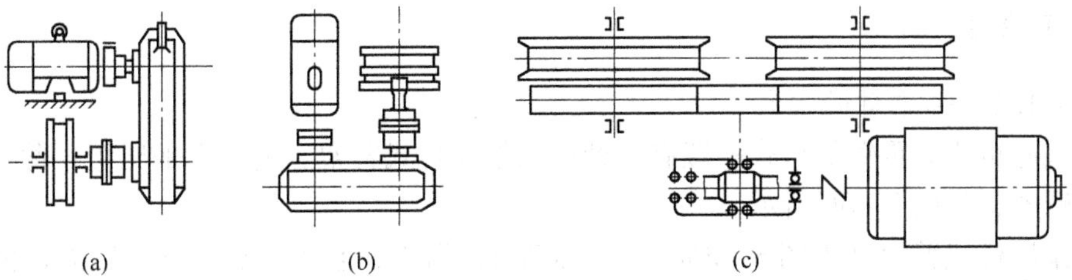

图 3－34 分别驱动装置传动

（a）标准立式减速器驱动装置；（b）卧式减速器驱动装置；（c）蜗轮蜗杆减速器驱动装置

3.3 塔式起重机的金属结构

塔式起重机金属结构的主要部件有：起重臂、平衡臂、塔帽、上下支承座、塔身、底架等，如图 3－35 所示。

起重机是一种工作条件十分繁重的机械设备，其载荷复杂多变，动态性质显著，所以作为整台起重机骨架的金属结构，其设计制造质量的好坏将直接影响整个起重机的技术经济指标，即起重机的安全可靠性、适应性、制造和运转成本。

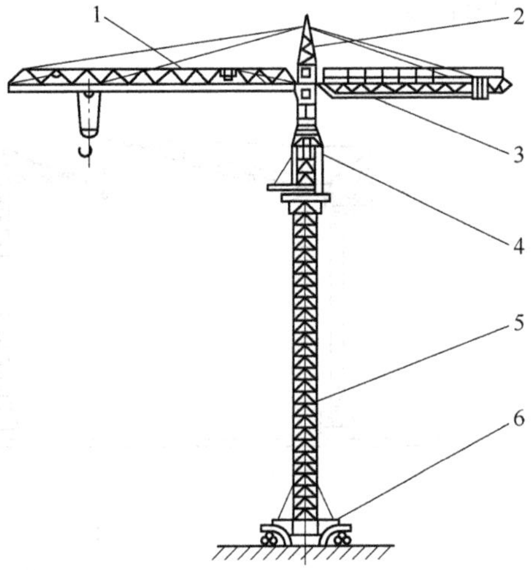

图 3－35 塔式起重机金属结构

1—吊臂；2—塔帽；3—平衡臂；4—上、下支承座；5—塔身；6—台车架

为保证起重机良好的技术经济性，对起重机金属结构的基本要求如下：

（1）满足总体设计要求。首先应满足总体对工作幅度、起升高度等作业空间的要求；其次应满足总体提出的对机构学上的要求；第三应满足总体布置的要求，使结构与结构之间、结构与机构之间关系协调，互不干涉。

（2）坚固耐用、性能良好。为保证起重机坚固耐用、安全可靠，其金属结构必须有足够的静强度、规定寿命下的疲劳强度和各构件的整体和局部稳定性。同时，为保证起重机具有良好的使用性能和动态性能，其金属结构应具有足够的静态刚性和动态刚性。

（3）重量轻、材料省。起重机金属结构的重量通常要占整机重量的 60%～70%，对于大型起重机，这一比例可上升到 85%～90%。因此，降低金属结构的重量不仅能节约结构本身的钢材，而且能减轻机构和基础负荷，降低制造和使用成本，并且可显著提高整机性能。

（4）构造合理、工艺性好、使用方便。金属结构的构造形式既应适用结构的受力特点，使传力路径短、力流平顺，又应保证结构具有良好的工艺性，使制造、运输、安装、拆除、维修方便。

（5）造型美观。塔式起重机的外形结构相似于塔，简洁明快，而它的造型主要取决于金属结构的造型。从建筑艺术的观点出发，在设计金属结构件时，尽可能体现其造型美。

3.3.1 起重臂

3.3.1.1 起重臂的形式

塔式起重机起重臂的形式一般有三种：桁架压杆式臂架、桁架水平压弯式臂架、桁架混合式臂架，如图3－36所示。

桁架压杆式臂架（见图3－36a），亦称动臂式臂架，它主要承受轴向压力，依靠改变臂架的倾角来实现塔机的工作幅度的改变。桁架水平压弯式臂架（见图3－36b），工作时臂架主要承受轴向力及弯矩作用，依靠起重小车的移动来实现塔式起重机工作幅度的改变。桁架混合式臂架（见图3－36c），是一种综合了动臂变幅和小车变幅优点的折臂式臂架。这种臂架是由钢丝绳、人字架、A字架及后臂架组成的平行四边形后段和由钢丝绳、A字架及前臂架组成的三角形前段，前后段用铰连接而成。当变幅钢丝绳收进时，两段相对曲折，前臂架始终处于水平状态。当前后两段折弯成90°时，后段垂直接高塔身，提高了起升高度。

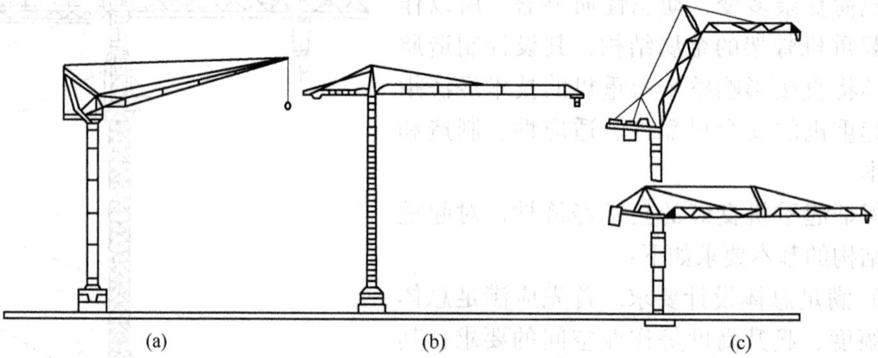

图3－36 塔式起重机的起重臂
（a）桁架压杆式；（b）桁架水平压弯式；（c）桁架混合式

塔式起重机的臂架长，自重较大，臂架设计得是否合理将直接影响起重机的承载能力。在保证臂架的强度、刚度和整体及局部稳定性的条件下，如何减轻臂架的重量是一个备受关注的问题。

目前塔式起重机常采用桁架压杆式臂架和桁架水平压弯式臂架两类。压杆式臂架的截面以矩形为主，而水平压弯式臂架常以三角形截面为主。

3.3.1.2 起重臂的构造

A 桁架压杆式臂架

桁架压杆式臂架如图3－37所示，臂架在起升平面的受力情况相当于一根两端简支梁，在回转平面内相当于一根悬臂梁。起升平面内臂架中间部分通常采用等截面平行弦杆，两端为梯形。在回转平面内，臂架通常做成顶部尺寸小、根部尺寸大的形式。为方便运输、安装和拆除，以及满足不同施工对象对塔机最大工作幅度的不同要求，臂架通常制成若干段臂架节，其中中部的几节制做成可以互换的标准节，以实现臂架长度的不同组合。

臂节之间采用螺栓或销轴连接。臂架结构的根部和顶部都需要加强，一般采用钢板代替幅杆体系。

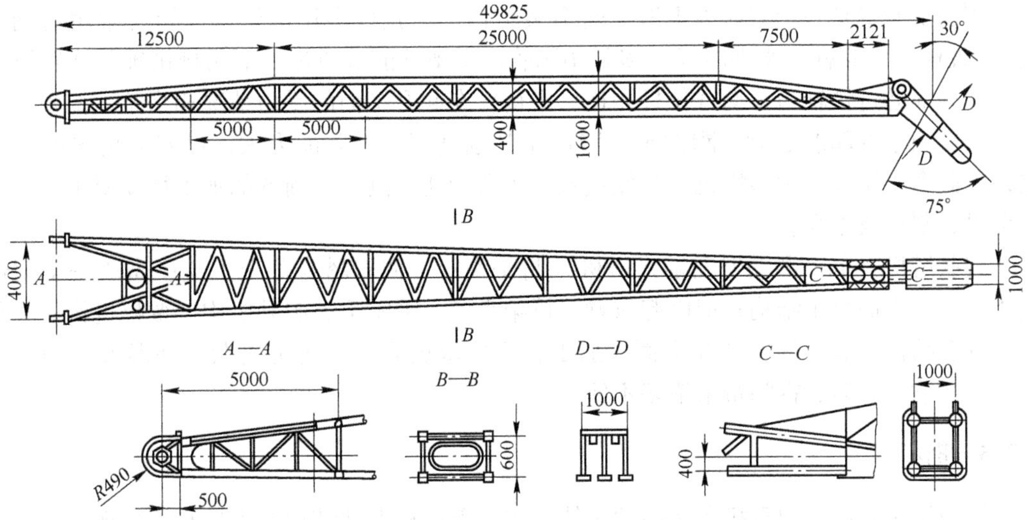

图 3 - 37 桁架压杆式臂架（尺寸单位：mm）

B 桁架水平压弯式臂架

桁架水平压弯式臂架亦称小车变幅式臂架，其截面多为三角形的空间桁架结构，以正三角形最为常见。上弦杆多用圆管、方管（常用角钢拼成），两下弦杆通常采用方管、槽钢，并兼作载重小车的轨道，腹杆（斜腹杆、水平腹杆）多采用圆管。

同样，为方便运输、安装和拆除，满足不同施工对象对塔机最大工作幅度的不同要求，以及减轻起重臂结构自重，臂架通常制成若干段臂架节，其中几节制做成可以互换的标准节，以实现臂架长度的不同组合。各种规格的臂架节的上、下弦杆和腹杆的截面尺寸根据其所处的位置受力状况而有所不同，各臂架节在整个臂架中的位置是固定的。因此，安装时要严格遵守安装使用说明中的规定，严禁将臂架节装错位置，以免产生重大安全事故。

现在欧洲流行的无塔帽塔机，是将起重臂、平衡臂与塔帽结构连成一体，直接装在转台上，不用拉索，因而属于静定结构。整个臂架承受的轴向载荷因取消拉索而大大减小，上弦杆始终受拉，下弦杆始终受压，杆件的应力方向不变，故有利于充分发挥材料性能，减轻疲劳影响。同时还可方便地将起重臂形成构造反拱，使其负载后臂架头部始终保持水平，减轻变幅机构的负荷。2007 年我国长沙中联重工成功研制 TCT7527 - 20 系列平头塔机，极大地促进了我国塔式起重机产品的设计与制造技术的进步。

3.3.2 平衡臂和转台

平衡臂上安装有起升机构、平衡重等设备、装置，有些平衡臂（如动臂变幅式塔机）上还安装有变幅机构、人字架（撑架）等。平衡重安放在平衡臂的尾端，以平衡塔机工作时产生的部分前倾弯矩。平衡臂一般分为铰接式平衡臂和刚性平衡臂两种。

铰接式平衡臂是一个平面桁架，两根主弦通常采用槽钢或工字钢，两根主弦之间用角钢连接。平衡臂前端通过销轴与塔帽或回转塔身铰接，后部通过销轴与平衡臂拉杆相连。平衡臂在起升平面的受力情况相当于一根一端简支、一端悬臂的离悬臂段不远处有一个弹性支承的连续静定梁。

刚性平衡臂是一个截面为矩形空间桁架结构，主弦杆多用圆管、方管（常用角钢拼成），腹杆（斜腹杆、水平腹杆）多采用圆管。平衡臂前端通过上下两排销轴与回转塔身铰接，后部通过销轴与平衡臂拉杆相连。平衡臂在起升平面的受力情况相当于一根中间简支、一端固结的超静定梁。刚性平衡臂由于其刚度好，承载能力大，可安装更多的平衡重，因此多用于大、中型塔机。与铰接式平衡臂相比，刚性平衡臂的加工精度要求高，费工费时，制造成本高。

有些塔机（如某些动臂变幅式塔机）将平衡臂、回转塔身甚至上支座做成一个刚性整体，进一步简化了结构；但因起重臂、撑架系统、平衡重、起升机构、变幅机构、驾驶室等许多结构、装置均安装在上面，加工精度要求更高、结构更复杂，外形尺寸和重量大，给运输、安装、拆除带来诸多不便。

3.3.3 塔身

塔身结构是塔式起重机骨架中的主体，支承着塔机上部结构的重量和承受载荷，并将这些载荷通过塔身传至底架或直接传递给基础。

由于塔身承受的载荷是自上而下逐渐增加的，从合理利用材料的观点来看，塔身截面从上到下逐渐增大（如同输电塔架一样）是最为合理的，但这样一来会给生产、使用带来许多困难，甚至无法满足使用要求。为解决这一矛盾，塔式起重机的塔身通常由若干种标准节组成，每一种标准节的主弦杆等构件的截面参数均有不同。安装在塔身下部的标准节（某些厂家称之为“下塔身”、“加强节”、“塔身底节”、“基础节”）的截面性质和承载能力要高于塔身上部的标准节（俗称“上塔身”、“标准节”）。因此，每一种标准节在塔身中的位置有严格的规定。例如，下塔身标准节必须安装在基础以上、上塔身标准节以下。每种标准节都有明显的标记或/和在外形上的某处有明显的区别，如主弦杆上高强度螺栓连接套的数目不同。各种相同型号的标准节内部之间在塔身里的位置可以任意互换。

3.3.3.1 结构形式

塔身按结构形式可分为桁架结构和管型结构两类。

因管型结构为实腹式结构，迎风面积大，而且管壁开孔时将对管子的整体承载能力有较大的影响，故应用较少。

目前大多数塔机的塔身标准节都是做成桁架式的，由型钢或钢管焊成的空间桁架，截面几乎都是正方形。

3.3.3.2 标准节

塔身标准节按拼装方式分为片式标准节（见图 3 - 38、图 3 - 39）和整体式标准节。

片式标准节中有 4 榀平面桁架拼装、4 榀 L 形对角桁架拼装、2 榀平面桁架加数根杆件拼装等多种形式。各片桁架之间用高强度铰制孔螺栓或销轴连接，其中以高强度铰制孔螺栓连接方式为多。

片式标准节运输时可以将平面桁架成捆绑扎，大大减少了堆放和运输所占的空间，方便运输，节省运输费用，这尤其对长途运输意义更大。与整体式标准节相比，片式标准节对加工精度要求高，制造难度大，重量和成本相应有所增加。图 3 - 38 所示的法国 Potain 公司 TOPKITH4/36A 标准节就是采用 4 榀平面桁架拼装而成的。4 榀平面桁架之间用高强度铰制孔螺栓连接。

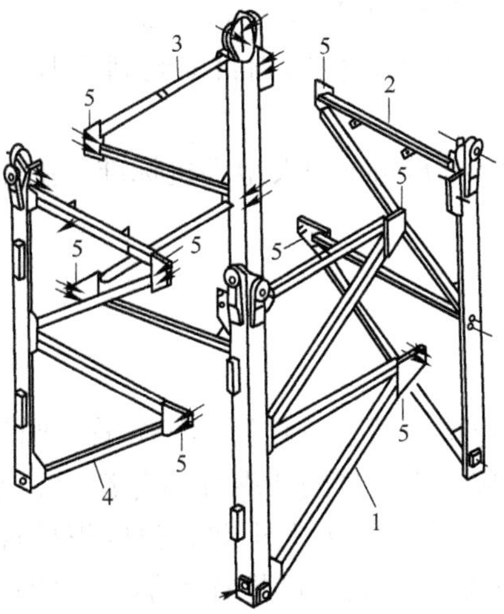

图 3-38 Potain 公司 TOPKITH4/36A 标准节构造图
1，4—斜腹杆；2，3—水平腹杆；5—节点板

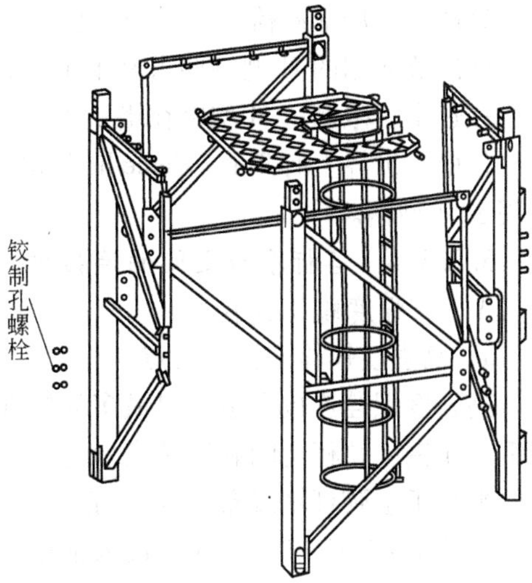

图 3-39 TC7030 标准节构造图

整体式标准节的结构是每个标准节由主弦杆和腹杆组成，标准节每端有 8 个螺栓连接孔，内设有供人上、下的爬梯。标准节截断面为正方形，高约 2.8m，堆放和运输所占的空间大，运输不方便，但是安装方便快捷，得到广泛使用。

3.3.3.3 主弦杆

塔机上的金属结构中主弦杆是主要的承载件，主弦杆的结构主要采用如下几种形式。

（1）方管。这是运用得最广的结构形式。其中最为常见的是用两个等边角钢拼焊成的方管。这种结构具有选材方便、灵活，便于在方管内部增加加强筋板和采取局部补强措施。但对焊接质量和工艺的要求高，否则容易产生焊后方管弯扭变形和焊接缺陷。

现在一种称为“结构用冷弯方形空心型钢”（俗称方钢管）的型钢逐渐在塔机标准节上采用。它是将一定厚度的钢板经多次冷弯后形成一个四角带有圆弧、其接缝用自动焊连接的封闭的正方形截面型钢。与角钢拼焊成的方管相比，方钢管具有壁厚均匀、外形美观、风阻小的优点，并大大减少了生产厂家的焊接加工量。但受材质、工艺等因素的影响，方钢管的壁厚较薄，规格不多，并且方钢管内部增加加强筋板和采取局部补强措施的难度较大，因此限制了方钢管的广泛运用。

（2）角钢。采用角钢具有选材和加工方便、采购和制作成本较低、局部补强处理容易等优点。但角钢属于开口薄壁杆件，截面特性不好，并且腹杆（也多为角钢）与其连接时，腹杆截面形心与主弦角钢形心难以相交于一点，使得使用中腹杆传递轴向力时，因为有上述偏心存在而产生附加扭矩，从而产生有害的附加应力。另外，角钢迎风面积大，因而风阻大。

（3）圆管。圆管的截面特性最好，材料利用率最高，而且风阻最小，腹杆与主弦杆的力线容易相交，是理想的型材。但受材质、工艺等因素的影响，具有较厚壁厚的圆管规格不多，并且圆管内部采取局部补强措施难度较大，腹杆连接因有相贯线而增加了加工难度，采购成本较高，因此限制了圆管的广泛运用。

（4）H 型钢。采用 H 型钢使得顶升踏步的布置十分方便，有利于减小塔机顶升时在踏步处产生的局部载荷，这对于大型塔机尤为重要，并且 H 型钢的局部处理也十分方便。塔身标准节使用的 H 型钢要求其上下翼板具有相当的厚度，但国内目前轧制的 H 型钢板厚往往过小，限制了 H 型钢在塔机上的运用。

目前，世界上有 Terex Comedil 公司、Favco 公司和 Peiner 的大型塔机标准节主弦杆都采用了 H 型钢。

3.3.3.4 各标准节之间的连接方式

A 高强度螺栓连接

a 高强度螺栓连接的特点

高强度螺栓连接是运用得最多的标准节之间的连接方式。它广泛用于方管、圆管、H 型钢、角钢主弦杆之间和回转支承与上下支座的连接。主弦杆的两端分别有若干个高强度螺栓平行于主弦杆轴线布置（高强度螺栓的数量视主弦杆受力大小和高强度螺栓规格而定，一般 1～4 个，以 2～3 个最为常见），安装时按要求对高强度螺栓施加一定的预紧力或力矩，以改善高强度螺栓受变化载荷的循环特性，保证在额定外载荷作用下受拉的主弦杆接头处不会产生过大的缝隙。

高强度螺栓只承受拉力，压力通过主弦杆接头处的接触面直接传递。连接螺栓孔直径比高强度螺栓的稍大，便于安装和拆除。由于安装时必须对高强度螺栓施加一定的预紧力矩值，并且规定的预紧力矩值比较大，加上受塔机标准节结构的限制可供作业的空间较小，使人“有劲使不上”，故靠人力紧固螺栓往往达不到规定的预紧力矩值，并且各螺栓之间的实际预紧力矩波动很大，很容易产生偏载、螺栓松动的现象，带来安全隐患。因此，应使用方便、可靠、轻巧、精确的力矩扳手，还要通过经常性的人工检查、紧固螺栓的办法保证工作的安全。

b 高强度螺栓的性能等级

高强度螺栓是指性能等级在 8.8 级以上的螺栓（8.8 级、9.8 级、10.9 级、12.9 级），塔机上常用的主要有 8.8 级和 10.9 级两种。

一般的螺栓是用“*X.Y*”表示强度的，其中，*X* 乘以 100 表示此螺栓的抗拉强度；*X* 乘以 100 再乘以 *Y*/10 表示此螺栓的屈服强度（因为按标识规定：屈服强度/抗拉强度 = *Y*/10）。例如，8.8 级螺栓表示公称抗拉强度 $\delta_b = 800\text{MPa}$、公称屈服强度 $\delta_{0.2} = 640\text{MPa}$ 的螺栓；10.9 级螺栓表示公称抗拉强度 $\delta_b = 1000\text{MPa}$、公称屈服强度 $\delta_{0.2} = 900\text{MPa}$ 的螺栓。

高强度螺栓采用经热处理的中碳钢或低、中合金钢制作。高强度螺母的性能等级有 8、9、10、12 级。高强度垫圈的性能等级为 300HV。高强度螺栓、螺母、垫圈的性能等级使用组合应按表 3－5 执行。

表 3－5 螺栓、螺母、垫圈的性能等级使用组合

螺栓性能等级	12.9	10.9	9.8	8.8	
螺母性能等级	12	10	9	9	8
垫圈性能等级	300HV				
适用规格范围	所有规格		≤M16	>M16 或≤M39	所有规格

c 标记

在螺栓的头部顶面有用凹字或凸字表示的螺栓性能等级标志，或在头部侧面有用凹字标志，如10.9、8.8等。

在螺母的支承面或侧面打有凹字表示的螺母性能等级标志，或在倒角面打凸字标志，如10、8等。

d 防松

当使用8.8级或9.8级螺栓时，一般不允许采用弹簧垫圈防松。使用其他性能等级的螺栓绝不允许采用弹簧垫圈防松。应采用双螺母防松，其中防松螺母的预紧力矩应稍大于或等于给定的预紧力矩。

高强度螺栓连接必须采用大预紧力（一般预紧力应为该螺栓材料屈服强度的0.6～0.7），保证安装预紧力矩，其值见表3－6。

表3－6 粗牙螺栓的预紧力矩（摩擦系数μ=0.14） N·m

螺栓规格	8.8级	10.9级	12.9级
M10	44	62	75
M12	77.5	110	130
M14	120	170	210
M16	190	265	320
M18	260	365	435
M20	370	520	620
M24	640	900	1080
M27	950	1350	1620
M30	1300	1800	2160

B 插销式连接

插销式连接是一种紧密接触承压连接形式，依靠销轴的抗剪切能力传递载荷。为保证连接接头的互换性、组装后的塔身具有良好的垂直度和在整个使用寿命期间内连接的可靠性，销轴采用低合金高强度钢材制作，表面经过淬硬处理。

插销式连接安装方便，使用可靠，保养简单，配合紧密，无需专用扳手工具；但销轴、接头和整个标准节的加工精度要求高。

插销式连接分为承插销连接、连接板式销连接、快装销接头连接三种类型。

（1）承插销连接。该连接方式分为单销连接和双销连接两种。

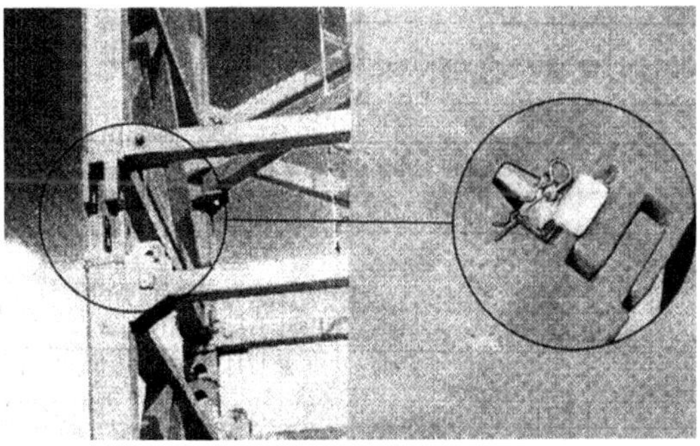

图3－40 Terex Comedil公司的单销连接形式

1）单销连接。图3－40所示为意大利Terex Comedil公司的单销连接形式（S型接头）。从图中可以看出相互连接的主弦杆之间存在间隙，因此，主弦杆承受的全部载荷都通过销轴传递。通过定位销和弹性插销将销轴与止动板连接起来，限制了销轴的转动和轴向窜动，确保连接安全、可靠。该连接方式用于 Terex Comedil 公司的中小型塔机标准节上。

2）双销连接。图 3－41 所示为意大利 Terex Comedil 公司的双销连接形式（H 型接头）。两根销轴平行排列，接头体通过塞焊焊接在主弦杆上，相互连接的主弦杆之间存在间隙，主弦杆承受的全部载荷都通过两根销轴传递。该连接方式的承载能力大于 S 型接头，运用于 Terex Comedil 公司的大中型塔机标准节上。

图 3－42 所示为 Potain 公司的方管主弦杆塔身标准节上采用双销连接形式。两根销轴交叉排列，接头体通过销轴固定在主弦杆上，由于没有采用焊接方式连接，因此可以采用含碳量较高的钢材制作，提高了承载能力。

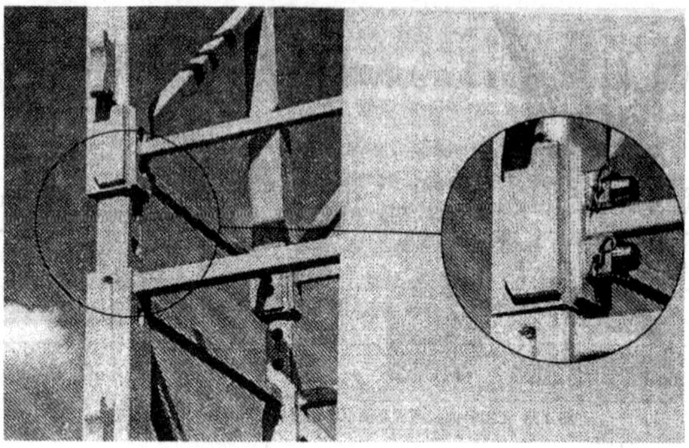

图 3－41　意大利 Terex Comedil 公司的双销连接形式

图 3－42　Potain 公司的双销连接形式

图 3－43 所示为 Potain 公司的鱼尾板双销连接形式，两根锥尾圆柱销 1 和 3 直交，但上下错开排列，并用一根 ϕ20mm 的插销 4 串联加以固定。鱼尾板双销连接形式用在 Potain 公司的 FO/23B、H3/36 等角钢主弦杆塔身标准节上。

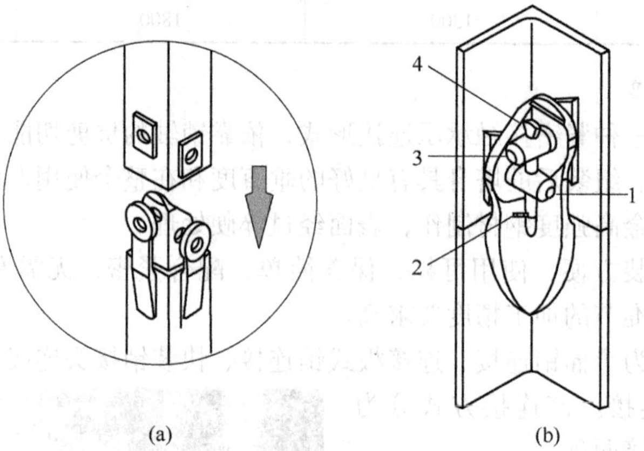

图 3－43　Potain 公司的鱼尾板双销连接形式

（a）主弦杆外侧销孔结构；（b）主弦杆内侧鱼尾板双销连接

1，3—销轴；2—开口销；4—插销

（2）连接板式销连接。图 3－44 所示为连接板双销连接形式，一般用于实心圆钢主弦杆标准节之间的连接，如四川建筑机械厂的 M900、C7050 等大型塔机。

（3）快装销接头。图 3－45 所示为 Liebherr 公司在大型的 HC 系列塔机标准节上采用的快装销接头连接方式，它由锥孔、锥销、锁紧套、螺母等构成。该连接方式传力可靠，不会产生间隙，使用安全，安装、拆卸容易方便、省力。

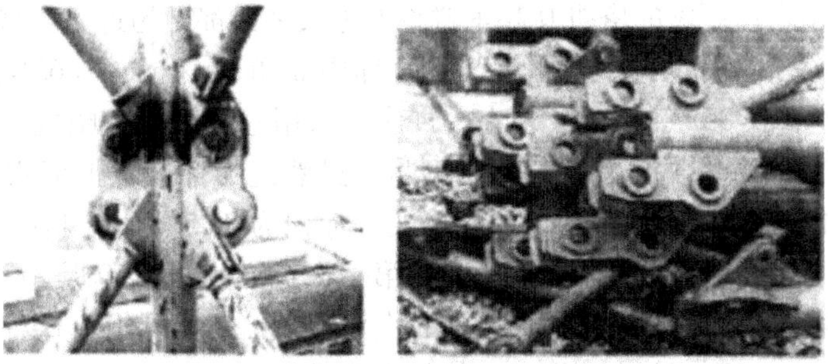

图 3-44 C7050 大型塔机连接板双销连接形式及实心圆钢主弦杆

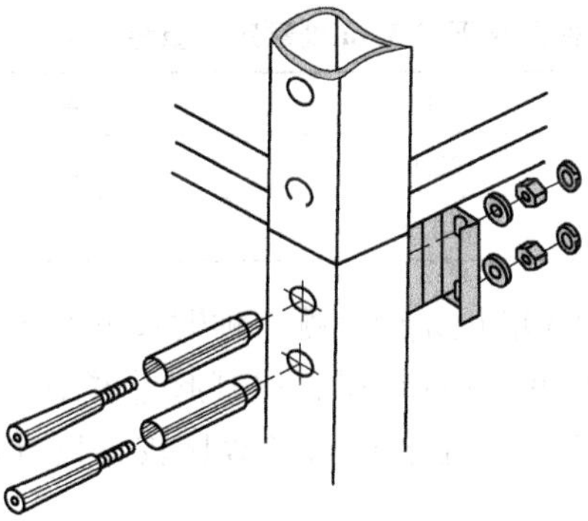

图 3-45 Liebherr 公司的双锥销连接形式

3.4 塔式起重机的使用与维护

3.4.1 塔式起重机的选用

塔式起重机是工程建设中的一种重要的大型建筑施工设备。其工作性能优劣及可靠性直接影响到工程施工进度、施工成本及施工质量等。因此在选用塔式起重机时应注意以下几个方面：

(1) 选类型。目前，塔式起重机中以支腿固定自升式塔机使用最为广泛。

支腿固定自升式塔机不需铺设轨道，基础占用施工面积小，基础施工量不大，受地形条件限制少，不影响物料堆放，且能随着建筑物的升高而自行升高。

轨道式塔机的优点是可沿轨道两侧全幅作业范围内进行吊装，作业范围大、起升高度较相同型号支腿固定式塔机独立高度一般高出一个底架高度；缺点是需铺设行走轨道，路基工作量大，受地形条件影响较大，基础占用施工面积大，使用高度受到一定限制。

内爬式塔机的优点是塔机布置在建筑物内，适宜施工场地小的情况，起重臂幅度利用率高，升高时塔机整体随着建筑物增高而升高，因而无需再加塔身标准节。其缺点主要是建筑物电梯井尺寸对塔机的选型有很大的限制，电梯井及建筑物屋顶局部需特殊加强，司机的视野局限于建筑物的顶面，不利于安全操作和提高作业效率，施工完成后塔机须在建筑物顶进行解体，拆卸较困难，一般均需外加专用的拆卸装置。因此，外附着塔机综合经济效益比内爬式好，这一点也可从目前外附着塔机使用量远大于内爬式中看出。

（2）选型号。塔式起重机的型号反映了塔机的主要性能参数。目前由于市场的竞争及技术进步，许多生产厂家的塔机其起重臂长度绝大多数都已超过基本臂长度，比如说长沙中联重工科技发展股份有限公司（以下简称中联重科）的 QTZ63B，最大臂长已达 50m，远超过基本臂长 35m。因此，现在的许多厂家用起重臂最大幅度（m）及其相应的额定起重量（kN）两个参数来标记塔机的型号，虽然这无标准依据但很直观地反映了塔机真正的起重性能。如中联重科的 QTZ63B 又一标记为 TC5013B，其中 T 是塔（Tower）的第一个英文字母，C 是起重机（Crane）的第一个英文字母，50 是最大幅度（m），13 是最大幅度处的额定起重量（kN），B 是第二次该型设计。实际上，这种塔机的起重力矩已经远超 630kN·m，因为该塔机共有三种起重臂长度 50m、44m、38m。表 3－7 列出三种臂长下额定起重量及相应额定起重力矩。

表 3－7　三种臂长下在 35m 处额定起重量及相应额定起重力矩

实际臂架长度/m	38	44	50
在 35m 处额定起重量/kN·m	22.9	22.5	20.3
实际额定起重力矩/kN·m	801.5	787.5	710.5

由表 3－7 可见，TC5013B 塔机无论在哪一种臂长下额定起重力矩均大于 630kN·m。

另外 TC4812 也可称作 630kN·m 塔机，但其起重臂最大幅度及实际额定起重力矩均小于 TC5013B。因此在选用时，一定要进行参数比较，只有这样才能获得价廉物美的产品。这些参数主要有：

1）最大工作幅度和该处的额定起重量。

2）最大起重量及其对应的最大工作幅度。

3）独立状态下的最大起升高度（简称独立起升高度）。

4）附着状态下最大起升高度（简称最大起升高度）。

对于型号相同的塔机，独立状态下的最大起升高度及最大起重量这两个参数一般来说同种型号之间无多大差别；附着式最大起升高度主要是受起升机构卷筒容绳量限制。

另外，对于某些工程，起升钢丝绳倍率、起重量和起升高度之间的关系也很重要。例如，受起升机构卷筒容绳量限制，标准配置的 TC5013 塔机起升钢丝绳四倍率时的最大起升高度为 70.6m，超过此起升高度起升钢丝绳必须采用 2 倍率，塔机最大起重量由 6t 变为 3t。

（3）考虑三大机构工作性能。塔式起重机中，起升、变幅、回转三大机构是塔机完成作业必需的工作机构，其性能好坏、可靠性直接关系到塔机工作的效率。在整机主要参数相同的情况下，产品性能好坏的主要因素就是三大机构的工作性能。因此在选用塔机时必须注意这三大机构的调速方案。

在选择时还必须注意起升机构的起升速度。起升速度的选择与起重量、起升高度、工作级别和使用要求有关。中、小起重量的起重机选用高速以提高生产率；大起重量的起重机选用低速以降低驱动功率，提高工作的平稳性和安全性。工作级别高、经常使用、要求生产率高的起重机宜采用高速；反之，工作级别低、用于辅助性工作的起重机可选用低速。用于安装与设备维修的起重机除选用低速外，还配备有微速或调试功能。大起升高度的起重机为了提高工作效率，除适当提高起升高速外，还可备有空载快速升降功能。

另外还需注意起升机构的排绳问题。起升机构乱绳会使起升钢丝绳的使用寿命大为缩短。起升机构排绳好坏以排绳最为恶劣工况即按机构最大起升速度起升空钩工况来判断。若此工况排绳好，则机构排绳效果好，反之则效果差。

（4）考虑电控系统的可靠性。在塔机的使用中，电器故障是发生最多的故障，据统计约占总故障的70%以上。因此可以说塔机的可靠性主要取决于电控系统的可靠性。电器故障大多是由于接线不牢靠、虚焊、元件质量、布线方式以及系统设计不合理等产生。因此，在选用时要注意以下几点：

1）看其电器元件是否是货真价实的基础元件。例如，是否是行业推荐产品，是否是行业内厂家普遍采用的产品等。

2）联动控制台是否是专业厂家生产的。

3）系统设计是否具有完善、可靠的保护功能。

4）是否采用 PLC 控制。采用 PLC 控制比采用继电接触式控制具有可靠性高、使用灵活、定时精度高、操作方便等特点。

（5）考虑安全装置是否完善。按照 GB 5144—2006《塔式起重机安全规程》规定，塔式起重机必须具备起重力矩限制器、起重量限制器、起升高度限位器、幅度限位器、回转限位器、运行限位器、小车断绳保护装置、风速仪、夹轨器、缓冲器、小车防断轴装置等。

（6）考虑售后服务及技术支持。售后服务和技术支持也是用户需要考虑的一个重要问题。因为塔机在施工过程中可能会出现故障以及需要提供某些技术服务（如附着方式、附着间距、附着点对建筑物的载荷值等）。如果故障解决不及时，技术支持服务不及时，就会直接影响施工进度及效率。因此选择具有完善的售后服务网络、良好的售后、技术服务声誉好及技术实力强的公司的产品也是很重要的。

总之，施工单位在选用塔机时，可参照以上几点首先根据建筑物特点选定塔机的类型，然后再根据建筑物尺寸、层高、层面积、吊重、基础位置、施工进度、施工环境、工程量等确定塔机位置、型号以及数量。

3.4.2 塔式起重机的使用技术

下面以中联重工生产制造的 TC5013B 塔式起重机支腿固定独立式为例来讲述塔式起重机的使用技术。由于各厂家产品的结构形式不完全相同，因此在使用时应以厂家提供的《使用说明书》为准。

3.4.2.1 概述

TC5013B 塔机是中联重工按 GB/T 5031—2008 等标准和规范设计的水平臂、小车变幅、上回转自升式多用途塔式起重机。该机通过增减或更换一些部件或辅助装置可分别作为支腿固定式、底架固定式、轨道行走式及内爬式塔机使用，适用于高层或超高层民用建筑、桥梁水利工程、大跨度工业厂房以及采用滑模法施工的高大烟囱及筒仓等大中型建筑工程中。

（1）整机外形尺寸及组成。TC5013B 支腿固定式整机外形尺寸及组成如图 3－46 所示。

TC5013B 轨道行走式塔机是在 TC5013B 固定式塔机的基础上，去掉固定基础，增加行走底架、压重并对塔身进行重新配置而派生出的一种机型。其塔身以上的上部结构（包括爬升架，上、下支座，塔帽，起重臂，平衡臂等）与支腿固定式塔机的相同。

TC5013B 支腿固定附着式塔机是在 TC5013B 支腿固定式塔机基础上增加塔身标准节及附着装置，以满足高于塔机独立状态时的起升高度情况下的使用要求。

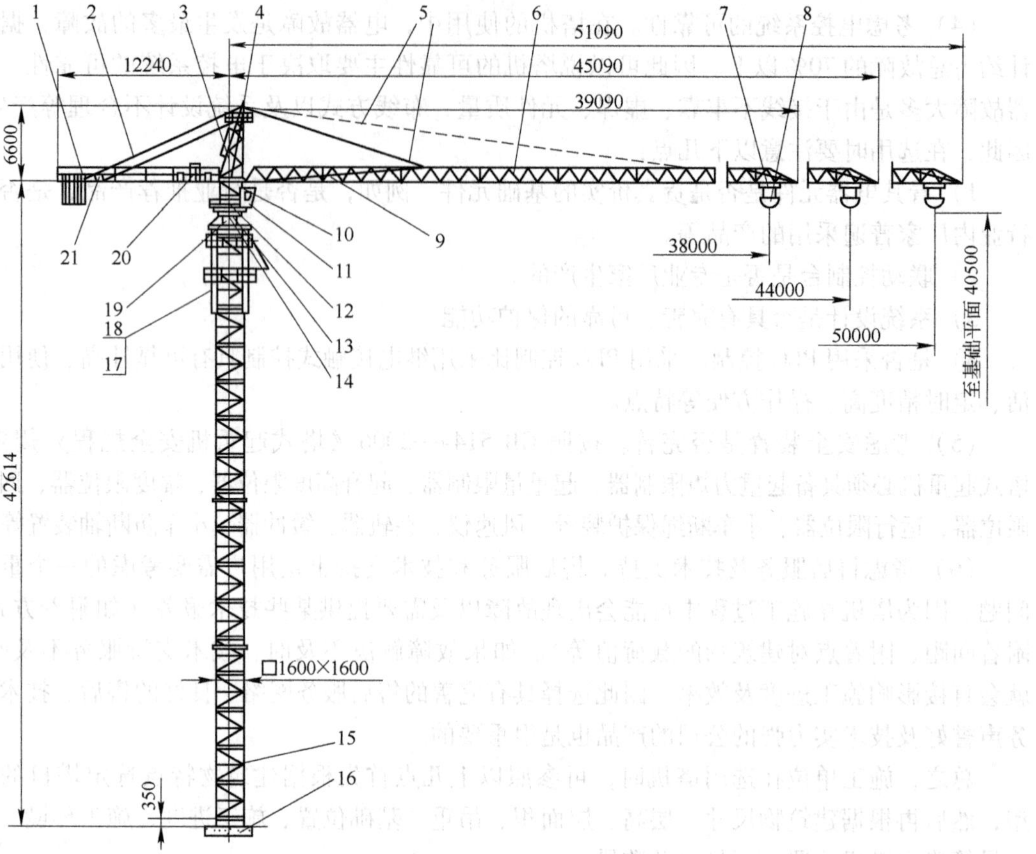

图 3 - 46　TC5013B 塔式起重机支腿固定独立式（尺寸单位：mm）

1—平衡臂；2—平衡臂拉杆；3—起重力矩限制器；4—塔帽；5—起重臂拉杆；6—起重臂；7—变幅小车；8—吊钩；9—变幅机构；10—起重量限制器；11—司机室；12—回转机构；13—上支座；14—回转支承；15—塔身；16—固定基础；17—爬升架；18—顶升机构；19—下支座；20—电控柜；21—起升机构

（2）起重机整体技术参数。起重机的整体技术参数见表 3 - 8。

表 3 - 8　TC5013B 起重机整体技术参数表

机构工作级别		起升机构	M5	
		回转机构	M4	
		牵引机构	M4	
		行走机构	M3	
起重工作幅度/m		最小 2.5	最大 50	
起升高度	倍率 a	支腿固定独立式/m	轨道行走式/m	支腿固定附着式/m
	2	40.5	41.6	141.3
	4	40.5	41.6	70.6

续表 3－8

最大起重量/t		6					
额定起重力矩/kN·m		630					
起升机构	型号	QSZ680B					
	倍率	a＝2			a＝4		
	速度/m·min⁻¹	80	40	8.88	40	20	4.44
	起重量/t	1.5	3	3	3	6	6
	功率/kW	24/24/5.4					
变幅机构	速度/m·min⁻¹	42/21					
	功率/kW	3.3/2.2					
回转机构	速度/m·min⁻¹	0～0.6					
	功率/kW	5.5					
顶升机构	速度/m·min⁻¹	0.56					
	功率/kW	7.5					
	工作压力/MPa	25					
行走机构	速度/m·min⁻¹	20					
	功率/kW	7.5×2					
平衡重	最大起升幅度/m	38		44		50	
	重量/t	10.4		11.7		13	
标准节尺寸/mm		1833×1833×2500					
总功率/kW		47.8					
工作温度/℃		－20～＋40					

注：表中 M 是塔式起重机各个工作机构的工作级别，按照工作的重要程度共分为 M1～M6 六个等级；M1～M3 为轻级；M4～M5 为中级；M6 为重级。

（3）起重特性表及起重特性曲线。

1）50m 臂起重特性见表 3－9，其起重特性曲线见图 3－47。

表 3－9 50m 臂起重特性表

R/m		2.5～14.5	15	17	20	25	26.3	27	29	32	35	38	41	44	50
Q/t	a＝2	3.00						2.92	2.69	2.38	2.13	1.92	1.74	1.58	1.33
	a＝4	6.00	5.79	5.01	4.15	3.18	3.02	2.89	2.66	2.35	2.10	1.89	1.71	1.55	1.30

注：表中 R 是有效幅度，Q 是起重量，a 是滑轮组倍率。

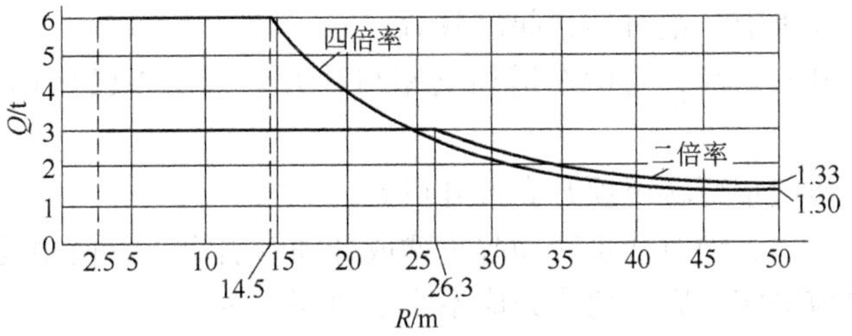

图 3－47 50m 臂起重特性曲线

2）44m 臂起重特性见表 3－10，其起重特性曲线见图 3－48。

表 3－10　44m 臂起重特性表

R/m		2.5～15.5	17	20	23	26	28.1	29	32	35	38	41	44
Q/t	a=2	3.00						2.91	2.58	2.32	2.09	1.90	1.73
	a=4	6.00	5.40	4.48	3.80	3.29	2.99	2.88	2.55	2.29	2.06	1.87	1.70

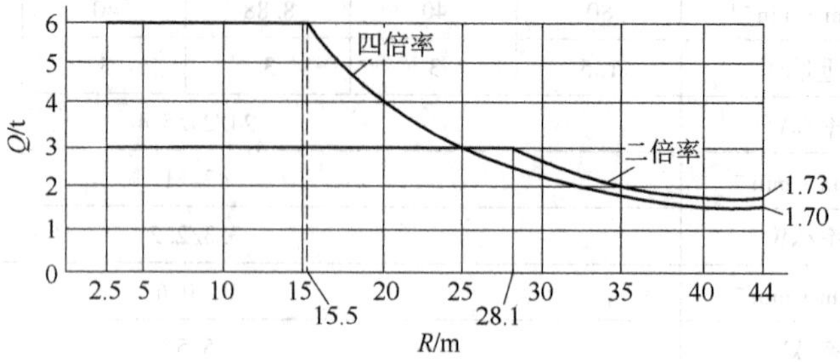

图 3－48　44m 臂起重特性曲线

3）38m 臂起重特性见表 3－11，其起重特性曲线见图 3－49。

表 3－11　38m 臂起重特性表

R/m		2.5～15.7	17	20	23	26	28.7	29	32	35	38
Q/t	a=2	3.00						2.97	2.63	2.36	2.13
	a=4	6.00	5.49	4.56	3.87	3.35	2.97	2.94	2.60	2.33	2.10

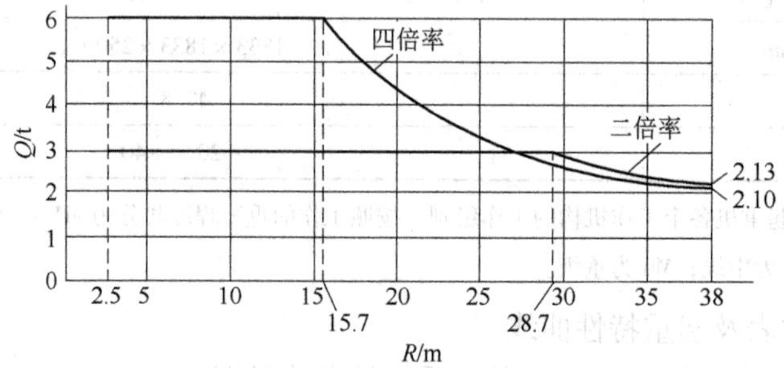

图 3－49　38m 臂起重特性曲线

3.4.2.2　自升式塔式起重机的安装

首先熟读使用说明书，准备一台汽车吊（如 TC5013B 要求 20t 汽车吊）来配合塔式起重机的安装。

A　安装注意事项

（1）安装工作应在风级低于 4 级时进行。

（2）在未安装配重前，绝对禁止起吊载荷。

（3）顶升工作开始之前，要检查塔顶支座与顶升套架是否已用销轴连接，并用开口销销好。

（4）顶升时需将起重臂转至顶升套架开口处。

（5）在顶升过程中，绝对禁止转动起重臂或开动牵引小车及使用起重吊钩升或降。

（6）地基土质应坚实牢固，地耐力应不小于 200kN/m^2。

（7）接地保护避雷器的电阻不得超过 4Ω。

(8) 注意安装场地尺寸。

B TC5013B 塔机还应遵循的规则

TC5013B 塔机安装时除遵循上述规则外，还需遵循以下安装规则：

(1) 必须根据起重臂臂长，正确确定平衡重块数量，在安装起重臂之前，必须先在平衡臂上安装一块重量 2.60t 的平衡重，注意严禁超过此数量。

(2) 装好起重臂后，平衡臂上未装够规定的平衡重前，严禁起重臂吊载。

(3) 塔机安装场地尺寸参考图 3-50。

(4) 塔机各部件所有可拆的销轴，塔身、回转支承的连接螺栓、螺母均是专用特制零件，用户不得随意代换。

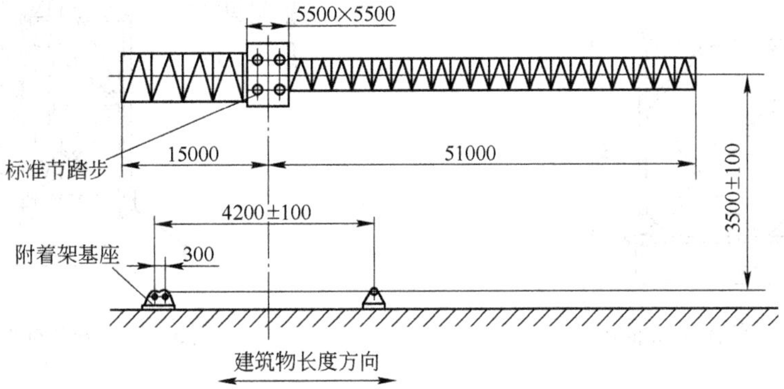

图 3-50 塔机安装场地参考尺寸

C 塔机安装程序

(1) 安装底架。测量底架上四个法兰盘和四个斜撑杆支座处的水平度，其误差应在规定范围内（TC5013B 为 16mm）；双螺母防松（见图 3-51）。

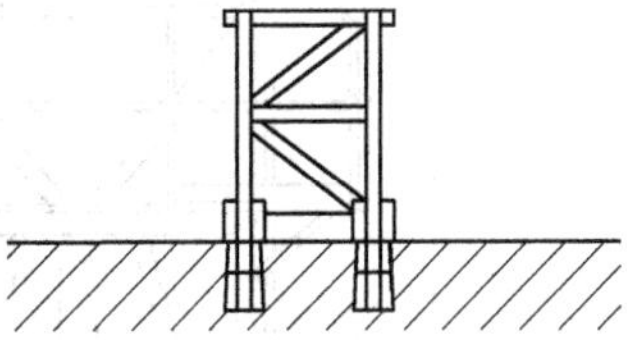

图 3-51 塔机底座安装示意图

(2) 安装标准节。塔机在起升高度为 40.5m 的独立状态下共有 14 节标准节（包括一节基础节），每个标准节每端有 8 个螺栓连接孔，各标准节内均设有供人上下的爬梯（见图 3-52）。

1) 如图 3-53 所示，吊起一节标准节。注意严禁吊在水平斜腹杆上。

2) 将一节标准节吊装到埋好在固定基础上的基础节上。

3) 所有标准节间用 8 件 10.9 级高强度螺栓连接牢固。

4) 所有高强度螺栓的预紧扭矩应达到 1800N · m，每根高强度螺栓均应装配一个垫圈和两个螺母，并拧紧防松。双螺母中防松螺母预紧扭矩应稍大于或等于 1800N · m。

5) 用经纬仪或吊线法检查垂直度，主弦杆四侧面垂直度误差应不大于 1.5/1000。

(3) 吊装爬升架。爬升架（见图 3-54）负责完成塔机的顶升运动，它主要由套架结构、平台、爬梯、液压顶升系统、标准节引进装置等组成。顶升油缸安装在爬升架后侧的横梁上（即预装平衡臂的一侧）。液压泵站放在液压缸一侧的平台上。爬升架内侧有 16 个滚轮，顶升时滚轮支于塔身主弦杆外侧，起导向支承作用。

为了满足顶升安装的安全需要，在爬升架中部及上部位置均设有平台，并在引进梁上也设有平台，顶升时，工作人员站在平台上，操纵液压系统，实现顶升、引入标准节和固定塔身螺栓的工作。

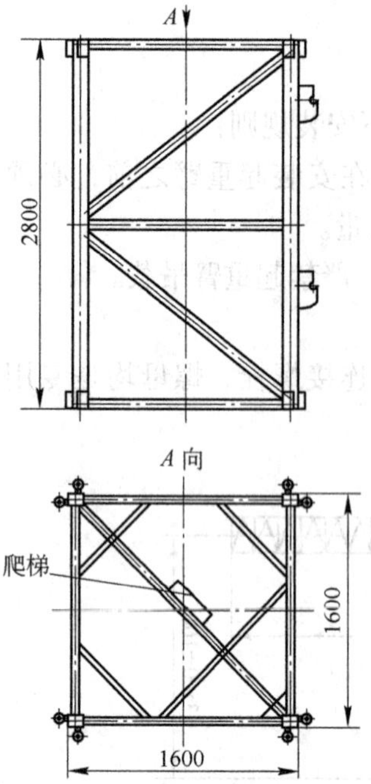

图 3－52 整体式标准节

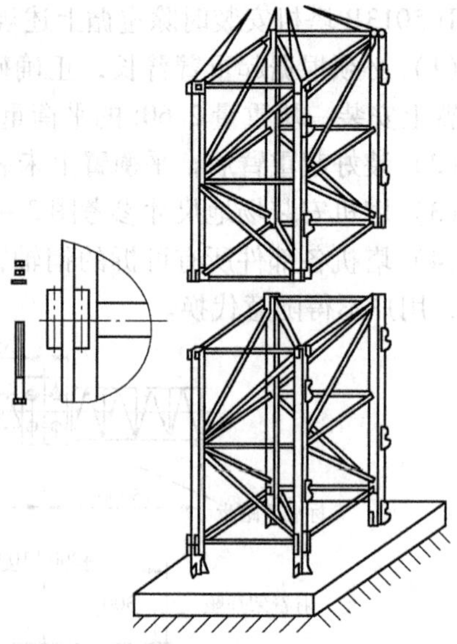

图 3－53 安装标准节

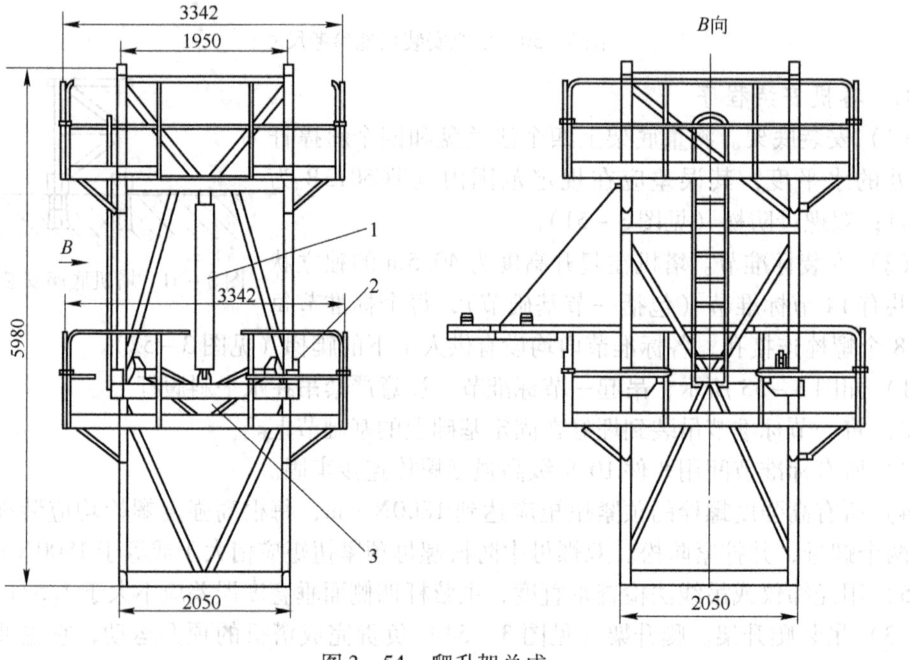

图 3－54 爬升架总成

1—顶升油缸；2—活动爬爪；3—顶升横梁

1）爬升架组装完毕后（见图 3－55），将吊具挂在爬升架上，拉紧钢丝绳吊起。切记安装顶升油缸的位置必须与塔身踏步同侧。

2）将爬升架缓慢套装在两个标准节外侧。

3）将爬升架上的活动爬爪放在标准节的第一节（从下往上数）上部的踏步上。

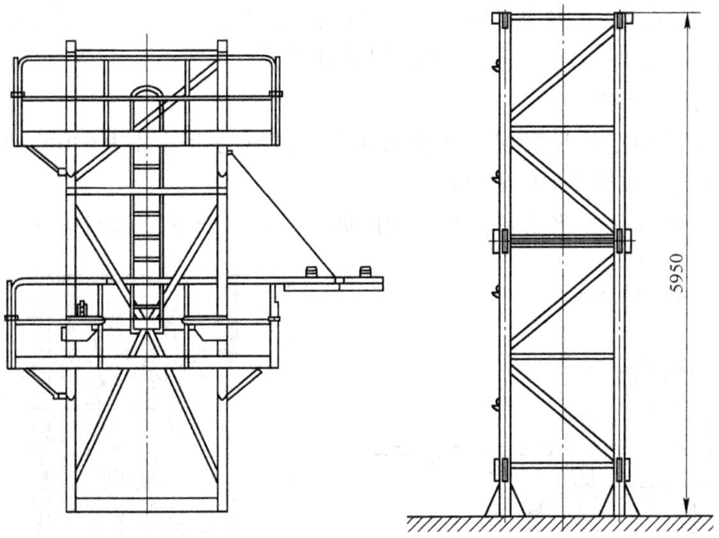

图3－55 吊装爬升架

4）安装顶升油缸，将液压泵站吊装到平台一角，接油管，检查液压系统的运转情况。

（4）安装回转支承总成。回转支承总成包括下支座、回转支承、上支座、回转机构四部分，如图3－56所示。下支座为整体箱形结构，其下部分别与塔身标准节和爬升架相连，上部与回转支承不转动的外圈通过高强度螺栓连接。

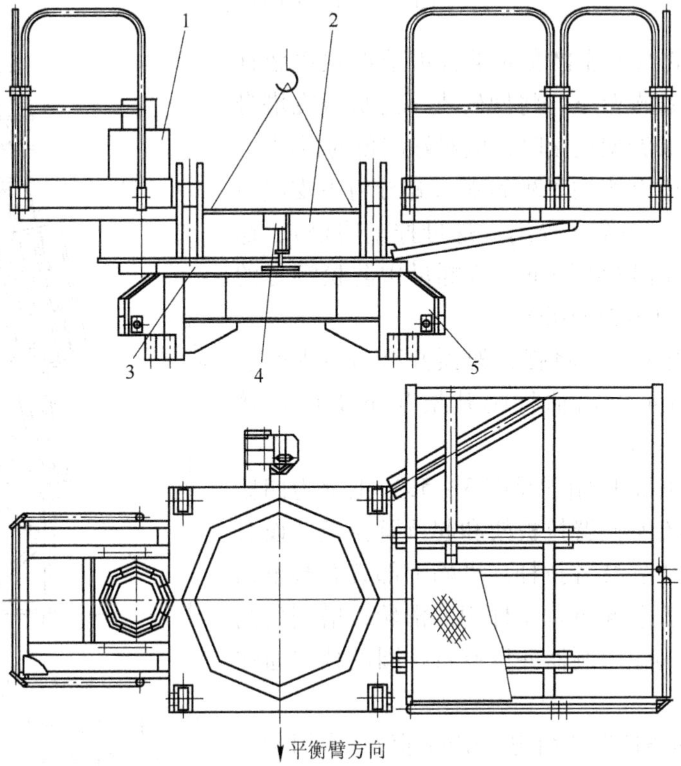

图3－56 回转总成

1—回转机构；2—上支座；3—回转支承；4—回转限位器；5—下支座

上支座为板壳结构，左侧焊有安装回转机构的法兰盘及平台，右侧工作平台的前端，焊有司机室连接的支耳，前方设有安装回转限位器的支座。上支座的上面通过四个 ϕ55mm 的销轴与塔帽连接。

1）检查回转支承上 8.8 级 M24 的高强螺栓的预紧力矩是否达 640N·m，防松螺母的预紧力矩是否稍大于或等于 640N·m。

2）如图 3－57 所示，将吊具挂在上支座四个连接耳套下，将回转支承总成吊起。

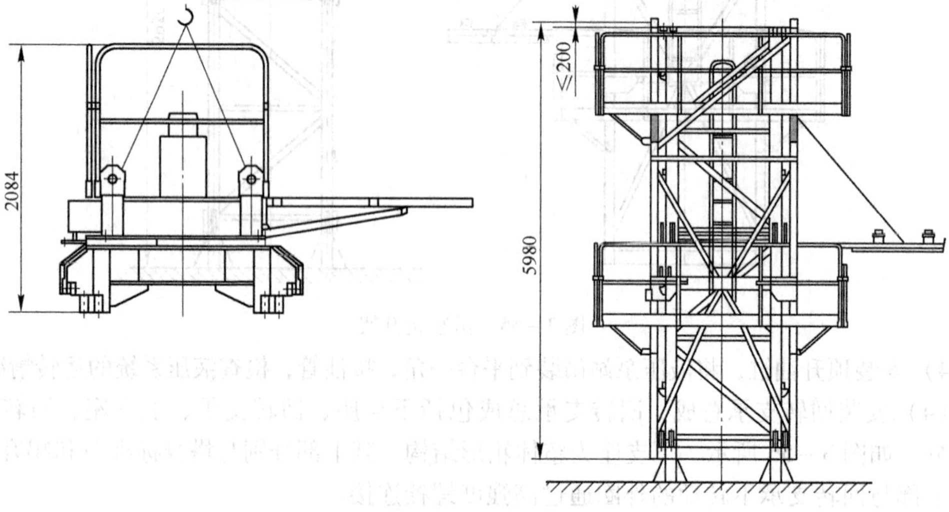

图 3－57 吊回转总成

3）下支座的八个连接套对准标准节四根主弦杆的八个连接套，缓慢落下，将回转支承总成放在塔身顶部。下支座与爬升架连接时，应对好四角的标记。

4）用 8 件 10.9 级的 M30 高强度螺栓将下支座与标准节连接牢固（每个螺栓用双螺母拧紧防松），螺栓的预紧力矩应达 1800N·m，双螺母中防松螺母的预紧力矩稍大于或等于 1800N·m。

5）操作顶升系统，将爬升架顶升至与下支座连接耳板接触，用 4 根销轴将爬升架与下支座连接牢固。

（5）安装塔帽。塔帽（见图 3－58）上部为四棱锥形结构，顶部有平衡臂拉板架和起重臂拉板并设有工作平台，以便于安装各拉杆；塔帽上部装有起重钢丝绳导向滑轮和安装起重臂拉杆用的滑轮，塔帽后侧主弦杆下部设有力矩限制器并设有带护圈的扶梯通往塔帽顶部。

塔帽下部为整体框架结构，中间部位焊有用于安装起重臂和平衡臂的耳板，它通过销轴与起重臂、平衡臂相连。

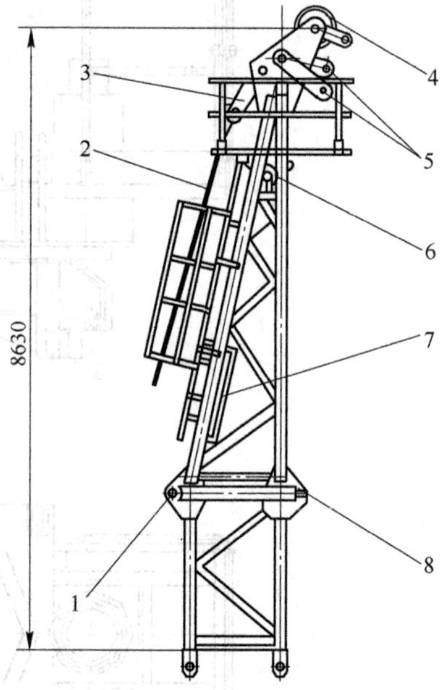

图 3－58 塔帽总成

1—与平衡臂相连的耳板；2—平衡臂拉杆；3—平衡臂拉板架；4—安装起重臂拉杆滑轮；5—起重臂拉板架；6—导向滑轮；7—力矩限制器；8—与起重臂相连的耳板

1）吊装前在地面上先把塔帽上的平台、栏杆、扶梯及力矩限制器装好（为使安装平衡臂方便，可在塔帽的后侧左右两边各装上一根平衡臂拉杆）。

2）如图3-59所示，将塔帽吊到上支座上，应注意将塔帽垂直的一侧对准上支座的起重臂方向（见图3-56）。

3）用4件ϕ55mm销轴将塔帽与上支座紧固。

（6）安装平衡臂总成。平衡臂（见图3-60）是用槽钢及角钢组焊成的结构，其上设有栏杆、走道和工作平台。平衡臂的前端用两根销轴与塔帽连接，另一端则用两根组合刚性拉杆同塔帽顶端连接。平衡臂尾部装有平衡重、起升机构。电阻箱、电气控制箱布置在靠近塔帽的一节臂节上。起升机构本身有其独立的底架，用四组螺栓固定在平衡臂上。

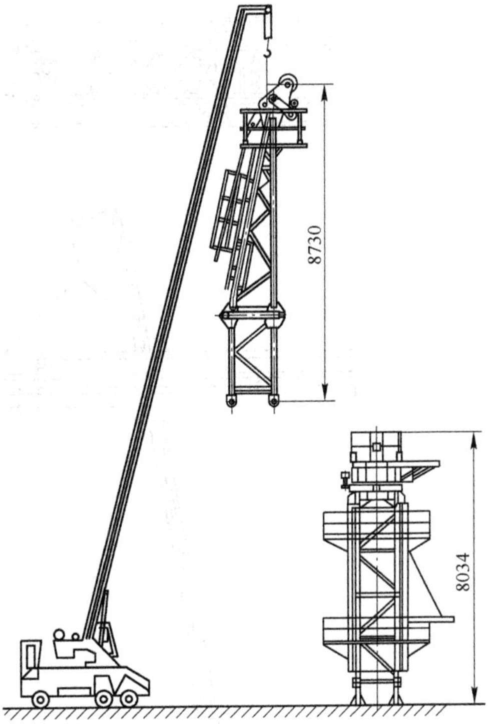

图3-59 吊装塔帽总成

1）地面组装好两节。

2）将起升机构、电控箱、电阻箱、平衡臂拉杆装在平衡臂上并固接好。回转机构接临时电源，将回转支承以上部分回转到便于安装平衡臂的方位。

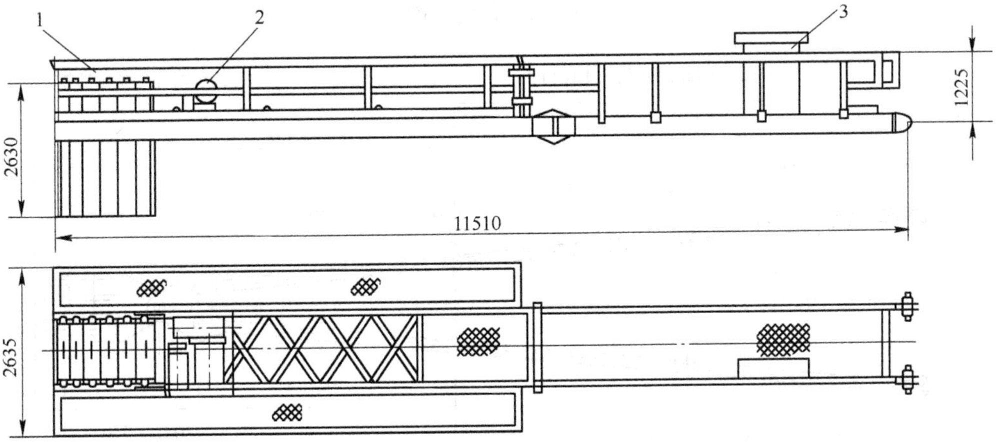

图3-60 平衡臂总成

1—平衡重；2—起升机构；3—电控柜

3）如图3-61所示，吊起平衡臂（平衡臂上设有4个安装吊耳）。

4）用销轴将平衡臂前端与塔帽固定连接好。

5）将平衡臂逐渐抬高，按平衡臂拉杆示意图3-62所示，将平衡臂上平衡臂拉杆与塔帽上平衡臂拉杆相连，用销轴连接，并穿好充分张开的开口销。

6）缓慢地将平衡臂放下，再吊装一块2.60t重的平衡重安装在平衡臂最靠近起升机

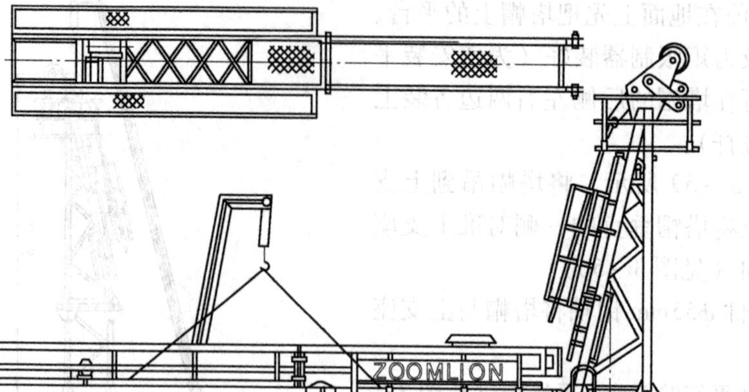

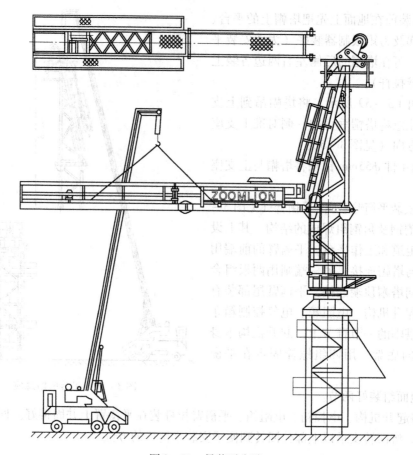

图 3－61 吊装平衡臂

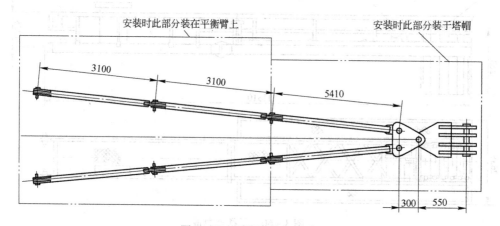

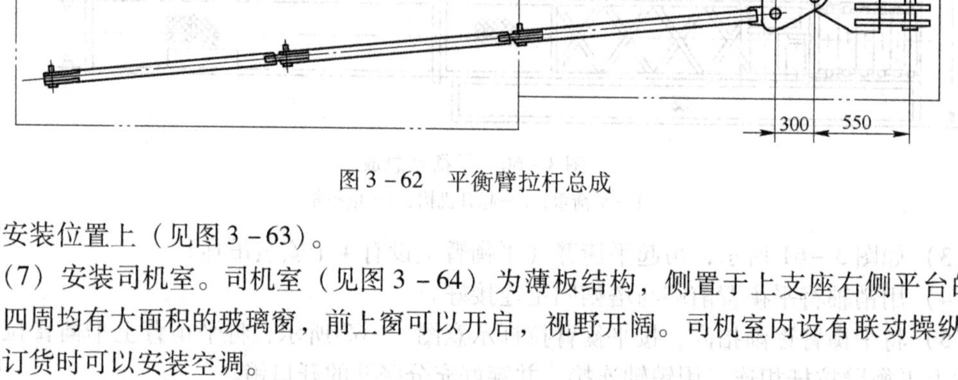

图 3－62 平衡臂拉杆总成

构的安装位置上（见图 3－63）。

（7）安装司机室。司机室（见图 3－64）为薄板结构，侧置于上支座右侧平台的前端，四周均有大面积的玻璃窗，前上窗可以开启，视野开阔。司机室内设有联动操纵台，特殊订货时可以安装空调。

司机室内的电气设备安装齐全后，吊到上支座靠右平台的前端（见图 3－65），对准

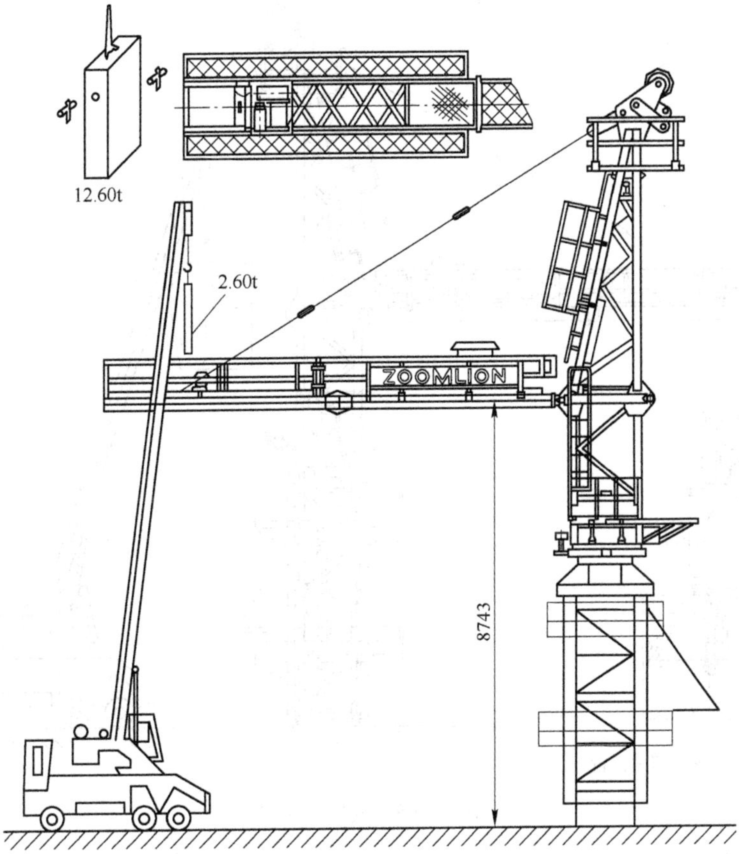

图3－63 安装一块平衡重

耳板孔的位置后用三根销轴连接。

司机室也可在地面先与回转总成组装好后，整体一次性吊装。

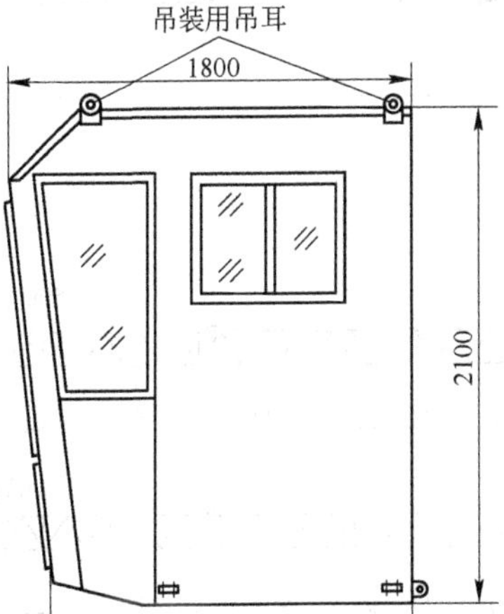

图3－64 司机室

（8）安装起重臂。起重臂（见图3－66）为三角形变截面的空间桁架结构，共分为九节。节与节之间用销轴连接，拆装方便。第一节根部与塔帽用销轴连接，在第二节、第六节上设有两个吊点，通过这两点用起重臂拉杆与塔帽连接。第二节中装有变幅机构，载重小车在变幅机构的牵引下，沿起重臂下弦杆前后运行。载重小车一侧设有检修吊篮，便于塔机的安装与维修。

组装起重臂时，必须严格按照每节臂上的序号标记组装，不允许错位或随意组装。根据施工要求可以将起重臂组装成50m、44m及38m臂长，如图3－67所示。44m臂是在50m臂基础上拆下第八节；38m臂是在50m臂基础上拆下第七、八节。

1）在塔机附近平整的枕木（或支架，高约0.6m）上按图3－67及图3－68的要求，拼装好起重臂。注意无论组装多长的起重臂，均应先将载重小车套在起重臂下弦杆的导轨上。

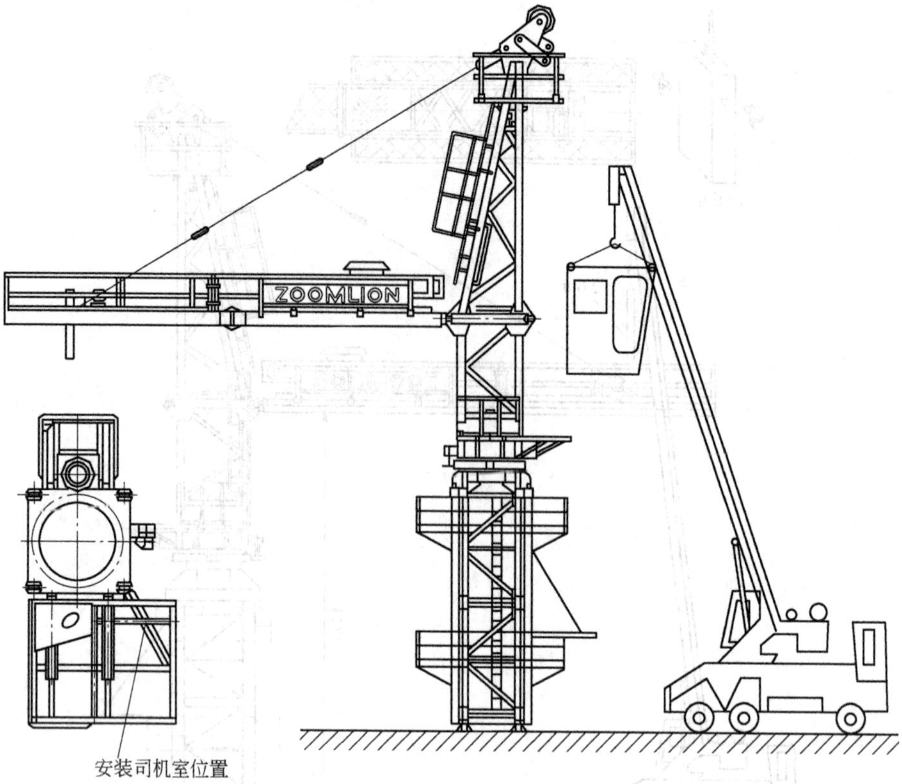

图 3－65 安装司机室

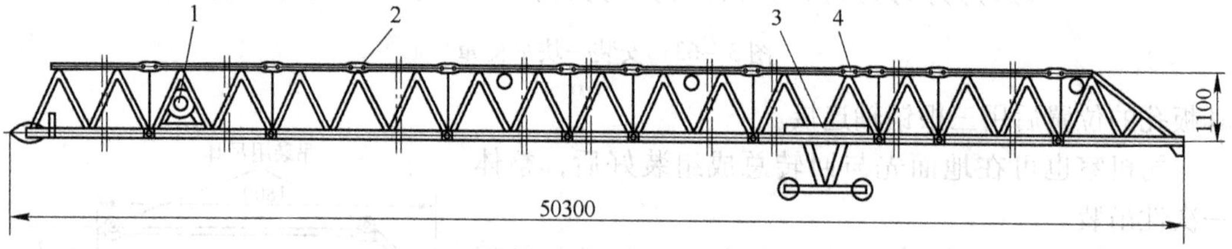

图 3－66 起重臂结构

1—变幅机构；2，4—吊点；3—载重小车

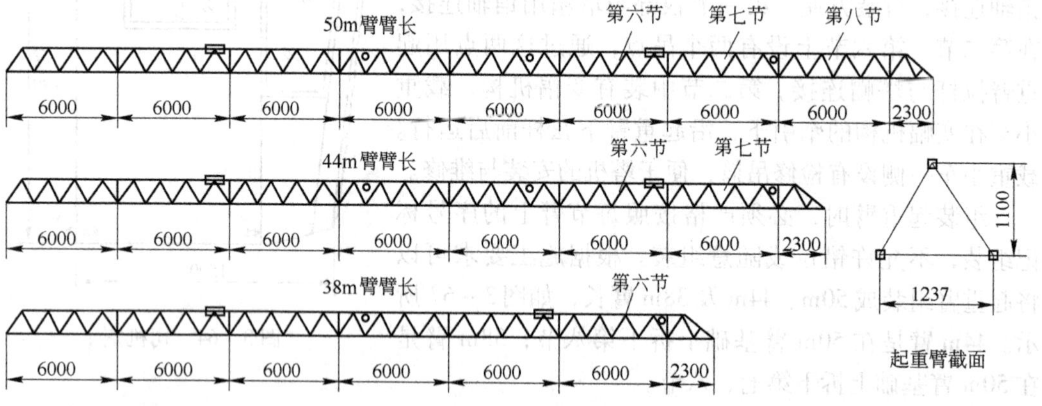

图 3－67 起重臂的组装

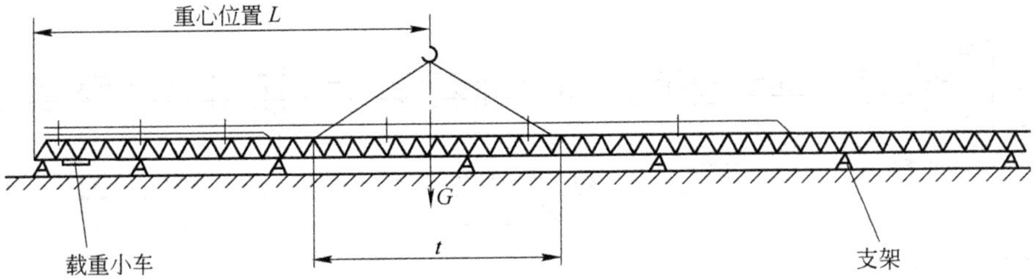

图3-68 起重臂重心

2）将维修吊篮紧固在载重小车上，并使载重小车尽量靠近起重臂根部最小幅度处。

①起重臂安装时的参考重心位置含长短拉杆、牵引机构、载重小车，并且载重小车位置在最根部时。

②吊装时$8\text{m} < t < 20\text{m}$；对于50m臂长，$L = 18.3\text{m}$，$G = 5850\text{kg}$；对于44m臂长，$L = 16.2\text{m}$，$G = 5450\text{kg}$；对于38m臂长，$L = 14.2\text{m}$，$G = 5050\text{kg}$。

③组装好的起重臂用支架支承在地面时，严禁为了穿绕小车变幅钢丝绳的方便仅支承两端，全长内支架不应少于5个，且每个支架均应垫好受力，为了穿绕方便允许分别支承在两边主弦杆下。

3）安装好起重臂根部处的变幅机构，其卷筒绕出两根钢丝绳，其中一根短绳通过臂根导向滑轮固定于载重小车后部，另一根长绳通过起重臂中间及头部导向滑轮，固定于载重小车前部（见图3-69）。载重小车上带有张紧绳装置和防短绳装置，在载重小车后部有3个绳卡，绳卡压板应在钢丝绳受力一边，绳卡间距为钢丝绳直径的6～9倍。如果长钢丝绳松弛，调整载重小车的前端的张紧装置即可张紧。在使用过程中出现短钢丝绳松弛时，可调整起重臂根部的另一套牵引钢丝绳张紧装置将其张紧。

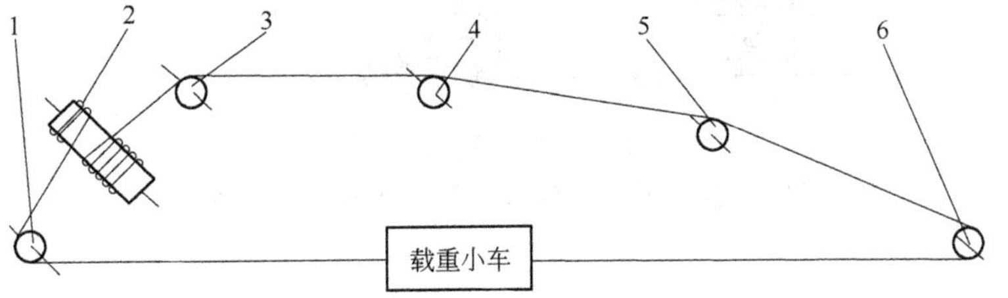

图3-69 变幅钢丝绳绕绳示意图

1—起重臂臂根导向滑轮；2—牵引卷筒；3，4，5—起重臂中间滑轮；6—起重臂臂头导向滑轮

4）将起重臂拉杆按图3-70所示拼装好后与起重臂上的吊点用销轴连接，穿好开口销，放在起重臂上弦杆的定位托架内。

5）使用回转机构的临时电源将塔机上部结构回转到便于安装起重臂的方位。

6）按图3-68挂绳，试吊是否平衡，否则可适当移动挂绳位置（记录下吊点位置便于拆塔时用），起吊起重臂总成（见图3-71）至安装高度，并用销轴将塔帽与起重臂根部连接固定。

7）接通起升机构的电源，放出起升钢丝绳按图3-73缠绕好钢丝绳，用汽车起重机稍抬高起重臂，开动起升机构向上收绳，直至起重臂拉杆靠近塔顶拉板，按图3-72及图3-74将起重臂长短拉杆分别与塔帽拉板用销轴连接，并穿好开口销。松弛起升机构钢丝

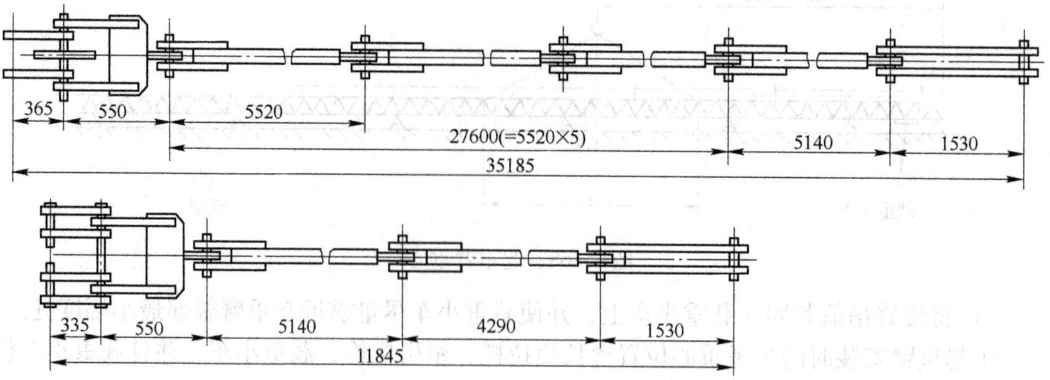

图 3－70 起重臂长、短拉杆组成示意图

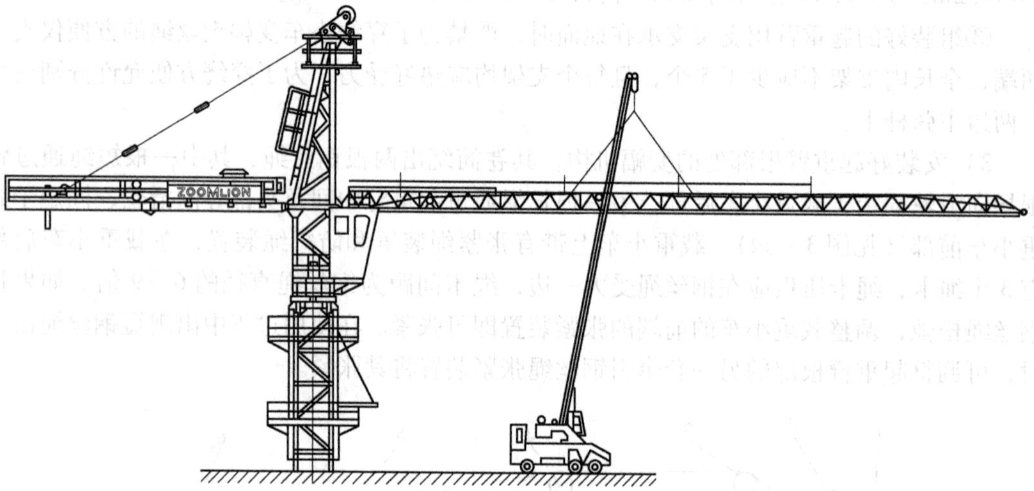

图 3－71 吊装起重臂

（吊装钢丝绳要有足够高度，保证起板拉杆所需空间）

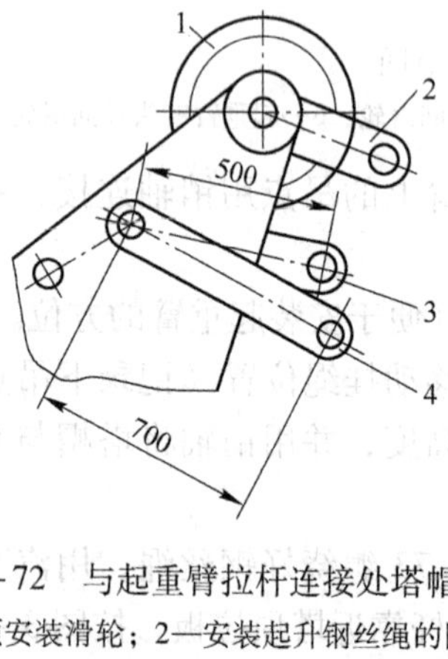

图 3－72 与起重臂拉杆连接处塔帽结构

1—塔顶安装滑轮；2—安装起升钢丝绳的固定点；
3—安装长拉杆的连接板；4—安装短拉杆的连接板

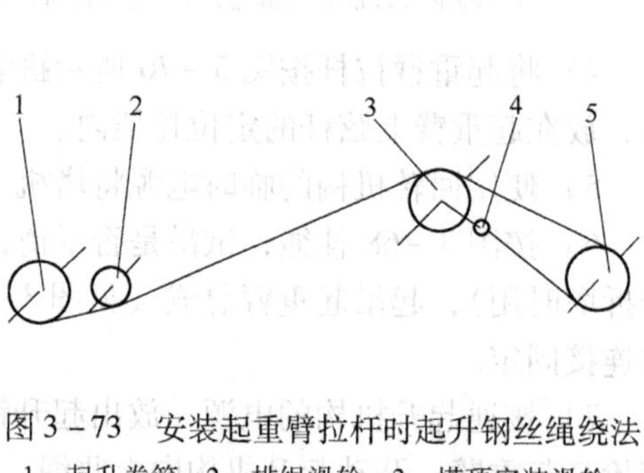

图 3－73 安装起重臂拉杆时起升钢丝绳绕法

1—起升卷筒；2—排绳滑轮；3—塔顶安装滑轮；
4—塔顶上固定点；5—拉杆滑轮

绳，用汽车起重机把起重臂缓慢放下。注意在从起升机构放绳缠绕直到将长短拉杆与塔帽连接好整个过程中，起重臂拉杆不能受外力。

8）使拉杆处于拉紧状态，最后松脱滑轮组上的起升钢丝绳。

(9）配装平衡重。平衡重的重量随起重臂长度的改变而改变。根据所使用的起重臂长度，按图 3－75 要求吊装平衡重，安装时将载重小车固定在起重臂根部。

起重臂三种臂长工况下平衡重的配置及安装位置严格按要求安装，见表 3－12。

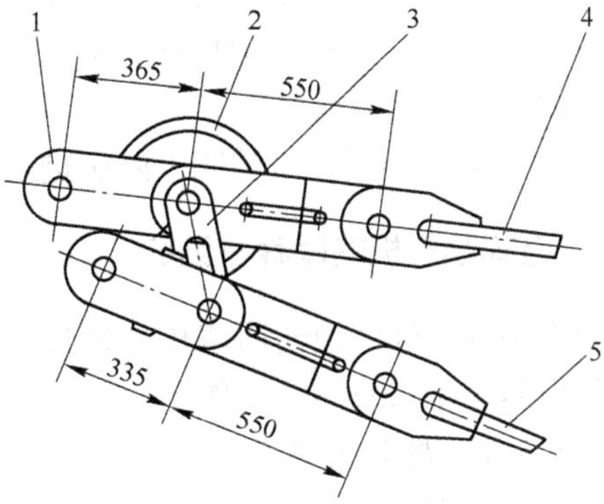

图 3－74　塔帽与起重臂拉杆连接处结构

1—拉板；2—滑轮；3—连接板；4—长拉杆；5—短拉杆

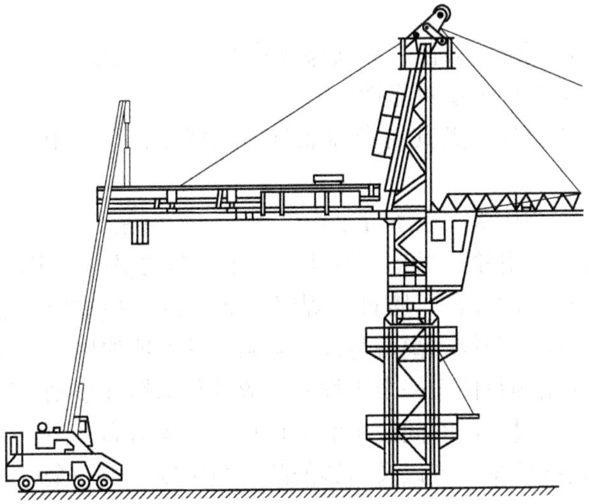

图 3－75　吊装平衡重

表 3－12　配置三种臂长工况下的平衡重

50m 臂平衡重配置						44m 臂平衡重配置						38m 臂平衡重配置					
1.30t		2.60t				1.30t		2.60t				1.30t		2.60t			
√	√	√	√	√	√		√	√	√	√	√			√	√	√	√
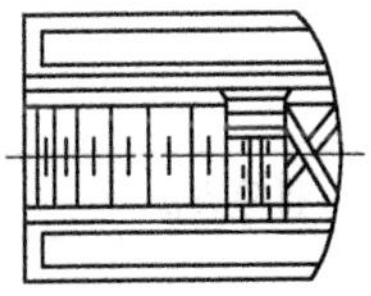						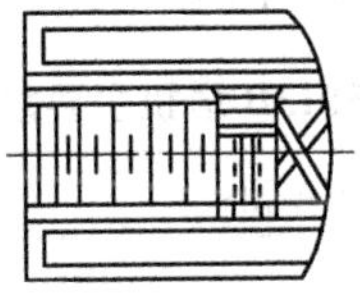						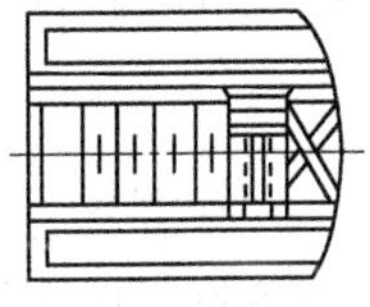					

注：划钩处是选用平衡重的数量和种类。

3.4.2.3　自升式塔式起重机的拆卸

自升式塔式起重机进行拆卸的基本程序是：后安装的先拆卸，先安装的后拆卸。

塔机拆散后的注意事项：

（1）塔机拆散后由工程技术人员和专业维修人员进行检查。

（2）对主要受力的结构件应检查金属疲劳、焊缝裂纹、结构变形等情况，检查塔机各零部件是否有损坏或碰伤等。

（3）检查完毕后，对缺陷、隐患进行修复，再进行防锈、刷漆处理。

3.4.3 塔式起重机的保养与维护

为确保安全经济地使用塔机，延长其使用寿命，用户应按《使用说明书》要求做好塔机的保养与维修及润滑工作。

3.4.3.1 塔机的保养

（1）经常保持整机清洁，及时清扫。

（2）检查各减速器的油量，及时加油。

（3）注意检查各部位钢丝绳有无松动、断丝、磨损等现象，如超过有关规定必须及时更换。

（4）检查制动器的间隙、效能，必须保证其可靠性、灵敏性。

（5）检查各安全装置的灵敏可靠性。

（6）检查各螺栓连接处，尤其塔身标准节连接螺栓，每使用一段时间后，必须重新进行紧固。

（7）检查各钢丝绳头压板、卡子等是否松动，应及时紧固。

（8）钢丝绳、卷筒、滑轮、吊钩、制动器及车轮等的报废，应严格执行有关规定。

（9）检查各金属构件的杆件、腹杆及焊缝有无裂纹，特别应注意油漆剥落的地方和部位，尤以油漆呈45°的斜条纹剥离最危险，必须迅速查明原因并及时处理。

（10）整机及金属结构每使用一个工程后，应进行除锈和喷刷油漆一次。

（11）起升钢丝绳经过一段时间使用磨损拉长后，需对高度限位器重新进行调整。

（12）检查吊具的换倍率装置以及吊钩的防脱绳装置是否安全可靠。

（13）观察各电器触头是否氧化或烧损，若有接触不良应修复或更换。

（14）各限位开关和按钮不得失灵，零件若有生锈或损坏应及时更换。

（15）检查各电器元件是否松动，电缆及其他导线是否有破裂，若有应及时排除。

3.4.3.2 TC5013B 塔机主要故障及排除方法

TC5013B 塔机机械传动系统都是由机械零件所组成，主要有各种类型的减速箱（齿轮或蜗轮）、传动轴、联轴节、轴承、制动器、离合器、钢丝绳滑轮组等。现将这些部位的故障现象、原因与排除方法列于表3－13中。

表3－13 TC5013B 塔机主要故障及排除方法

序号	故障现象	故障原因	排除方法
1	制动器打滑产生吊钩下滑和变幅小车制动后向外溜车	制动力矩过小，制动轮表面油污和制动时间过长	调整制动器弹簧，清除油污，调小制动瓦间隙值
2	制动器负载冲击过猛	制动时间过短，闸瓦两侧间隙不均匀	加大制动瓦闸间隙或增大液压推杆行程，把闸瓦调整均衡

续表 3-13

序号	故障现象	故障原因	排除方法
3	制动器运转过程中发热冒烟	制动闸瓦间隙过小	加大制动闸瓦间隙
4	减速器温度过高	润滑脂过量或太少	注意适当增减油量
5	减速器轴承温度过高	润滑脂过量或太少，润滑脂质量差	按规定更换润滑脂并适量
		轴承轴向间隙不合要求	重新调整轴承间隙
		轴承已损坏	更换轴承
6	减速器漏油	连接部位贴合面的密封性差，轴端密封圈磨损严重	更换密封圈
7	回转机构启动不了	主要看是否有异物卡在齿轮处	清除异物
8	顶升太慢	油泵磨损，效率下降	修复或更换损坏件
		手动换向阀阀杆与阀孔磨损严重	
		油箱油量不足或滤油器堵塞	加足油量或清洗滤油器
		油缸活塞密封有损伤出现内泄漏	更换油缸密封件
9	顶升无力或不能顶升	油泵严重内泄	修复或更换磨损件
		手动换向阀阀芯过度磨损	
		溢流阀调定压力过低	按要求调节压力
		溢流阀卡死，无所需压力	清洗液压阀
10	顶升升压时出现噪声振动	滤油器堵塞	清洗滤油器
11	顶升系统不工作	电动机接线错误使油泵转向不对	改变电动机旋向
12	顶升时发生颤动爬行	油缸活塞空气未排净	按有关要求排气
		导向机构有障碍	检查爬升架滚轮是否滚动灵活，间隙是否合适
13	顶升有负载后自降	缸头上的平衡阀出现故障	排除故障
		油缸活塞密封损坏	更换密封件
14	起升机构不能启动	控制接线错误	核对接线图
		熔丝烧断	检查熔丝容量是否太小，如太小更换合适的
		电动机绕组短路、接地或断路	短路、断路予以修复
		电动机电压过低	测量电网电压
		绕组接线错误	改正绕组接线
		制动器未松闸	检查制动器电压及绕组是否有断路或卡住
		负载过大或传动机械有故障	检查并排除故障
15	牵引机构带电	电源线及接地线接错或电动机接线擦伤	查出并纠正
		接地不良	接地要接触良好

续表 3 – 13

序号	故障现象	故障原因	排除方法
16	牵引机构制动器失灵	制动力矩过小	调整或更换制动器弹簧
		摩擦片磨损间隙增大	调整间隙
		励磁，电压不足	查出并纠正
17	牵引机构电动机温升过高或冒烟	负载过大，负载持续	测定子电流，如大于额定值要减小负载
		电源两相运行	按规定进行运行测三相电流，排除故障
		电源电压过低或过高	检查输入电压并纠正
		摩擦片间隙不对	按要求调节间隙
		制动释放时间不对	检查制动器电压及延迟动作时间，消除故障
		电动机通风不畅，温度升高	保持通风道畅通
18	启动按钮失灵	电控柜熔断器烧断	换熔断器
		启动按钮、停止按钮接触不良	修或换按钮
		电源断错相引起相序继电器动作	检查电源质量和相序继电器的好坏
		联动台内的零位开关坏了	修理或更换联动台内零件
		断路器跳闸	重新合闸
		接触器 KMC 不能吸合	修理或更换接触器
19	起升动作时跳闸	起升电动机过流，过流断电器吸合	检查起升制动器是否打开，过流稳定值是否变化
		工地变压器容量不够或变压器至塔机动力电缆的线径不够	更换变压器或加粗电缆

3.4.3.3 TC5013B 塔机各部润滑

TC5013B 塔机的机械传动系统中减速箱（齿轮或蜗轮）、传动轴、联轴节、各类轴承、制动器、离合器、钢丝绳滑轮组等各个零部件，工作中很容易磨损，影响其寿命。合理的润滑能够延长这些零部件的使用寿命。现将这些部位的润滑方法列于表 3 – 14 中。

表 3 – 14 TC5013B 塔机各部的润滑

序号	零部件名称	润滑部位名称	润滑剂种类	润滑方法及周期
1	钢丝绳	起升钢丝绳，变幅钢丝绳	石墨钙基润滑脂 ZG – SSY1405 – 65	每大、中修时注油
2	减速箱	起升机构变速箱	18 号双曲线齿轮油	每工作 240h，适当加油；1500h 换油一次
		变幅机构减速箱	二硫化钼锂基润滑脂	
		回转机构减速箱	N150 中极压工业齿轮油	
3	液力耦合器		20 号汽轮机油	每 1500h 换油一次

续表 3-14

序号	零部件名称	润滑部位名称	润滑剂种类	润滑方法及周期
4	滚动轴承	减速器中各滚动轴承	冬季：ZG-2 夏季：ZG-5	每工作 160h，适当加油；每半年清除一次
		卷筒轴承	冬季：ZG-2 夏季：ZG-5	
		吊钩止推轴承	冬季：ZG-2 夏季：ZG-5	
5	电动机轴承	所有电动机	冬季：ZG-2 夏季：ZG-5	每工作 1500h，换油一次
6	定、动滑轮组	起升机构定、动滑轮及各导向轮	冬季：ZG-2 夏季：ZG-5	每工作 240h，换油一次
7	滑动轴承	变幅机构滑动轴承，电缆卷筒滑动轴承	冬季：ZG-2 夏季：ZG-5	每工作 160h，适当加油；每半年清除一次
8	制动器杠杆系统铰点	各个铰点	机油	每工作 56h，用油壶加油一次
9	换倍率装置	各运动部位及导向槽	机油	每工作 160h，用油壶加油一次
10	齿轮联轴器	各机构的齿轮联轴器	冬季：ZG-2 夏季：ZG-5	一季度注油一次
11	液压顶升泵站	油箱	美国 ESSO 公司 AW46	工作 200h 增添部分清洁油，工作 2400h 后完全更换油
12	夹轨器	全部铰点	机油	每工作 56h 加油一次
13	回转支承装置	回转支承	冬季：ZG-2 夏季：ZG-5	每工作 160h，适当加油；每半年清除一次
14	行走机构	开式齿轮	冬季：ZG-2 夏季：ZG-5	每工作 56h 加油一次

注：表中所提及的工作时间是指该零部件的实际累积工作时间。

复习思考题

3-1 塔式起重机与其他类型的起重机相比具有哪些特点？

3-2 塔式起重机是怎样分类的？

3-3 上回转塔式起重机的特点是怎样的，有哪些类型？

3-4 解释 QTZ80 的含义。

3-5 塔式起重机有哪些基本参数？

3-6 塔式起重机由哪几个部分组成？

3-7 塔式起重机的塔身经常采用哪些材料？

3-8 高强度螺栓的性能等级是怎样规定的？

3-9 自升式塔式起重机的安装顺序是怎样的？

3-10 如何选用塔式起重机？

4 工程轮式起重机

【学习重点】

(1) 轮式起重机的类型和特点；

(2) 轮式起重机的主要参数；

(3) 轮式起重机的型号；

(4) 轮式起重机的工作机构；

(5) 轮式起重机的运行机构。

【关键词】汽车起重机、轮胎起重机、起重力矩、工作速度、起升机构、变幅机构、回转机构、吊臂伸缩机构

轮式起重机是指将起重机的工作机构及作业装置安装在充气轮胎底盘上，不需要轨道而能自行的起重机械。

轮式起重机是近年来发展较迅速的机型，由于它具有机动灵活、操作方便、用途广泛、效率高等一系列显著优越的性能，因此自20世纪70年代以来，其应用范围由原来的辅助性吊装作业逐步扩大到国民经济建设的各个领域，如建筑施工、石油化工、水利电力、港口交通、市政建设、工矿及军工等部门的装卸与安装工程。

轮式起重机既是工程起重机的主要品种，又是一种使用范围广、作业适应性强的通用型起重机。它对于加快建设速度、降低建设成本、减轻劳动强度和实现施工机械化等都起着十分重要的作用。在一些国家中轮式起重机和履带式起重机统称为自行式起重机或流动式起重机。

4.1 轮式起重机的分类、组成和参数

4.1.1 轮式起重机的类型和基本特点

轮式起重机不同于其他起重机的特点是：起重机装在轮胎式的底盘上。它可以从不同的角度进行分类，如图4-1所示。

(1) 按底盘的特点分类。按底盘的特点，轮式起重机可以分为两种：汽车起重机（见图4-2）和轮胎起重机（见图4-3）。起初汽车起重机只是随车装卸用，起重能力不大；轮胎起重机也只是把履带底盘改换成轮胎底盘，在港口、城市内作装卸和安装工作使用。因此，汽车起重机的行驶速度与汽车相同，轮胎起重机的行驶速度与履带式起重机相近（<10km/h）。随着建设的需要，汽车起重机越造越大，轮胎起重机行驶速度也越来越快，打破了传统的界限，出现了高速的越野型轮胎起重机，适用于狭窄工地上做安装工作。

传统的普通轮胎起重机行驶速度慢，行走机构简便，桁架吊臂是人工接长的，现在已

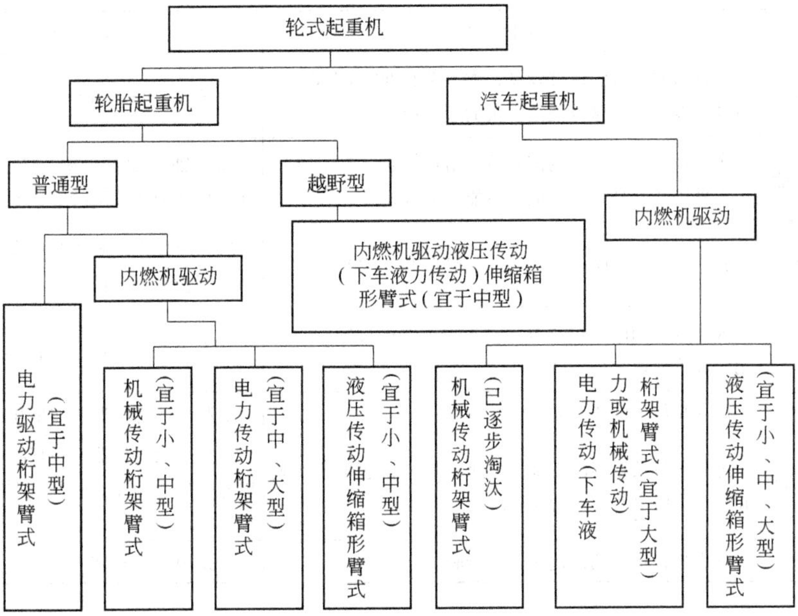

图4－1 轮式起重机的分类

逐步向先进的汽车起重机靠近，高速行驶速度达到80km/h。总之，区别两者要从表4－1各项中做全面衡量。图4－4所示是汽车起重机和轮胎起重机的示意图。

图4－2 汽车起重机

图4－3 轮胎起重机

表4－1 汽车起重机和轮胎起重机的主要特点

序号	项目	汽车起重机	轮胎起重机
1	底盘	采用通用或专用汽车底盘	采用专用的轮胎底盘
2	发动机	小型汽车起重机多采用一台安装在行驶底盘上的发动机；大型一般采用两台发动机，分别驱动工作机构和行驶机构，其中行驶用发动机功率较大	采用一台发动机，一般都装在上车转台上，发动机功率以满足起重作业为主

续表 4-1

序号	项目	汽车起重机	轮胎起重机
3	行驶速度	在好路面上行驶速度较高，大多数在 60km/h 以上；行驶速度高、转移方便是本机的最大特点	一般在 30km/h 以下
4	起重性能	车身较长，主要在两侧和后方吊重作业（打支腿）；由于采用弹性悬挂，一般都不能吊重行驶	轮胎轴距配合较好，能四面起吊重物；在平坦地面能吊重行驶是本机的最大特点
5	通过性	转弯半径大，爬坡度较高，一般在 12°~20°	转弯半径小，爬坡度较低，一般在 8°~14°（越野式除外）
6	司机室	大多数采用两个司机室，一个用于操纵行驶，一个用于起重作业	只有一个司机室，一般设在上车转台上
7	支腿	前支腿位于前桥后面	支腿一般都配置在前桥和后桥外侧
8	使用特点	经常在较长距离的工地之间来回转移；起重和行驶并重，一般可与汽车编队行驶	适用于定点作业，不宜经常长距离转移，以起重作业为主，行驶为辅，不宜与汽车编队行驶
9	外形	轴距长，重心低，适于公路行驶	轴距短，重心高

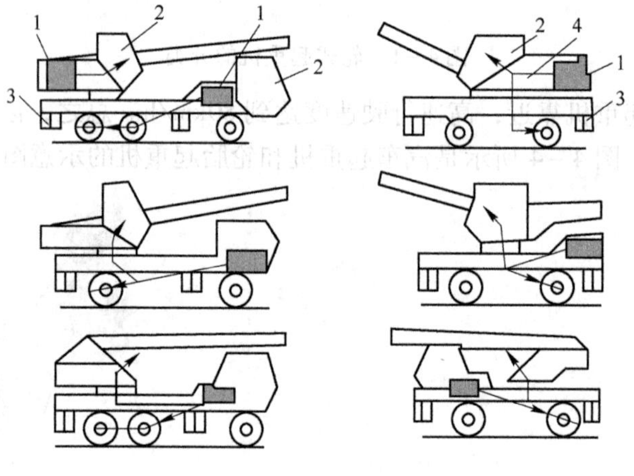

(a) (b)

图 4-4 汽车和轮胎起重机的示意图

（a）汽车起重机；（b）轮胎起重机

1—发动机；2—驾驶室；3—支腿；4—动力传递路线

由于汽车起重机行驶速度高、转移灵活的优点很突出，再加上汽车底盘的零部件以至整个底盘的供应都比较方便，在近年来，国内外汽车起重机得到优先发展。轮胎起重机要进一步发展应充分突出它的越野性和机动性，以及转弯半径小、全轮转向、吊重行驶等优点。

（2）按起重量大小分类。按起重量大小，轮式起重机可分为四种类型：

小型——起重量在 12t 以下者；

中型——起重量在 12~40t 者；

大型——起重量在 40~100t 者；

特大型——起重量在 100t 以上者（含 100t）。

(3) 按起重吊臂形式分类。按起重吊臂形式，轮式起重机可分为桁架臂式和箱形臂式两种。桁架臂自重轻，可接长到数十米，所以桁架臂轮胎式起重机起重性能好；但吊臂需人工接长，甚为不便，其基本臂（起重机最短的工作吊臂）不宜太长，以便于行驶转移。现有将桁架吊臂做成折叠式的，在转移时折叠成短臂，便于行驶，到工地后迅速撑开，投入作业。在伸缩式箱形吊臂上也常设有折叠式的副吊臂（见图4-5）。

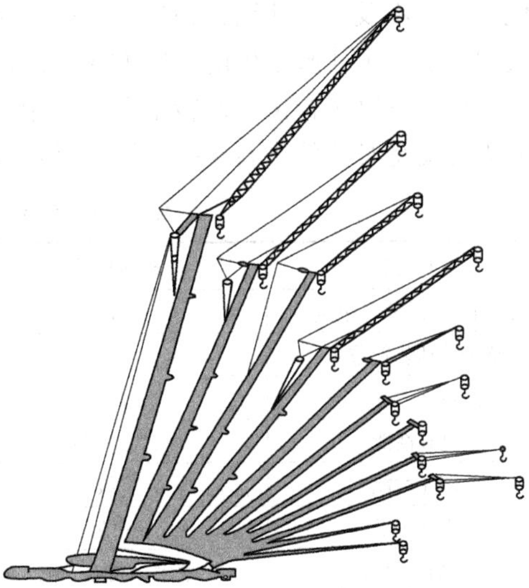

图4-5 多节伸缩吊臂的轮式起重机

为适应快速转移，充分发挥轮式起重机的机动性，特别是由于液压伸缩机构的出现，伸缩式箱形吊臂得到了广泛应用。吊臂在行驶状态时缩在基本臂内，不妨碍高速行驶，工作时逐节外伸到所需长度。所以伸缩臂起重机有转移快，准备时间短，利用率高，并能进入仓库、厂房、伸入窗口工作等优点，但吊臂自重较大，在大幅度时起重性能较差（见表4-2）。

表4-2 幅度为7.62m的箱形伸缩臂与桁架臂起重性能比较

臂长/m	10	12	18		24		32	
	箱形	桁架	箱形	桁架	箱形	桁架	箱形	桁架
起重量/t	30	36	25	36	20	36	14.5	35

注：表中数字取自美国T-750型（箱形伸缩臂）和670-TG型（桁架臂）汽车起重机。

目前，世界上起重量100t以上的桁架式吊臂的轮式起重机已有30多种，最大起重量达1200t。吊臂长度在60~70m，最大者已达100m。起重量超过100t的箱形伸缩臂的轮式起重机为数已不少。由于受到结构、材料、自重、行驶尺寸和臂端挠曲等限制，箱形吊臂不能太长，一般在50m以内，个别的最大达70m左右。

(4) 按传动装置的形式分类。按传动装置的形式，轮式起重机可分为机械传动式、电力-机械传动式和液压-机械传动式三种类型。

机械传动式的传动装置工作可靠，传动效率高，但机构复杂，操纵费力，调速性差，现已逐步被其他传动形式所替代。

电力-机械传动式（简称电力传动式）具有一系列优点：传动系统简单，布置方便，操纵轻巧，调速性好，电器元件易于三化，即标准化、通用化、系列化。但现有电动机（能量二次转换装置）体重价贵，虽易于配套，但不易实现直线伸缩动作，故仅宜在大型的桁架臂轮式起重机中采用。例如K100型汽车起重机（100t）的上车起重部分是电力传动的，而其底盘行走机构则是机械传动的。

液压-机械传动式（简称液压传动式）具有下列优点：结构紧凑（传动比大），传动平稳，操纵省力，元件尺寸小，重量轻，易于三化，液压传动能直接获得直线运动，这是其他传动所不及的。伸缩式箱形吊臂所以能实现，就因有了液压的伸缩机构。液压传动的轮式起重机是现代起重机的发展方向。但是目前液压的行走机构较少。在轮式起重机中，行走机构的操纵装置位于回转平台上，用机械操纵的方式难以实现，故此时采用液压传动或液力传动是必要的。表4－3是三种传动形式的比较表，供参考用。

表4－3 轮式起重机传动形式比较

项　目	机械传动	电力传动	液压传动
传动元件尺寸、重量	一般	较大	较小
整个传动装置重量	重	较轻	轻
传动效率	高	一般	低
过载性能	有，复杂	好	有，易实现
调速性能	有级	无级	无级
维修要求	一般	较高	高
机加工要求	量大，精度一般	量小	量一般，精度高
对环境敏感性	低	不高	高
吊臂、支腿伸缩	不易实现	不易实现	易实现
电压或液压大小	—	直流0～380V	16～32MPa
噪声	大	小	不小

4.1.2 轮式起重机的主要组成

轮式起重机类型繁多，结构各有差异，但主要都是由动力装置、工作机构、金属结构、控制系统和运行机构所组成。

（1）动力装置。动力装置即为动力源，它是轮式起重机的最基本组成部分。动力装置主要有两种：内燃机（多为柴油机）与外接（交流）电源。轮式起重机采用交流电源做动力的很少，一般只局限于港口、仓库与装卸区域等场合。采用内燃机为动力的轮式起重机最普遍。

（2）工作机构。工作机构的作用是实现起重机的不同运动要求。例如，伸缩臂式起重机设有起升机构、变幅机构、回转机构和吊臂装置等基本工作机构。起升机构可实现吊钩的垂直上下运动；变幅与回转机构可实现吊钩在垂直与水平两个平面方向的移动；加上吊臂装置便可实现吊钩在起重机所能及的范围内任意运动（见图4－6）。不同类型的起重机，其工作机构稍有差异。

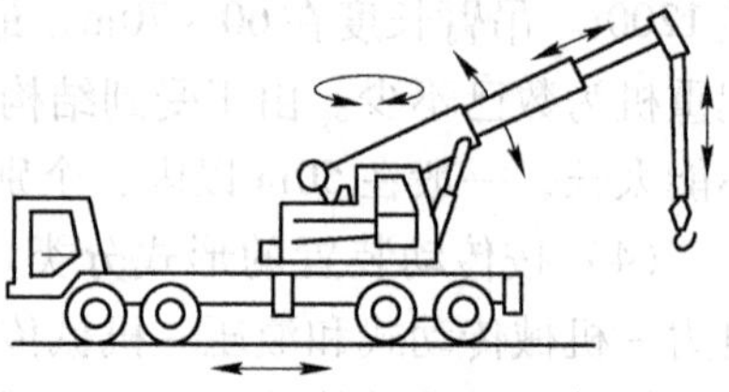

图4－6 液压伸缩臂式汽车起重机功能示意图

1）起升机构。起升机构又称卷扬机构，它是起重机最主要的机构。起升机构主要由原动机（油马达或电动机）、减速器、制动器、卷筒、钢丝绳、滑轮组和吊钩组成。有的机型中起升机构还设有离合器，使卷筒脱开动力，实现吊钩空钩时的重力自由下降。在中、大型起重机中，常见有两套起升机构，即通常说的主卷扬（主钩）和副卷扬（副钩）。

2）变幅机构。变幅机构通过使吊臂的仰俯运动来改变工作幅度。变幅机构的基本形式有挠性变幅和刚性变幅两种。

挠性变幅是通过收放从变幅卷筒引出的钢丝绳、带动动滑轮组及其连接在吊臂端部和动滑轮组上的拉臂绳的运动，使得吊臂产生仰俯运动，它一般用于桁架式吊臂。这种结构传动可靠，操作方便，但结构复杂、自重大，主要适应于非工作性变幅机构。

刚性变幅则是利用液压油缸工作行程的变化改变吊臂的仰角，可以带载变幅。

3）回转机构。回转机构用于实现起重机的回转运动，使其由线、面活动范围扩大为一定空间的作业范围。轮式起重机可以全回转（即360°），但进行吊重作业不一定是全回转作业，如汽车式起重机多数是在270°范围内进行吊重作业。回转机构主要由动力、传动、支承和制动四大装置所组成。

4）吊臂装置。吊臂亦称起重臂，它是用来支承起升滑轮组、吊钩和钢丝绳的钢结构件，直接装在转台上，并可在基本臂的基础上接长（指桁架臂）和伸长（指伸缩臂），中型以上的起重机还可在主吊臂的顶端上加装副臂（挺杆）来扩大作业范围。

（3）金属结构。起重机的吊臂、回转平台、人字架、副车架、底盘车架（大梁）、支腿梁等金属结构件是起重机的骨骼。起重工作机构及作业装置都是安装或支承在这些结构件上的。金属结构承受起重机的自重以及作业时各种外载荷。结构件的优劣，直接影响起重机的性能与安全。

随着技术的发展，现代轮式起重机选用优质结构材料及先进结构形式，以减轻起重机自重，提高起重机性能。

（4）控制系统。起重机的控制系统包括操纵装置和安全装置。简单地讲，操纵装置是用以操纵与控制起重机的各工作机构，使各机构能按要求进行启动、调速、换向和停止，从而实现起重机作业的各种动作。例如操纵杆、操纵阀、按钮、开关、控制电器、离合器及制动器等都属于操纵装置。

安全装置可对起重机实现保护与监控，防止某些不安全因素导致事故发生。例如：溢流阀可以防止液压系统过载；变幅平衡阀可防止坠臂事故发生；高度限位器可防止吊钩过卷；力矩限制器可防止起重机超载与失稳等。

（5）运行机构。轮式起重机的运行机构就是通用（或专用）汽车底盘及专门制造的轮胎底盘，它是支承起重装置的基础。因此通常称轮式起重机的运行机构为底盘车或载运车。底盘车包括车架和装在其上的全部行走机构，主要由传动系、行驶系、转向系和制动系等四大部分组成。

轮式起重机的组成除了上述五大部分外，还有一些辅助装置，如支腿、配重、操纵室、取力器等。

按一般习惯，把取物装置、吊臂、配重和上车回转部分统称为上车，余者称为下车。图4-7为轮胎式起重机各部分位置图。

4.1.3 轮式起重机的主要参数

4.1.3.1 起重量

起重机的起重量 Q（ISO 标准中以 C_p 表示）一般不包括吊具的重量。包括吊钩吊具重量的起重量称为总起重量（其他形式的吊具不包括在内）。但在轮式起重机中，起重量往往包括吊钩（含动滑轮组）重量，也就是说，轮式起重机是以总起重量为其起重量的。

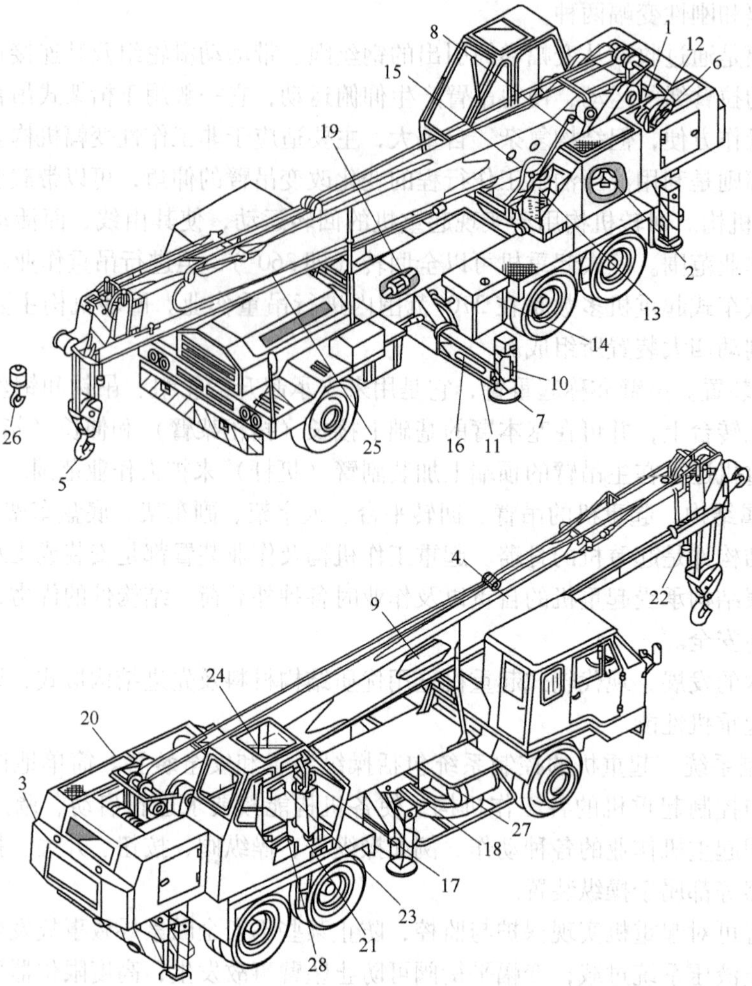

图4-7 轮式起重机各部分位置图

1—起升卷扬机；2—回转机构；3—回转平台；4—吊臂；5—主吊钩；6—制动装置；7—支腿；8—变幅液压缸；9—伸缩液压缸；10—支腿支承液压缸；11—支腿水平液压缸；12—离合器液压缸；13—回转接头；14—液压油箱；15，16—油管；17—操纵装置；18—支腿操纵装置；19—驱动轴；20—机舱；21—油门踏板；22—起升高度限制器；23—起重量指示器；24—雨刷；25—副臂；26—副钩；27—手油门；28—回转制动器操纵杆

轮式起重机的起重量是随着吊臂的伸缩、俯仰而变化的，因为起重量的大小由吊臂结构的强度和起重机整机稳定性所决定。当起重机起升重物后处在倾翻和稳定的临界状态时，该起重量称为临界起重量。起重机的额定起重量总是比临界起重量小。作为轮式起重机铭牌参数的起重量是指该起重机最大的额定起重量，其他工况下的额定起重量常用起重量表或起重量曲线表示。

汽车起重机的额定起重量还随着吊臂方位的不同而异（见表4-4）。轮胎起重机的额定起重量还分支腿全伸、不用支腿的支承状况（见表4-5）。轮胎起重机在吊重行驶时，吊臂必须前置，道路平坦坚实，车速低稳（2~5km/h）。不用支腿和吊重行驶时的额定起重量都与轮胎的负荷能力和刚度有关。

表 4－4 QY30 汽车起重机额定起重量

工作幅度 R/m	主臂长度 l/m								主臂＋副臂（7.5～31.5m）		
	支腿全伸，后方、侧方作业				支腿全伸，前方作业				主臂仰角/(°)	副臂角度/(°)	
	10.2	17.3	24.4	31.5	10.2	17.3	24.4	31.5		5	30
	额定起重量/kg									额定起重量/kg	
3.0	30000	16000			30000	16000			80	2500	1250
3.5	25400	16000	10000		25400	16000	10000		75	2500	1250
4.5	19000	16000	10000		17200	16000	10000		70	2050	1150
6.0	13250	13650	10000	7000	12950	12100	10000		65	1760	1100
7.0	9950	11500	9700	7000	6900	6700	7200	7000	60	1510	1050
8.0	8900	9400	8550	7000	6050	5900	6350	7000	55	1290	1010
9.0		7650	7600	6200	4700	4600	5050	5450	50	1010	930
12.0		4550	5050	4650		3300	3750	4000	45	710	670
14.0		3250	3750	3900		2000	2500	2800	40	460	460
16.0			2800	3150		700	1200	1450	35	270	270
18.0			2200	2450			1050	1300			
20.0			1650	1950			650	950			
23.0			1050	1300				550			
26.0				900							
29.0				500							

注：1. 起重量包括吊钩、滑轮组及臂头以下钢丝绳的重量。

2. 粗实线是强度值与稳定值的分界线，粗实线以上的数值是吊臂等强度所限定的所有起重量，粗实线下面的数值是整机稳定所限定的所有起重量。

表 4－5 QY30 轮胎起重机额定起重量

工作幅度 R/m	主臂长度 l/m							
	支腿全伸 360°作业				不用支腿 360°作业			
	10.2	17.3	24.4	31.5	10.2	17.3	24.4	31.5
	额定起重量/kg							
3.0	30000	16000			17200			
3.5	25400	16000			15850			
4.0	22700	16000	10000		12950	6700		
5.0	19000	16000	10000		6900	5900		
6.0	15500	13650	10000	7000	6050		5700	
7.0	12000	11500	9700	7000	4700	4600	5050	
8.0	9950	9400	8550	7000		4100	4600	4000
9.0		7650	7600	6200		2000	2500	2800
10.0		6500	6865	5600		1200	1650	1950
12.0		4550	5050	4650		700	1200	1450
14.0		3250	3750	3900			1050	1300
16.0			2800	3150			450	750
18.0			2200	2450				550
20.0			1650	1950				
23.0			1050	1300				
26.0				900				
29.0				500				

注：1. 粗线上面的数字是强度起重量，下面的是整体稳定性起重量。

2. 吊钩重量包括在内，30t 吊钩重 350kg，3t 吊钩重 60kg。

3. 自由落体操作时，起重量为额定起重量的 1/3。

4. 每根钢丝绳拉力不得超过 30000N。

5. 中间幅度时，用线性插入法求起重量。

起重机起重量 Q（C_p）的单位是质量单位，应取千克（kg）为基本单位，习惯上用的起重量单位是吨（t），在此可看作为非国际单位制的质量单位（$1t=10^3kg$）。当起重量作为载荷时，起升载荷的单位应转换为牛顿（N）或千牛顿（kN），并以 P_Q 表示。此时 $P_Q=Q_g\approx10Q$。

4.1.3.2 幅度和工作幅度

幅度 R 是指起重机的回转中心垂线到起重吊钩中心垂线的水平距离，它与起重吊臂长度和吊臂仰角有关（见图4-8）。吊臂仰角可以从0°~80°，为了便于在吊臂端部进行操作，可使仰角成-3°角，实际的工作角度一般在30°~75°范围内。由于起重时吊臂产生弯曲变形，幅度随起重量大小稍有变化，变形后的实际幅度称为工作幅度。在起重机额定起重量表上列出的幅度均为该额定起重量下的工作幅度（也可称额定幅度）。

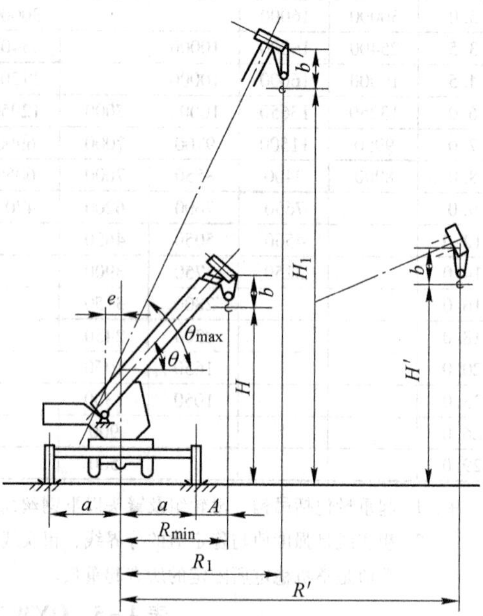

图4-8 轮式起重机工作幅度和高度

汽车起重机和轮胎起重机基本参数系列标准中规定了最小额定幅度。该幅度是起重机起升最大额定起重量时（也是用基本臂工作时）的最小工作幅度。规定了起重机最大额定起重量 Q_{max} 和最小工作幅度 R_{min}，也就基本确定了该起重机的起重能力。最小工作幅度规定的过大，将使同一起重量等级的起重机具有较大的起重能力，但其吊臂的自重和造价将有所提高，吊臂重量的增大将恶化大幅度时的起重性能，而造价的提高将不利于市场竞争。根据国内、外的使用情况和市场分析，最小工作幅度采用目前国外起重机的数值——3m。大型起重机的最小工作幅度和最大额定起重量常是名义性的，无实用性。因为该工况只能在试验场上实现。设支腿跨度为 $2a$，则

$$A=R-a \tag{4-1}$$

在中、大型起重机中，当 $R=R_{min}$ 时，有效幅度 A 往往是负值。在对有效幅度有特殊要求时，从式（4-1）中可以确定支腿跨度。

4.1.3.3 起重力矩

作为轮式起重机基本参数的起重力矩 M，是指最大额定起重量载荷和相应的工作幅度的乘积。起重机工作时，除要求能起升一定重量的物品（起重量）外，还要求有一定的工作幅度。只比较起重量，不比较其相应的幅度大小是无法评定两台起重机起重能力的大小的。显然起重力矩作为比较起重机起重能力的指标比起重量更为合适，更为确切。系列标准中规定了最小的额定起重力矩，即规定了最大额定起重量时的工作幅度（$R=M/Q_g$）。一台起重机在任意工况下的起重力矩（$M_i=Q_{ig}R_i$）是不等的。一般地说，大幅度时的起重力矩小，但是有时在中幅度时能有比额定起重力矩更大的起重力矩值。

4.1.3.4 起升高度

起重机取物装置（常用的是吊钩）的最高和最低工作位置间的垂直距离称为起升范

围。在支承地面以下的距离称为下放深度，在支承地面以上的距离称为起升高度 H（单位为 m），如图 4-8 所示。起重高度 H 与吊臂长度、工作幅度有关，如图 4-9 所示。

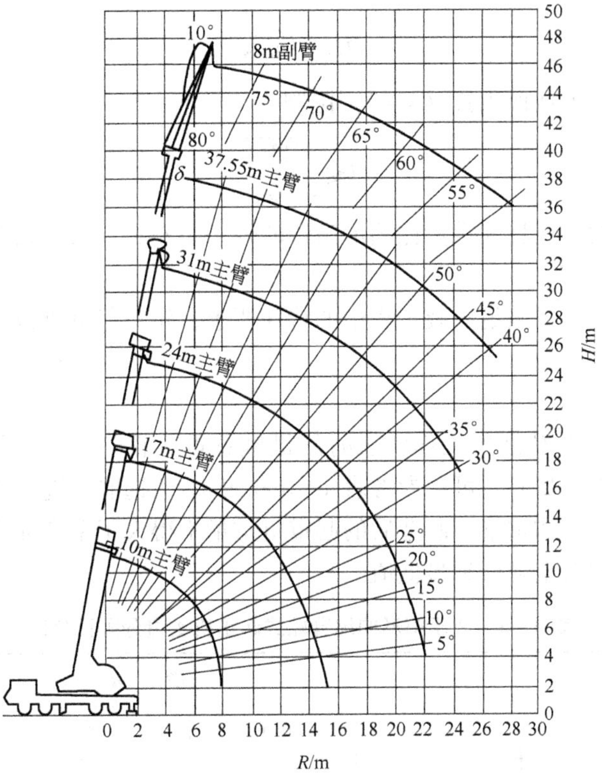

图 4-9 5 节伸缩臂的起升高度曲线

$$H=\sqrt{l^2-(R+e)^2}+h-b \tag{4-2}$$

或
$$H=l\sin\theta+h-b$$

式中 l——吊臂长度，指沿吊臂轴线方向吊臂根部铰点至吊臂端部滑轮中心连线相交点间的距离；

R——工作幅度；

e——回转中心到吊臂根部铰点的水平距离，当铰点位于吊重一侧时取负值，反之，位于平衡重一侧时取正值；

h——吊臂根部铰点离支承地面的高度；

b——吊钩中心离吊臂端部滑轮组中心连线与从根部铰点作与吊臂纵轴平行线的交点的垂直距离；

θ——吊臂轴线与水平线的夹角。

在同一吊臂长度下，起升高度与起重量成正比，与幅度成反比。起重机起升高度这一参数在装卸工作中并不重要，但在建筑安装工程上却是一个重要的参数。起重机在使用中不但要满足起重量的要求，而且还必须满足工作幅度和起升高度的要求。根据使用需要，考虑到起重机设计的合理性，系列标准中规定了各种起重机的最大起升高度。实际上这也是规定了基本臂和接长后主臂的最短长度。吊臂的最大长度受到吊臂自重的限制，接长或全伸后的吊臂要从水平 $\theta = 0°$ 竖起，起重机在此时仍要保持稳定。设保持稳定的力矩为 M_{sg}，吊臂单位长度的重量为 G_b，则

$$M_{sg} \approx G_b \frac{l^2}{2}$$

故吊臂的最大长度可近似地用式（4－3）限制。

$$l \leqslant \sqrt{\frac{2M_{sg}}{G_b}} \tag{4-3}$$

一般桁架吊臂的单位长度重量比箱形吊臂的轻一半左右，故桁架臂的长度可比箱形臂长1.4倍左右。

为了增大起升高度以满足安装工程中的特殊要求，轮式起重机备有副吊臂，装在主吊臂上，起吊较轻的构件。

4.1.3.5　自重

轮式起重机的自重 G 是指工作状态时的机械总重。它并不一定等于行驶时的重量。在初估起重机各部件重量时，可以参考表4－6和表4－7选取。进一步估算细部重量时可参考同类型起重机的实物重量。制造后的起重机重量不得大于系列标准中规定的重量，超过时应设法改进，把自重降低到最低值。

表4－6　液压箱形伸缩臂轮式起重机重量分配百分比　　%

<table>
<tr><th colspan="2" rowspan="2">部件名称</th><th colspan="4">类　型</th></tr>
<tr><th>大型</th><th>中型</th><th>小型</th><th>小型（有附加车架者）</th></tr>
<tr><td colspan="2">上车</td><td>30～34</td><td>32</td><td>35</td><td>21</td></tr>
<tr><td rowspan="4">其中</td><td>起升、回转、变幅机构占</td><td>30</td><td>30</td><td>30</td><td>40</td></tr>
<tr><td>回转平台占</td><td>15</td><td>17</td><td>20</td><td>20</td></tr>
<tr><td>配重占</td><td>35</td><td>30</td><td>25</td><td>15</td></tr>
<tr><td>其他占</td><td>20</td><td>23</td><td>25</td><td>25</td></tr>
<tr><td colspan="2">吊臂（包括伸缩机构）</td><td>25</td><td>15～20</td><td>13</td><td>15</td></tr>
<tr><td colspan="2">下车</td><td>41～45</td><td>48～53</td><td>52</td><td>64</td></tr>
<tr><td rowspan="5">其中</td><td>车架占</td><td>30</td><td>25</td><td>25</td><td>（原底盘占）65</td></tr>
<tr><td>发动机占</td><td>5</td><td>7</td><td>10</td><td rowspan="2">（附加车架和支腿占）22</td></tr>
<tr><td>支腿占</td><td>20</td><td>18</td><td>15</td></tr>
<tr><td>桥、轮占</td><td>30</td><td>30</td><td>30</td><td>（回转支承占）4</td></tr>
<tr><td>其他占</td><td>15</td><td>20</td><td>20</td><td>9</td></tr>
<tr><td colspan="2">备注</td><td>两台发动机者取后者</td><td>起重量较大者取后者</td><td></td><td></td></tr>
</table>

表4-7 桁架臂轮式起重机重量分配百分比 %

部件名称	类型	
	中型电动桁架臂轮胎起重机（发动机和发电机设在上车）	大型桁架臂汽车起重机（上车电动，下车机械传动，发动机上、下车各有一台）
上车	38	56（其中一半为配重）
吊臂	12	11
下车	50	33

4.1.3.6 工作速度

轮式起重机的工作速度 v 包括起升速度、回转速度、变幅速度、吊臂伸缩速度和行驶速度等。

（1）起升速度。在大型起重机中，起升速度不是主要的。为降低功率，减小冲击，起升速度应较低，为5～8m/min。根据目前轮式起重机的统计资料，中、小型起重机的吊钩速度一般为8～13m/min，有的已达15m/min。起升速度也有以绕入卷筒的单根钢丝绳速度表示的。实际上轮式起重机的吊钩速度不是恒定的，钢丝绳在卷筒上绕的层数不同，单绳速度也在变化。作为铭牌参数的起升速度，是指卷筒在驱动机最大工作速度下的第一层钢丝绳的单绳速度，或与此相应的吊钩速度。副吊钩速度常是主吊钩速度的2～3倍。为了提高生产率，为了在起重机突然失稳时（支腿沉陷），可以紧急摔下重物，中型以上的起重机往往具有自由下钩（重力落钩）装置。在滑轮组倍率大于7时，空钩往往难以下落，有时不得不加大吊钩重量。吊重自由下落时，应限制吊重物重量在额定起重量的1/5～1/3之内，因为此时若紧急制动，其动载系数能达3～5（由试验得知）。

（2）回转速度。轮式起重机的回转速度受到回转启动（制动）惯性力的限制，也就是受到回转的吊臂头部处（惯性力作用处）最大圆周速度（<180m/min）和启动时间（4～8s）的限制。当回转半径平均为10m时，回转速度 n 限制在3r/min以下。大型起重机的起重量大，回转半径也大，故回转速度应取低些（1.5～2r/min）。作为起重机铭牌参数的回转速度，是指回转机构的驱动装置在最大工作转速下起吊额定起重量时的回转速度。回转速度 n（r/min）和吊臂头部圆周速度 v_D（m/min）有下列关系：

$$v_D = 2\pi Rn = 6.28Rn$$

（3）变幅速度。变幅速度是指吊臂头部沿水平方向移动的速度。变幅速度对生产率影响不大，但对起重机的工作平稳性和安全性影响较大，故不能取大了，平均约为15m/min。从最大幅度变到最小幅度的时间一般为30～60s，视起重机幅度的大小而异。

（4）吊臂伸缩速度。在伸缩式箱形吊臂的起重机上，吊臂伸缩速度也是需要注明的，一般外伸速度为6～10m/min。由于液压缸两腔作用面积不同，缩回速度为外伸速度的两倍左右。液压支腿收放速度一般用时间来表示，在15～50s之间。

（5）行驶速度。轮式起重机的行驶速度是主要的参数之一。转移行驶速度要快，汽车起重机的行驶速度可达50～70km/h，以便与汽车编队行驶。轮胎起重机由于轴距较短，重心高，有时甚至无弹性悬挂等原因，行驶速度一般在30km/h以下。近来，有的轮胎起重机采用了弹性悬挂，加长了轴距，下降了重心，行驶速度提高到50km/h以上。

轮胎起重机还有一种吊重行驶速度，在5km/h以下。有些汽车起重机虽不能吊重行驶，但也能立着吊臂、锁住悬挂装置在作业区内缓缓行驶以变换工作地点。

表 4 – 8 为轮式起重机工作速度选取表，供参考。

表 4 – 8 轮式起重机工作速度选取参考表

工作速度	小型轮式起重机	中型轮式起重机	大型和特大型轮式起重机
吊钩起升速度/m · min^{-1}	12 ~ 15	7 ~ 14	2 ~ 7
回转速度/r · min^{-1}	3	2 ~ 3	1.5 ~ 2
吊臂仰起变幅时间/s	15 ~ 30	30 ~ 60	90 ~ 150
吊臂伸出时间/s	30	40 ~ 60	≈90
汽车起重机行驶速度/km · h^{-1}	50 ~ 80	50 ~ 70	40 ~ 60
轮胎起重机行驶速度/km · h^{-1}	20 ~ 80		14 ~ 15

注：当轮式起重机采用桁架臂时，吊钩的起升速度可以提高 50% 左右。

4.1.3.7 通过性参数

通过性是指轮式起重机正常行驶时能够通过各种道路的能力。不同的车辆有不同的要求。轮式起重机的通过性几何参数（见图 4 – 10）基本上接近一般公路车辆，见表 4 – 9。接近角、离去角和最小离地间隙要大些，纵向通过半径要小些。由于轮式起重机车架下装有支腿，故最小离地间隙可能变小。若起重机具有前悬下沉式驾驶室，接近角将大大减小，离去角也因有支腿而减小。汽车起重机的最大爬坡度应和汽车相近，为 12° ~ 18°。普通轮胎起重机的最大爬坡度为 8° ~ 14°。越野型的轮胎起重机，在无道路的工地上能行动自如，其最大爬坡度有的达 20° ~ 30°。实际上，决定爬坡度的是起重机底盘的牵引力和驱动桥的数目。

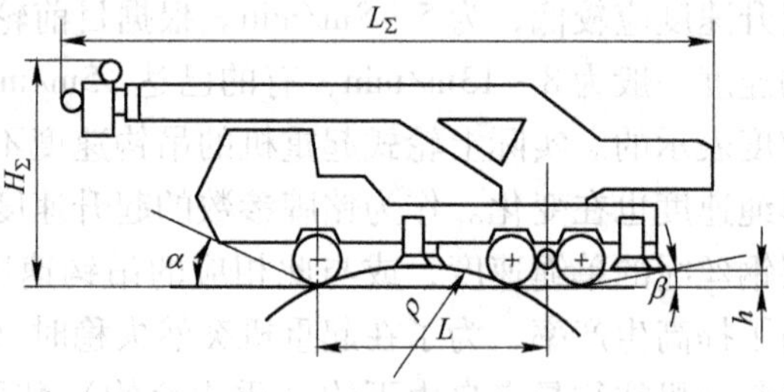

图 4 – 10 通过性几何尺寸参数

表 4 – 9 通过性几何参数

车 型	最小离地间隙 h/mm	接近角 $α$/(°)	离去角 $β$/(°)	纵向通过半径 $ρ$/m
公路型载重汽车	220 ~ 300	25 ~ 30	25 ~ 45	2.7 ~ 7
越野汽车	260 ~ 310	36 ~ 60	30 ~ 48	1.9 ~ 3.6
轮式起重机	220 ~ 300	15 ~ 40	15 ~ 30	2.7 ~ 7
大客车	130 ~ 300	8 ~ 40	8 ~ 20	4 ~ 9

影响通过性的还有起重机的转弯半径（外轮的），它与起重机的轴距、轮距、转向轮转角有关。轮式起重机的转弯半径为 7 ~ 12m。起重机的轮胎尺寸也影响车辆的通过性。增大轮胎直径和宽度能减小接地压力，但车轮直径不宜过大、过宽。过大将使车轮惯性过大，整车重心升高；过宽则使转向阻力增大。减小接地压力最好是采用低压轮胎（胎内气压低于 0.5MPa）。

4.1.3.8 几何尺寸参数

轮式起重机的各部尺寸是按需要和可能来确定的，力求紧凑。轮式起重机在公路行驶状态时的外形尺寸应考虑到道路、洞桥和铁路运输条件。按国家规定：总长限在 12m 以内，总宽在 2.6m 以内，总高不超过 4m。在特殊情况下，大吨位的起重机，宽度可以超过 3m。不能伸缩或折叠的桁架臂，在长途运输中应拆下，用另车装运。起重机的总长尺寸控制了基本臂的长度和底盘轴距。伸缩式箱形吊臂的基本臂长度必定要小于 12m，一般在 10m 左右。

4.1.4 轮式起重机的型号

4.1.4.1 国产轮式起重机的型号

目前，国内生产和使用最多的轮式起重机为液压伸缩式汽车起重机，其次为轮胎起重机、工业用起重机、越野轮胎起重机和专用起重机等。

根据规定，国产轮式起重机的基本型号一般由汉语拼音及其后面的数字表示，表示方法如下：

Q L Y 25 A

- A——改进设计的序号
- 25——最大起重量，单位为t
- Y——传动形式，Y表示液压传动，D表示电力传动，不标字母时表示机械传动
- L——轮式起重机
- Q——起重机或汽车起重机

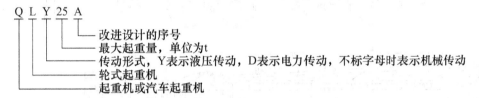

例如，QY8 表示最大额定起重量为 8t 的液压汽车起重机；QLD16B 表示起重量为 16t、电力传动、第二代设计产品的轮式起重机；QD100 表示最大额定起重量为 100t 的电动式汽车起重机；QAY160 表示最大额定起重量为 160t 的全路面液压汽车起重机（又称 AT 起重机）。

4.1.4.2 进口轮式起重机的型号

国外轮式起重机的型号是由生产厂家自行规定的，所以比较繁杂。但基本上是以英文大写字母表示厂家名称第一个字母与机型，用数字表示起重量。这里举例说明一下进口汽车起重机的型号识别方法。

（1）日本多田野公司（TADANO）产品：TG－752。

T G 75 2

- 2——产品改进序号
- 75——起重量为75t
- G——产品起重量级别，S为小型，L为中型，G为大型
- T——多田野汽车起重机

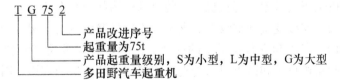

（2）德国利勃海尔起重机产品：LT－1200S。

L T － 1 200 S

- S——带“超起”附加装置
- 200——起重量200t
- 1——该公司产品系列代号
- T——汽车式起重机，I表示工业用起重机
- L——利勃海尔起重机

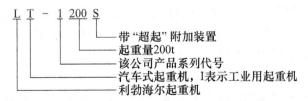

又如：LI－1012 表示起重量为 12t 的利勃海尔工业用起重机。

4.2 轮式起重机的工作机构

4.2.1 汽车起重机的工作机构

汽车起重机工作机构的功能主要是起吊重物。下面以北京起重机器厂生产的 QY25D 汽车起重机为典型产品逐一介绍汽车起重机的各个工作机构。QY25D 汽车起重机主要结构如图 4－11 所示。

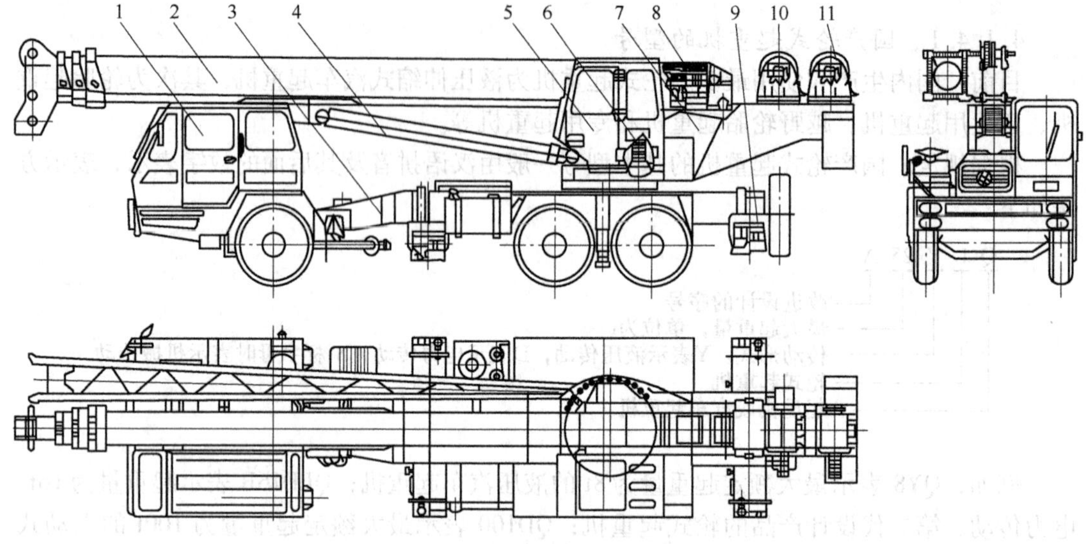

图 4－11 QY25D 汽车起重机主要结构

1—司机室；2—吊臂；3—车架；4—变幅油缸；5—操纵室；6—回转减速器；7—转台；8—伸缩油缸；9—支腿；10—主起升机构；11—副起升机构

从图 4－11 中可以看出汽车起重机的工作机构是由转台、操纵室、回转机构、吊臂伸缩机构、变幅机构、起升机构、吊臂和副臂、液压系统、电气系统、操纵机构和安全装置组成。

4.2.1.1 转台结构

转台是起重机上车的骨架，起重机上车的全部机构都安装在转台上。转台结构包括连接回转支承的底板、连接变幅油缸绞点的支架、连接吊臂绞点的支架、固定回转机构的底座、固定起升机构的底座和安装操纵室的底座。因为转台要承受吊臂和变幅油缸的轴向力、起升作业时起重机自重和吊重对回转支承连接螺栓处产生的弯矩，因此一定要有足够的强度和刚度。转台结构如图 4－12 所示。

为了平衡起吊重物的倾覆力矩，起重机在回转平台尾部配有适当重量的铁块，以保证起重机起吊重物时的稳定。为减少配重的总重，有的机型设有配重伸缩装置。大型起重机所需的配重数量较多，在行驶时为减轻底盘轴负荷，可自行拆卸配重，另用车辆搬运。中小型起重机的配重则包括在上车转台部分之内。

4.2.1.2 操纵室

操纵室固定在转台的前部左侧要求宽敞、视野好。操纵室内部宽度应不小于 700mm，高度不小于 1400mm，前窗应配置遮阳板门窗和刮水器。遮阳板门窗应开关方便，刮水器

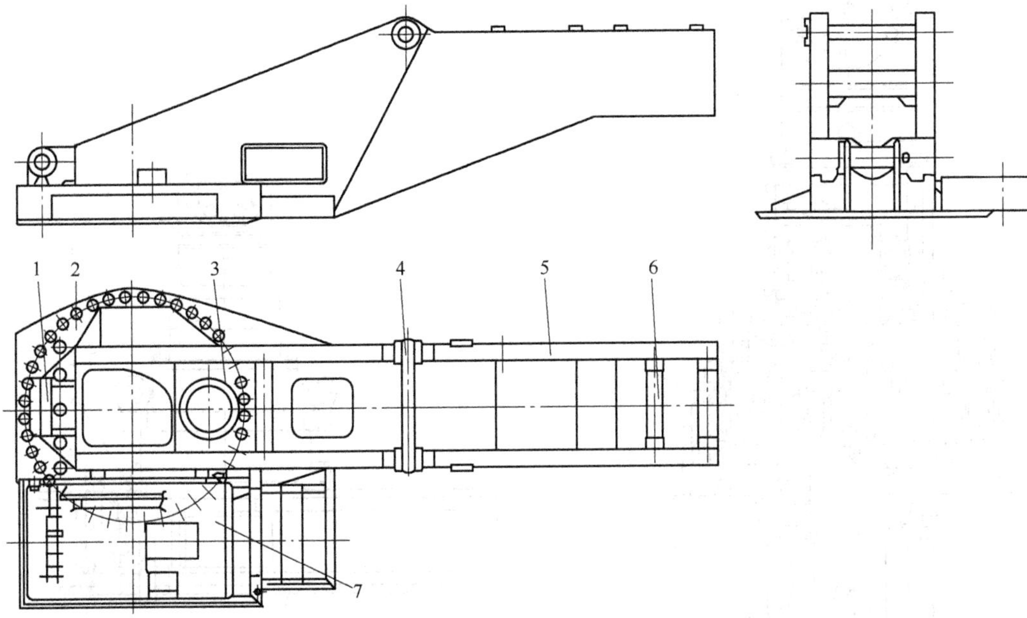

图 4－12 转台结构

1—连接变幅油缸绞点轴；2—回转支承的底板；3—固定回转机构的底座；4—连接吊臂绞点轴；
5—固定起升机构的底板；6—安装配重的支架；7—安装操纵室的底座

固定牢靠。操纵室的门全开位置时应有锁定装置。操纵室要有良好的密封、保温、通风散热和防雨性能，地板应防滑，座椅应舒适可调。

4.2.1.3 回转机构

A 回转机构的结构

回转机构由回转支承（见图 4－13）和回转减速器（见图 4－14）组成。图 4－13 所示滚动支承是单排四点接触球式结构。从图 4－14 可以看出回转减速器是一级行星减速，小齿轮由行星架输出，制动器是片式结构，由液压开启，弹簧闭合。转台为高架式，起重部分所有机构都安装在转台上。为防止起重机驻车时和起重机行驶时转台在外力作用下转动，在转台右后方有机械插销装置。

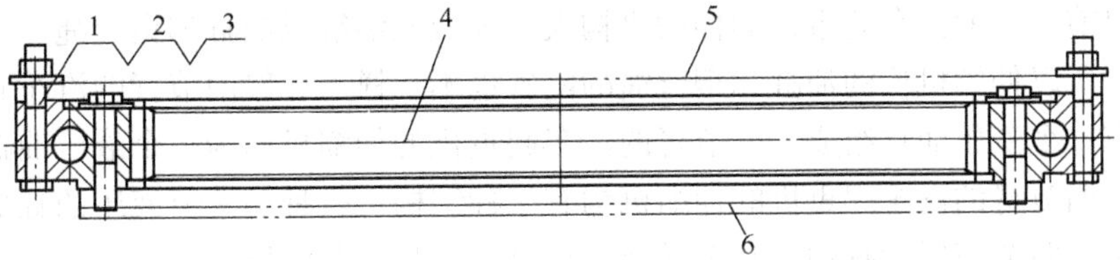

图 4－13 支承总成

1—连接螺栓；2—垫圈；3—螺母；4—回转支承；5—转台底板；6—车架连接板

B 回转机构的工作原理

回转机构的作用是配合起升、变幅、吊臂伸缩等机构的运动，使载荷能在任一个点上进行作业。回转机构的结构总成如图 4－15 所示。

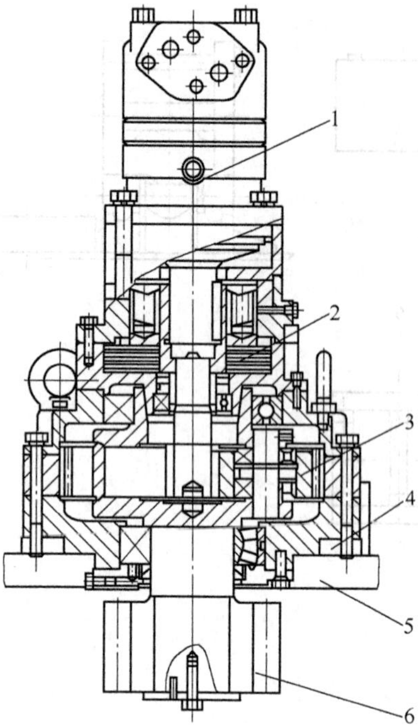

图 4-14 回转减速器

1—液压马达；2—制动器；3—减速机构；4—座圈；5—转台底板；6—输出小齿轮

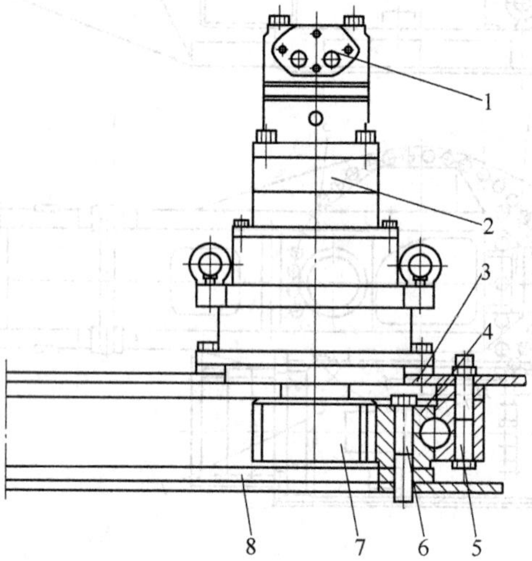

图 4-15 回转机构总成

1—液压马达；2—回转减速机；3—转台连接板；4—滚动支承；5—与转台连接的螺栓；6—与底盘连接的螺栓；7—输出小齿轮；8—底盘连接板

回转减速器与回转支承传动为内齿传动。回转支承的外圈与转台连接，内圈与底盘连接。减速器输出小齿轮驱动回转支承的内齿圈，而内齿圈固定在底盘上，因此，小齿轮在自转的同时，带动转台围绕回转中心转动，将吊臂旋转到需要的方向。

回转减速器备有常闭式制动器。当扳动回转操纵阀时，控制油路将制动器打开，转台可以左右旋转；当回转操纵阀回中位时，制动器闭合，转台停止旋转。为了减小输出轴的扭矩，使重物自由对中，回转液压油路中有滑移阀，更便于起重机的安装作业。

4.2.1.4 吊臂伸缩机构

A 吊臂伸缩机构的结构

我国目前生产的汽车起重机的伸缩机构大多为液压油缸或油缸加钢丝绳。由于吊臂的节数不同，所以伸缩机构的油缸和钢丝绳的配置也不一样。一般两节臂的汽车起重机的伸缩机构只有一个液压油缸组成。三节臂的汽车起重机的伸缩机构为一个液压油缸加一套钢丝绳组成。四节臂的汽车起重机的伸缩机构有三种结构：一种是一节液压油缸加两套钢丝绳；另一种是两节液压油缸加一套钢丝绳；还有一种是三节液压油缸。

QY25D 为四节吊臂，采用两节液压油缸加一套钢丝绳的伸缩机构，如图 4-16 所示。QY25D 的伸缩油缸全部为倒置安装。第一节油缸的活塞杆固定在第一节吊臂上。缸筒固定在第二节吊臂上。第二节油缸的活塞杆固定在第二节吊臂上，缸筒固定在第三节吊臂上。伸臂钢丝的一端固定在第四节吊臂上，另一端固定在第一节伸缩油缸的前端，通过固定在第二节伸缩油缸前端的导向滑轮换向。缩臂钢丝绳的一端固定在第四节吊臂上，另一端与第一节伸缩油缸连接，中间通过固定在第三节吊臂的导向滑轮换向。

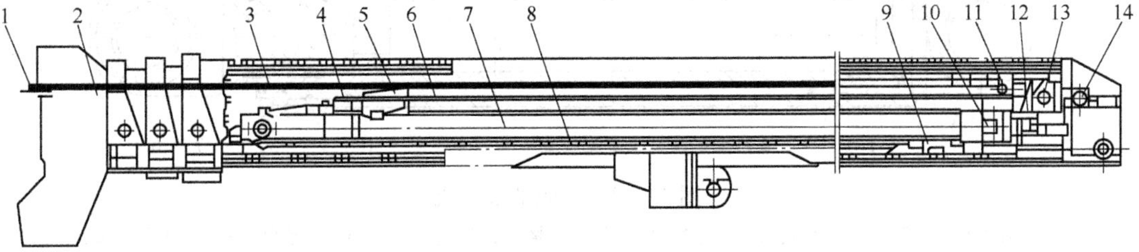

图 4－16　伸缩机构的布置

1—缩臂绳固定端；2—缩臂绳总成；3—伸臂绳滑轮总成；4—伸臂绳固定销；5—缩臂绳平衡滑轮；
6—第一节油缸；7—第二节油缸；8—缩臂绳总成；9—伸臂绳固定销轴；10—伸臂绳导向滑轮；
11—第二节油缸缸筒绞点；12—缩臂绳导向滑轮；13—第二节油缸活塞杆绞点；14—第一节油缸缸筒绞点

B　伸缩机构的工作原理

目前生产的汽车起重机吊臂的伸缩大多是由双作用液压油缸完成的。QY25D 的两节油缸为顺序伸缩。当液压油进入第一节油缸的杆腔时，第二、三、四节吊臂随第一节油缸的缸筒同时伸出。当液压油进入第一节油缸的缸腔时，第二、三、四节吊臂随第一节油缸的缸筒同时缩回。当液压油进入第二节油缸的杆腔时，第三节吊臂随第二节油缸的缸筒伸出，同时，固定在第一节油缸头部和第四节吊臂尾部的伸臂钢丝绳。因为固定在第二节油缸头部的滑轮导向，当第二节油缸伸出时，导向滑轮与固定在第一节油缸头部这一段钢丝绳拉长，导向滑轮与固定在第四节吊臂尾部一段钢丝绳减短，因此它必然带动第四节吊臂同时伸出。反之，当液压油进入第二节油缸的缸腔时，第三节吊臂随第二节油缸的缸筒缩回，同时，固定在第一节油缸头部和第四节吊臂头部的缩臂钢丝绳。因为固定在第三节吊臂尾部的滑轮导向，当第二节油缸缩回时，导向滑轮与固定在第一节油缸头部这一段钢丝绳拉长，而使导向滑轮与固定在第四节吊臂头部一段钢丝绳减短，导致第四节吊臂随第二节油缸缩回时同时缩回。

4.2.1.5　变幅机构

A　变幅机构的结构

变幅机构分为钢丝绳式、齿条式、螺杆式和液压油缸式。其中液压油缸式又分为前置式、后倾式和后拉式。

由于油缸变幅具有工作平稳、结构轻便和易于布置的优点，目前国内外生产的汽车起重机的变幅机构以液压油缸为主。变幅油缸的结构如图 4－17 所示。变幅油缸缸筒端与转台连接，活塞杆端与吊臂连接。变幅油缸工作状态如图 4－18 所示。

B　变幅机构的工作原理

汽车起重机的油缸变幅实际上是一个可改变长度的连杆机构，变幅油缸本身承受的是压力。变幅油缸又有单缸和双缸之分。变幅力小的起重机用单液压油缸，而变幅力大的起重机用双液压油缸。当液压油进入缸腔时，活塞杆伸出，吊臂仰角变大；当液压油进入杆腔时，活塞杆缩回，吊臂仰角变小。变幅力随吊臂的仰角和荷载的幅度的变化而改变。为防止吊臂下降时速度失控，在油路中必须加限速平衡阀，同时以保证在液压软管爆裂时，吊臂不会下落。

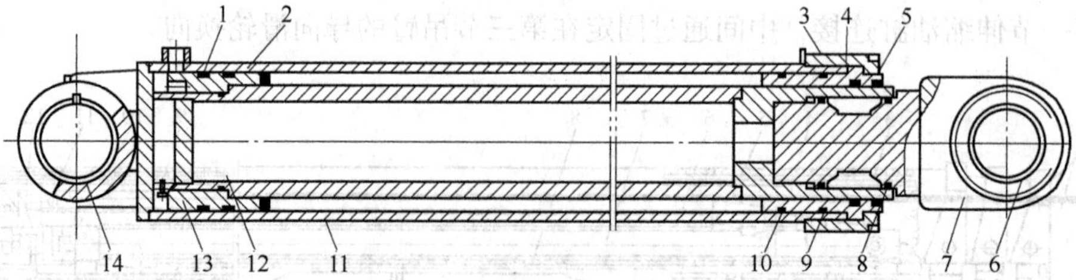

图 4 - 17 变幅油缸总成

1—活塞密封；2—活塞导向套；3—活塞杆密封；4—螺母；5—防尘圈；6—关节轴承；7—活塞杆头；8—活塞杆头密封；9—衬套；10—缸筒密封；11—缸筒；12—活塞杆；13—活塞；14—轴套

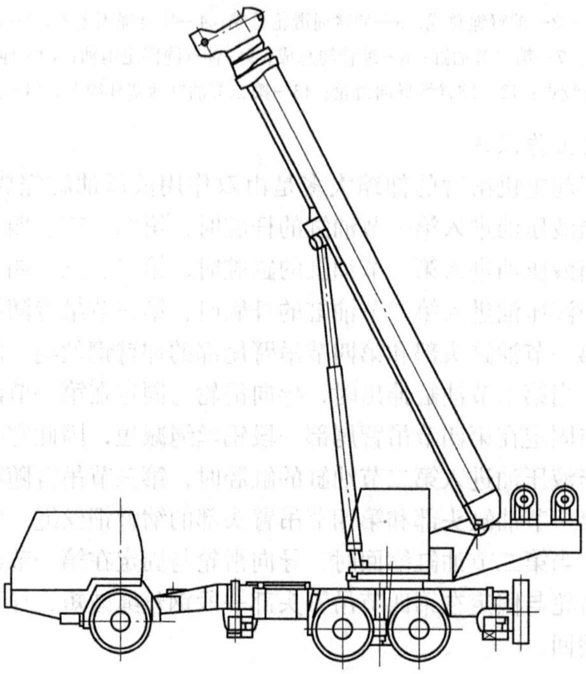

图 4 - 18 变幅油缸的工作状态

4.2.1.6 起升机构

A 起升机构的结构

起升机构是汽车起重机主要工作机构。它由液压马达、减速机、离合器、制动器、卷筒、吊具和钢丝绳组成。液压马达一般是高速马达，也有采用中速马达的。起升机构的减速机有定轴减速和行星减速之分。带自由下放的起升机构的离合器是常开式的，不带自由下放的起升机构的离合器一般是常闭式的。定轴减速机器的制动方式一般是蹄式或带式制动，行星减速器的制动方式一般是片式的，制动器都是常闭式的。现在起重机生产厂家使用的减速器大多是从减速机厂购来的。

起升机构总成的安装形式有两种。图 4 - 19 示意的形式是将起升机构总成座装在转台的尾部上方；另一种形式是将起升机构总成插装在转台尾部的两侧板之间。

汽车起重机的吊具有吊钩、抓斗和其他根据工作要求决定的吊具。在汽车起重机上以吊钩为主。吊钩的结构见图 4 - 20。

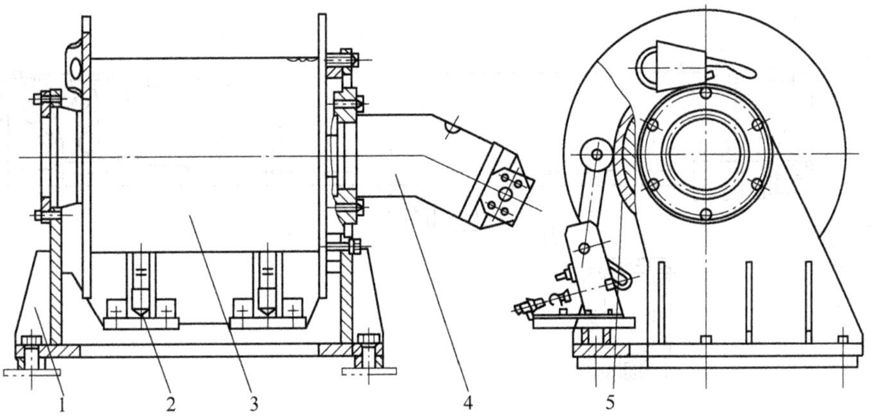

图4-19 起升机构总成

1—安装支架；2—压绳器；3—卷筒；4—液压马达；5—减速机

B 起升机构的工作原理

液压泵出来的液压油通过起升机构操纵阀，驱动起升马达以及起升减速器带动卷筒旋转，从而使重物起升降落。在重物起升时，液压油直接驱动马达；在重物下降时，液压油经过起升平衡阀驱动马达，以使重物平稳下降。平衡阀的另一个作用是保证机构在液压油路出现故障时停止工作，重物不会自动下落。一般情况，在重物起升时，钢丝绳从卷筒的上方往卷筒上缠绕。

起升机构自由下放的工作原理是将起升机构的离合器、制动器全部放在开放状态，使卷筒处于无约束状态，重物靠自重下降。

起升机构的动力下放和自由下放是用下降选择阀决定的。一般情况下降选择阀的手柄放在动力下放位置上，需要自由下放时才扳动手柄，将其放在自由下放的位置，用后马上扳回动力下放的位置上，以防误操纵。

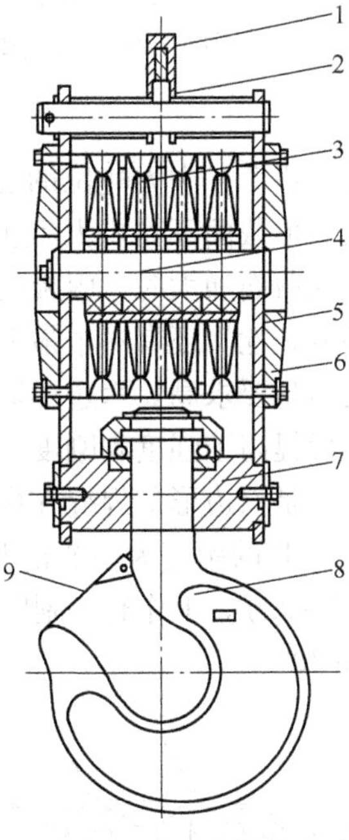

图4-20 主吊钩

1—楔；2—绳套；3—滑轮；4—滑轮轴；5—侧板；6—配重；7—横梁；8—吊钩；9—吊钩防脱钩装置

4.2.1.7 吊臂和副臂

吊臂的参数是起重主要性能之一。吊臂的长度决定起升高度，吊臂的重量与起重机的起重能力有极其重要的关系。在设计吊臂时既要保证吊臂具有足够的强度和刚度，又要使吊臂的截面小、重量轻，安装和维修方便。因此，吊臂的结构非常重要。

QY25D 的四节吊臂的截面均是六边形。六边形截面是由两个槽形板在中性层处焊接，在各节吊臂之间的很多个部位有不同的滑块支承，使各节臂在相邻臂内伸缩。吊臂的结构如图4-21所示。

目前，我国生产的汽车起重机吊臂截面形式主要有四边形和六边形，小吨位的起重机

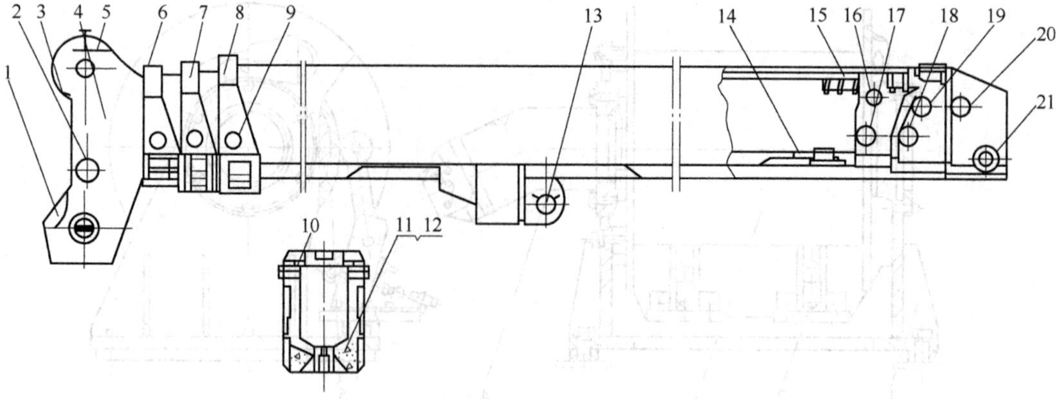

图 4-21 主臂结构

1—倍率滑轮；2—副臂连接轴；3—缩臂绳固定板；4—导向滑轮轴；5—导向滑轮；6—三节臂；7，8—节臂；9—侧滑块；10—前上滑块；11—下滑块；12—偏心轴；13—变幅油缸连接轴；14—伸臂绳固定板；15—后上滑块；16—缩臂绳导向滑轮支架；17，19—油缸缸筒绞点；18，20—油缸活塞杆绞点；21—吊臂绞点

大多为四边形，中大吨位的逐渐向六边形截面靠拢。四边形截面与六边形截面各有优缺点。四边形截面不需要大型折弯机，焊接时不需要复杂的工装，截面内的空间可有效利用。但在截面加大时，腹板的刚度往往减低，需要加强板，焊接时增加腹板的变形，加大工艺的复杂性。还有一个最大的缺点就是四边形的焊缝在截面的最边缘，因此受力最大，焊缝的质量要求高。六边形截面的要求有大型的折弯机，焊接时要有工装保证，但材料经过折弯后提高了强度和刚度，不需加加强板，而且还提高了截面的直线度。六边形截面最大的优点是六边形的焊缝在中性层上，焊缝基本不受力，简化了工艺。

QY25D 的副臂为一节桁架臂，在起重机行驶时和副臂不工作时，安装在吊臂的右侧（见图 4-22）。工作时，副臂与吊臂头部安装轴用销轴连接，副臂中心与吊臂中心的夹角为 5°和 30°。

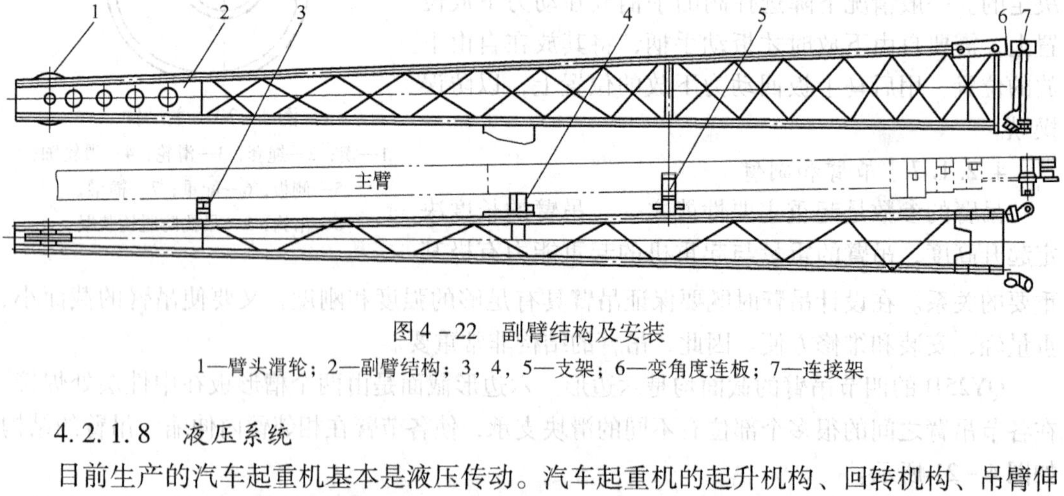

图 4-22 副臂结构及安装

1—臂头滑轮；2—副臂结构；3，4，5—支架；6—变角度连板；7—连接架

4.2.1.8 液压系统

目前生产的汽车起重机基本是液压传动。汽车起重机的起升机构、回转机构、吊臂伸缩机构、变幅机构及支腿伸缩机构，全部由液压传动。

液压传动的工作原理是通过取力器将发动机的功率和扭矩传给油泵，将压力油输送给各个执行元件，用各种阀控制液压油的方向、压力、流量，完成各个机构的功能。扳动各个操纵手柄，使液压油通过各个执行元件，驱动各个功能机构，使起重机进行物体的装卸。

QY25D 的上、下车的液压原理分别如图 4－23 和图 4－24 所示。

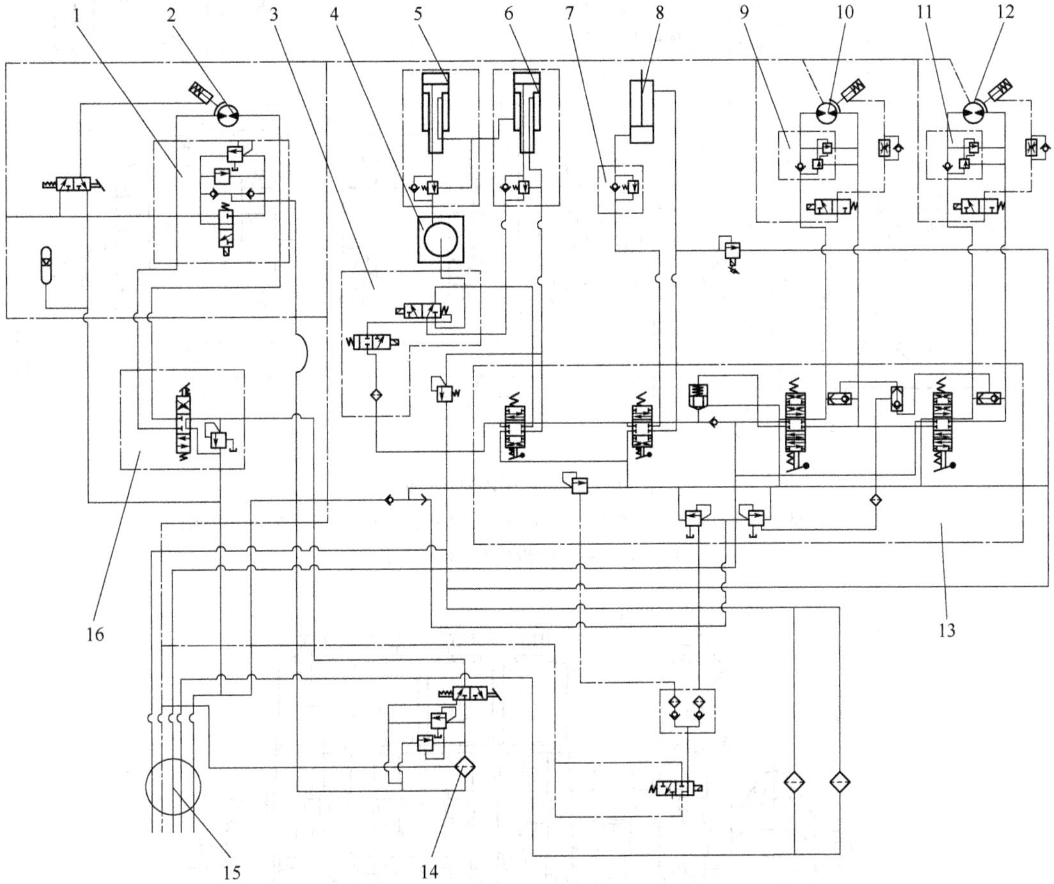

图 4－23 上车液压原理

1—回转滑移阀；2—回转马达；3—伸缩顺序阀；4—软管卷筒；5—第二节臂伸缩油缸；6—第一节臂伸缩油缸；7—变幅平衡阀；8—变幅油缸；9—主起升平衡阀；10—主起升马达；11—副起升平衡阀；12—副起升马达；13—多路换向阀；14—滤油器；15—散热器；16—回转操纵阀

起重机液压系统由上、下车两部分组成，中间由中心回转接头连接。整个液压系统由一组三联齿轮油泵供油。P1 泵供给起升马达，P2 泵供给伸缩臂油缸、变幅油缸或与第一泵合流后供给起升马达，P3 泵供给下车支腿油缸或上车的回转马达。

当取力器接合后，传动轴带动三联齿轮油泵旋转，通过装在油箱内的网式滤油器吸入液压油。P3 泵排出的油直接进入支腿操纵阀（见图 4－25）。

当该操纵阀中的三位六通阀手柄及四个方向阀手柄均处于中位时，P3 泵的排油回到油箱。当四个方向阀手柄处于水平伸缩油缸位置时，三位六通阀手柄处于伸出位置，水平

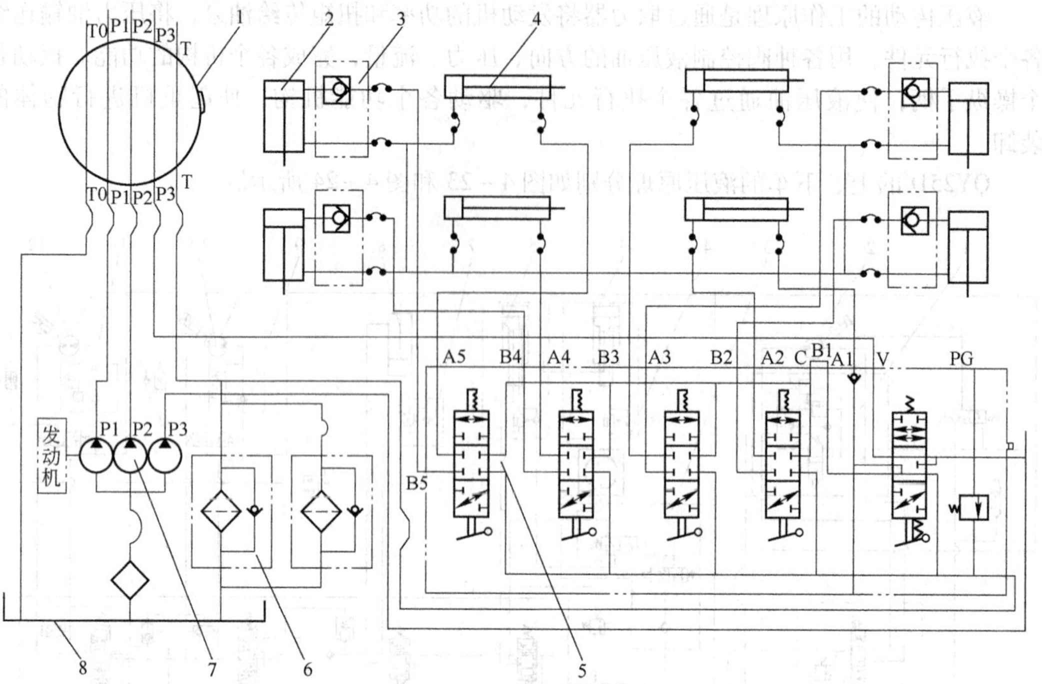

图 4－24　下车液压原理

1—中心回转接头；2—垂直油缸；3—液压锁；4—水平油缸；5—支腿操纵阀；6—滤油器；7—三联齿轮泵；8—液压油箱

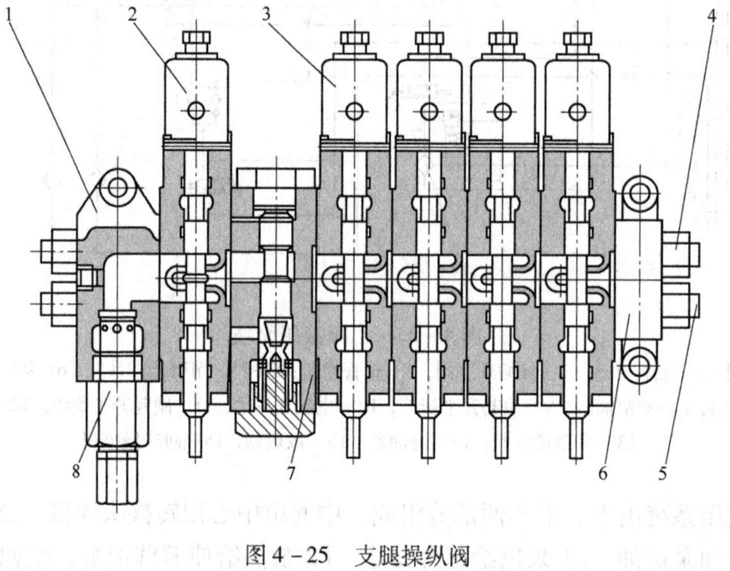

图 4－25　支腿操纵阀

1—阀体；2—阀片总成；3—方向阀；4—螺母；5—螺栓；6—盖；7—液控单向阀总成；8—溢流阀总成

伸缩油缸伸出；处于缩回位置时，水平伸缩油缸缩回。当四个方向阀手柄处于垂直升降油缸位置时，三位六通阀手柄处于伸出位置，垂直油缸伸出；处于缩回位置时，垂直油缸缩回。四个方向阀的手柄可以同时扳动，也可以单独扳动，以达到支腿同时或单独动作的目的。

各个支腿升降油缸上均装有单向液压锁，可将支腿锁住在任意位置上，以保证在吊重时不会产生由于支腿油管破裂而发生的翻车事故。当行驶及停放时，由于支腿操纵阀中设有单向液压锁，因此支腿也不会在重力作用下自动下降。

支腿安放完毕后，将支腿操纵阀中的三位六通阀手柄扳到中位，这时P3泵排出的油经中心回转接头传至上车液压系统。当P3泵的油与回转换向阀接通后，可控制回转的方向。当回转换向阀手柄处于中位时，液压油经中心回转接头流回油箱，当手柄处于工作位置时，转台便向左或向右旋转。

回转机构可以和卷扬、变幅、伸臂机构中任何一个机构进行组合操纵。P1泵和P2泵的合流通过多路换向阀中的合流阀来实现。起升手柄位于中间位置时，P1泵和P2泵的来油均经回油管路回到油箱；手柄推（拉）到底时，两个油泵的流量完全合在一起给起升马达供油；当手柄位于过渡区域时，P1泵单独给起升马达供油，并具有一定的调速性能。在起升机构油路中装有平衡阀，以保证吊物运动中的平稳及操作时的安全。

吊臂伸缩机构油路中，在活塞杆头部装有保证油缸运动平稳的平衡阀。吊臂变幅机构油路中装有平衡阀，以保证吊臂变幅的平稳。

液压系统工作的可靠性及液压元件的寿命与系统内用油的清洁度有极其密切的关系。液压系统的绝大部分故障都是由于油液清洁度低所引起，故在使用时经常检查及保持系统用油的清洁是非常重要的。

在液压油箱内、油泵吸油口处装有滤油器，以保证不会有过大的杂质被吸入；在回油路中装有过滤精度为30μm的线隙式滤油器以确保系统的清洁。

接合取力器启动油泵要在无负载下低速进行，因为此时在吸油管中可能有空气存在，在环境温度较低时更要特别注意。在支腿回路，各起重机构回路中均装有溢流阀，起过载保护作用。各溢流阀均设置在相应控制阀组中，起重机出厂时已将压力调好，不得任意拆动。在确实需要重新调定溢流阀溢流压力时，必须按起重机液压系统设计给出的数值进行。

4.2.1.9 电气系统及安全装置

电气系统的电源为直流24V，由底盘的蓄电池组供电。电源由底盘经滑环传到起重机工作机构部分，供给照明、信号、安全装置以及控制起升机构的双泵合流等等。

灯光信号装置包括吊重作业照明灯、仪表灯、司机室内照明用顶灯和吊臂灯。

电气系统工作原理如图4－26所示。

安全装置包括电喇叭、用于指示吊钩过卷的示灯、自动手动停止指示器、过负荷指示器、微机力矩限制器。安全装置具有各种起重参数指示，吊重作业出现异常时给予报警，如超载荷报警。安全装置能够实现自动切断机构向不安全方向运动及吊钩过卷保护等功能，从而保证了起重机作业时不发生超载及翻车事故。

4.2.2 轮胎起重机的工作机构

下面以北京起重机器厂生产的QLY25A轮胎起重机为例，详细介绍轮胎起重机的各个机构。QLY25A轮胎起重机的作业状态如图4－27所示。

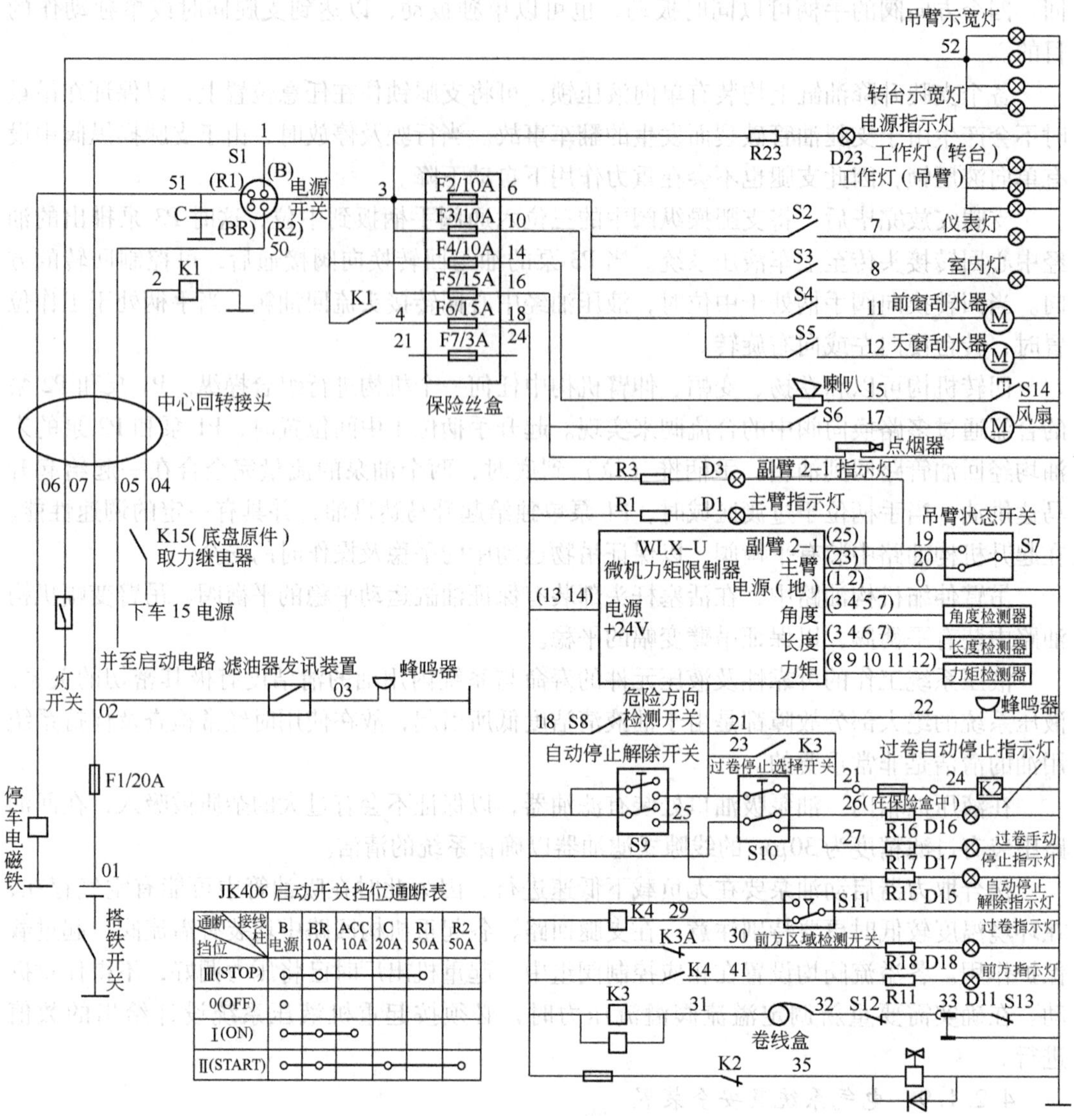

JK406启动开关挡位通断表

通断/接线柱/挡位	B 电源	BR 10A	ACC 10A	C 20A	R1 50A	R2 50A
Ⅲ(STOP)	○	○			○	
0(OFF)	○					
Ⅰ(ON)	○	○	○			
Ⅱ(START)	○	○		○		○

图4-26 电气系统工作原理图

4.2.2.1 起升机构

A 起升机构的结构

起升机构由液压马达、减速器、卷筒、离合器、制动器、钢丝绳及吊钩组成。起升机构详细结构见图4-28。吊钩结构见图4-20。

从图4-28中看出，起升减速器是一个两级传动的定轴机构，由液压马达驱动；离合器由液压控制，在动力作业时为常闭式，在吊钩自由下放时变为常开式；带式制动器在动力作业时为常闭式，在吊钩自由下放时由机械控制变为常开式。

B 起升机构的工作原理

扳动起升操纵杆，变量泵出来的液压油通过起升机构操纵阀，驱动起升马达。马达通过起升减速器带动卷筒旋转收放钢丝绳，从而使得重物起升降落。卷筒的一端装有离合器

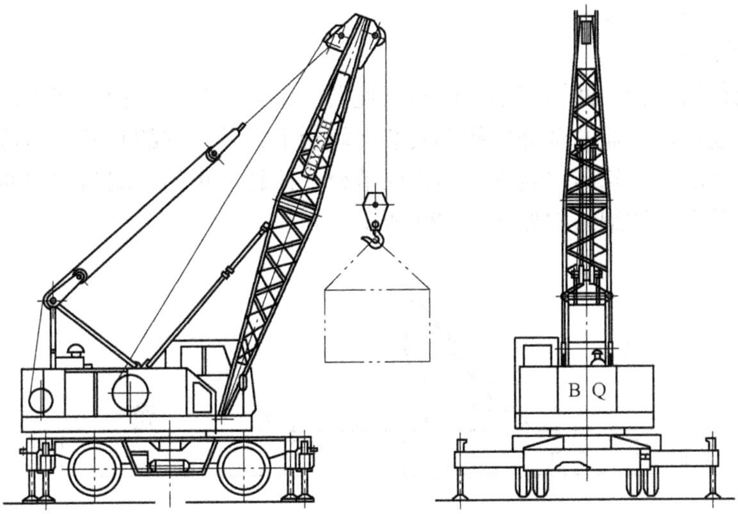

图 4－27　QLY25A 轮胎起重机作业状态

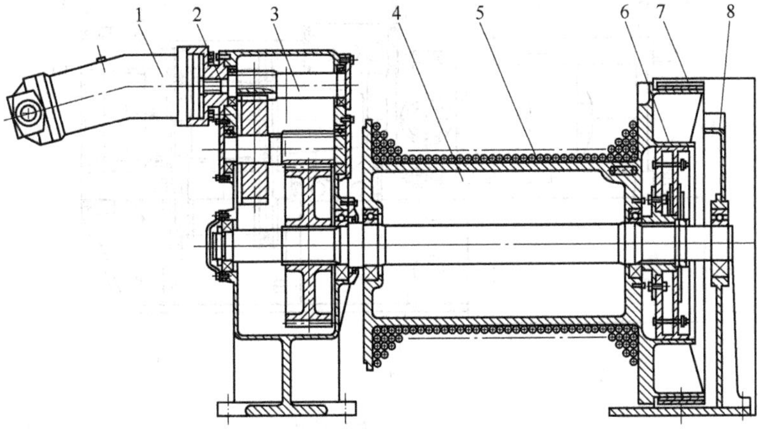

图 4－28　起升机构结构

1—液压马达；2—连接盘；3—减速器；4—卷筒；5—钢丝绳；6—离合器；7—制动器；8—支架

及制动器，制动器在弹簧作用下将卷筒刹住，离合器使卷筒与减速器输出轴接合，起升机构工作时，液压油进入起升马达，同时将制动器松开，实现重物升降。在载荷升降工况下，重物起升时，液压油直接驱动马达；重物下降时，液压油经过起升平衡阀驱动马达，以使重物平稳下降。平衡阀的另一个作用是保证机构在液压油路出现故障时停止工作，重物不会自动下落。一般情况，在重物起升时，钢丝绳从卷筒的上方往卷筒上缠绕。

起升机构重力下降的工作原理是将起升机构的离合器松开，制动器变为常开状态，使卷筒处于无约束状态，重物靠自重下降。

起升机构的动力下降和重力下降是由下降选择阀决定的。一般情况下，下降选择阀的操纵手柄放在动力下降位置上，需要重力下降时才扳动手柄，将其放在重力下降的位置，同时，进行重力下降时，驾驶员的脚不得离开重力下降制动踏板，要缓慢地施加制动力，保证重物起吊的安全。用后，下降选择阀的操纵手柄马上扳回到动力下降的位置，以防误操纵。

4.2.2.2 回转机构

A 回转机构的结构

回转机构包括转台、回转支承、回转减速器、常开式制动机构。其中，转台是起重机上车的骨架，起重机作业的全部机构都安装在转台上，并且它的底板与回转支承的外圈连接，回转减速机的小齿轮与回转支承内齿圈啮合，回转支承的内圈与车架的底板连接，构成回转系统。转台的详细结构如图4－29所示。

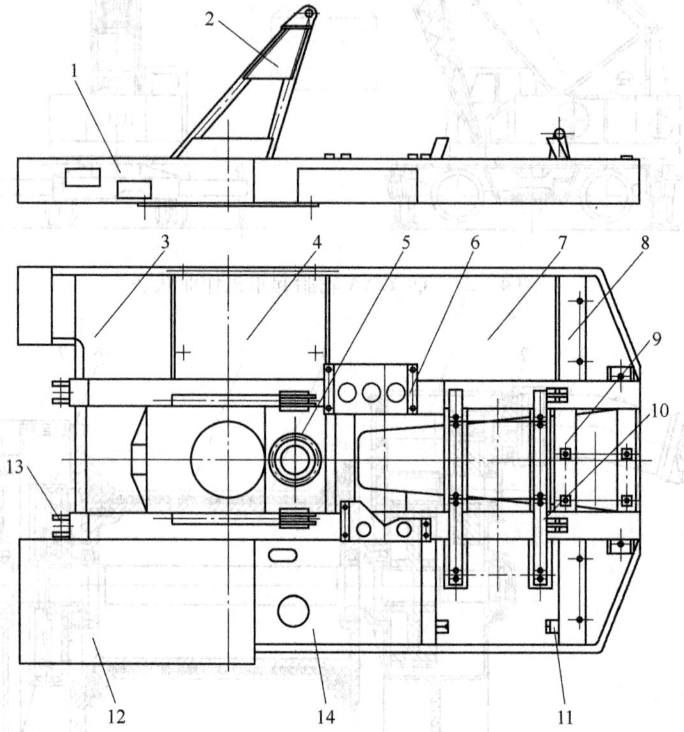

图4－29 转台结构

1—转台框架；2—斜支架；3—液压冷却器安装板；4—液压油箱安装板；5—回转减速箱底板；6—起升机构安装板；7—液压阀安装板；8—配重安装架；9—变幅机构安装板；10—动力系统安装板；11—水箱安装架；12—驾驶室安装板；13—吊臂绞点连接架；14—燃油箱安装板

图4－30所示的回转减速器是一个两级行星减速机构，由高速液压马达驱动。回转机构的制动器是机械控制的常开的蹄式制动器，保证了回转机构的可靠性、灵活性。

B 回转机构的工作原理

回转机构的作用是配合起升、变幅、吊臂等机构的运动，使载荷能在任何位置上进行作业。回转机构总成如图4－31所示。

回转减速器与回转支承传动为内齿传动。回转支承的外圈与转台连接，回转支承的内圈与底盘连接，减速器输出小齿轮驱动回转支承的内齿圈，小齿轮在自转的同时，带动转台围绕回转中心转动，将吊臂旋转到需要的方向。

回转减速器备有常开式制动器，当扳动回转操纵杆时，转台做回转运动，同时利用回转制动踏板实施制动，使回转运动减速，并停止在任意指定方位。

回转系统具有液压缓冲制动和转台自由滑移功能。操纵杆位于中位时，转台可在外力作用下自由滑移。

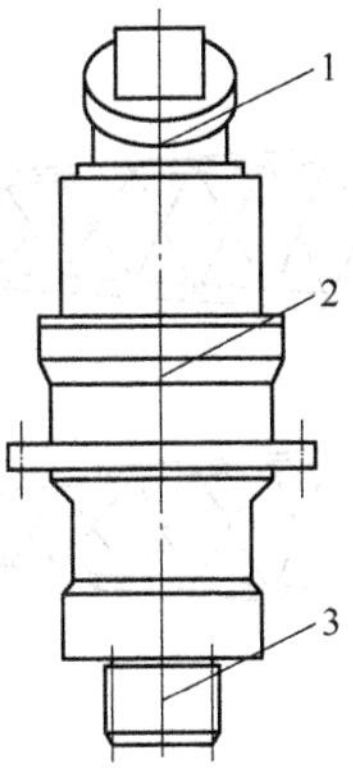

图 4-30 回转机构
1—液压马达；2—回转减速机；
3—输出小齿轮

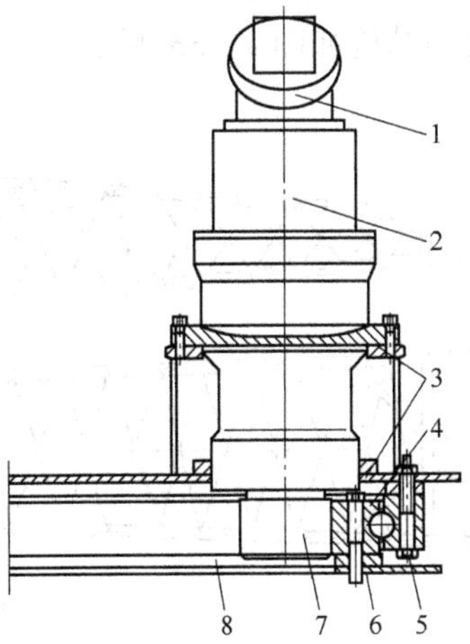

图 4-31 回转机构总成
1—液压马达；2—回转减速机；3—转台连接支架；
4—回转支承；5—与转台连接的螺栓；6—与底盘连接的螺栓；
7—输出小齿轮；8—底盘连接

4.2.2.3 变幅机构

A 变幅机构的结构

变幅机构由吊臂、液压马达、减速器、制动器、卷筒、变幅滑轮组和变幅钢丝绳及拉臂绳组成。变幅机构总成见图 4-32。

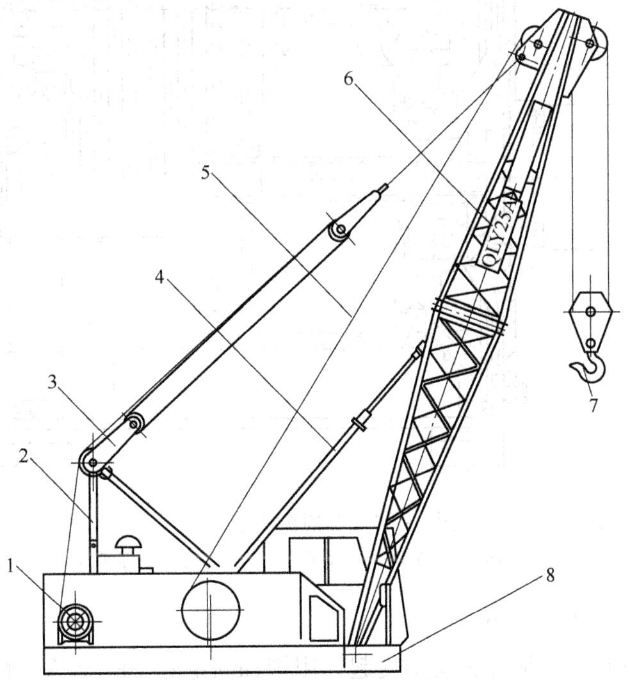

图 4-32 变幅机构总成
1—变幅减速器；2—斜支架；3—变幅滑轮组；4—防倒杆；5—起升钢丝绳；
6—吊臂；7—吊钩；8—转台

吊臂为高强度钢管焊成的桁架式结构。基本臂由根节和首节两部组成 9m 长的臂。利用 3m 及 6m 长度的中间节，可组成 9m、12m、15m、18m、21m、24m 六种不同的臂长。吊臂基本臂的结构如图 4－33 所示。

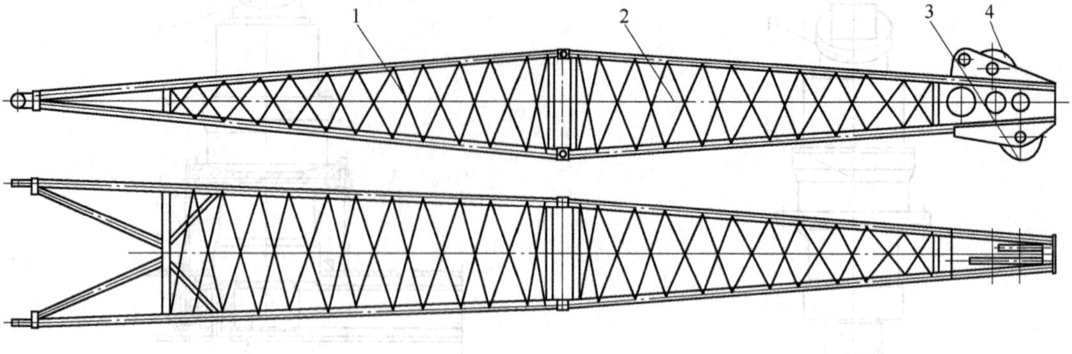

图 4－33 吊臂基本臂的结构

1—根臂；2—首臂；3—导向滑轮；4—倍率滑轮

变幅机构的减速器由液压马达驱动的两级行星减速机、液控片式制动器、铸造折线绳槽卷筒组成，具体结构如图 4－34 所示。变幅滑轮组由倍率滑轮支架组成，具体结构如图 4－35 所示。

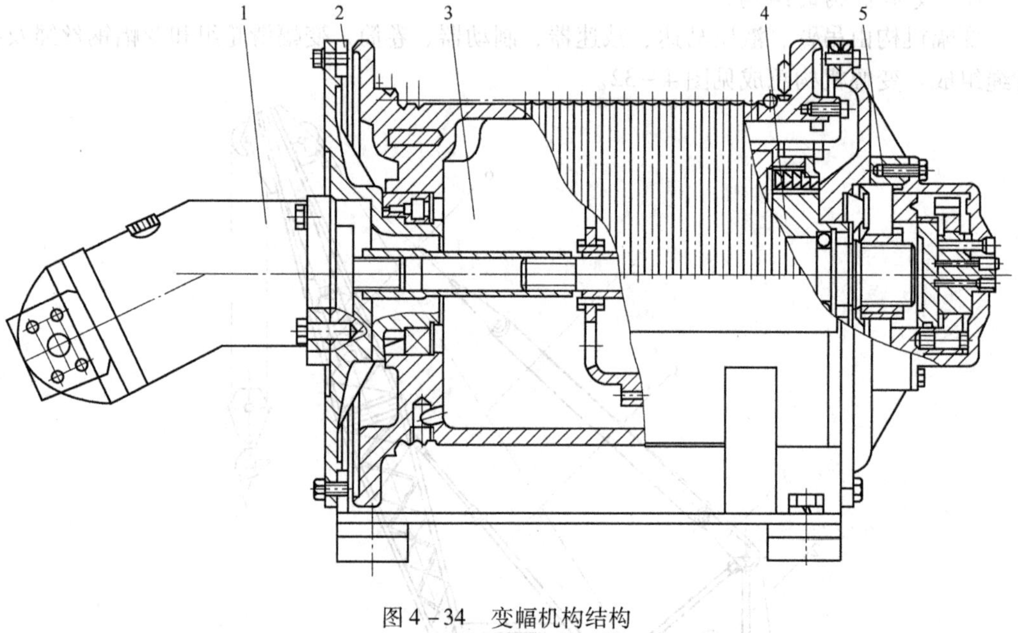

图 4－34 变幅机构结构

1—液压马达；2—支架；3—卷筒；4—减速机；5—制动器

B 吊臂变幅机构的工作原理

进行起重机作业时，必须将斜支架支起，用销轴固定好。液压马达通过行星减速器驱动卷筒旋转，使变幅钢丝绳经变幅滑轮组卷入或卷出，改变吊臂的倾角。制动器为常闭式，在马达输入液压油的同时打开。变幅钢丝绳的长度是根据吊臂的长度决定的。

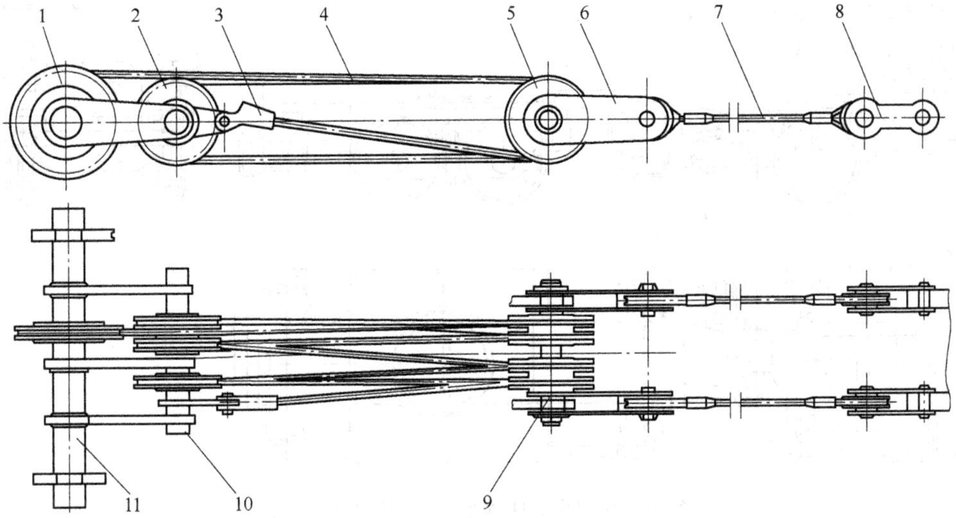

图4-35 拉臂滑轮组总成

1—导向滑轮；2—倍率定滑轮；3—绳套；4—钢丝绳；5—倍率动滑轮；6—连板；
7—拉臂绳；8—拉板；9—动滑轮轴；10—定滑轮轴；11—导向滑轮轴

4.3 轮式起重机的运行机构

运行机构的任务是使起重机做水平运动，工作性的运行机构用来搬运货物，非工作性的运行机构只是用来调整起重机的工作位置。

轮式起重机的运行机构采用轮胎或履带，可以在普通道路上行走。它们的调度性好，可以随时调到要工作的地点。运行机构主要由运行支承装置与运行驱动装置两大部分组成。运行支承装置的组成部分主要是车轮，运行驱动装置为电动机或内燃机。

轮式起重机的运行机构包括动力系统、行驶系统、液压系统、气力系统、电气系统、车架和支腿等。

4.3.1 汽车起重机的运行机构

轮式起重机的运行机构就是通用（或专用）汽车底盘及专门制造的轮胎底盘。汽车起重机一般采用专用底盘，小吨位的汽车起重机也有采用通用汽车底盘的，例如：目前我国生产的5t、8t及部分12t的汽车起重机大多采用通用汽车底盘，即普通载重汽车的二类底盘。下面以北京起重机器厂生产的QY25D汽车起重机为例，介绍汽车式起重机的各个运行机构。QY25D汽车起重机的底盘的构造如图4-36所示。

从图4-36中不难看出，汽车起重机底盘除了同汽车一样有转向系、传动系、行走系和制动系及稳定装置等以外，还具有汽车起重机特性需要的刚性的、可安装上车的车架，为起重作业提供动力的取力装置，保证起重机作业稳定性的支承装置——支腿。

汽车起重机的行驶性能基本同汽车。其特点是：行驶速度快，机动性好。

汽车起重机的底盘的选择和确定是根据汽车起重机的起重性能决定的。也就是说汽车起重机不仅要具有可靠的起重能力、稳定性、机动性，还要求底盘轴荷分配合理、整机尺

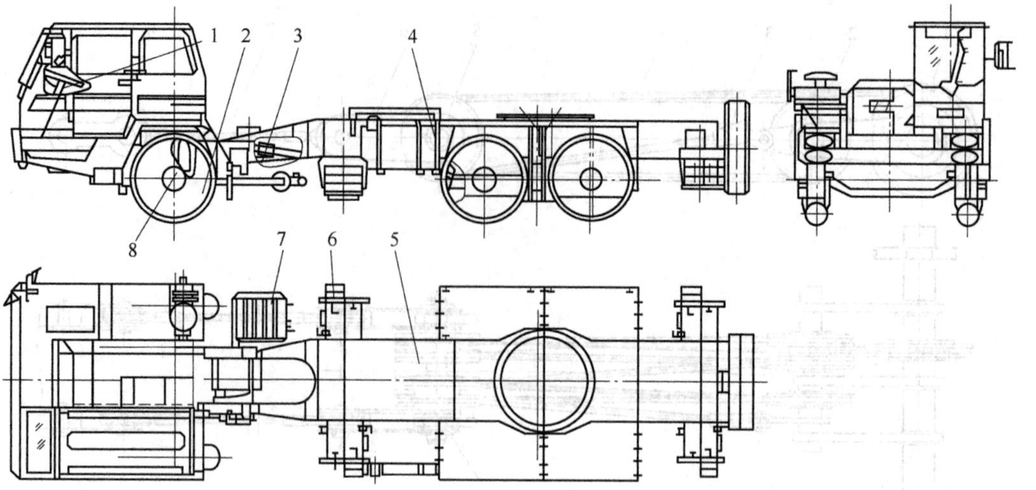

图 4－36　QY25D 汽车起重机底盘构造图

1—转向系；2—行走系；3—传动系；4—制动系；5—专用车架；
6—固定支腿箱；7—取力器接盘；8—稳定装置

寸符合车辆道路行驶规范、前后外伸尺寸满足起重机规范要求等。

由于汽车起重机底盘的结构同汽车大致相同，因此对其结构不作详细介绍，只介绍与汽车不同的底盘轮轴的布置车架和支腿。

4.3.1.1　底盘轮轴的布置

汽车起重机底盘的轮轴（也称桥）布置有多种形式，见表 4－10。驱动桥的数目取决于所需牵引力的大小，而其轮轴总数取决于整机重量。换言之，轮轴数目受到轮轴许用载荷的控制。一根轮轴的许用载荷取决于桥壳强度和轮胎的许用载荷。但还必须考虑到道路和桥梁标准的许用承载能力。我国公路工程技术标准规定公路车辆的单后桥轴荷最大为 13t，而双后桥为 2 × 12t。将起重机总重除以许用轴荷可得到最少轮轴数目。由于转向桥上转向阻力矩与轴荷成正比，为减小转向力，减轻驾驶员疲劳程度，转向桥的轴荷希望小一些。同时，为减小转向阻力矩，转向桥常用单胎，故其许用轴荷必然是用双胎后桥轴荷的一半。在采用液压转向装置的轮胎起重机中，转向桥的轴荷可以大一些。

表 4－10　汽车起重机底盘的轮轴布置

序　号	表示法 （2 轴数 ×2 驱动桥数－前桥数＋后桥数（驱动桥加括号））	示　意　图
1	4 × 2－1＋（1）	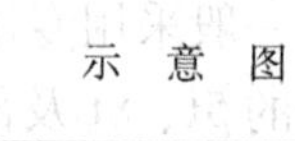 Q=3～16t
2	4 × 4－1＋（1）	 Q=5～16t
3	6 × 4－1＋（2）	 Q=12～25t
4	6 × 4－1＋（2）	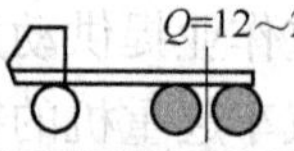 Q=12～25t

续表 4-10

序号	表示法 (2 轴数×2 驱动桥数-前桥数+后桥数(驱动桥加括号))	示意图
5	6×4-2+(1)	
6	8×4-2+(2)	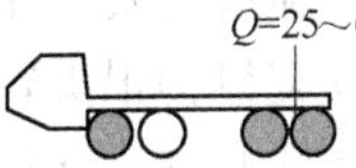

4.3.1.2 汽车起重专用底盘的车架和固定支腿

从图 4-37 所示的车架结构中可以看到车架分为三段。

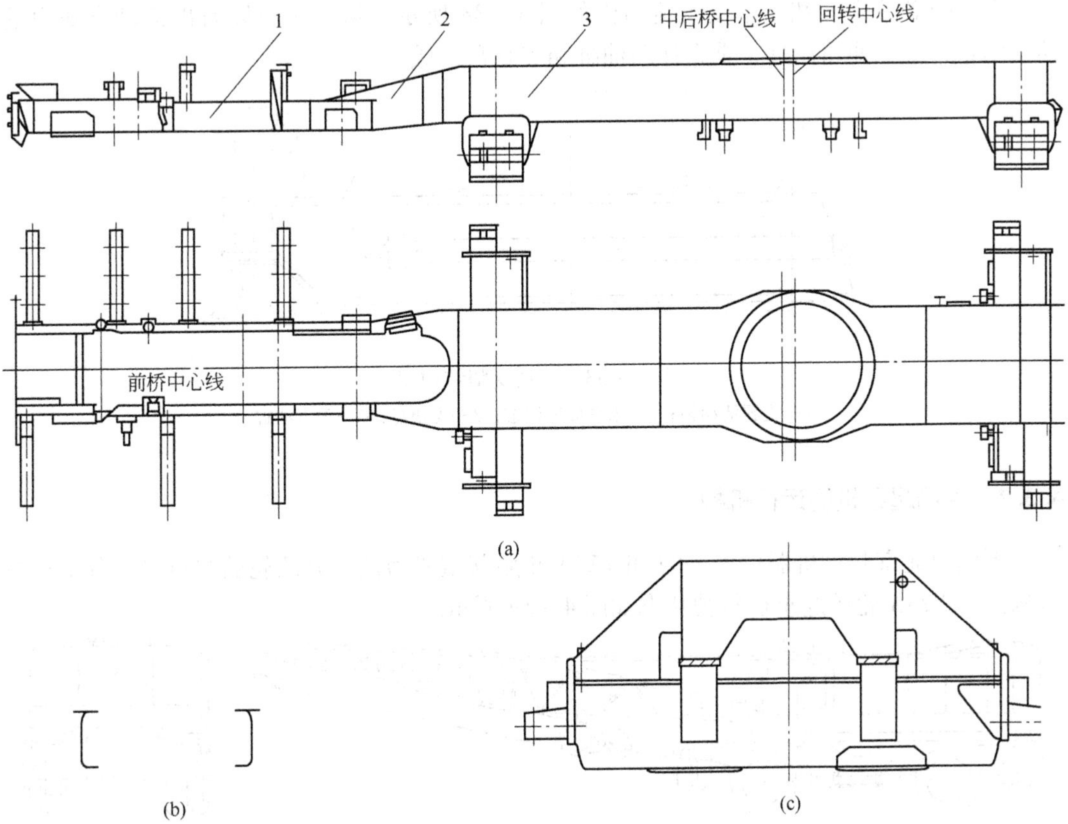

图 4-37 QY25D 车架结构

(a) 车架;(b) 前段截面;(c) 后段截面和固定支腿

1—前段;2—过渡段;3—后段

驾驶室、发动机、变速器、转向器及转向桥等全部安装在车架前段上。由于汽车起重机的机动性好,行驶速度快,因此车架的前段要具有一定的减震能力和扭曲能力。QY25D 的车架前段由通过横梁连接成一体的左右两根槽形纵梁和纵梁的两侧数根槽形支架组成。

车架后段为箱形刚性梁,汽车起重机的驱动桥、起重机部分及支腿安装在这段车架上。汽车起重机底盘的车架后段不仅要满足起重机上车的安装需要,还要满足起重机作业稳定性的需要，因此它必须要有足够的强度和刚度。QY25D 底盘的车架后段为大箱形，中间有数个隔板保证车架后段纵向的刚度。固定支腿箱焊接在车架后段的前端和后端。

车架的前段和后段之间为过渡段，它必须将后段刚性很强的梁合理有效地过渡到前段的柔性梁，保证汽车起重机在行驶中不会由于震动将刚度相差太大的前段车架损坏。

4.3.1.3 汽车起重机专用底盘的活动支腿

支腿通常安装在底盘车架上，起重作业时外伸撑地，用以提高起重能力，行驶时收回。支腿机构很重要，它的工况直接影响起重机的作业安全。

支腿有蛙式支腿、H 形支腿、X 形支腿和辐射式支腿等形式。蛙式支腿结构简单，跨距小，只适应于中小吨位起重机上使用，如 QY8 型起重机。H 形支腿对地面适应能力强，易于调平，广泛用于大中型起重机上。

QY25D 汽车起重机的活动支腿结构如图 4－38 所示。从图中可以看出活动支腿由活动支腿箱、水平伸缩油缸、垂直伸缩油缸和支腿盘组成。

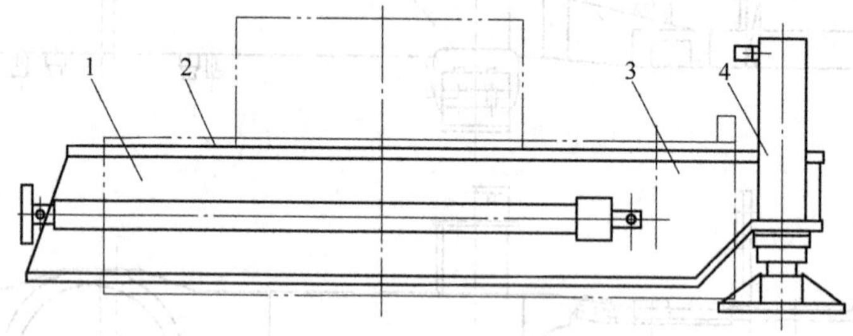

图 4－38 活动支腿结构图

1—支腿活动箱；2—水平伸缩油缸；3—支腿盘；4—垂直油缸

4.3.2 轮胎起重机的运行机构

下面以北京起重机器厂生产的 QLY25A 轮胎起重机为例，介绍轮胎起重机的各个运行机构。QLY25A 轮胎起重机行驶状态如图 4－39 所示。

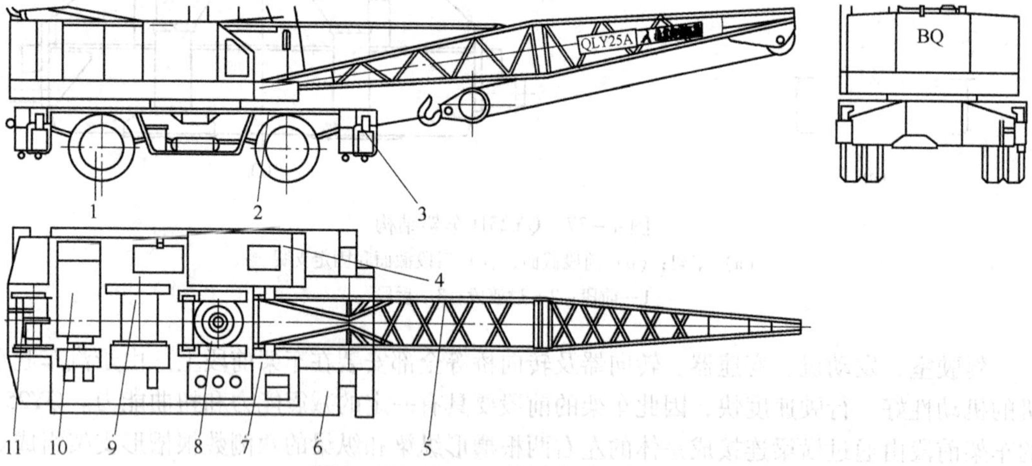

图 4－39 QLY25A 轮胎起重机行驶状态

1—行走系统；2—车架；3—支腿；4—操纵室；5—吊臂；6—转台；7—液压系统；8—回转系统；9—起升系统；10—动力系统；11—变幅系统

4.3.2.1 动力系统

动力系统位于转台的后部，由发动机、动力分配箱及油泵组成。整个机构安装在一个用减震垫与转台连接的共用支架上。动力系统的布置如图4-40所示。

动力分配箱有一根输入轴和四根输出轴（见图4-41）。输入轴通过弹性联轴器与发动机的飞轮连接，输出轴通过齿套分别与各油泵相连接。

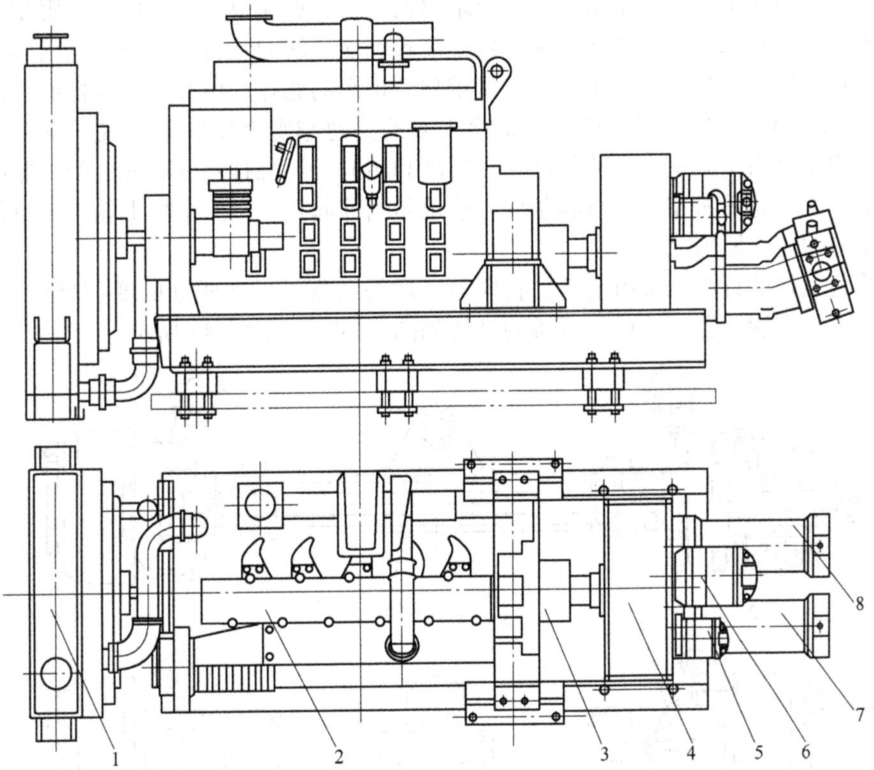

图4-40 动力系统布置图

1—水箱；2—发动机；3—弹性联轴器；4—分动箱；5—齿轮泵；6—双联齿轮泵；7，8—恒功率变量柱塞泵

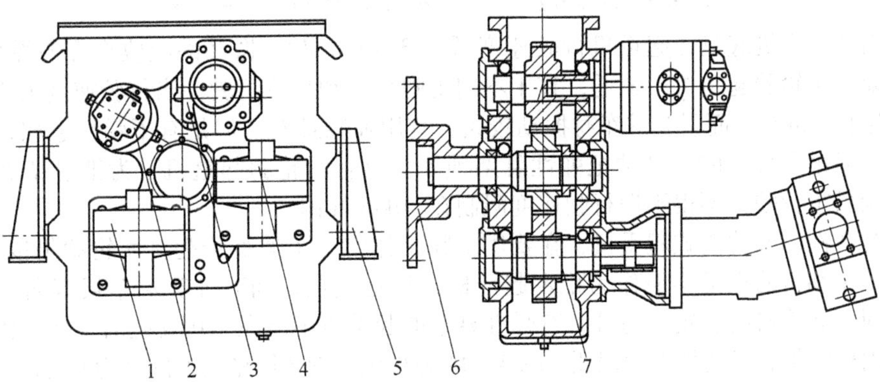

图4-41 分动箱结构图

1，4—恒功率液压变量泵；2—齿轮泵；3—双联齿轮泵；5—支架；6—接盘；7—分动箱

4.3.2.2 行驶系统

A 轮胎起重机底盘的类型

专用的轮胎底盘是专门为轮胎起重机设计的。为了提高轮胎起重机的机动性，近来有许多制造工厂将底盘设计成短轴距、全轮驱动，甚至全轮转向的越野型轮胎底盘。由于轮胎起重机只有一个驾驶室，并且往往设在上车，所以下车底盘行走机构的操纵通常求助于液压传动。轮胎起重机需要吊重行驶，要求启动平稳，调速自如。因此，越野型轮胎底盘常采用液力变矩器和动力换挡变速箱等传动装置和液压转向装置。德国、美国等国家的越野型轮胎起重机的底盘直接采用非公路型重型载重车的底盘，由此将起重机的车速提高到 60～70km/h，越野性能良好，成为所谓全天候的高速越野型轮胎起重机。该类起重机的底盘采用的非公路型载重汽车的传动系、驱动和转向桥、悬挂系等总成，使轮胎起重机的发展有了与汽车起重机相近的有利条件。这也是当前起重机国际市场上轮胎起重机的品种和数量猛增的主要原因之一。

轮胎起重机的行驶系统由前桥、转向器、后桥及变量马达驱动的变速器组成。另外，在前后轮均装有制动器。前桥与后桥的结构如图 4－42、图 4－43 所示。

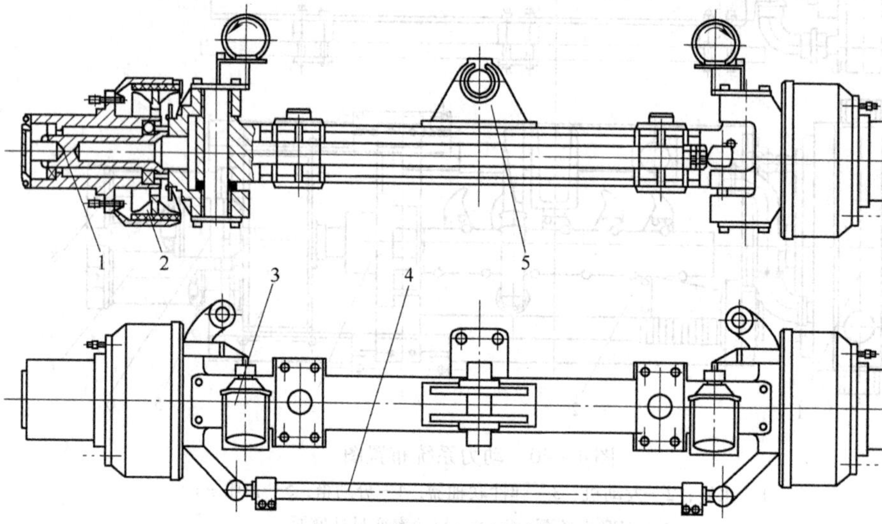

图 4－42 前桥总成

1—轮毂；2—制动器；3—制动器室；4—转向拉杆；5—支架

专用的起重机底盘在起重机行驶速度低于 30km/h 时，振动的吸收全靠轮胎的弹性，刚性悬架对于轮胎起重机很合适，宜于不用支腿吊重和吊重行驶。当行驶速度大于 30km/h 时，由于道路不平而引起的车身振动较大，宜用弹性悬架。但是有了弹性悬架，在不用支腿起重或吊重行驶时，必须把弹性悬架锁死。故有的轮胎起重机，为把悬架做成刚性的，以能吊重行驶，不得不把行驶速度限制在 30km/h 内。

具有弹性悬架的轮式起重机，在要用支腿工作时，车架被抬起，而轮胎仍接触地面。所以，车轮和桥的重量不能作为稳定起重机的稳定重量，同时弹簧对车架有向上的作用力，不利于起重机的稳定。另外，有弹性悬架的起重机不能在不用支腿时工作。因此，有必要采用稳定器，以便把弹簧锁死。图 4－44 为液压缸钢丝绳稳定器的结构原理图。液压缸不工作时，钢丝绳下垂，桥与车架之间的弹簧可以保证在起重机行驶时起缓冲作用。支腿撑地后，稳定器液压缸外伸，钢丝绳抬起轮轴，使悬挂弹簧处于压紧状态，轮胎不能落地。若不用支腿吊重时，则悬挂弹簧已压紧，失去弹性如同刚性悬挂。图 4－45 为另一种稳定器，

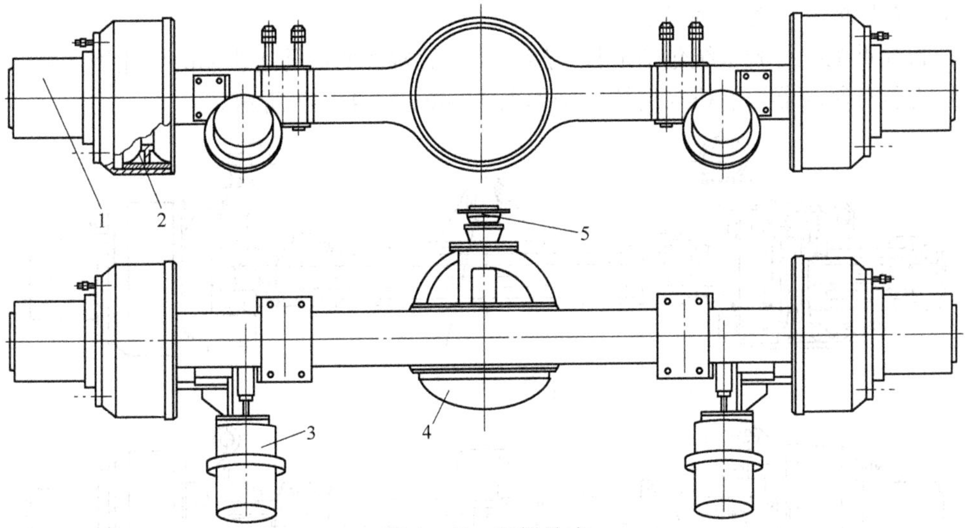

图 4-43 后桥总成

1—轮毂；2—制动器；3—制动器室；4—桥壳和后桥减速器；5—连轴盘

它由液压缸 6 和杠杆 2 组成。当需要时，液压缸外伸将挡块 4 推入滑座 5 和杠杆之间，压住杠杆拉起悬挂弹簧，使弹簧失去弹性。当支腿撑地时，车轮也被抬起而不能着地。

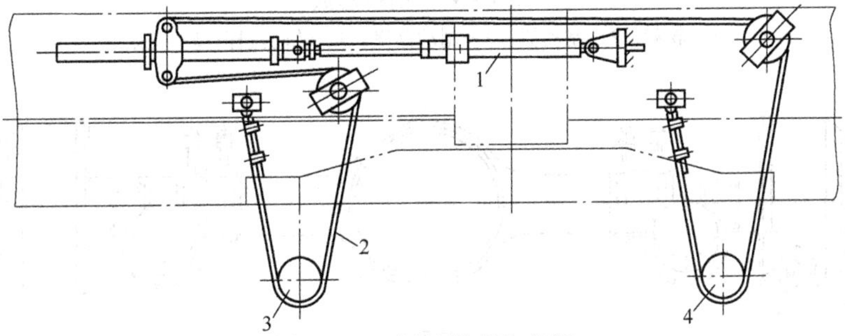

图 4-44 钢丝绳式稳定器

1—稳定器油缸；2—钢丝绳；3—起重机前桥；4—起重机后桥

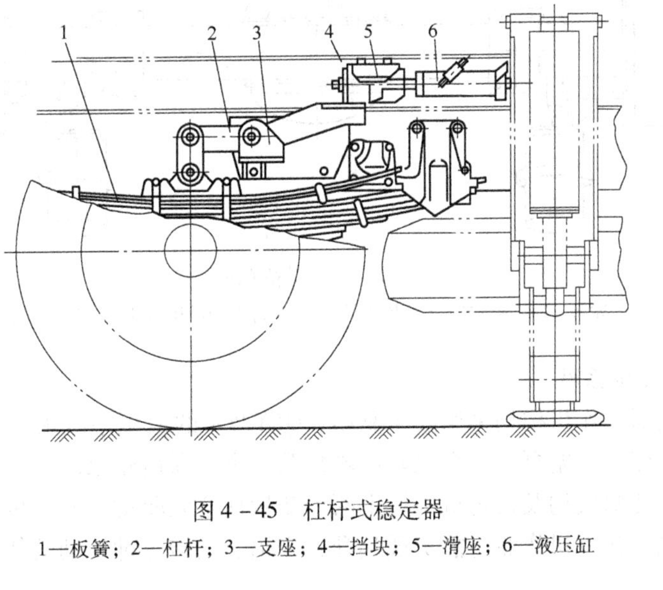

图 4-45 杠杆式稳定器

1—板簧；2—杠杆；3—支座；4—挡块；5—滑座；6—液压缸

B 轮胎起重机底盘的结构

轮胎起重机的行驶系统包括前桥、转向器、后桥及变量马达驱动的变速器。另外，在前后轮均装有制动器。前桥与后桥结构如图 4 – 46、图 4 – 47 所示。

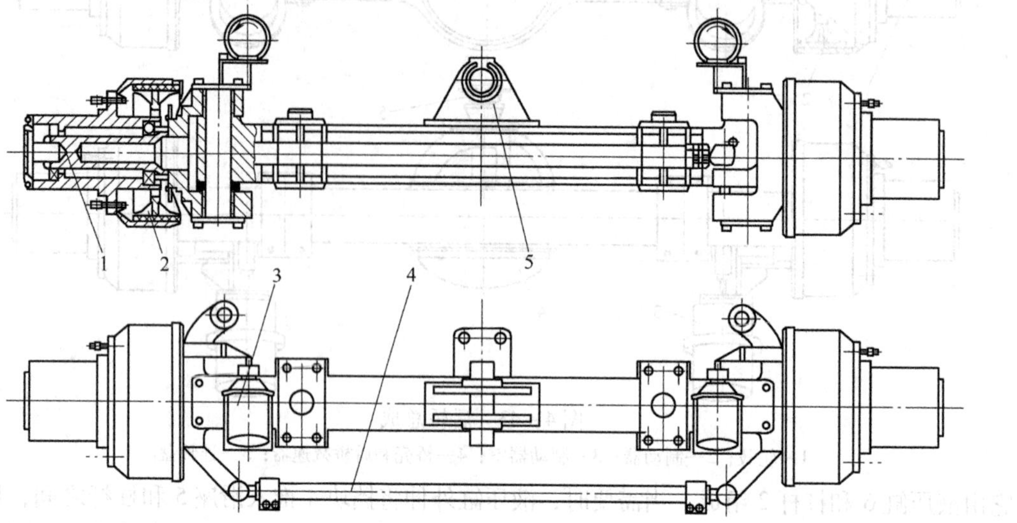

图 4 – 46 前桥总成

1—轮毂；2—制动器；3—制动器室；4—转向拉杆；5—支架

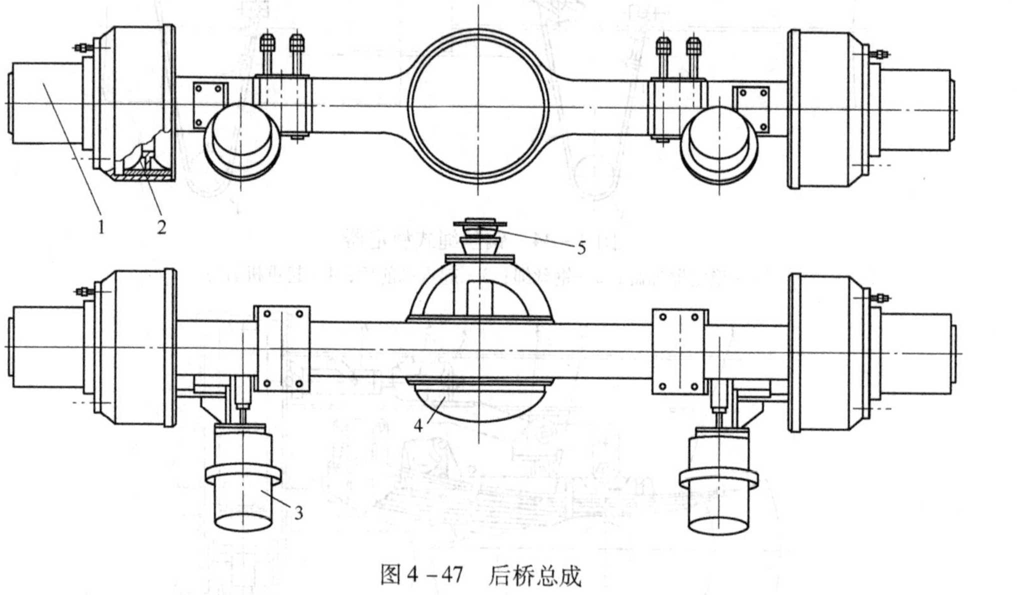

图 4 – 47 后桥总成

1—轮毂；2—制动器；3—制动器室；4—桥壳和后桥减速器；5—连轴盘

4.3.2.3 液压系统

起重机的全部工作机构均采用液压驱动。QLY25A 的液压系统由五个液压泵供油，其中有两个恒功率变量柱塞泵、一个双联齿轮泵及一个单联齿轮泵。

起升机构、变幅机构及行走机构均由两个变量柱塞泵驱动。回转机构与支腿收放共用一个齿轮泵供油。起重机作业时能实现起升、变幅、回转三种运动的任意组合，可极大地提高作业效率。

起重机的行驶转向及液压油散热器风扇共用一台齿轮泵驱动，其动作均采用液控阀切换。转向器为液压伺服式。起重机的控制油路由另一台单独的齿轮泵驱动。液压系统采用大容量的液压油箱，并备有强制通风的液压油冷却器，以保证起重机连续作业时液压油温升不超过允许值。起重机的支腿操纵阀位于车架的侧方。

起升、变幅及行走机构均采用两个变量柱塞泵驱动。起升机构单独作业时，可由单个油泵供油，也可由两个油泵同时供油，使起升马达获得两挡速度。当变幅机构与起升机构同时工作时，其中一个油泵向变幅马达供油，另一个油泵向起升马达供油，使两个机构组合动作。

起重机行驶时，两个油泵通过中心回转接头同时向行驶马达供油。变量油泵和变量马达的组合使用，使起重机行驶时具有非常好的路面自适应能力。

4.3.2.4 气路系统

气路系统的压缩空气用于行车制动、驻车制动的解除和行驶变速器的换挡及轮胎充气。系统中的气压低于440kPa时，起重机的驻车制动不能解除，无法行驶。行驶变速器的换挡操纵只允许在起重机静止时进行。气路系统的工作原理如图4-48所示。

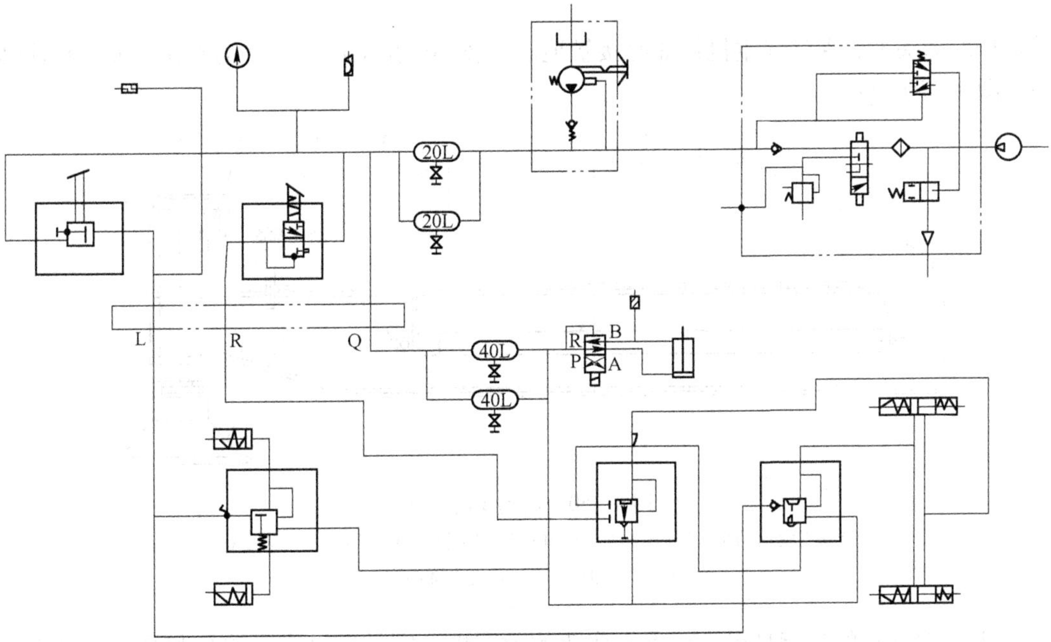

图4-48 气路原理图

4.3.2.5 车架

车架是起重机下车的骨架，起重机的行走系统全部安装在车架上，起重机作业的稳定装置——支腿也安装在车架上。轮胎起重机的车架要求较强的刚度，因此，车架的截面是箱形的。车架总成的具体结构如图4-49所示。

4.3.2.6 支腿

起重机的支腿是保证起重机作业时的稳定性，它是由活动支腿箱、水平伸缩油缸、垂直升降油缸、支腿盘和液压锁组成。支腿盘不作业时放在车架上，作业时安装在垂直油缸

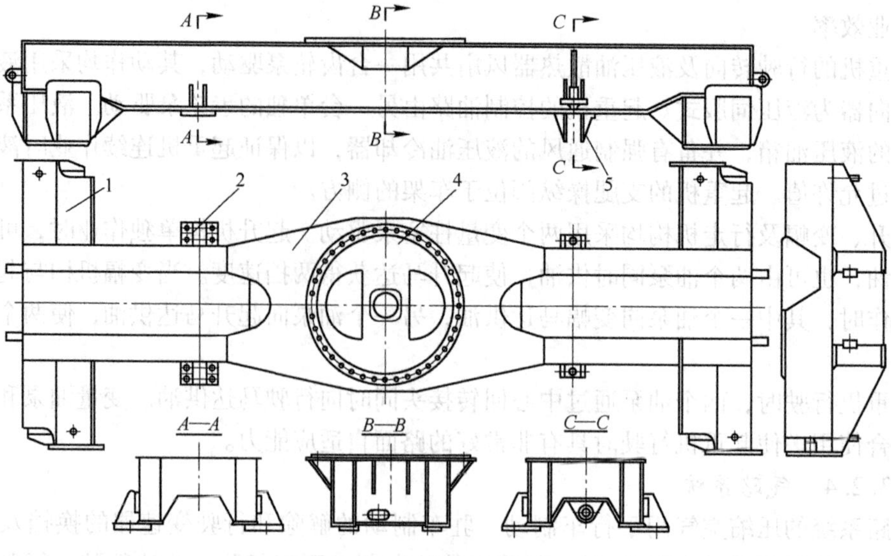

图 4-49　车架总成

1—支腿固定箱；2—后桥安装支架；3—车架；4—回转支承座圈；5—前桥安装支架

活塞杆的球头上，保证起重机作业时接触地面有较小的接触压强。活动支腿总成的具体结构如图 4-50 所示。

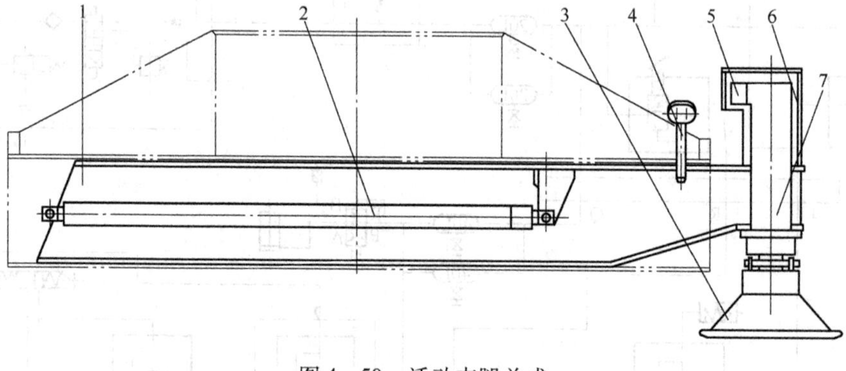

图 4-50　活动支腿总成

1—支腿活动箱；2—水平伸缩油缸；3—支腿盘；4—插销；5—液压锁；
6—支腿护套；7—垂直升降油缸

起重机支腿的功能是提高起重机作业的稳定性。它是通过水平油缸和垂直油缸带动活动支腿箱完成的。水平油缸的伸缩改变支腿跨度，在操纵支腿时，必须将水平支腿全部伸出，然后再操纵垂直支腿，垂直支腿的伸出保证了起重机的轮胎全部离开地面。支腿盘是保证接触地面有足够的强度，因此在作业时必须将支腿盘与垂直油缸球绞连接好再伸出垂直油缸。

4.4　轮式起重机的使用与维护

由于轮式起重机的用途广泛，是装卸与安装工作的通用机械，所以自 20 世纪 70 年代以来，其使用数量大幅度增长，有力地促进了经济发展。但是，由于应用技术欠佳、使用不当等原因，事故发生率亦有所增加。为了保证安全生产、保护职工人身与设备免受损伤，必须掌握轮式起重机的操作技术与安全技术。这样，才能正确使用轮式起重机，并使轮式起重机的各种性能得到充分发挥。

轮式起重机最基本的特点是：动臂与行驶。轮式起重机的作业条件差、工作场地多变，工况复杂，作业状态多，尤其是动臂结构，使用略有不当，即可导致倾翻造成重大事故。另外，在一些精密吊装、“高、大、重”的吊装及危险场地吊装，更需要过硬的使用技术。因此，掌握轮式起重机的使用技术是非常重要的。

4.4.1 合理地选用轮式起重机

一台轮式起重机价钱是很昂贵的，购买后使用还要支付燃料、维修、税金等费用。因此用户在购买或租用起重机时要选择一台技术上合理、经济上合算的高效起重机，精打细算，尽量避免大材小用。

（1）在购买或租用起重机之前应考虑的事项。

1）作业对象：需要装卸的重物数量，每个重物的重量、形状和尺寸；完成工程项目所需的工作时间、起升高度、工作幅度、转运的距离、速度等。

2）作业场所：地形的状况，包括地基强度、可以利用的面积等；气象；通往现场的交通情况（公路、水路、铺道等）。

3）经济性：机械设备的购置费用，起重机的运转费用以及使用后的运移费用；若租用起重机，要考虑租用费用。

（2）为了作出正确的选择必须考虑的事项。

1）了解各种类型的轮式起重机的特点和使用场所，即首先要搞清楚哪一种起重机可以最好地、最经济地满足使用要求。

2）考虑吊臂安装时间。应了解用什么办法来达到所要求的最大吊钩起升高度，即吊臂如何接长、安装以及是否需要卡车运送等情况，以便确定辅助作业时间。

3）认真分析研究起重机的起重特性。起重机的最大额定起重量是在最小幅度及最短吊臂的情况下测定的，但起重机极少在这种条件下进行工作，大多数是在较大幅度下用伸出的吊臂（液压起重机）进行工作。不同的工作条件，起重机具有不同的起重量，因此应当仔细地研究起重量表。有时某些最大额定起重量较小的起重机和最大额定起重量较大的起重机，在某一工作幅度时的起重能力是一样的，在这种情况下就没有必要花更多的钱去购买起重量较大的起重机。选择原则是，最好选用起重量更小、价钱便宜、但其起重能力又能适应各种工作要求的起重机。

4）考虑汽车起重机的底盘。一台汽车起重机除了担负起重作业以外，还要在工地之间进行转移。有时，一台汽车起重机在公路上的行驶时间要比起吊货物的时间更长，所以购买一台汽车起重机实际上是等于购买两台设备（一台起重机，一台底盘），因此要考虑底盘的机动性和可靠性。

5）考虑辅助部件。为了确保起重机工作的安全，要考虑各种安全装置的配备情况。为了扩大使用范围和节省开支，要看吊臂的供选情况；为了提高生产率，还要考虑司机的舒适和安全操作条件等等。

6）考虑维修和备件。为使起重机经常保持完好状态并保证起重机能够更好地工作，必须考虑制造厂商提供维修服务和保证备件供应的情况。如果制造厂商不供应备用零件或提供维修服务，那么最便宜的起重机也可能是不便宜的，这一点务必注意。

4.4.2 掌握起重量特性

轮式起重机的起重量特性通常以两种形式给出：一是起重量特性曲线；二是起重量性能表。

4.4.2.1 起重量特性曲线

起重量特性曲线（见图4－51）通常是根据整机稳定、结构强度和机构强度三个条件综合绘制的。

每一种工作臂长相应有一条特定的曲线。但通常给出的只是几条对应于几种标准臂长的曲线。因此应尽量使用标准臂长作业。当不得不用非标准臂长作业时，应选用最接近且又稍短于标准臂长所对应的特性曲线。

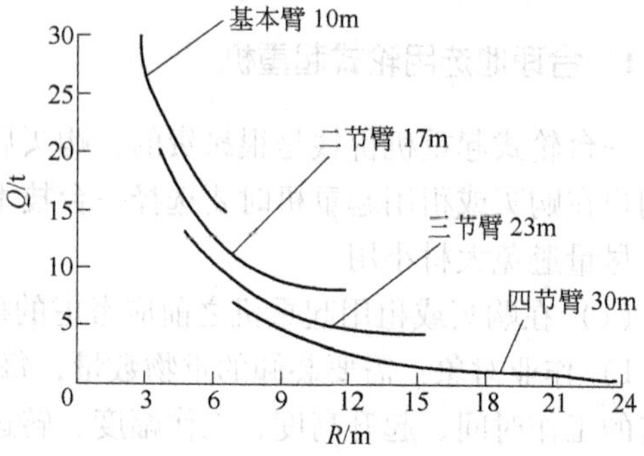

图4－51 起重量特性曲线

4.4.2.2 起重量性能表

将起重量特性曲线所对应的工作幅度、臂长与起重量以表格形式给出，称为起重量性能表。性能表比较直观、使用方便，但缺点是把起重机的无级性能数值变成有级的数值，难以确切地掌握起重特性。

表4－11即为起重量性能表。表中的粗实线是强度值与稳定值的分界线。粗实线上面的数值是吊臂等强度所限定的起重量；粗实线下面的数值是整机稳定所限定的数值，因而可作为起重作业时的综合参考。例如，起重机的作业状态处在粗实线下面，应把注意力集中在整机稳定方面。

表4－11 起重量性能表

幅度/m	起重量性能/t 主吊臂工作长度/m		
	8	13.5	19
4.0	16.00	12.00	
4.5	14.00	10.80	
5.0	12.00	10.00	
5.5	10.50	9.00	6.80
6.0	8.70	8.20	6.30
7.0		6.50	5.70
8.0		5.20	5.00
9.0		4.20	4.20
10.0		3.50	3.50
12.0			2.60
14.0			2.00

由于性能表是阶梯形的有级数值，所以，当实际工作幅度处于表中给定两个数值之间时，应选用最接近的较大幅度值所对应的起重量。例如，主吊臂工作长度13.5m，工作幅度7.5m，这时应选用8m时所对应的5.2t起重量，如选用6.5t起重量将会因超负荷而导致危险。一定要牢记，上述曲线或表格所规定的起重量是在满足其作业条件下的数值。

4.4.2.3 有关说明

给出的起重量特性曲线或者性能表格，通常都附有文字说明，愈是大型的多功能的起重机，其说明也愈具体，这些说明特别重要。操作者必须熟读有关说明。许多教训证明，忽视有关说明会酿成事故。因为特性曲线或性能表格仅能表示基本数值，而保证这些数值的基本条件者都是用文字加以说明。

常见的文字说明有：起重量不应超过倾翻负荷的75%；表中起重量已包括了吊钩、滑轮组及臂头以下钢丝绳的重量；粗实线以上的所有起重量是基于结构强度的，粗实线以下的起重量则是基于稳定系数的。

某些进口大中型轮式起重机在说明中，还注明有：

（1）各节伸缩臂的伸缩状态；

（2）配重数量及伸缩状态；

（3）不同作业状态的微处理机编码；

（4）滑轮组的倍率与穿绕方法；

（5）上车回转部分的工作范围；

（6）支腿跨距尺寸与变化规定；

（7）工作幅度的计量点。

4.4.3 起重作业

4.4.3.1 操作程序

起重作业时的操作程序大致如下：

（1）根据作业要求，将起重机停放在适当位置，认真检查作业条件是否合乎要求。

（2）查看是否有影响起重机吊装作业的障碍因素，特别是临铁路线或公路附近的作业更应小心。

（3）检查起重机技术状况，特别注意安全装置的工况。

（4）确认起重机的工作装置合乎要求，查看吊钩、钢丝绳及滑轮组的倍率。

（5）按要求放好支腿。

（6）松开吊钩，仰起吊臂，低速空转各工作机构，如果在冬季应延长空转时间，对液压传动的起重机，应保证液压油温在15℃以上方可开始工作。

（7）如果起重机装有电子力矩限制器或安全负荷指示器，则应对其功能进行检查。

（8）如果设有蓄能器，应检查其压力表指示是否符合规定。同时，用离合器操纵杆检查其功能是否正常。

（9）查看配重状态。因为即使装有电子力矩限制器，也无法控制不合乎要求的配重状态，这点应加以注意。

（10）观察各部仪表、指示灯是否显示正常。

（11）对液压式起重机要检查压力表，电动式要检查电压表的指示是否正常。

（12）平稳操纵卷扬、变幅、伸臂与回转各工作机构，并试踏制动踏板，只有各部功能正常，才可以进行起重作业。

4.4.3.2 变幅操作

吊臂在某一仰角位置向外伸长时，如果不会造成整机失稳就称此时吊臂处于安全仰角区。安全仰角区的位置与支腿状态、吊臂状态及是否装有副臂等有关，一般在随机说明书中都有明确规定。变幅操作的注意事项为：

（1）变幅时应注意不得超出安全仰角区。

（2）向下变幅（吊臂俯下）的停止动作必须平缓。

（3）带载变幅时，要保持物件与起重机的距离，特别要防止物件碰触支腿、机体与变幅油缸（指前支式）。

（4）向上变幅（吊臂仰起）可减小起重力矩，这样比较安全。向下带载变幅将增大力矩，如果超出规定的工作幅度则会造成翻车事故。

（5）关于吊臂角度的使用范围，不要超过起重机使用说明书上规定的角度范围，一般为3°～80°。除特别情况下，尽量不要使用30°以下的角度。

（6）当桁架式吊臂在大的仰角下起吊较重的重物时，如果将重物急速下落，由于吊臂要反向摆动因此会倒向后方（即反杆）。所以在注意吊臂角度的同时要缓慢下落重物。

（7）对于没有防吊臂后倾装置的起重机，当桁架式吊臂仰角过大时，吊臂可能放不下来。这时要立即与起重工联系，并将吊钩放低，然后将吊装用钢丝绳挂在吊钩上，连接重的固定物，慢慢提起吊钩，或用汽车在前面拉吊钩，或者在车轮后侧建立一个倾斜面使起重机慢慢后退，如有坡道，也可以后退爬坡。无论采取哪种措施，都要取慎重态度，及时处置。应绝对避免为“摇晃”吊臂而向前向后来回移动起重机。

（8）长吊臂倒在地面立起时，由于在变幅绳的拉力中，使臂架立起方向上的分力比例非常小，因此，为了立起吊臂，施加在变幅绳上的力要非常大，这样变幅绳会被拉断，或者变幅离合器会出现打滑现象。这时，可采用其他适当方法抬高臂头，使其尽量高过吊臂根部铰点之后，再用变幅机构收绳，这样能容易地将吊臂立起来。

4.4.3.3 吊臂伸缩

（1）向外伸出吊臂时，应时刻防止吊臂超出安全仰角区。

（2）在保证整机稳定的基础上，尽量选用较短吊臂工况作业。

（3）吊臂通常可以带载伸缩，但应遵守带载重量的规定。带载重量是根据机型和作业状态确定的。应参照原厂规定执行。

（4）如不属特殊工况，尽量不要带载伸缩。因为带载伸缩会大大缩短伸缩臂间滑块的使用寿命。

（5）在进行吊臂伸缩时，应同时操纵起升机构，以保持吊钩的安全距离；在进行吊臂伸出时，会拉起吊钩接近吊臂端部引起过卷，所以，这点要予以注意。

（6）同步伸缩的起重机，若前节吊臂的行程长于后节吊臂时（见图4－52），则为不安全状态。应予以修正。如无法修正，则应停机检修。

（7）对于程序伸缩机构，必须按规定编好程序号码，然后才能开始伸缩。

（8）对于伸缩臂间用插销固定的起重机，在伸缩前必须解除锁定；在完成伸缩后，必须及时插上插销。

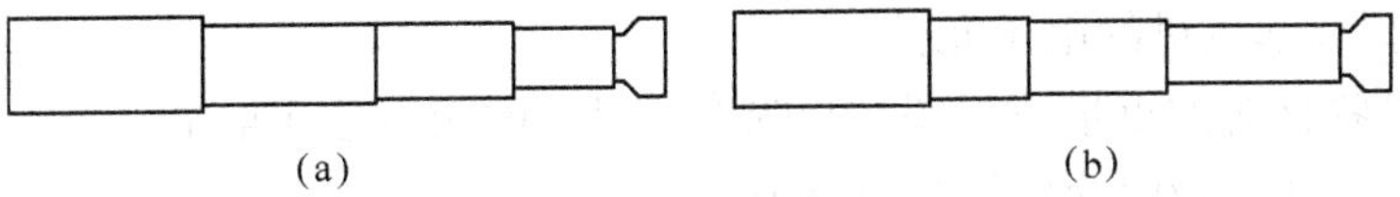

图 4-52 吊臂同步伸缩时伸缩臂的行程状态
(a) 安全；(b) 危险

4.4.3.4 起升操作

(1) 必须认真检查起吊物件的系扎和挂钩状况，尤其对于重量体积大、起升高度大的重物更应慎重。

(2) 发现以下任何一种情况时，操作者都可以拒绝起吊：

1) 起吊物件与地面或其他物品相连接；

2) 物件超重、系物绳不合要求或挂钩位置不合适；

3) 几种不同属性的物件混杂在一起，而又没有专门可靠的吊具；

4) 起升物件站立有人；

5) 斜吊或斜拉；

6) 没有明确信号员。

(3) 在起吊重物之前，应再次检查滑轮组倍率、配重状态与制动器等。对于改变倍率后的滑轮组，须保持吊钩旋转轴线与地面垂直。

(4) 吊较重物件时，先将其吊离地面少许，然后查看制动、系物绳、整机稳定性、支腿状况等。发现有可疑现象应放下重物，予以认真检查。起升操作应保持平衡，绝对不要使机械受到冲击。

(5) 在起升过程中，如果感到起重机接近倾翻状态或有其他危险时，应立即将重物落在地。

(6) 即使起重机上装有防过卷装置也要注意防止过卷现象发生。

(7) 起吊物件重量轻、高度大时，可用油门调速及双泵合流等措施提高工效。

(8) 安装物件即将就位时，应用发动机低速运转、单泵供油、节流调速等方法进行微动操作。

(9) 在空钩情况下可采用重力下降以提高工效。操作时一定要谨慎，在扳动离合器杆之前，应先用脚踩住制动踏板，以防吊钩突然快速自由下落。

(10) 带载重力下降时，带载重量不得超过该工况额定起重量的 20%，并控制好下降速度。当要停止重物下降时，应平稳增加制动力，使重物逐渐减速停止。如果紧急制动会使吊臂、变幅油缸及卷扬机构受损，甚至造成翻车事故。

(11) 当下放的物件落放点低于地表面时，要注意起升卷筒上至少应留下 3 圈钢丝绳的余量，以防返卷事故。

(12) 如果卷扬钢丝绳不正确地缠绕在卷筒或滑轮上，切记不可用手去挪动，可用金属圆棍或杆件来进行调整。

(13) 操作者应确切知道起吊物件的重量以及吊钩滑轮组等重量。当起吊的物件重量不明，但认为有可能接近于该幅度下的临界起重量时，必须先将重物稍微升起，检查其稳定性及支腿状况，只有在确认安全以后，才可将物件吊起。

(14) 当吊起的物件在安装就位需要焊接时，信号员应通知操作者关掉起重机电源，以免焊接电源损坏起重机的电子元件。

（15）起升物件时的重量不得超过与幅度相对应的额定总起重量。

（16）暂时停止作业时应将所吊物件放回地面。

4.4.3.5 回转操作

（1）在回转操作前，应注意观察在车架上、转台尾部回转半径内是否有人或障碍物；应观察吊臂的运动空间内是否有架空线路或其他障碍物。

（2）回转操作时，首先鸣喇叭提醒人们注意，而后解除回转机构的制动或锁定，平稳扳动回转操作杆。

（3）回转速度尽量缓慢，不得粗暴使用油门加速。不让重物在摆动状态下回转。

（4）在吊起的物件回转到指定位置前，应掌握好回转惯性，事先慢收回转操作杆以使物件缓慢停止回转。避免突然制动，否则物件产生摇摆会增加危险。

（5）起吊物件没有完全离开地面时不允许回转。

（6）在同一个工作循环中，回转动作应在伸臂动作和向下变幅动作之前进行，而缩臂动作和向上变幅动作则应在回转之前完成。

（7）在起吊较重的物件回转前，再次逐个检查支腿工况，这一点特别重要，经常发生吊重回转时，因个别支腿发软或地面不良而造成事故。

（8）在起吊较重的物件后，必须缓慢回转，同时可在物件两侧系有牵拉绳，以防物件摇摆。重量大的物件发生摇摆会使吊臂受到很大的横向弯矩作用，严重时会损坏吊臂，特别是鹅头式吊臂和长吊臂更应注意这个危害性。

（9）在岸边码头等处作业时，应注意：起重机不得快速回转，以防因惯性力发生落水。

4.4.4 常见故障与排除

4.4.4.1 故障的判断与查找

由于轮式起重机的使用条件恶劣，因此故障发生率比较高。对于出现的故障必须及时排除修复，绝不容许起重机带病工作。

液压轮式起重机的故障，分为机械故障、电气故障与液压系统故障三大类；电动轮式起重机的故障，有机械故障与电气故障两大类。机械故障比较直观，容易发现与排除。而液压或电气系统故障往往发生在部件内部，一般不大容易对故障原因与部位作出准确判断。因此，为了搞好故障排除工作，必须对液压或电气系统十分熟悉。

起重机在使用过程中，由于零件的自然磨损、零件的加工质量问题、部件的装配质量问题、操作维护不当、作业条件或工况的影响等原因，出现的故障是错综复杂的，随机技术资料不可能把各种故障全部详细列出来，而且故障排除方法也不在于记住在什么情况下该怎么做，或不该怎么做。所以为了做好故障排除工作，必须系统认真学习基础知识，要能全面地了解起重机与各工作机构的构造原理，熟悉液压与电气系统的工作原理，熟悉各元器件实物的外观特征、内部结构以及它们在整机上的安装位置、拆装方法，掌握技术性能、技术要求、维修与调试等有关知识。只有具备这些基础知识，才能够根据故障现象，正确分析出故障的原因与部位加以排除。在随机说明书或一些技术书刊中，经常可以见到“故障与排除方法表”——以表格形式写出故障现象、故障原因及处理方法。这类表格只能作为故障排除的基本参考。因为它没有结合构造原理列出故障分析方法，而且它也不可能把千变万化的故障一一列出。

起重机发生故障后，不许瞎搞一气。如果瞎搞，只能愈搞愈坏。尤其是对于制动器、安全装置、电气及液压系统等，应加小心。

A 故障排除的方法步骤

故障排除工作一般应按下述步骤进行：弄清故障现象、分析故障原因、确定检查部位、拆卸检查并确定故障、修复试验。

（1）弄清故障现象。故障现象就是起重机运行中出现的异常情况。例如：工作机构运转忽快忽慢、爬行和振动，出现异常响声、气味、烟雾或发热现象，漏油，操纵失灵，性能下降，安全装置失控等。

当起重机发生某种故障时，有的现象明显直观，有的不易察觉，为此要细心观察，弄清故障现象。例如，起重机在作业过程中出现的振动现象就不容易弄清原因；而某油管接头漏油就很直观。

（2）分析故障原因，确定检查部位。根据故障现象分析产生原因，一般要按照实践经验并对照有关资料，列出可能发生同类现象的各种原因。如果初步判断可能是电气系统故障，则要根据电气系统原理图，进一步了解系统各种动作的工作原理和装置，将原理图与实物对号，分析产生故障的因素，逐步推理查找。在查找故障时，可用眼看、耳听、手摸的不同方法来判断各装置元器件有否异常，并配合使用测试仪器（如万用电表、油压检测表、测振仪器、气压表等）进行检测。因为凭人的感觉器官检查虽然简单易行，但检查者必须有一定的技术水平和丰富经验。由于每个人的感官灵敏程度不一，检查结果往往有差异，而且只能简单地定性检查，难以定量分析。所以，运用测试仪器进一步判定，效果是比较准确的。

用“比较法”查找故障也是可行的有效方法。比较法也就是换件法，用同一型号的合格机件（新件或同型号的正常件）替换可疑的机件。若换件后故障消除，则说明原件是有故障的。

另外，还有通过绘制故障分析推理图和因果分析图等方法来查找故障的。这种方法有科学性，把握性亦比较大。

（3）拆卸检查，确定故障原因。对于确定拆检的各个部位，应按照引起故障发生的可能性，以及拆检的简易与复杂程度，确定拆检的先后顺序。通常做法是先拆检简易的，后拆检复杂的；先拆检可能性大的，后拆检可能性小的。

轮式起重机的形式很多，结构复杂，故障症状繁多，但归纳起来可分两类：一类是由于机件的损坏而引起的，称为损伤性故障，如制动带断裂，造成制动失灵；另一类是由于连接松弛、间隙变化、管路堵塞、杂质侵入等情况发生而造成的，称为非损伤性故障，或者称作维护性故障，如液压起重机液压系统的吸油滤油器堵塞，影响液压系统压力升不上去。

（4）修复工作。对于非损伤性故障，只要进行必要的清洁、润滑、补充、调整、紧固等项工作就可以排除故障。如吸油滤油器堵塞可用清洁工作消除故障。

对于损伤性故障，则应采取慎重态度来决定哪些机件必须更换，哪些机件应修理再用。这要结合技术能力和设备条件进行判断，同时应考虑经济效益。

（5）试验工作。对于修复过的部件或装置，应进行局部功能试验或整机性能试验。只有在确认整机性能已符合要求之后，才能投入使用。例如，液压系统油压升不上去的故障，当排除滤油器堵塞之后，应用检测油压表确认液压系统油压符合设定数值。又如，起升机构制动器的摩擦带粘油，更换新带及间隙调整后，必须进行空载试验与载荷试验。

B 查修故障的注意事项

在故障排除过程中，通常要进行拆卸、鉴定、修复与组装等工作，除应遵守一般机械与电气的拆装要求和安全规程外，还应注意一些具体问题，否则将会发生意料不到的后果。

（1）拆卸工作注意事项。

1）应把整机各工作机构收存好。当需要轮胎离开地面时，应当用可靠的物件将车架平稳垫起。

2）拆卸过程中，应将发动机熄火并切断电源，释放液压系统和气压系统的残余压力。

3）拆卸蓄电池时，应注意不要被蓄电池中的电流烧伤。

4）拆卸较重的部件时，应该用可靠的起重装卸机械辅助作业，不要贸然动手，以免伤人或损坏机件。

5）对于把握性不大的拆卸工作，应事先加以熟悉了解后才能进行。

6）对于要求专用工具拆卸的零部件，应使用指定的工具，不得任意敲击振打。

7）对于禁止解体的装置，应该完整地取下。

8）切实做好“标记”工作，以免发生装错、配合不良或失去平衡等现象。

9）拆下的零件不得乱放，应分类存放于干净的容器内。

（2）重要构件的鉴定。轮式起重机上有一些十分重要的构件，如起升钢丝绳、变幅（抓斗）钢丝绳、伸缩臂钢丝绳、变幅（伸缩、支腿）油缸活塞杆、制动器、吊臂、车架、支腿梁及车轴等。如果这些构件损伤，造成事故的后果不堪设想。另外，安全装置、平衡阀、液压锁等机件亦是很重要的。

结合定期检查，应对上述构件进行检测鉴定。对于钢丝绳应严格执行报废规定。对于结构件如发现变形等异常情况时，应停止使用，并加以妥当处理。

（3）修复与组装工作。对于确定要修复的机件，应根据结构原理与技术要求认真修复，如自行修复有困难或无把握时，应委托专业部门修复。

修复后的组装工作应该细致进行。通常是按照拆卸次序的反过程将各个零件逐一安装就位。相应的维护工作应当在组装前和组装过程中进行。例如：注意拆卸时的“标记”；液压元件组装时，对于各运动零件一般都要涂以清洁的液压油，目的在于可以保证摩擦副上保持油膜，不致在开始运动时产生干摩擦；油泵和油马达在组装前先往壳体中灌满油液。

液压系统的管接头、堵油螺丝及其他连接螺丝处经常要拆卸与组装，而又常常出现漏油。为了搞好组装工作，应采用高分子液态密封胶进行密封。或者，在螺纹漏油部位使用密封带装配。密封带即聚四氟乙烯生料带，可在 $-100 \sim +260$℃温度范围内使用，能耐各种酸碱的腐蚀，不损伤螺纹，耐振性能较好，再次拆修时去除余料也方便。密封带的使用方法是，把密封带按顺螺纹方向重叠紧缠在螺丝上二层至三层，用手指把末端压紧，与内螺纹连接装配，即可获得完全密封的效果。

（4）查修电气故障时的注意事项。在查修电气故障时（主要指交流电动轮式起重机）除严格遵守电气安全操作规程外，还应注意以下几点：

1）查修故障时，必须切断电源，绝对不允许带电打开电气护罩。在检修时，必须取下控制线路的熔断器，并挂上警告牌，以防止有人送电发生事故。绝对不允许起重机在运行时检修。

2）在检修时，必须保证足够的照明。为了检查维修方便需要行灯时，行灯的电压要严格控制在安全电压的范围之内（即36V以下），并且在灯泡外应加防护罩。绝不允许用一相一地制的220V电源。

3）在检修过程中，特殊需要带电测试或检修时，必须确认车架上的带电部件和元件附近无其他工作人员后，方能送电。在带电检修时，必须有班组长或其他人员在旁监护。监护人的职责是监护维修操作人员，防止违章发生事故，并做好一旦发生危险立即切断电源的准备。

带电检修，要带好橡皮手套，穿好绝缘鞋，所有靠近导电部分的地方，应用橡皮布遮盖或用木栅围起来。

4）检修时，换下来的部件或元件等必须妥善处理，不得乱放，更不允许从起重机上扔下来，检修完毕后应送到地面。

5）在检修时，需要临时接线或压缩空气气管时，必须固定位置。

6）注意线路与电器元件不得受潮，不准任意乱调原有的正确间隙，保护好导线的号码标志。

7）操作与管理人员只能进行职能范围内的检修工作，不允许不经许可大拆大卸，更不允许任意改动元件、部件的位置或工作程序。

8）检修完毕后，必须认真检查起重机的各部件，防止有接线错误或有障碍物影响起重机的工作，更应注意试车送电前，车上是否有其他人员。

4.4.4.2 常见故障与排除方法

（1）液压系统一般故障与排除方法。为了理解方便，现以中型汽车起重机为例，介绍液压系统常见的一般故障与排除方法（见表4－12）。

表4－12 液压系统常见故障与排除方法

故障现象	故障原因	排除方法
油路系统漏油	接头松动	拧紧接头
	密封件损坏	更换密封件
	管道破裂	焊补或更换
油压升不上去	油箱液面过低或吸油管及吸油滤油器堵塞	加油或检查吸油管及滤油器
	溢流阀开启压力过低	调整溢流阀
	压力管路和回油管路串通或液压元件泄漏过大	检查油路，特别注意各阀中心回转接头、马达等处
	油泵损坏或油泵漏损失过大	检查或更换油泵
	油压表失效	检查或更新

续表 4 –12

故障现象	故障原因	排除方法
液压油温度过高	满负荷运转过于频繁或环境温度过高	适当停车冷却
控制系统压力不稳定或压力不能保持在 5 ~ 9MPa 范围内	蓄压器充气压力不合要求	按蓄压器说明书规定充气
	组合阀中的单向阀失效	检修单向阀保证密封性
	导控顺序阀调整不当或柱塞卡死	调整提动阀弹簧压力及清洗导控阀
制动器打滑或制动器刹不住	摩擦面粘油	清洗油污
	衬带过度磨损，使间隙过大	调整间隙，必要时更换衬带
	制动器弹簧压力不足	调整螺母，加大压力
控制油路指标压力过高	组合阀中的减压阀、溢流阀失效	检修组合阀，并清洗管路滤油器
油路系统噪声严重	管道内存有空气	多动作几次排除液压元件及管内部气体
	油温太低	低速运转油泵将油加温或换黏度较低的油
	管道及元件没有紧固	紧固，注意油泵吸油管不能漏气
	平衡阀失灵	调整或检修平衡阀
	吸油滤油器堵塞	清洗滤油器
	油箱油面过低	按规定要求加油
回油压力高	回油滤油器堵塞	清洗或更换滤芯
落臂缩臂时压力过高或有振动现象	平衡阀各小孔（阻尼孔）堵死	清洗平衡阀
	吊臂固定部分和活动部分摩擦力过大或有异物梗阻	检油、抹油
	油缸筒内有空气	空载多起落几次进行排气
操纵受柄费力或不能复位	操纵阀杆卡住	拆修
	回位弹簧卡住或断裂	拆修或更换
缓动操纵阀机构不动作或动作过缓	阀杆与阀芯内泄漏过大	换修研磨
	阀体有砂眼造成内泄漏过大	更换阀体
缓动搬动操纵阀机构动作不平稳	内泄漏过大	更换阀
	阀杆与阀体加工误差过大	更换
顶节吊臂伸不到头或是缩不到底	伸缩臂钢丝绳长度不适合	将吊臂完成缩回靠紧，利用调节螺丝调整钢丝绳长度
空钩重力下降不灵	离合器分离不彻底	保证打开后的间隙，检查蹄片复位弹簧是否失效
	制动器打不开	保证制动带与制动轮打开后的间隙均匀
动力起升，下降时离合器制动器动作不协调	梭阀或液控换向阀动作不灵	检修、清洗
支腿收放失灵	双向液压锁中的单向阀密封性不好	检修双向阀压锁中的单向阀
	油缸内部漏油	检修活塞上的密封件

（2）机械传动系统的故障与排除方法。起重机机械传动系统都是由机械零件组成的，主要有各种类型的减速箱（齿轮或蜗轮）、传动轴、联轴节、各类轴承、制动器、离合器、钢丝绳滑轮组等。现将这些部位的常见故障、原因与排除方法列于表4－13中。

表4－13 机械传动系统常见故障与排除方法

故障现象		故障原因	排除方法
减速箱	过热	缺油	加注润滑油
		轴承或啮合件安装不当	重新调整安装
	传动冲击并有嘈杂响声	齿轮啮合间隙过大	调整啮合位置
		齿轮或轴承严重磨损	更换新件
	漏油	油封与衬垫不良或磨损	更换油封与衬垫
		轴颈不良或磨损	修理或更换
		润滑油过多	放出一些
制动器	刹车不灵	制动器间隙过大或弹簧不良	调整制动间隙或更换弹簧
		制动器摩擦衬带有油污	清除油污
	制动器发热	制动器间隙过小变形歪斜不正	调整制动间隙或矫正
离合器	打滑	摩擦件间隙过大或压紧力不足	调整间隙与压紧力
		摩擦表面油污	清除油污
	离合器过热	摩擦件间分离不良	调整间隙与压紧力或分离行程
		摩擦件变形或铆钉外露	矫正或更换
滚动轴承	过热或转动有噪声	轴承安装不良	重新调整
		轴承磨损过多，轴承座圈或滚动体严重剥蚀	更换新轴承
		润滑油品质不良	放出润滑油，清洗后更换合适油品
滑动轴承	过热或磨损过快及早期损坏	缺油	加油或清理润滑油路
		安装不当或配合太紧	重新装配或调整
		油质太脏	清洗并换新油
卷筒	卷筒出现裂纹或卷筒壁厚磨损较多	卷筒材质与质量欠佳	更换新卷筒
		使用中受到过大冲击及使用时间过长	
传动装置	振动	传动轴不同心或不平衡	调整传动轴
		联轴节松动	检修联轴节
滑轮	滑轮在工作中左右摆动	滑轮轴定位件松动	紧固轴向定位件
	滑轮槽磨损不均匀	滑轮偏位或经常偏载作业，钢丝绳穿绕错误	调整滑轮轴向柱位置，避免偏载
	发热	轴承过紧或缺油传动不良	更换轴承、调整轴承安装及加注油

续表 4-13

故障现象		故障原因	排除方法
钢丝绳	磨损过快	滑轮不转动或轴承损坏	检修滑轮及轴承
		钢丝绳尺寸规格不符	更换
		钢丝绳芯缺油	对钢丝绳浸油
吊钩	出现裂纹或磨损超过10%	材质不良、加工不良或超过使用期	更换新吊钩
结构件	出现裂纹或变形	材质不良或加工不良	更换新件
		使用不当，如超载过大与冲击等	矫正变形，焊补修复裂纹

（3）电气系统的一般故障及排除方法。电动轮胎起重机有的是采用柴油机发电机组为动力源的，液压传动的起重机也有一部分控制、信号、照明等电器元件。这些元件的一般故障及排除方法见表 4-14。

表 4-14　电气系统常见故障及排除方法

故障现象	故障原因	排除方法
接电后电动机不转动	电动机定子回路中断	用通表检查定子回路
	保险丝熔断	检查更换保险丝
	过电流继电器动作	检查过电流继电器的整定值
电动机运转时声音异常	轴承磨损过大	更换轴承
	定子硅钢片松动	压紧硅钢片
电动机过热	电动机超载	减小载荷
	通风不良	改善通风条件
	转子与定子相碰	检查转子与定子间隙，更换轴承
	轴承润滑不良	加强润滑
电动机满载时达不到满速	转子电路中有接触不良处	检查线路、良好接线
	转子绕组中有焊接不良处	仔细检查各焊接点重新焊接
	制动器未能完全放松	调整制动器
	有机械卡阻处	检查有关机械转动部位，调整至可以自由运动
滑环与电刷之间有火花	电动机超载	减少负荷
	滑环和电刷太脏	清除污物
	电刷未压紧	调节电刷压力
	滑环歪斜	校正滑环
电刷磨损太快	压力过大	调节压力
	滑环表面粗糙	研磨滑环
	电刷型号不对	更换电刷
电动机只有单向转动	反向控制接触器接头接触不良	检修接触器

续表 4－14

故障现象	故障原因	排除方法
制动电磁铁有噪声或过热	衔铁表面太脏，间隙太大	清除脏物，调整间隙
	电磁铁硅钢片松动	压紧硅钢片
	电磁阀有短路	接好线圈或重新绕线圈
限位开关不起作用	限位开关内部或回路有短路	找出短路点加以排除
	限位开关到控制器的接线错误	改正错误，恢复正确接线
滑环集电器供电不良	电刷与滑环接触不良	修磨集电滑环、磨削电刷弧面使用与滑环吻合调大电刷弹簧压力
	电刷过度磨损或弹簧失效	更换电刷或电刷压紧弹簧

复习思考题

4－1　轮式起重机分哪几大类？各自特点是怎样的？

4－2　解释 QLY25A 、QLD16B 的含义。

4－3　QY25D 汽车起重机与 QLY25A 轮胎起重机的车架有何区别？

4－4　解释 QY25D 汽车起重机吊臂的伸缩机构的工作原理。

4－5　汽车起重机的工作机构是由哪些部分组成的？

4－6　QY25D 汽车起重机的回转机构的工作原理是怎样的？

4－7　汽车起重机吊臂截面形式有什么特点？

4－8　轮胎起重机的工作机构由哪几个部分组成？

4－9　解释 QLY25A 轮胎起重机的起升机构的工作原理。

4－10　如何选用轮式起重机？

5 桥式起重机

【学习重点】

（1）桥式起重机的基本参数；

（2）桥式起重机各部分的组成及其构造、原理；

（3）桥式起重机工作机构的维护；

（4）桥式起重机工作机构的故障排除。

【关 键 词】起重小车、起升机构、小车运行机构、桥架运行机构、维护、故障排除

5.1 桥式起重机的组成、分类和基本参数

5.1.1 桥式起重机的组成

桥式起重机（见图5－1）是厂矿企业连续性生产流程中不可缺少的设备，它可以在厂房、仓库内使用。桥式起重机由机械部分、金属结构部分和电气设备组成。

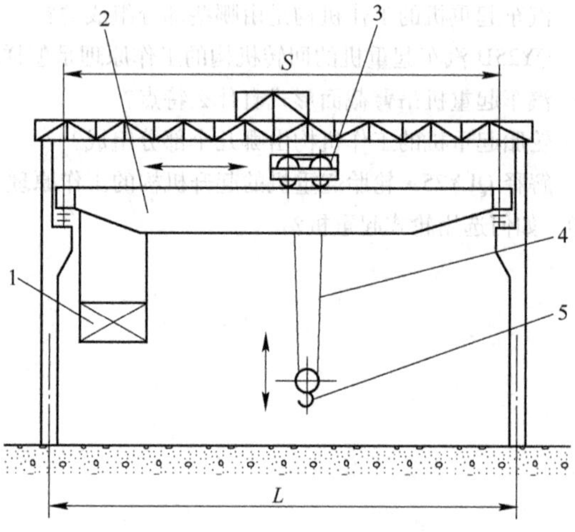

图5－1 桥式起重机示意图

1—驾驶室；2—大车；3—起重小车；4—钢丝绳；5—吊钩

（1）机械（工作机构）部分。机械部分包括起升机构、小车运行机构和桥架运行机构。

1）起升机构。起升机构的作用是提升和下降物品。

2）小车运行机构。小车运行机构的任务是使被起升的物品沿主梁方向做水平往返运动。小车运行机构与安装在小车架上的起升机构一起，组成起重小车。

3）桥架运行机构。桥架运行机构的任务是使被起升的物品在大车轨道方向做水平往返运动。这个运动是沿着厂房或料场长度方向的运动，所以称为纵向移动。而小车的运动是沿厂房或料场宽度方向的运动，所以称为横向运动。

（2）金属结构部分。金属结构部分主要是桥架。桥架由主梁和端梁组成，主要用于安装机械和电气设备，承受吊重、自重、风力和大小车制动停止时产生的惯性力等。桥架和安装在它上面的桥架运行机构一起组成“大车”。

（3）电气设备。电气设备包括大车和小车集电器、控制器、电阻器、电动机、照明、线路及各种安全保护装置（如大车和小车行程开关、起升高度限制器、地线和室外起重机用的避雷器等）。

5.1.2　桥式起重机的分类

按驱动方式和桥架结构的不同，桥式起重机可分为手动单梁和双梁、电动单梁和双梁等几种形式。

从图 5 - 2 的主、俯两个视图可看出电动双梁桥式起重机的概貌及各部分的布置。

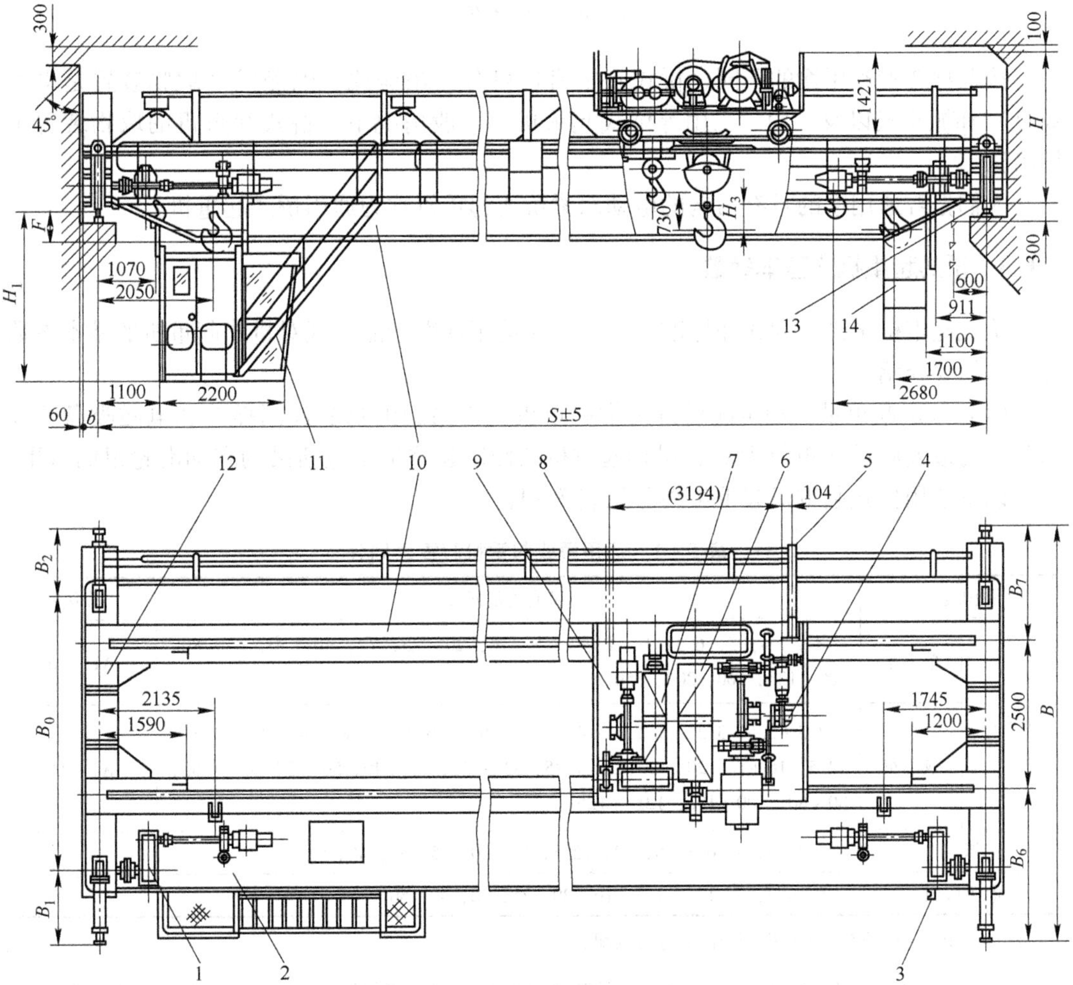

图 5 - 2　电动双梁桥式起重机

1—大车运行机构；2—走台；3—大车导电架；4—小车运行机构；5—小车导电架；6—主起升机构；7—副起升机构；8—电缆；9—起重小车；10—主梁；11—驾驶室；12—端梁；13—大车车轮；14—大车导电维修平台

当起重量不大时，多采用单梁起重机，如图 5 - 3 所示。这种起重机通常采用地面操纵，用工字钢作为主梁，工字梁的下弦杆可作为电动葫芦小车行走的轨道。

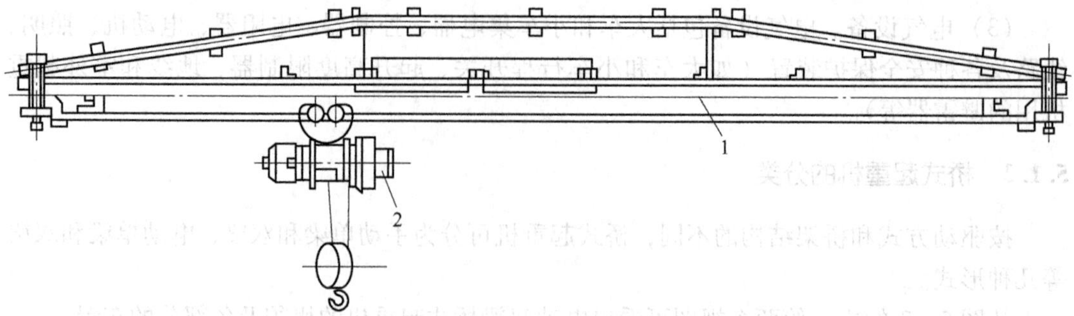

图 5－3 电动单梁桥式起重机
1—主梁；2—电葫芦

按取物装置和用途的不同，桥式起重机还可分为吊钩式、电磁式（取物装置是电磁吸盘）和抓斗式以及二用、三用等桥式起重机。一般情况下，桥式起重机的取物装置采用吊钩。

人们把普通用途的具有吊钩的电动双梁桥式起重机称为通用桥式起重机。

5.1.3 桥式起重机的基本参数

桥式起重机早已系列化和标准化，为方便选用标准产品，现对桥式起重机的基本参数等作一简要介绍。

（1）额定起重量。额定起重量是指起重机允许吊起的物品连同抓斗和电磁吸盘等取物装置的最大质量（单位为 t），吊钩起重机的额定起重量不包括吊钩和动滑轮组的自重。250t 以下通用桥式起重机起重量划分见表 5－1。

表 5－1 通用桥式起重机起重量划分

取物装置		起重量系列/t	工作级别
吊钩	单小车	3.2，4，5，6.3，8，10，12.5，16，20，25，32，40，50，63，80，100，125，160，200，250	A1～A6
	双小车	2.5+2.5，3.2+3.2，4+4，5+5，6.3+6.3，8+8，10+10，12.5+12.5，16+16，20+20，25+25，32+32，40+40，50+50，63+63，80+80，100+100，125+125	A4～A6
抓斗		3.2，4，5，6.3，8，10，12.5，16，20，25，32，40，50	A5～A7
电磁吸盘		5，6.3，8，10，12.5，16，20，25，32，40，50	

注：二用、三用的起重量根据用户需要进行匹配。

表 5－1 中 16t 以上的起重机有主副两套起升机构，副钩起重量一般为主钩起重量的 1/3～1/5。起重量用分数形式表示，如 80/20；50/10，其中分子为主钩起重量，分母为副钩起重量。

（2）跨度。跨度指起重机主梁两端支承中心线或轨道中心线之间的水平距离（单位为 m）。国产 5～250t 通用桥式起重机跨度的范围一般在 10.5～31.5m 之间（每 3m 一个间距），在选用时要注意，建筑物（厂房）跨度与起重机跨度应符合表 5－2 的要求。

表 5-2 桥式起重机的标准跨度

起重量/t		建筑物跨度定位轴线 L（见图 5-1）/m									
		9	12	15	18	21	24	27	30	33	36
		跨度 S（见图 5-1）/m									
≤50	无通道	7.5	10.5	13.5	16.5	19.5	22.5	25.5	28.5	31.5	34.5
	有通道	7	10	13	16	19	22	25	28	31	34
63~125					16	19	22	25	28	31	34
160~250					15.5	18.5	21.5	24.5	27.5	30.5	33.5

注：有无通道，是指建筑物上沿着起重机运行线路是否留有人行安全通道。

（3）起升范围和起升高度。起升范围是指取物装置上下极限位置间的垂直距离（单位为 m）。起升高度是指地面至吊具允许最高位置的垂直距离（单位为 m）。小吨位起重机起升高度一般有 6m、8m、10m、12m、14m、16m 等规格供选择，大吨位起重机的起升高度一般在 24m 以下。

（4）工作速度。工作速度包括起重机的起升速度（m/min）、小车运行速度（m/min）、大车运行速度（m/min）。国产起重机系列的速度范围见表 5-3。

表 5-3 国产起重机系列的速度范围 m/min

起升速度	中小吨位	1.6~16
	大吨位	0.63~10
小车运行速度		10~63
大车运行速度		20~125

（5）起重机工作级别。起重机在不同场合下使用，工况往往有很大的差别。工作级别是考虑起重量和工作循环次数的工作特性。起重机工作级别的划分与起重机的利用等级和载荷有关。

1）起重机利用等级。起重机利用等级按起重机设计寿命期内总的工作循环次数 N 分为 10 级，即 U0~U9，见表 5-4。

2）起重机的载荷状态。载荷状态表明起重机受载的轻重程度。它分为 4 级，即 Q1~Q4，见表 5-4。

表 5-4 起重机工作级别划分

载荷状态	利 用 等 级								
	U0	U1	U2	U3	U4	U5	U6	U7	U8
Q1——轻			A1	A2	A3	A4	A5	A6	A7
Q2——中		A1	A2	A3	A4	A5	A6	A7	A8
Q3——重	A1	A2	A3	A4	A5	A6	A7	A8	
Q4——特重	A2	A3	A4	A5	A6	A7	A8		

按利用等级和载荷状态，起重机工作级别分为 A1~A8 八级，见表 5-4。桥式起重机工作级别举例见表 5-5。起重机各工作机构也有各自的工作级别，分为 M1~M8 八级，

分类方法与起重机工作级别的分类方法相似，这里不再详述。

表 5-5 桥式起重机工作级别举例

取物装置	使用场地	使用程度	起重机工作级别
吊钩	电站、动力房、泵房、仓库、修理车间、装配车间	极少	A1
		很少	A2
		轻度	A3
	企业的生产车间、货场	中度	A4
		较重	A5
		繁重	A6
抓斗、电磁吸盘	仓库、料厂、车间	较重	A5
		繁重	A6
		极重	A7

（6）自重和外形尺寸。自重是指起重机本身各部分质量的总和（单位为 t）。外形尺寸是指起重机本身长、宽、高尺寸（单位为 m）。

（7）生产率。生产率是指起重机单位时间内吊运物品的总质量（单位为 t/h）。

5.2 桥式起重机起重小车

桥式起重机的起重小车由起升机构、小车运行机构、小车架以及安全防护装置组成。图 5-4 是起重小车的构造图。从图中可以看出，运行机构和起升机构都由独立的部件构

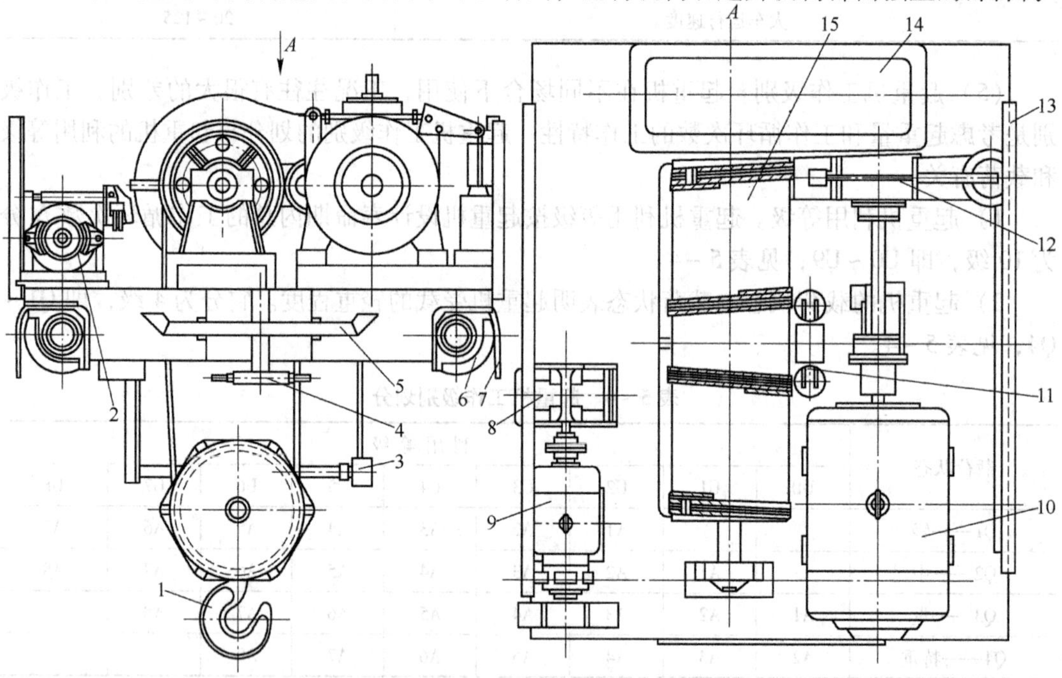

图 5-4 桥式起重机小车

1—吊钩；2，12—制动器；3—起升高度限位装置；4—缓冲器；5—撞尺；6—小车车轮；7—排障板；8—立式减速器；9—小车运行电动机；10—起升电动机；11—平衡滑轮；13—栏杆；14—减速器；15—卷筒

成，机构的各部件间采用有补偿功能的联轴器（如齿轮联轴器等）联系起来，这样就使得转轴中心线的安装误差得到补偿，便于机构的安装维修。

5.2.1 起升机构

起升机构主要由电动机、联轴器、减速器、制动器、卷筒、钢丝绳、动滑轮、定滑轮、取物装置等零部件组成。

起升机构分为闭式传动和开式传动两种。

5.2.1.1 闭式传动

闭式传动在电动机与卷筒之间只有闭式的减速器传动（见图5－5）。该传动方式的传动齿轮完全密封于减速箱内，在油浴中工作。由于润滑及防尘性能良好，齿轮寿命长，所以这种传动方式在桥式起重机中广泛使用。起升机构中常用的是卧式二级圆柱斜齿减速器。

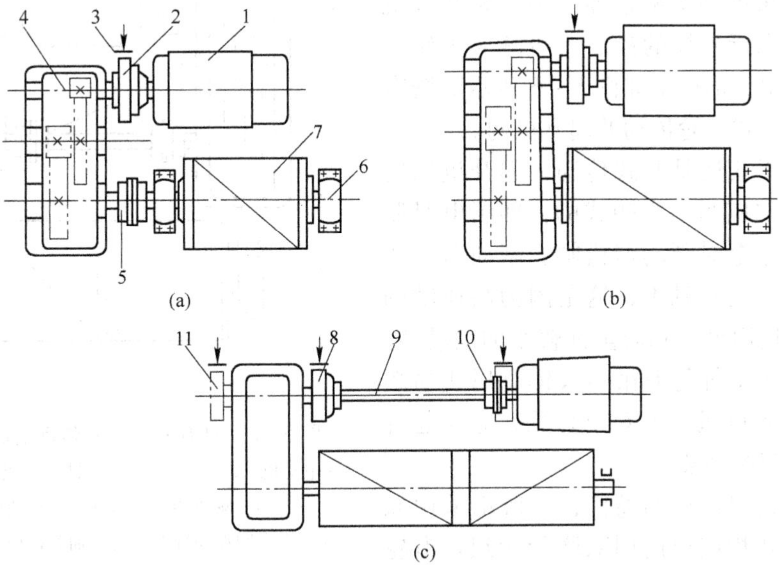

图5－5 采用闭式传动的起升机构

（a）减速器与卷筒间有联轴器；（b）减速器与卷筒间无联轴器；（c）电动机与减速器间有浮动轴

1—电动机；2—带制动轮的弹性柱销联轴器或全齿联轴器；3—制动器；4—减速器；5—全齿联轴器；6—轴承座；7—卷筒；8—带制动轮的半齿联轴器；9—中间浮动轴；10—半齿联轴器；11—制动轮

在图5－5（a）、（b）中，电动机与减速器之间是用带制动轮的弹性柱销联轴器、梅花形弹性联轴器或全齿联轴器相联。在图5－5（c）中，电动机与减速器之间有一段浮动轴，轴的一端装有半齿联轴器，另一端则装上带制动轮的半齿联轴器。浮动轴的长度不可太短，一般不小于500mm，否则对安装误差的补偿作用不大。

从安全角度考虑，带制动轮的半齿联轴器不应装在靠近电动机的一头，而应装在靠减速器高速轴的一头。这样即使浮动轴被扭断，制动器仍能制动住卷筒，保证了安全。有的起升机构把制动轮装在减速器高速轴的外侧，如图5－5（c）中双点划线所示，效果是同样的。

减速器和卷筒的连接形式有多种。图5-5（a）中是用一个全齿联轴器来连接的，虽然结构简单，但由于在减速器、卷筒之间安装了联轴器和轴承座，机构所占位置较长，自重也有所增加。另一种是在中小起重量桥式起重机中用得较多的结构，如图5-5（b）、图2-15所示。减速器低速轴伸出端做成扩大的阶梯轴，内部加工成喇叭孔形状，外部铣有外齿轮，喇叭口作为卷筒轴的支承，装有调心球轴承。外齿轮作为齿轮联轴器的一半，另一半联轴器是一个内齿圈，与卷筒的左轮毂做成一体。卷筒轴的右端由一个单独的装有调心球轴承的轴承座支承。这种连接形式结构紧凑，轴向尺寸小，并且减速器低速轴的转矩是通过齿轮联轴器直接传递给卷筒的，因而卷筒轴只是一个受弯不受扭的转动心轴，所以它的轴径较小。这种连接形式结构复杂，制造费工费时。

5.2.1.2 开式传动

在大起重量的起重机上，由于要求起升速度很小，减速器必须有较大的传动比，这就得用很笨重的多级减速器。为减轻起升机构自重，把靠近卷筒的最后一级减速齿轮从减速器中移出，形成了如图5-6所示的既有减速器又有开式齿轮传动的起升机构。

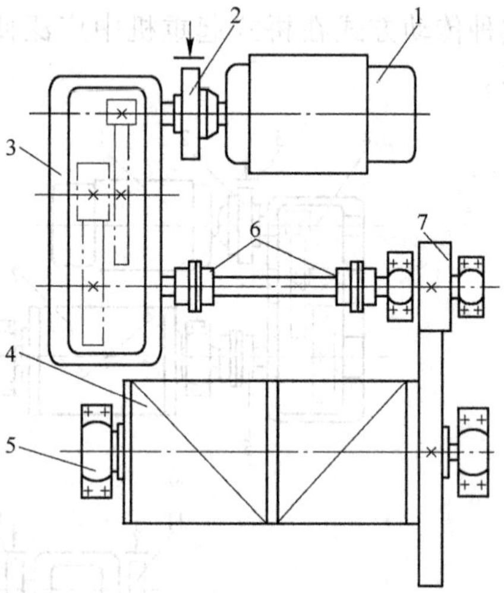

图5-6 具有开式齿轮传动的起升机构

1—电动机；2—带制动轮的弹性柱销或全齿联轴器；3—减速器；4—卷筒；5—轴承；6—带中间浮动轴的半齿联轴器；7—开式齿轮

不论是闭式还是开式传动，起升机构所用的制动器都应当是常闭式的，即断电时制动器合闸，通电时制动器松闸。制动器一般都装在减速器高速轴上，这是因为高速轴的转矩小，可选用尺寸和质量都较小的制动器。对于铸造、化工等行业吊运液体金属或易燃易爆物品的起重机，为安全起见，应在起升机构上装两套制动装置。

通用桥式起重机的卷筒，一般都采用双螺旋槽的，并相应地使用双联滑轮组。滑轮组的倍率与钢丝绳中的拉力、卷筒的直径和长度、减速器的传动比以及起升机构的总体尺寸等都有关系。一般是大起重量用大倍率，这样可避免使用过粗的钢丝绳。

起重量16t以上的桥式起重机，常设有主、副两套起升机构。副起升机构的起重量小，但速度快，用来吊运较轻的物品或完成辅助性工作，有利于提高工作效率。

5.2.2 小车运行机构

起重小车有四个车轮，其中两个是主动车轮。车轮和角型轴承箱都装在小车架下面。如图5-7所示的小车运行机构，制动器安装在小车架上面，减速器采用立式减速器，通过它把小车架上面的动力传递给小车架下面的主动车轮。

常见的小车运行机构如图5-7所示，它们都是把立式减速器置于两主动车轮中间。减速器低速轴有两个轴伸出，可以对称地通过半齿联轴器及浮动轴与车轮轴相连，如图5-7（a）所示；也可以不对称地用一个全齿联轴器与一边车轮轴连接，而另一边车轮轴则用一个半齿联轴器和一段浮动轴来连接，如图5－7（b）所示。图5－7（a）和（b）的另一不同之处是电动机与减速器的连接。图5－7（a）为直接连接，图5－7（b）则在中间加了一段浮动轴，对安装误差及小车架变形进行补偿。另外，这段高速浮动轴在小车运行机构制动时还能起一定的缓冲作用，吸收部分能量。正因为这个作用，所以小车运行机构的制动器多装于靠电动机输出轴端的半齿联轴器上。为了补偿图5－7（a）这种连接形式的安装误差，电动机与减速器之间可采用带制动轮的全齿联轴器、弹性柱销联轴器或尼龙柱销联轴器。若联轴器不带制动轮，则可如图5－7（a）所示那样，把制动轮装在电动机伸出轴的另一端。

小车运行机构中已广泛采用“三合一”驱动装置。所谓“三合一”，是指将电动机、制动器与减速器结合成一体。这种“三合一”装置结构紧凑，成组性好，但维修不大方便。

至于小车的车轮，为防止脱轨，现在大多用的是单轮缘车轮，并且轮缘朝外安装，这种车轮安全可靠，还减少了加工量。

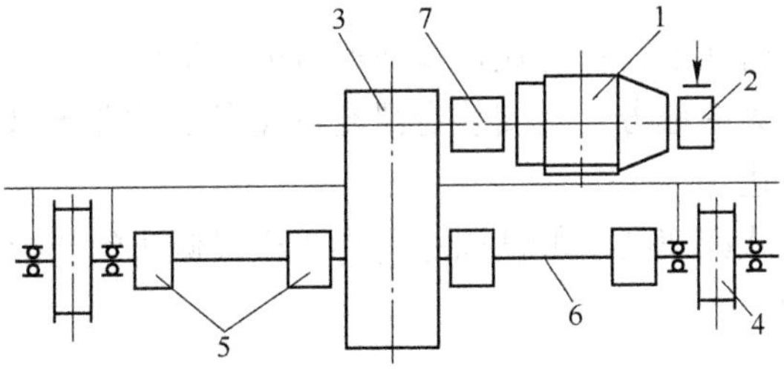

(a)

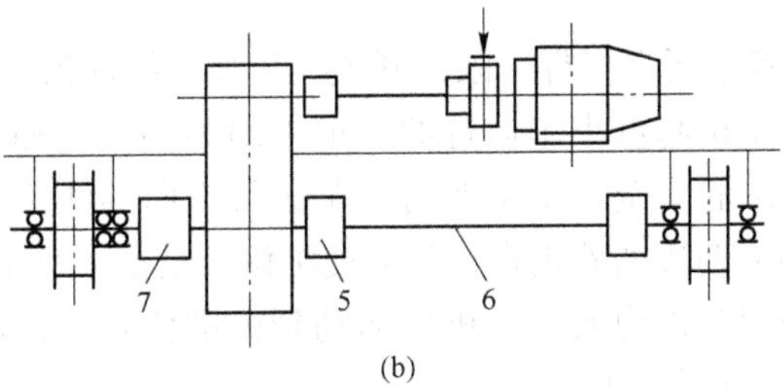

(b)

图5－7 小车运行机构传动简图

（a）减速器装在小车车轮中间的运行机构；（b）减速器装在小车车轮一侧的运行机构

1—电动机；2—制动器；3—立式减速器；4—车轮；5—半齿联轴器；6—浮动轴；7—全齿联轴器

5.2.3 小车架

小车架用于支承和安装起升机构、小车运行机构，并承载全部的起重量。因此小车架必须有足够的强度和刚度，但又要求它自重小，以降低小车轮压和桥架的受载。

小车架一般采用型钢和钢板的焊接结构。小车架由两根顺着小车轨道方向的纵梁和两根或多根与纵梁垂直的横梁及铺焊在它们之上的台面钢板组成，如图5－8所示。常见的纵梁、横梁多为箱形，通过焊接构成一个刚性的整体，纵梁的两端下部，留有安装角型轴承箱的直角形悬臂。

小车台面上安装有电动机、减速器、卷筒、轴承座、制动器等。为方便安装对中，在

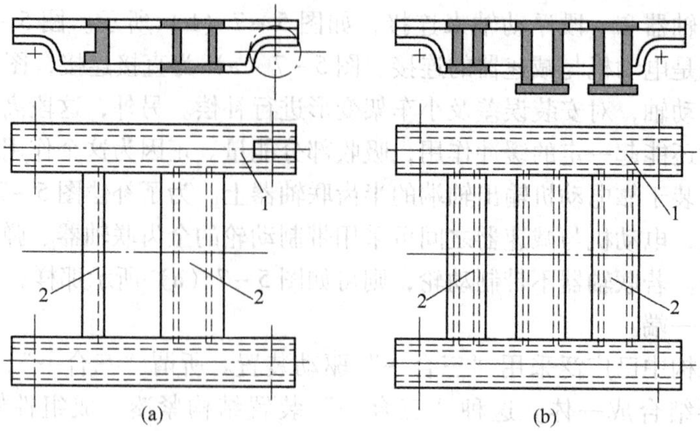

图 5-8 小车架的主要构件

(a) 小车架有两根纵梁垂直的横梁；(b) 小车架有多根纵梁垂直的横梁

1—纵梁；2—横梁

台面焊上必要的垫板。台面上还留有让钢丝绳通过的矩形槽。

小车架上受集中力大的地方，是安装定滑轮的部位，定滑轮支座可放在小车台面上，也可焊在小车架台面下边。

小车运行机构的立式减速器一般都固定在焊于横梁侧边的垫板上，为保证其强度和刚度，通常还要焊上肋板。

5.2.4 安全装置

起重小车的安全装置主要有栏杆、限位开关、撞尺、缓冲器、排障板等。

(1) 栏杆。桥式起重机起重小车运行的轨道中间为钢丝绳和吊钩工作的空间，考虑到维修人员在小车上工作的安全，小车架沿小车运行方向的两边都焊有保护栏杆，见图 5-4中的13。小车架的另两边朝着走台，为方便维修人员上下小车不设置栏杆。

(2) 限位开关。当起升机构或运行机构运动到极端位置时，用限位开关切断电源开关，以防止因操作失误而发生事故。

起升机构使用的起升高度限位开关有多种。杠杆式限位开关如图 5-9 所示。在图 5-9 (a) 中，限位开关的短轴伸出壳外。与短轴固定在一起的弯形杠杆 2 上，一头装着重锤1，另一头用绳索吊着另一个重锤4。重锤4 上有一套环3，起升机构的钢丝绳穿过这个套环。平时由于重锤 4 的力矩大于重锤 1 的力矩，限位开关的弯形杠杆处于如图中实线所示的位置。当吊钩提升物品至极限高度时，吊钩组上的撞板 5 托起重锤 4，使弯形杠杆逆时针方向转一个角度，如图中双点划线所示，限位开关的短轴随之转动，开关触点分开，切断起升电动机的电路，吊钩停止上升运动。这时即使再按上升按钮，起升机构也不能动作。图 5-9 (b) 所示为另一种杠杆式限位开关装置，该限位开关的动作与图 5-9 (a) 相同，所不同的是它由吊钩夹套 6 顶起杠杆 7 而将重锤 8 托起，从而使限位开关工作。

旋转螺杆式起升高度限位开关装置如图 5-10 所示。螺杆 10 通过十字滑块联轴器 6 与卷筒轴相联，卷筒轴转动时，丝杠上的滑块 11 沿着导柱 9 左右滑动。当卷筒转动使吊

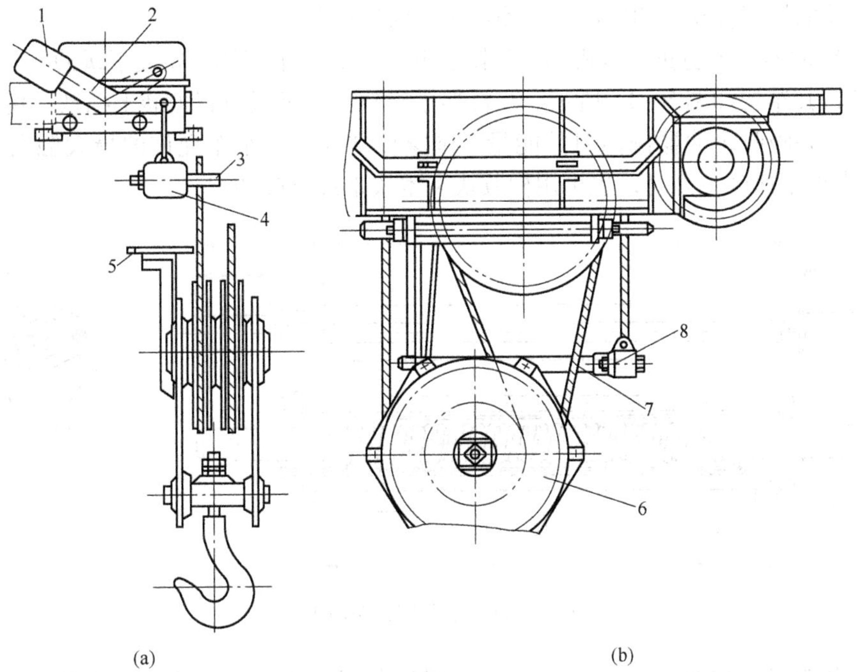

图5-9 杠杆式限位开关

（a）起升机构装有环套的重锤限位开关；（b）起升机构装有带连杆的重锤限位开关

1，4，8—重锤；2—限位开关的弯形杠杆；3—套环；5—撞板；6—吊钩夹套；7—杠杆

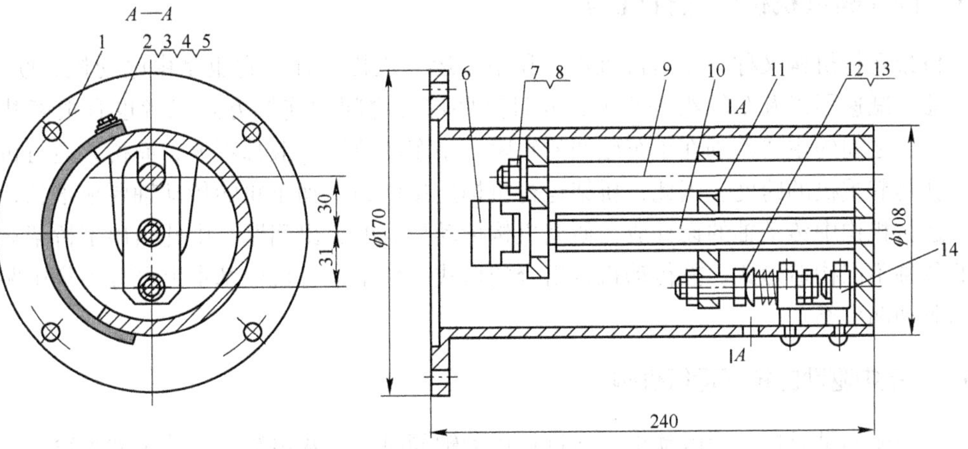

图5-10 旋转螺杆式起升高度限位开关

1—壳体；2—弧形盖；3—螺钉；4—压板；5—纸垫；6—十字滑块联轴器；7，12—螺母；

8—垫圈；9—导柱；10—螺杆；11—滑块；13—螺栓；14—限位开关

钩处于上升极限位置时，滑块向右移动至螺栓13处，顶压限位开关14的位置，使开关动作，断开起升电动机电路，限制吊钩的继续上升。这种装置安装在小车架的卷筒端上，限制高度可以通过螺栓13来调节。它由于结构轻巧，装配、调整都很方便，已被广泛使用。

小车运行机构的行程限位是由装在小车上的撞尺（见图5-4中的5）和装在小车轨道两端旁侧位置的悬臂杠杆式限位开关共同完成的。小车运动至快到极限位置时，撞尺迫使限位开关的摇臂转动，切断电源，使小车及时得以制动。

（3）缓冲器。为防止运行机构行程限位开关失灵，小车架上安装了缓冲器（见图 5 - 4 中的 4），其结构如图 5 - 11 所示。在桥架小车轨道的极限位置处装上挡铁，用它来阻挡小车的运动并吸收缓冲器碰撞时的能量。国家标准规定，小车允许的最大触发减速度为 $4m/s^2$。当小车速度不高时，也可用橡胶块和木块来进行缓冲。

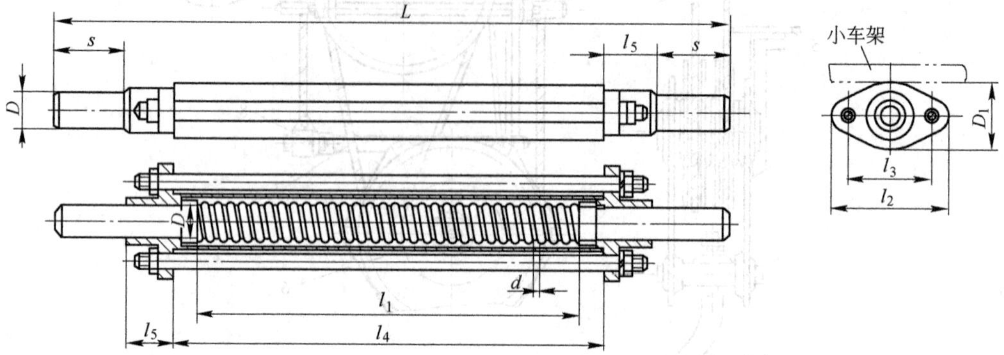

图 5 - 11 小车用弹簧缓冲器

（4）排障板。如图 5 - 4 中的 7 所示，排障板是焊在小车架上位于车轮外边的钢板，它的作用是在小车运行时排除小车轨道上可能存在的障碍物，如维修时遗忘在轨道上的工具等。

5.3 桥式起重机桥架运行机构

桥架运行机构又称大车运行机构，和小车运行机构一样，它也是由电动机、联轴器、制动器、减速器以及车轮组等组成，并且这些部件之间的连接方式二者也有很多共同之处。二者之间的主要差别在于车轮间的轨距，小车的轨距一般都不大，而桥架运行机构的轨距就是起重机的跨度。因此，桥架运行机构连接两边主动车轮的传动轴要求很长，所以桥架运行机构中传动轴的设计成为研究机构传动形式的突出问题，由此引出了桥架运行机构的各种不同构造形式。按传动机构组合的形式，桥架运行机构基本上可分为集中驱动和分别驱动两大类。

5.3.1 集中驱动的桥架运行机构

集中驱动是只用一台电动机，通过长传动轴同时驱动两边端梁上的主动车轮，以使桥架两侧车轮同时启动或停止且转速相等的驱动形式。但这种传动轴系统（包括轴、轴承与联轴器）复杂笨重，只用于小车运行机构及跨度和起重量较小（跨度小于 16.5m，起重量小于 100kN）的大车运行机构。

为了加工和装配方便，集中驱动把传动轴分成若干个短轴段，互相间用联轴器连接，并增加一些轴承和轴承支座进行支撑。但也有一些轴段是没有任何外部支撑的浮动轴（即没有轴承支撑的轴段），如图 5 - 12 中 4 所示。这种轴允许径向角度的微量偏移及轴向的微量窜动。联轴器采用半齿联轴器或全齿联轴器，这样可降低对长轴传动系统的安装要求。

集中驱动的桥架运行机构按长传动轴的转速高低又有三种不同的传动方式，如图

5－12所示，其中（a）、（b）图为高速轴传动方式，（c）图为低速轴传动方式，（d）图为中速轴传动方式。

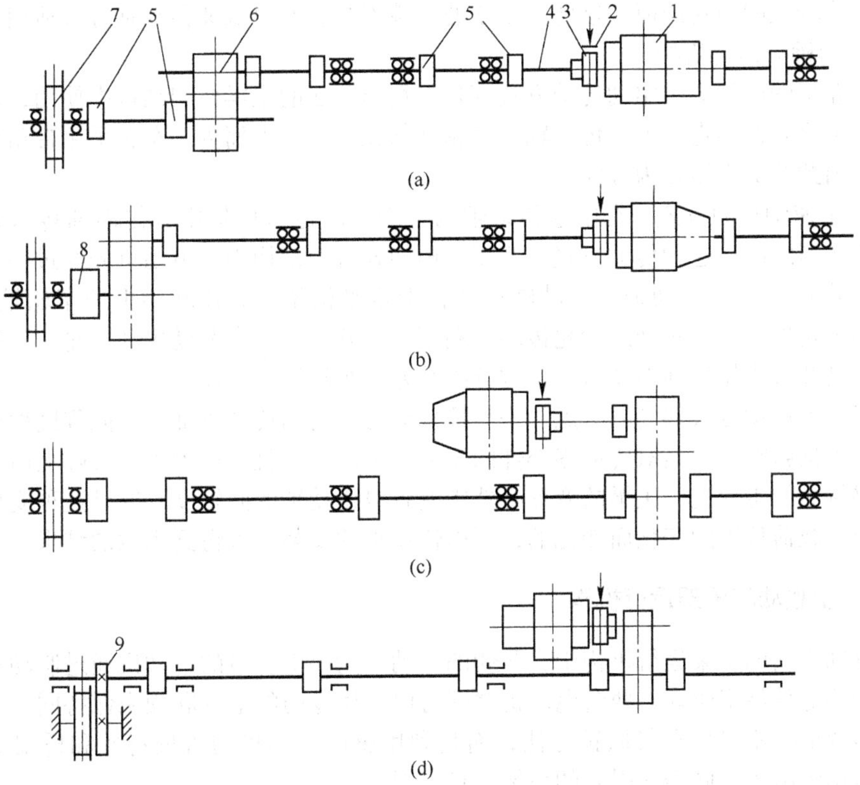

图5－12　集中驱动桥架的大车运行机构传动简图

（a），（b）高速轴传动方式；（c）低速轴传动方式；（d）中速轴传动方式

1—电动机；2—制动器；3，5—半齿联轴器；4—浮动轴；

6—减速器；7—车轮；8—全齿联轴器；9—开式齿轮

（1）高速轴传动方式。在高速传动轴的集中驱动运行机构中，电动机的两个伸出轴端经高速传动轴与减速器相连。传动轴根据桥架跨度大小分成许多轴段，其中靠近电动机和减速器的两段做成浮动轴，其他各段都有双列调位滚动轴承作支撑，并且用半齿轮联轴器来连接。

高速轴传动方式的特点是传动轴转速等于电动机转速。由于高速传动轴传递扭矩小，因而传动轴轴径以及轴承、联轴器等有关零部件的尺寸小、重量轻，减小了安装在走台上的大车运行机构对主梁的扭矩。但它也有缺点，即需要用两台减速器；要求传动轴具有较高的加工精度和装配精度，以减小因偏心质量在高速运转时引起的剧烈振动。为了充分发挥其长处，这种传动方式适宜于跨度大于16.5m的桥架运行机构。图5－12（b）与图5－12（a）基本相同，只是在减速器与车轮之间用全齿轮联轴器代替浮动轴连接，使减速器更靠近端梁，对桥架主端受载有利，但是对装配来说不如浮动轴允许偏差大。

（2）低速轴传动方式。在低速传动轴的集中驱动运行机构中，桥架中央的电动机经过减速器带动两边的低速传动轴来驱动车轮。

低速轴传动方式的特点是传动轴转速等于车轮转速，它只用一台减速器，并且振动小。但由于转速低，传动轴轴径及有关的零部件尺寸、质量都比高速轴传动方式大得多。

在相同工作条件下，低速传动轴径为高速传动轴径的 1.5 ~2 倍，而重量则是 3 ~5 倍，而且是跨度越大越严重。同时由于传动轴与车轮基本上是同心的，传动轴的位置远离主梁，使主梁承受较大的扭转载荷，这些对主梁的受载不利。所以低速传动轴方式适用于跨度小于 13.5m 的桥架运行机构。

以上介绍的两种集中驱动传动方式都是在箱形截面的主梁桥架结构中使用，这些机构都安装在主梁外侧的走台上，传动轴与车轮轴都在同一水平面内。车轮采用带角形轴承箱的结构，因此装拆更换较为方便。

（3）中速轴传动方式。在中速传动轴的集中驱动运行机构中，传动轴转速介于电动机和车轮转速之间。这种传动方式主要用在桁架式桥架结构中。电动机先经过一级齿轮减速器（立式）带动长传动轴，传动轴都装在上水平桁架上，比端梁上的车轮轴线要高，要在驱动车轮处采用一对开式齿轮传动，利用一对开式齿轮来驱动主动车轮。这种传动方式的缺点是开式齿轮传动寿命短，机构分组性差，车轮拆装不便。

上述三种传动方式共同的缺点：一是桥架运行机构的传动零部件不同程度地对主梁的受载产生不良影响；二是对传动零部件的安装要求高，并且维修困难。实际上由于传动轴装在主梁侧面的走台上，主梁的变形必然影响各段传动轴的同轴度，况且这种变形是随着载荷大小、载荷位置的变化而变化的，所以传动轴的安装很难得到满意的结果。

5.3.2 分别驱动的桥架运行机构

在分别驱动的桥架运行机构中，两侧的主动车轮都由各自的电动机通过制动器、减速器和联轴器等部件来驱动。两台电动机之间可以采用专门的电气联锁来保持同步工作，但是目前多数情况不采用电气联锁方法，而是利用感应电动机的机械特性和桥架结构的刚性，自行调整由于不同步而引起的桥架运行歪斜。

分别驱动桥架运行机构的几种传动方式如图 5 - 13 所示。这些方案的不同之处仅是电动机、减速器和车轮之间的连接方法。为了补偿被连接的轴端之间的歪斜和偏差，最好采用浮动轴的连接方式。如图 5 - 13（a）所示，电动机与减速器、减速器与车轮间均采用浮动轴的传动方式。浮动轴的长度一般应不小于 800mm，否则补偿效果不大。这是因为浮动轴两端的半齿轮联轴器内外齿轮的允许倾斜角是一定的（不大于 30′），而轴端之间允许的径向偏差与浮动轴长度成正比。用全齿轮联轴器也允许被连接的轴端有一定的歪斜和偏差，但不如浮动轴允许偏差大。为了使机构紧凑些，图 5 - 13（b）和（c）的传动方式也是可取的。图 5 - 13（b）只保留了高速浮动轴的传动方式；图 5 - 13（c）则取消了浮动轴，而采用伞齿联轴器来补偿安装误差。目前采用图 5 - 13（b）所示方案的较多。

分别驱动桥架运行机构与集中驱动的相比，具有下述优点：

（1）由于省去长传动轴而使得运行机构的自重大为减轻，质量小、安装维护方便。例如，一台起重量为 100t、跨度为 25m 的桥式起重机，在改用分别驱动后运行机构重量减轻了 3.5t；由于没有长传动轴，安装维修更为简便。

（2）分别驱动受桥架变形的影响小，而且当一侧的电动机损坏后，还能靠另一侧的电动机维持短时间的工作，而不致使起重机的工作中途停顿。

分别驱动的主要特点是布置、安装、维修方便，自重也较轻，但要求两边同步。我国生产的桥式起重机中早已普遍采用分别驱动的桥架运行机构，其中图 5 - 13（a）、（b）两种传动方式已被广泛采用。

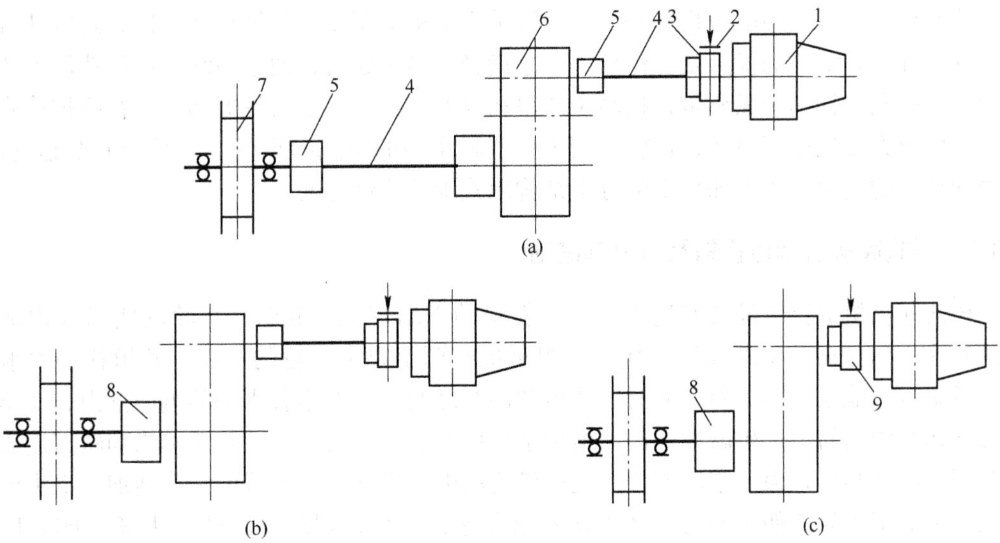

图5－13 分别驱动的大车运行机构

（a）电动机与减速器、减速器与车轮间均采用浮动轴；（b）电动机与减速器间采用浮动轴；

（c）电动机与减速器、减速器与车轮间均不采用浮动轴

1—电动机；2—制动器；3，5—半齿联轴器；4—浮动轴；6—减速器；

7—车轮；8—全齿联轴器；9—全齿制动联轴器

另处，在分别驱动中还存在“三合一”和“四合一”的驱动形式。

所谓“三合一”的驱动形式，是将电动机、制动器与减速器结合成一体。

所谓“四合一”的驱动形式，是将电动机、制动器、减速器和主动车轮直接串接成一体，中间不用联轴器连接的桥架运行机构，如图5－14所示。机构中的电动机轴和车轮轴端分别直接与减速器高速和低速齿轮相接，由于省掉了联轴器，机构变得更紧凑而轻巧。

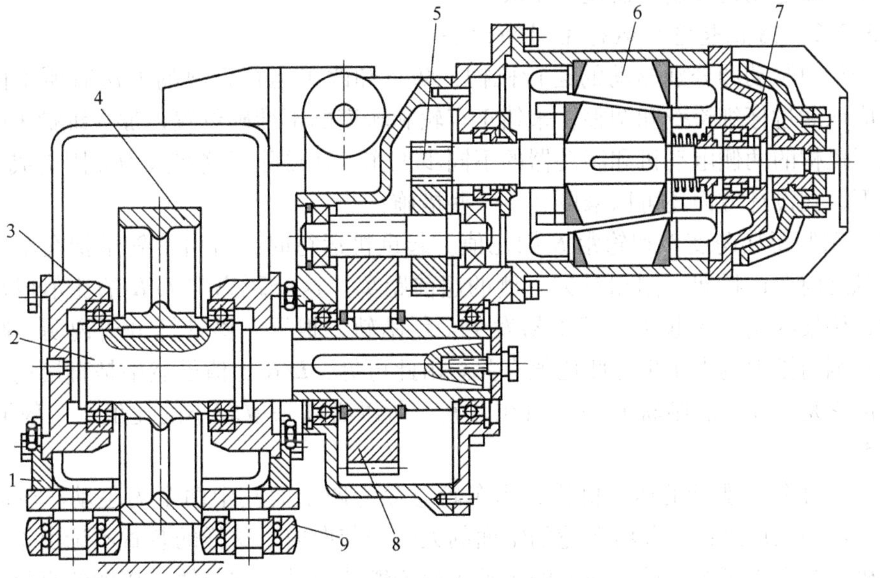

图5－14 “四合一”驱动形式的运行机构

1—悬臂梁；2—车轮轴；3—轴承箱；4—无轮缘车轮；5—小齿轮；

6—电动机；7—锥形制动器；8—齿轮；9—水平滚轮

这两种驱动形式中电动机和制动器可以采用带锥盘制动器的锥形转子鼠笼式电动机。

这两种驱动形式的优点是：体积小，重量轻，结构紧凑，便于组织专业制造厂生产配套产品，有利于提高产品质量，提高生产率和降低成本，故很有发展前途。在维护检修方面，可以很方便地整套更换，比较适用于一些轻小型的桥式起重机。但对于大型起重机，随着起重量的增大，则不如传统的分组结构形式维护检修方便。

5.3.3 桥式起重机运行歪斜及其改善措施

桥式起重机运行时经常发生桥架对于轨道的歪斜现象。此时，车轮的侧缘（内侧或外侧）和轨道的间隙不断发生变化。当起重机有两个以上车轮的侧缘与轨道接触而卡住时，桥架就不能继续再歪斜。同时在轨道和侧缘之间互相作用着水平的侧向推力，使车轮侧缘在运行中与轨道产生摩擦，因而增加了机构的运行阻力，并使车轮侧缘和轨道造成严重磨损，出现啃轨现象。啃轨不仅使运行机构的电动机和传动装置的负载增加，更主要的是大大缩短了车轮的使用寿命。从工作安全考虑，当车轮侧缘厚度磨去 40% ~60% 以后就不能继续使用，否则会造成起重机出轨的严重事故。一台正常运行情况下的中级工作类型的桥式起重机，经过表面淬火的车轮可以使用十年左右，但是在啃轨严重而工作又十分繁重的起重机上，几个月就要更换一次车轮。啃轨时产生的水平侧向推力还严重恶化了起重机桥架结构和厂房结构的受载条件，所以应当尽量避免起重机运行时产生歪斜和啃轨。

5.3.3.1 起重机运行歪斜的原因

造成起重机运行歪斜的原因很多，对于集中驱动的运行机构，主要是：车轮的安装位置不准确；由于制造误差和使用中磨损不均而使得两边主动车轮的直径不相等；轨道铺设得不合要求，如有斜度或不平行等。对于分别驱动的运行机构，除上述发生歪斜的主要原因外，还有：两边电动机由于小车位置引起负载不同而转速不等；两套机构启动和制动不同步，或一端电动机和制动器发生了故障。

5.3.3.2 防止起重机运行歪斜的方法

对于集中驱动和分别驱动的运行机构，防止和改善运行歪斜的方法有所不同。但首先，都应该通过仔细检查和调整，来纠正车轮和轨道的不准确位置；加强维护来防止分别驱动运行机构的两侧电动机和制动器的不同步工作。在排除了这些人为原因造成运行歪斜的前提下，在设计方面还可以采取如下一些措施：

（1）限制桥架跨度 L 和轮距 K 的比值。起重机运行时，自由歪斜是指在车轮侧缘与轨道接触之前允许桥架一侧相对另一侧的超前距离。这个距离与 L/K 的比值成反比，也就是说，桥架的轮距 K 越大，越不易发生歪斜啃轨。根据一些计算分析说明，啃轨时引起的水平侧向推力的大小也与此比值有关。由此可见，L/K 比值虽然不是直接造成歪斜的原因，但它是加速歪斜啃轨的一个内在因素，所以必须采取较小的比值。一般取 L/K 值不大于 5。

（2）对于集中驱动的运行机构，当车轮总数为四个而其中两个为主动车轮时，主动车轮可采用圆锥形踏面，并将车轮的锥面的大端安装向内。这样的装置不论由于何种原因使起重机运行发生了歪斜后，超前的主动车轮若继续前进，它与轨道接触的直径会逐渐变小，因而速度减慢，而落后的主动车轮刚好相反。这样经过几次摆动，起重机便能自动进行调整并达到同步前进。使用经验指出，在利用锥面主动车轮时最好采用凸顶的钢轨，因为平顶钢轨对锥面车轮的磨损不利。

国外有人把两个从动车轮也采用锥面的，而且其锥面大端位置与主动车轮安装得相反（大端向外）。通过试验和理论分析说明，这种安装方式可以减小车轮在调整歪斜过程中的轴向摆动幅度，因而不仅减轻了车轮踏面与轨道之间的磨损，而且可以更合理地利用轨道的工作表面。

（3）对于分别驱动的运行机构，利用电动机的机械特性和桥架水平刚性，本身具有自动同步的作用。这是因为在分别驱动的起重机中，由于两侧运行速度不等，桥架一侧超前于另一侧，这时超前一侧的电动机将发出更大的力矩，以克服歪斜时在从动轮上产生的横向滑移摩擦阻力。根据电动机的机械特性曲线可知，电动机的力矩增大时转速就会下降，同时，利用桥架的水平刚性，使超前侧带动落后侧，使落后侧电动机处于减载状态，于是其转速就提高。因此，两侧的电动机最终将相等于某一转速，而使起重机保持同步。由此可见，提高桥架的水平刚性是发挥分别驱动运行机构自动同步的关键，在桥架选型和结构设计中应当予以重视。

（4）减轻车轮侧缘和轨道的摩擦作用，可以采用润滑侧缘和轨道的方法。有些起重机采取带水平滚轮的无侧缘车轮来代替有侧缘的车轮，这种办法不仅可以改善啃轨时车轮和轨道的磨损，也可以减小运行机构的阻力。但是车轮装置的构造要复杂些。

5.4 桥式起重机桥架

桥式起重机的桥架按主梁数量分为单梁和双梁桥架两种。

5.4.1 单梁桥架

单梁桥架是由一个主梁与固定在主梁端部的两个端梁组成的。主梁是起重载荷的主要承载件，起重小车运行轨道就设在主梁上。两个端梁各装有两个车轮，在运行电动机的驱动下，桥架可以纵向移动。起重量不大的桥式起重机，多采用单梁桥架。这种桥式起重机又被称为梁式起重机，其主梁可由工字钢或桁架组成。

当桥架跨度不大时，常用整段工字钢作主梁，工字钢断面的大小按刚度条件来选择。工字钢梁的两端与用槽钢组成的端梁刚性地连接在一起。为保证主梁在水平方向上的刚度，当梁的跨度超过6m时，可以在梁的一侧或两侧焊上斜撑，如图5－15（a）所示。当梁的跨度大于8m时，则在整个梁的一侧加上一片水平桁架，如图5－15（b）所示。

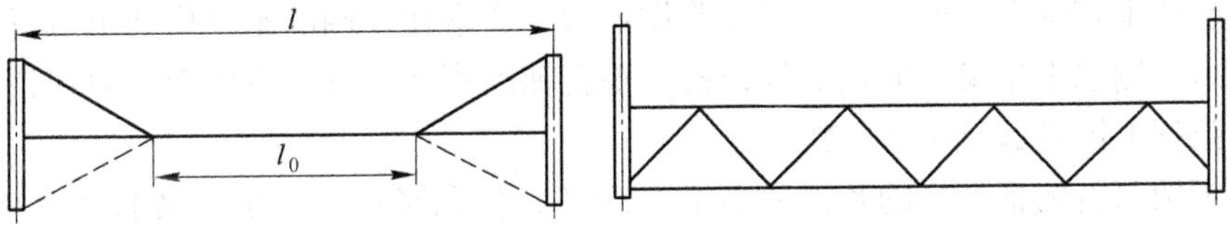

(a)　　(b)

图5－15　单梁桥架

（a）主梁一侧或两侧加斜撑；（b）主梁一侧加水平桁架

随着跨度、起重量的增加，工字钢主梁的截面相应地越选越大，自重也越来越大，这时可采用桁架式的单梁桥架，如图5－16所示。它是以工字钢梁2为主体，将型钢加强杆件焊接在钢梁的上部，使工字钢梁的承载能力得到增强。为保证主梁在水平方向的刚度，在工字钢主梁的一侧加了一片水平桁架。它的上方可放置桥架运行装置的电动机、减速器、轴承架、轴、联轴器等驱动和传动零部件。如铺上木板或钢板，则成为“走台”，可方便维修人员在桥架上的作业。又为增强水平桁架在竖直方向的刚度，在水平桁架的外侧另加一片竖直放置的桁架，称为垂直辅助桁架。这片桁架实际上还起着走台栏杆的作用，保证了上桥作业人员的安全。

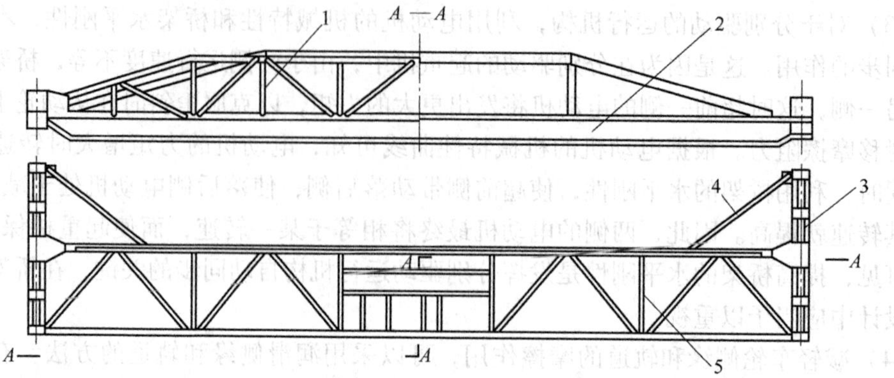

图 5-16 桁架式单梁桥架

1—垂直辅助桁架；2—主梁；3—端梁；4—斜撑；5—水平桁架

电动单梁桥式起重机一般都采用电动葫芦作为它的起升机构，电动葫芦所带的运行小车车轮可沿工字钢主梁的下翼缘行走，我们称这种小车的运动为“下行式”。运行小车的运动使被电动葫芦提升的物品在车间或料场能做横向移动。

5.4.2 双梁桥架

大中型桥式起重机一般都采用双主梁桥架。它由两个平行的主梁和固定在两端的两个端梁组成。端梁的作用是支承和连接两个主梁，以构成桥架。同时大车车轮通过角型轴承箱或均衡车架（超过四个轮子时用）与端梁连接。

双梁桥架的结构主要取决于主梁的形式。常见的双梁桥架有桁架式桥架、箱形桥架、单腹板式桥架、空腹桁架桥架等几种。

（1）桁架式桥架。如图 5-17 所示，桁架式桥架的两个主梁，都是空间四桁架结构。承受大部分垂直载荷的，是位于桥架中间的两片竖直放置的主桁架。为保证主桁架在水平方向上的刚度，在每一主桁架的旁侧，又各有上、下两个水平桁架以及将上、下水平桁架联系在一起的垂直辅助桁架。水平桁架兼作走台，通常在一侧的水平桁架上放置桥架运行机构，在另一侧水平桁架上放置电气设备。垂直辅助桁架平行于主桁架，兼作栏杆。在主桁架的上弦杆上铺设起重小车的轨道。

每片桁架都由两根平行的弦杆和多根腹杆（斜杆和竖杆）组成（见图 5-18）。一般采用焊接把它们连接在一起。主桁架的上弦杆受压缩和弯曲，下弦杆受拉伸。为减小上弦杆受起重小车车轮集中载荷作用下的弯曲，可增加一些竖杆。常见的上、下弦杆由两根不等边角钢对拼在一起组成，腹杆多由两根等边角钢对拼组成。

各杆件的连接处是节点，为保证焊接强度，在节点处是用节点钢板与杆件焊在一起的。焊接时要求各杆件的重心线最好能交汇于节点。由对拼型钢组成的弦杆或腹杆，型钢应对称地焊在节点钢板的两侧。

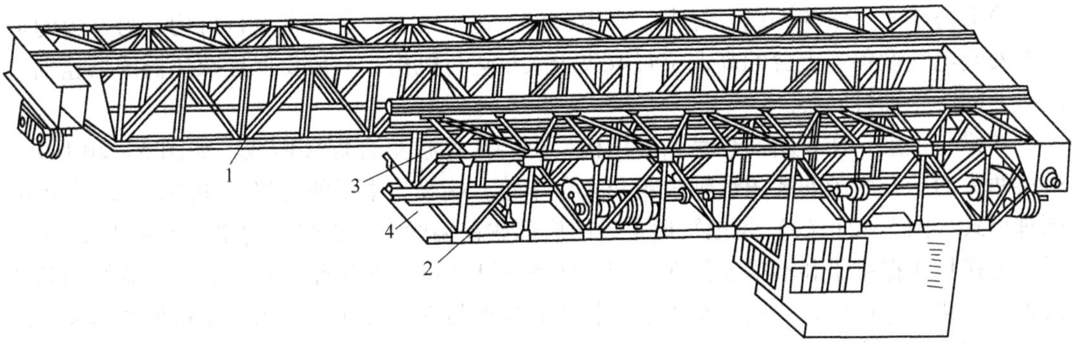

图 5－17 桁架式双梁桥架

1—主桁架；2—垂直辅助桁架（副桁架）；3—上水平桁架；4—下水平桁架

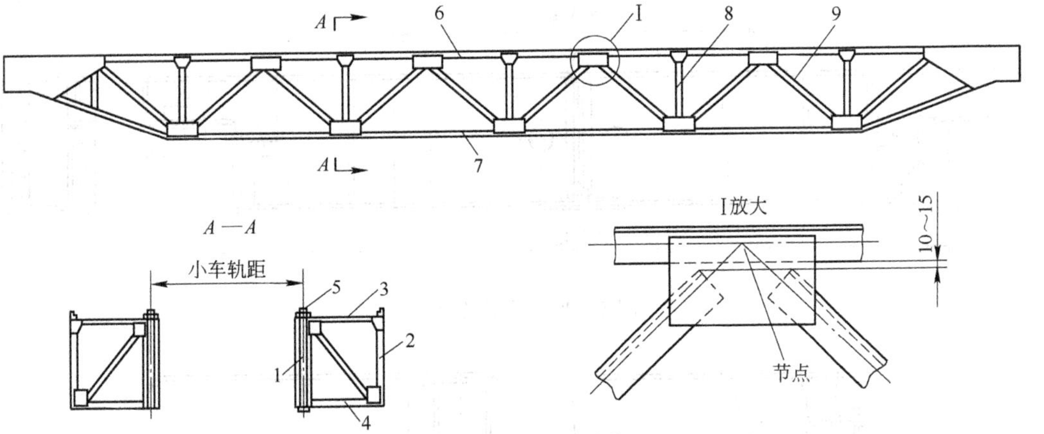

图 5－18 四桁架结构

1—主桁架；2—垂直辅助桁架（副桁架）；3—上水平桁架；4—下水平桁架；5—钢轨；6—上弦杆；7—下弦杆；8—竖杆；9—斜杆

（2）箱形桥架。箱形桥架的两个主梁和两个端梁都是箱形结构。这种结构的梁，其断面是一个封闭的箱形，由上、下盖板和左、右腹板构成，它们之间均为焊接。图 5－19 为箱形主梁结构图。在主梁上盖板中央铺设小车轨道的称中轨主梁，而在箱形主梁的某一腹板上方铺设小车轨道的称偏轨对称主梁。由于一般是在上盖板中央位置铺设小车轨道，为防止上盖板变形、保证上盖板和腹板的强度和稳定性，在箱形梁内每一定间隔位置处都焊上隔板和加强肋板并沿纵向焊上加肋角钢。

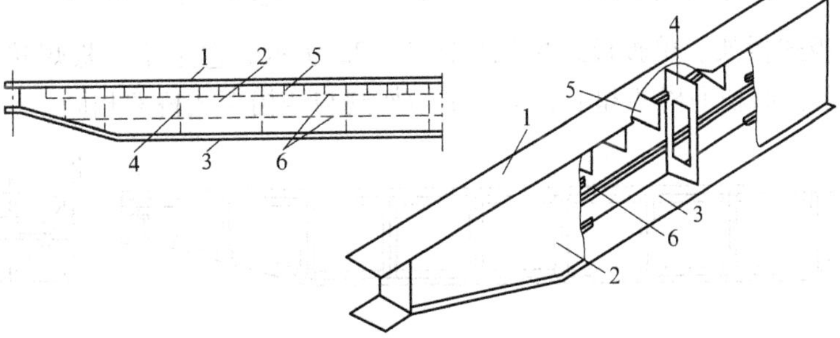

图 5－19 箱形主梁结构

1—上盖板；2—腹板；3—下盖板；4—隔板；5—加强肋板；6—纵向加肋角钢

箱形桥架两主梁的外侧各焊有一个走台，一边走台上安装大车运行机构，另一边的走台上安装电气设备。走台的高低位置取决于大车运行机构，一般要保证减速器的低速轴与端梁上的车轮轴线同心。

端梁与主梁一样，断面也是箱形结构，由四片钢板组合焊接而成，如图 5 - 20 所示。端梁两头的下方用于安装角形轴承箱和大车车轮。端梁与主梁的连接，如图 5 - 21 所示的两种形式。图 5 - 21（a）是把箱形主梁的肩部放在端梁上，靠焊接的水平连接板 2、3 和垂直连接板 4 把主梁和端梁连接在一起。图 5 - 21（b）是用箱形主梁上、下盖板的延伸段夹住端梁来连接的，并辅以垂直连接板 4 和角撑板 5 焊接而成。为便于桥架的运输，端梁通常都被分割成两半段，如图 5 - 20 所示的那样，每半段与一个主梁焊接在一起，运抵使用场所后，再用精制螺栓把它们拼装起来。

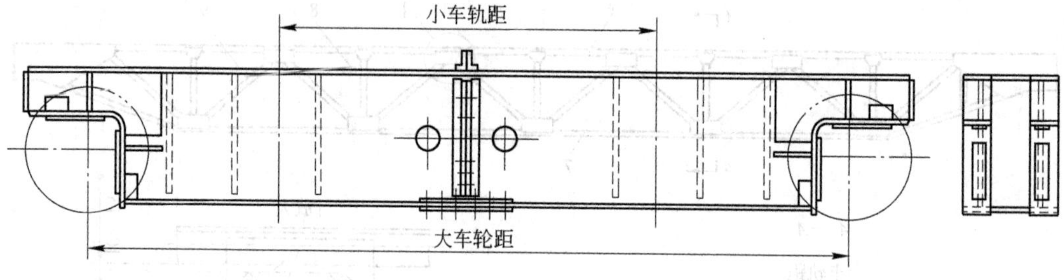

图 5 - 20　箱形端梁结构

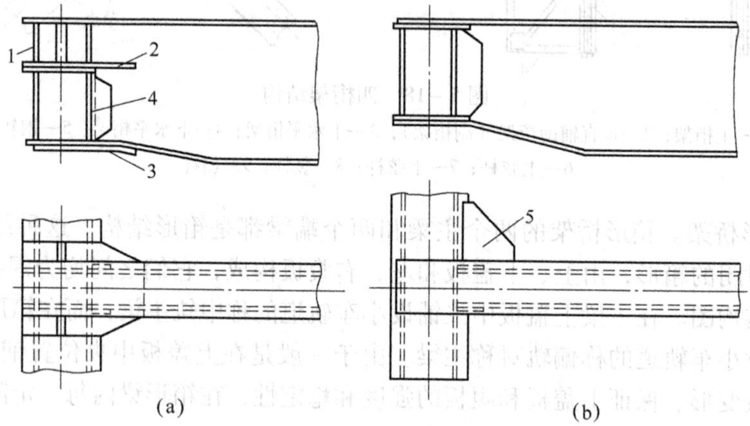

图 5 - 21　箱形主梁与端梁的连接

1—箱形主梁支承端；2，3—水平连接板；4—垂直连接板；5—角撑板

（3）单腹板式桥架。单腹板式桥架如图 5 - 22 所示。它是用钢板焊接而成的工字钢主梁代替主桁架，而辅助桁架和上、下水平桁架则与四桁架式桥架相同。

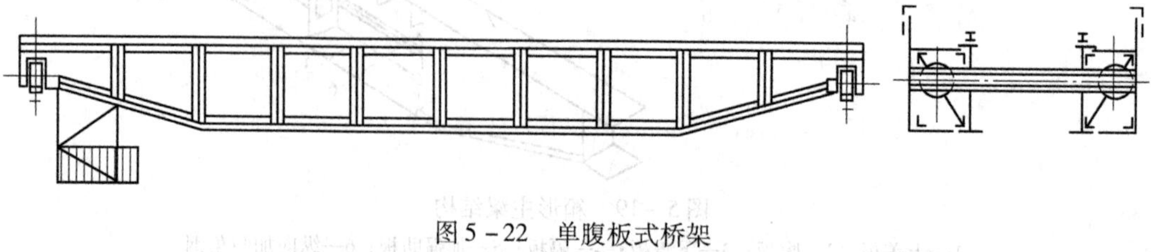

图 5 - 22　单腹板式桥架

（4）空腹桁架桥架。空腹桁架桥架是一种无斜杆的金属结构。它的主梁断面如图5-23中 *B—B* 所示，是钢板焊接组合而成的箱形。组成箱形主梁的四个面，每面都可看作是一片桁架。这种桁架是在钢板腹板上面开了一排带圆角的矩形孔而形成的。与用型钢杆件焊制而成的普通桁架相比，一排矩形孔上下两边的材料形成了桁架的两个“弦杆”，两矩形孔之间的材料就是“竖杆”，矩形孔中间则空无“斜杠”，所以称它为无斜杠空腹桁架。不过，每一片桁架的“弦杆”，应当认为是由本片和相邻片钢板上矩形孔边材料组成的“T形钢”构成的。为了增强刚性，在空腹桁架桥架的主桁架上，各矩形孔边都焊有板条制成的镶边，见图5-23中的 *B—B* 剖面。

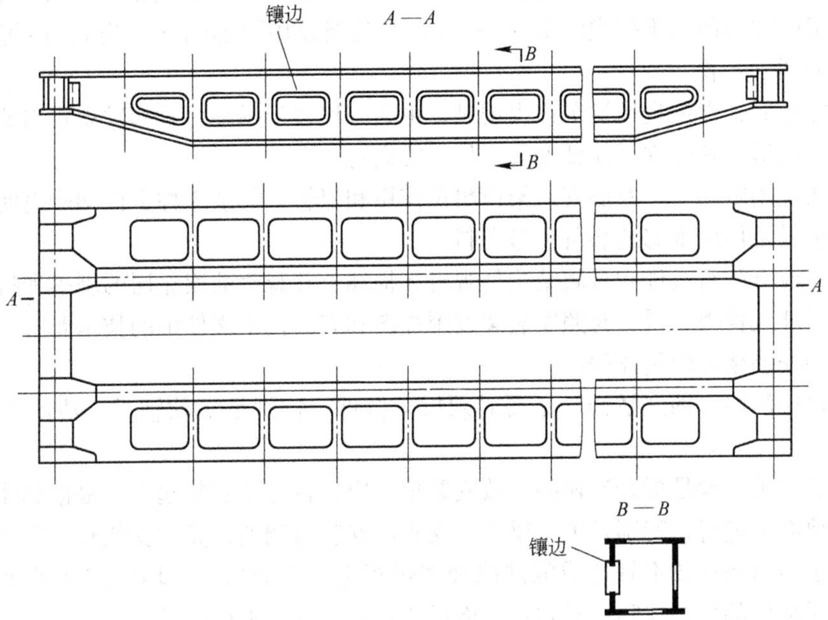

图5-23 空腹桁架桥架

以上介绍的双梁桥架中，桁架式桥架自重小，省钢材，迎风面积小（对室外起重机减小风阻力有利），但外形尺寸大，要求厂房建筑高度大。另外，制作桁架相当费工。而箱形桥架外形小，高度尺寸小，由钢板组合而成的箱形梁特别适合自动焊接，加工方便。在桥架运行机构的布置和车轮的装配方面，箱形结构也有着明显的优越性。尽管它自重较大，轮压比桁架式的约大20%，但它仍是我国生产的桥式起重机的主要结构类型。

单腹板式桥架的自重和高度介于桁架式和箱形结构之间。空腹桁架桥架的自重比一般箱形和桁架式桥架都轻，刚性也好，且外形美观，有的大起重量起重机上已采用这种结构，这是一种很有发展前途的桥架结构类型。

5.4.3 对桥架主梁上拱和静挠度的要求

起重机工作时，桥架受载必然会产生下挠度，这将对小车向桥架主梁两端的运动产生附加爬坡阻力，小车停止时又有向桥架主梁中央滑移的趋势。为解决这个问题，要求桥架主梁必须上拱。在起重机运行机构组装完成以后，跨中上拱应为（0.9～1.4）*S*/1000（*S* 为起重机跨度），且最大上拱应控制在梁的长度方向 *S*/10 范围内。起升额定载荷时，在跨中主梁的垂直静挠度应满足下列要求：对 A1～A3 级，不大于 $S/700$；对 A4～A6 级，不大于 $S/800$；对 A7 级，不大于 $S/1000$。

5.5　桥式起重机安装技术工艺

5.5.1　安装前准备

桥式起重机安装人员在进场开始安装之前，应会同委托安装单位及制造单位的代表，一起开箱，按照随机所带的装箱单，清点核对所交货物与装箱单所列的零部件数量是否相符、有无短缺和损伤、随箱文件是否齐全。文件应包括：产品合格证明书（一份）；安装架设、交工验收与使用维护说明书（一本）；安装架设用附加图（一份）；使用维修用及易损件附加图（一份）。

核对完毕后，根据现场情况作出记录，由 3 方代表当场签字。如发现货物缺损，可据此向发货单位追齐缺损件，保证安装工作正常进行。

安装架设用附加图，专供安装架设单位使用和保管，其余 3 种文件均应由使用单位保管，为起重设备使用维修的必备参考资料。

然后应检查所有机件和金属结构外观有无损坏，并观察油漆涂层的剥落和机件的锈蚀情况。根据外观检查结果，对照安装架设附加图和有关技术文件中的技术要求，认真研究安装方案和安装架设的具体程序。

消除机体污渍，擦洗锈蚀，必要时须拆下机件，特别是滚动轴承，清洗干净后重新组装。

桥式起重机一般是拆开运输的，故安装单位应把各部分安装起来。根据具体条件，安装最好在地面上进行，特别是单主梁小车支脚的安装与调整，高空安装有一定的困难。

因搬运不当和存放不好造成的缺陷和超过规定误差的部分，均应按技术要求调整修复，对金属结构部分的缺陷，必须在地面设法校正，否则不准架设。

5.5.2　桥架的安装

5.5.2.1　垫桥架

桥架是桥式起重机的主体，其架设和组装都有严格的技术要求，并有一套严格的测量方法来测量安装结果。

安装前先将焊在主梁腹板上、供运输时捆绑用的钩子按图 5－24 所示位置锯掉。

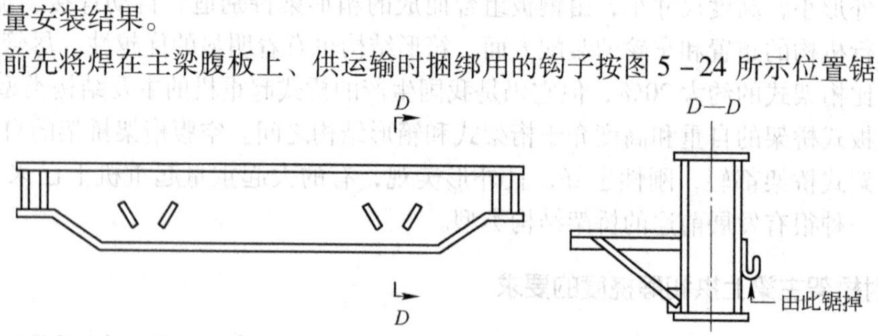

图 5－24　运输捆绑用的钩子位置

整体架设的桥式起重机，应支承在接起重机跨度临时搭起的架子上，使主梁离开地面。如果架子上可以铺设钢轨，则大车车轮可直接放在钢轨上。否则应把支架垫在主梁的下水平盖板靠近主梁两端变高处。无论用哪种方法垫，都需用水平仪找正。铺钢轨的以钢轨上平面为基准找水平；垫在主梁下的，在端梁宽度中心线上、距小车轨道中心线等距离的4个点上测量桥架的水平，如图5-25所示的A、B、C和D点。

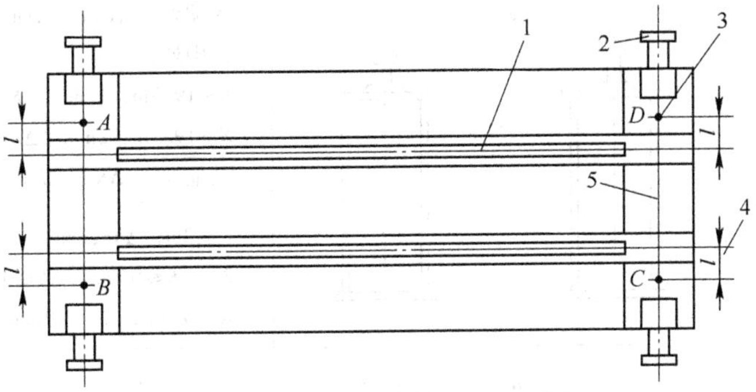

图5-25 找水平示意图

1—小车轨道中心线；2—缓冲器；3—等距离点；4—等距离；5—端梁中心线

在测量水平位置之前，应将端梁按图样规定的方法（或用铰制孔螺栓，或用铰轴）连接好。有锥形踏面的车轮，应使钢轨头的侧面与轮缘接触，以防窜动而影响水平的准确性。

5.5.2.2 组装桥架的质量要求

支承点设在车轮下的桥架，可按表5-6的规定，逐项检查桥架的安装质量。如是垫在主梁下，则除主梁上拱度一项外，其余项目也都可以检查，同时还可以检查大车运行机构的安装质量。

在地面上进行安装与检验比架设在空中进行要方便得多，对超过规定的误差或损坏部分也便于修复。但有时由于受安装架设和起升设备条件所限，尤其是大吨位起重机，只得把桥架拆开，分别架到厂房的承轨梁上后再进行组装。

表5-6 桥式起重机安装技术要求

序号	项　目	简　图	允许偏差
1	由车轮量出的跨度偏差	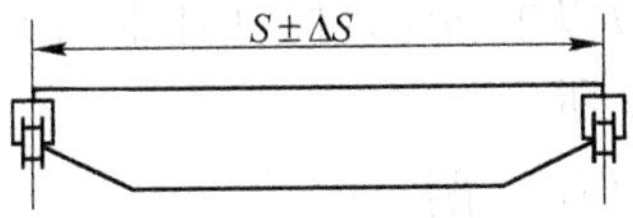	$\Delta S=5$mm，且主动轮的跨度值与被动轮的跨度值之差不得大于5mm
2	装配后主梁的上拱度	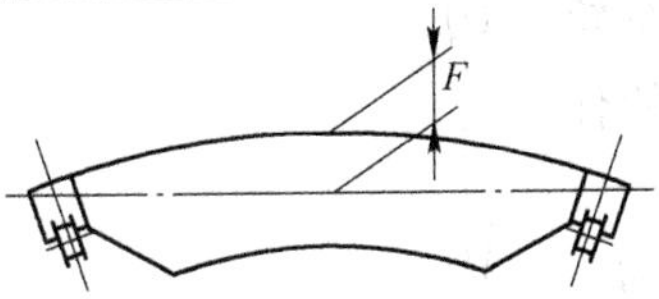	$F=(0.9/1000\sim1.4/1000)\ S$
3	桥梁对角线偏差$\|D_1-D_2\|$	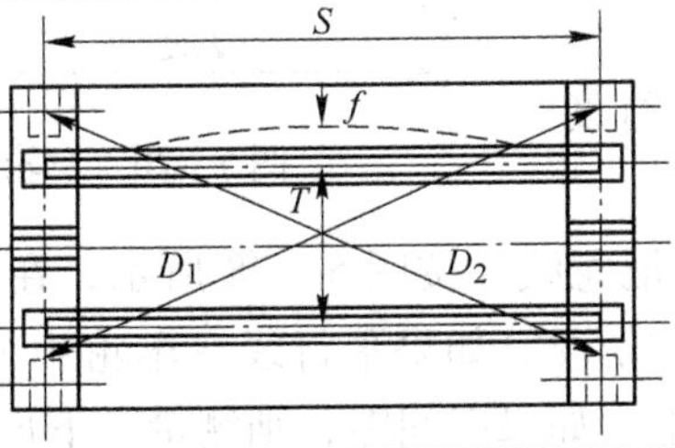	$\|D_1-D_2\|\leqslant5$mm；
4	主梁水平旁弯度（走台和端梁都装上后）		对称箱形梁：$f\leqslant1/2000S$且当起重量≤50t时只许向走台侧凸曲； 其他：$S\leqslant19.5$m，$f\leqslant5$mm $S>19.5$m，$f\leqslant8$mm

续表 5 - 6

序号	项　目	简　图	允许偏差
5	小车轨距偏差	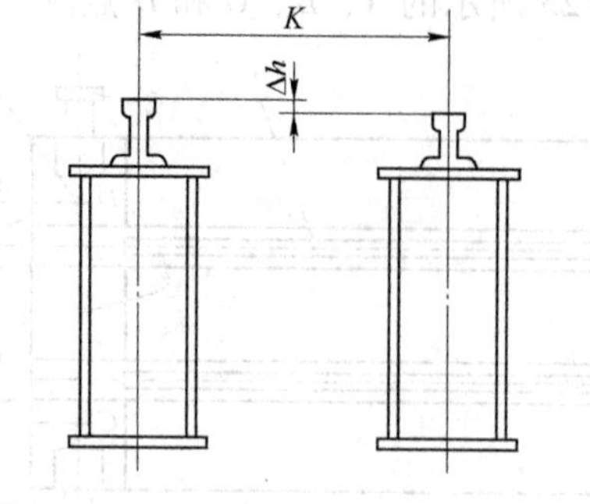	对称箱形梁： 跨端处：$\|\Delta K\| \leqslant 2mm$ 跨中处： $S \leqslant 19.5m$，$1mm \leqslant \Delta K \leqslant 5mm$ $S > 19.5m$，$1mm \leqslant \Delta K \leqslant 7mm$ 其他处：$\|\Delta K\| \leqslant 3mm$
6	同一截面小车轨道高度差		$K \leqslant 2m$，$\Delta h \leqslant 3mm$ $2m \leqslant K \leqslant 6.6m$，$\Delta h \leqslant 0.0015K$ $K > 6.6m$，$\Delta h \leqslant 10mm$
7	小车轨道中心线与轨道梁腹板中心线的位置偏差	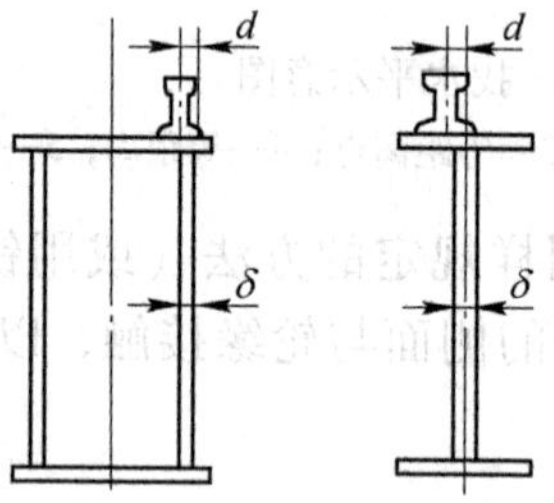	偏轨箱形梁： $\delta < 12mm$，$d \leqslant 6mm$ $\delta \geqslant 12mm$，$d \leqslant 1/2\delta$ 单腹板梁及行架： $d \leqslant 1/2\delta$

箱形梁的水平旁弯，在使用过程中会逐渐变小，甚至会由外弯变成内弯，小车轨距也必然随主梁的变动由正偏差变为负偏差，跨中测量：$S < 19.5m$ 时，负偏差值不大于 5mm；$S \geqslant 19.5m$ 时，负偏差值不大于 7mm。

5.5.3　大、小车运行机构的安装

5.5.3.1　大车运行机构的安装

大车运行机构在制造厂已装配好，桥式起重机大车运行机构与桥架一起发运。大车运行机构在起重机组装完后，应做下列检查：

（1）检查基准。检查运行机构时，应以主动轮外侧（通常加工一道小沟）为基准。

（2）车轮端面的水平偏斜如图 5 - 26 所示，每个车轮的水平偏斜 $P \leqslant 1/2000l_1$（l_1 为测量长度），且两个主动（或被动）车轮的不平行方向应相反。如图 5 - 27 所示的任何一种组合形式都是符合要求的。

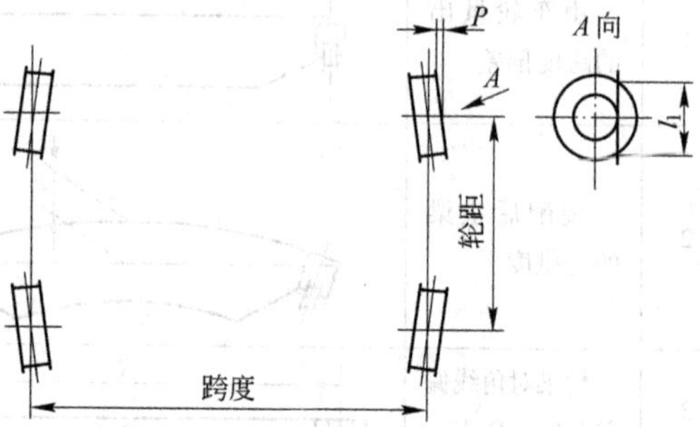

图 5 - 26　车轮水平偏斜图

（3）测量跨度。方法同表 5 - 6 序号 1 中所述（略）。

（4）车轮找正。车轮找正包括平行度、垂直度及同位差。

1）平行度。用直径 0.6 ~ 1.0mm 尼龙线，按图 5 - 28 所示，在车轮下部拉上两条平行线，看车轮内外侧面与平行线接触的情况。如果平行线在车轮 4 个侧面上都均匀接触，说明前后车轮平行并在同一条中心线上。如果有间隙，则测量一下尺寸是否在规定的范围

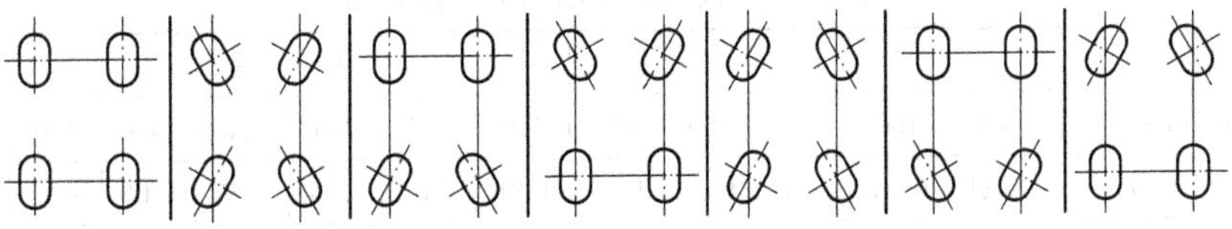

图5-27 车轮水平偏斜组合形式

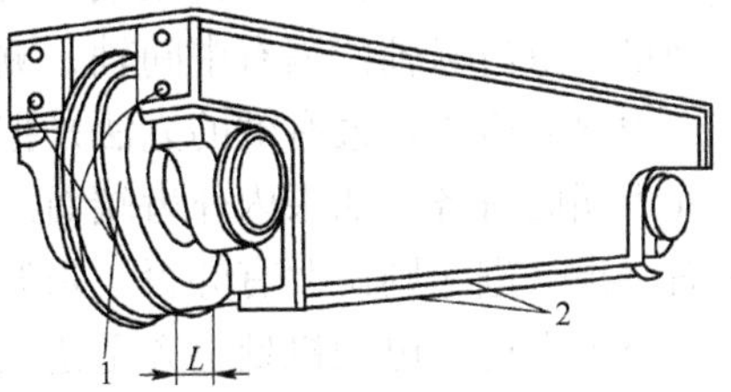

图5-28 车轮找正

1—侧面；2—平行线

内。若不在规定的范围内，应松开固定角型轴承箱的螺栓，进行调整。必要时，可把固定角型轴承箱的垫板铲下来或用气割割下来，待车轮调好后再焊。

2）垂直度。车轮在垂直方向偏斜不应大于 $1/400l_2$（l_2 为测量长度），且上边应向外，如图5-29所示。

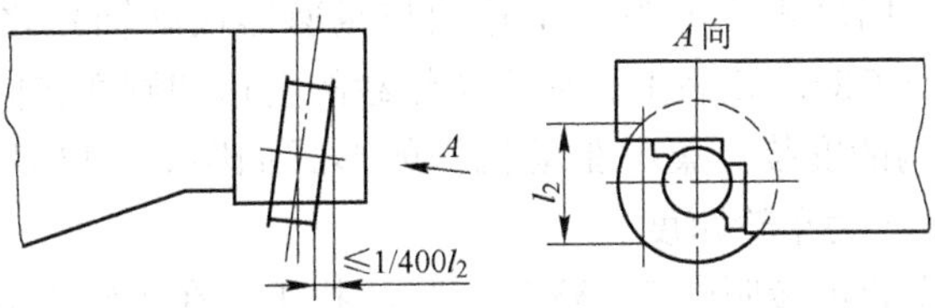

图5-29 车轮垂直偏斜图

3）同一端梁下车轮的同位差（见图5-30）。

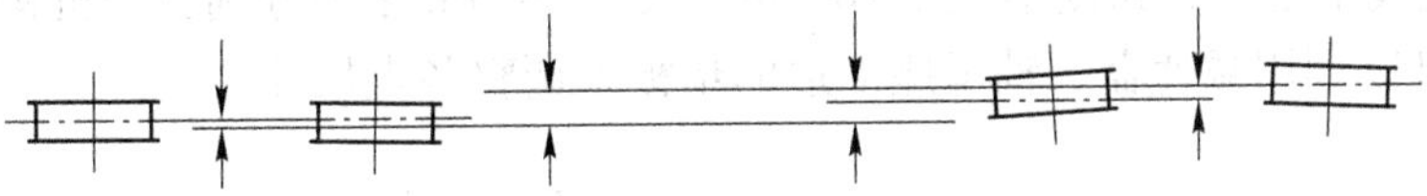

图5-30 同一端梁下车轮的同位差

①车轮同位允差：

2个车轮时不大于2mm；

3个或3个以上时不大于3mm。

②测量方法：在端梁外侧拉一钢丝，平行于端梁中心线，其高度接近于车轮的轮缘，测量点在车轮的垂直中心线上。测量出钢丝与各轮测量点的距离，选定一个车轮为基准，则其他车轮的同位差即可计算出来。

（5）分别驱动机构的安装。分别驱动机构的形式如图5-31所示。以调整好的车轮中心为基准，安装并调整减速器，再用传动轴和减速器主动轴连接起来。连接找正时要保证联轴器上的窜动量和控制齿轮联轴器的极限歪斜量，见表5-7。

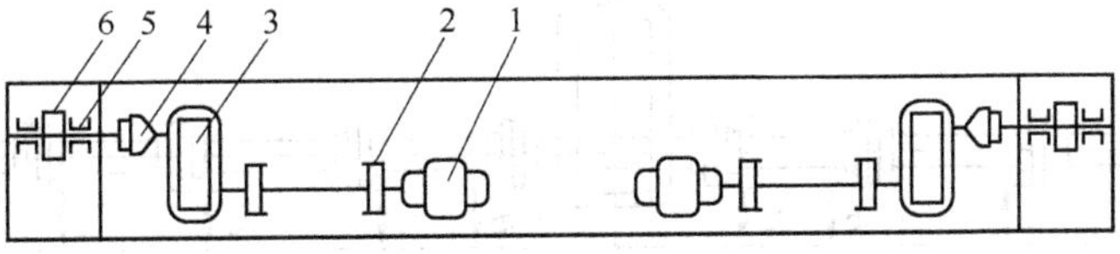

图5-31 大车分别驱动机构图

1—电动机；2—制动器；3—减速器；4—联轴器；5—角轴承箱；6—车轮

表 5 – 7 齿轮联轴器窜动和歪斜量

联轴器型号	1	2	3	4	5	6	7	8	9	10	11	12	13
齿轮外径/mm	80	100	126	150	174	200	232	256	288	348	400	448	500
齿轮外径处的歪斜/mm	0.69	0.87	1.10	1.31	1.52	1.85	2.02	2.24	2.52	3.05	3.51	3.92	4.39
窜动量/mm	3 ~ 5	4 ~ 6	5 ~ 7	6 ~ 8									

检查窜动量时，对双齿联轴器可用手推动联轴器测得内齿圈（即齿套）在外齿上的滑动量。单齿联轴器因有中间轴，测量轴的窜动量即可。

歪斜的检查，最有效的方法是把联轴器端部的弹簧胀圈、挡圈、密封胶圈等拆下，将内外齿端面对齐，如果内外齿端面沿全周都在同一平面内，即无歪斜；如果上下是齐的，左右一出一进，则说明有旁歪，须调正。根据桥架拱度要求，允许减速器主动轴处的内外齿有下齐上进、电动机处上齐下进的情况存在，但进入量应小于 0.5mm。调整好后，再把弹簧胀圈等装上。

车轮与减速器被动轴之间的联轴器，不能用上述方法检查，因空间太小。要先把螺栓拆下，把内齿圈拨开，用尺测两轴头（车轮轴与减速器被动轴）之间的间隙，上下、左右应相等，用尺放在外齿圈的轮毂上，如果两轮毂的上边和侧面在同一平面内即可。

（6）集中驱动机构的安装。集中驱动机构的形式如图 5 – 32 所示，在安装时要求具有 1/1000S 的拱度值，S 为车轮跨度。

集中驱动机构的安装可参照图 5 – 33 所示方法找正。在车轮处的端梁上面，拉一根尼龙线 AA 为基准线，使其位于传动轴中心上方，并使两端 AA 线到联轴器外径的距离 H 相等，再按拱度要求测量各联轴器到基准线的距离 H_1、H_2、H_3。尼龙线要拉紧，测到中间时要考虑尼龙线下挠值，跨度不大于 16.5m（大于 16.5m 多为分别驱动机构）时，按 1 ~ 2mm 考虑。可以利用减速器、轴承座下边的垫板来调整各点尺寸。

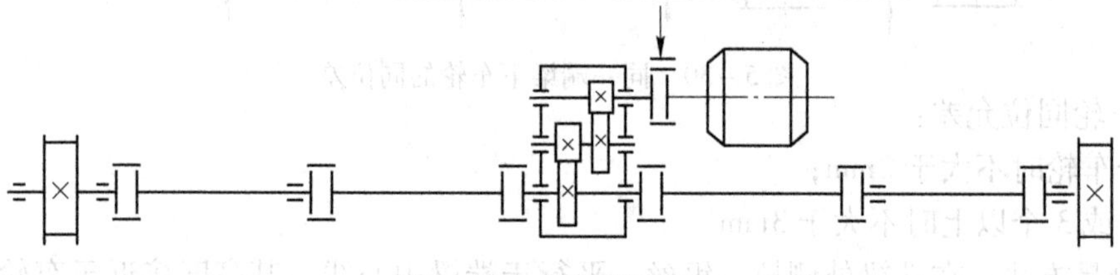

图 5 – 32 集中驱动机构

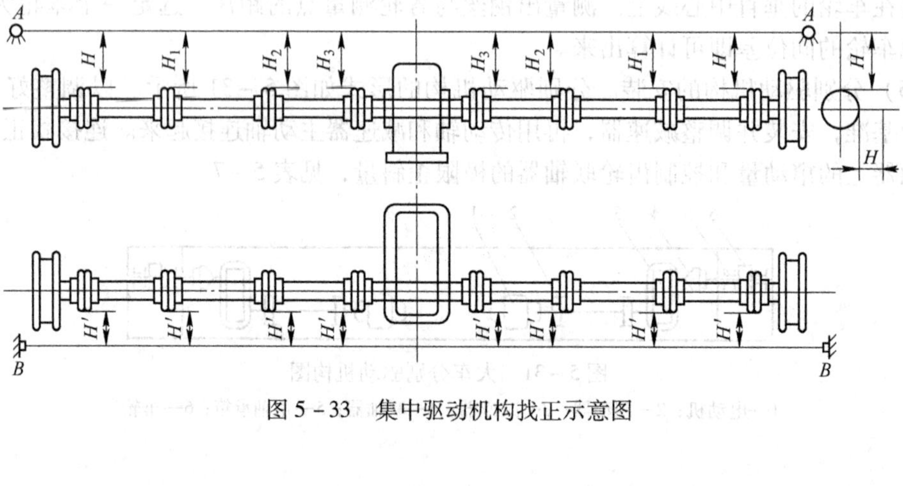

图 5 – 33 集中驱动机构找正示意图

用同样的方法在车轮的外侧再拉一根与传动轴平行的 *BB* 线，用来测量侧向尺寸 H'，使 H' 在各处都相等。同时要调整好各联轴器的窜动量。传动轴中心的跳动要小于 1mm。

装好的运行机构，把制动器松开，用手转动减速器主动轴，使车轮转动一周，应没有任何卡住现象。

5.5.3.2 小车运行机构的安装

小车运行机构一般在制造厂即安装好随小车一起发运，不必重新安装。若是重新安装的小车运行机构，可按下列要求进行检查：

（1）小车轮的不平行度、垂直度、同位差。测量方法和允许偏差值与前述大车运行机构相同。

（2）车轮踏面与轨道面间隙。空载时，主动轮踏面应与轨道面接触，被动轮踏面与轨道面间隙应不大于 0.3mm（在试验平台或标准轨道上）；负载后主、被动轮的踏面均应与轨道面接触。

（3）松开制动器，用手转动减速器主动轴使车轮转动一周，不应有任何卡阻现象。

（4）小车轮距的相对偏差（即两边轮距差值）不大于 4mm。

（5）小车车轮跨距允许偏差值。

跨距 $K \leqslant 2500$mm，跨距允许偏差值 $\Delta K = \pm 2$mm，两侧跨距相对差不大于 2mm；

跨距 $K > 2500$，跨距允许偏差值 $\Delta K = \pm 3$mm，两侧跨距相对差不大于 3mm。

（6）带铰接缓冲装置的小车，车轮装好后在空载时，车架的端部上平面只能向下倾斜，倾斜量不应大于 5mm，如图 5-34 所示。

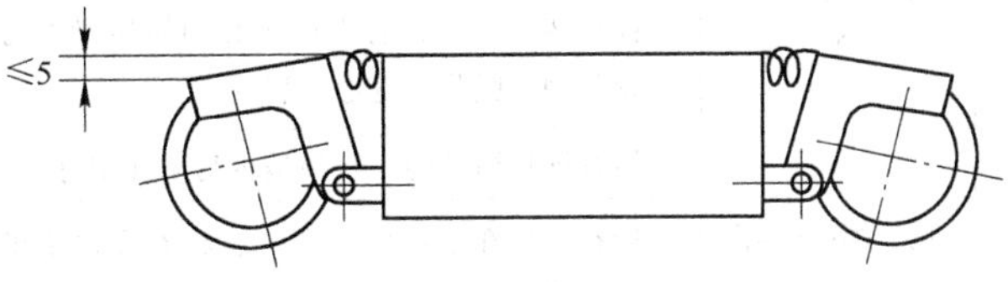

图 5-34 铰接小车架

5.6 桥式起重机工作机构的维护与故障排除

5.6.1 桥式起重机工作机构的维护

5.6.1.1 起升机构的维护

桥式起重机起升机构的维护检查见表 5-8。

表 5-8 桥式起重机起升机构维护检查表

检查项目		检查内容	判定标准
制动器	机械制动器	检查油量是否合适，是否漏油	油量合适，不漏油
		检查机架有无裂纹与开裂	无裂纹与开裂
		检查棘爪和棘轮啮合状态是否有异常、损伤、磨损	下降时可靠啮合，无裂纹、损伤与明显磨损
		检查齿轮是否有损伤、裂纹与磨损	齿轮无磨损，啮合正常
		检查机架安装是否有松动或脱落	机架无松动、脱落
		检查油液是否清洁	油液无明显污染

续表 5－8

检查项目		检查内容	判定标准
卷筒装配	卷筒	检查有无裂纹、变形与磨损	无裂纹，无明显变形与磨损
		检查钢丝绳固定部分有无异常	正常
		检查钢丝绳脱槽痕迹，卷筒安装连接紧固	无脱槽痕迹，无松动、脱落
	轴和轴承	检查有无裂纹、变形、磨损	无裂纹、明显变形与磨损
		检查轴端挡板有无变形与松动	无变形松动
		检查转动卷筒，检查轴承有无异常杂音、发热与振动	无异常振动、发声、发热
		检查润滑情况	润滑良好
滑轮组	滑轮	检查有无裂纹、缺损、磨损	无裂纹、明显变形与磨损
		检查绳槽有无异常	无异常磨损
		检查有无钢丝绳脱槽痕迹	无脱槽痕迹
		检查压板及定位销轴是否有松脱	无松脱
	轴及轴承绳挡、平衡滑轮等	检查有无裂纹及磨损	无裂纹、明显磨损
		检查润滑情况	添加润滑油
		检查转动滑轮，有无声响和回转质量偏心检查脱槽、脱落、变形、裂纹	无异常声响和质量偏心，无脱槽、脱落、变形、裂纹
钢丝绳	钢丝绳结构等	检查钢丝绳结构、直径是否与设计相符	与说明书完全相符
		检查吊具在下极限位置时，检查卷筒上的安全圈数	要求有2圈以上安全圈
	钢丝绳状态	检查钢丝绳有无断丝、断股、露芯、扭结、腐蚀、弯折、松散、磨损	1个捻距不得有10%以上的断丝，绳径不得小于公称尺寸93%，不得有明显缺陷
		检查高温环境使用钢丝绳应检查结构是否正确	结构应适合用途
		检查尾端加工及固定是否正确	不得有缺陷，且固定牢靠
		检查有无跳槽现象，有无附着尘、沙子、杂质、水分	无跳槽，不粘沙子、尘土及杂质、水分
	钢丝绳安装使用	检查钢丝绳是否与结构件碰擦	不得碰擦
		检查与各滑轮的接触状况	不得有明显的磨损、压偏、松散
吊具	吊钩	检查吊钩有无裂纹、变形与磨损	无裂纹、明显变形与磨损
		检查转动吊钩，轴承及螺纹部位有无异常声响	转动平稳、无异常声响
		检查钩口有无异常变形	无异常变形
		检查轴承等润滑情况	润滑良好，给油适量
	抓斗	检查所有结构与零件有无变形、裂纹	无变形、裂纹
		检查转动件运转是否灵活	转动灵活
		检查斗口闭合是否严密，有无明显磨损	抓散粒物料无严重渗漏、磨损正常

5.6.1.2 运行机构的维护

桥式起重机运行机构的维护检查见表5-9。

表5-9 桥式起重机运行机构维护检查表

检查项目		检查内容	判定标准
电动机	安装底座	检查安装底座有无裂纹，连接有无松动、脱落	无裂纹，无松动或脱落
联轴器	键和键槽	检查键有无松动、出槽及变形	无松动、出槽及明显变形
		检查键槽有无裂纹及变形	无裂纹及明显变形
	传动轴	检查转动联轴器，有无径向跳动、端面摆动	无明显径向跳动和端面摆动
	橡胶弹性圈	检查变形与磨损程度	不得超过报废极限
	齿形联轴器	检查润滑情况，是否漏油	给油适当，不漏油
		检查是否有异常响声	无异常声响
	螺栓及螺母	检查螺栓、螺母有无松动与脱落	无松动或脱落
制动器	制动器	检查制动器工作情况	工作正常，发挥效能、不偏磨
	脚踏制动器	检查踏板空隙及踩下时与底板间间隙是否正常，杠杆系统有无松动或错位	空间和间隙要适当，不得有松动与错位
	液压制动器	检查液面高度及有无漏油	油量适当，无泄漏
		检查工作缸的功能、损伤、泄漏	动作正常，不得有损伤和泄漏
	电磁制动器	检查电磁铁动作情况	动作平稳无冲击，无异常噪声，无异臭
	推杆制动器	检查推杆有无弯曲变形、油量、泄漏	不得有明显弯曲，油量适当，无泄漏
	液压圆盘式制动器	检查油量及漏油情况，连接与紧固件安装	油量适当，无漏油，无松动与脱落
		检查液压元件和圆盘工作状态，有无非磨损和损伤	动作正确，部件不得有严重磨损或损伤
	电磁圆盘制动器	检查电磁铁工作状态	动作平衡，无异常噪声和异臭
		检查工作件有无异常磨损与损伤，圆盘安装有无松动	动作正确，无明显磨损与损伤、无松动
	制动轮与制动瓦	检查制动轮安装件有无松脱，摩擦片有无剥落、损伤及偏磨	无松动、无剥落、损伤及偏磨
		检查弹簧是否老化，制动轮有无裂纹、磨损及缺损	无老化、无裂纹、损伤，磨损正常
		检查制动间隙是否合适	制动间隙合乎要求
	行程和制动力矩调节机构	检查行程和制动力矩调节机构有无异常	调节器适当，动作平稳
		检查拉杆、销轴、杠杆及螺栓有无裂纹、弯曲变形与磨损	无裂纹、变形及明显磨损
	安装螺栓、销轴	检查螺栓、螺母与销轴有无松脱	无松脱

续表 5-9

检查项目		检查内容	判定标准
减速器	齿轮箱体	检查有无裂纹、变形及损伤	无裂纹、明显变形与损伤
		检查安装连接有无松动与脱落	无松动与脱落
		检查油量、油品、油质，是否漏油	油量适当，无污染，无漏油
	齿轮	检查有无异常声响、发热和振动	无异常声响、发热、振动
		检查齿面有无磨损及损伤	无明显磨损与损伤
		检查轮毂、轮盘、轮齿有无裂纹，变形及损伤	无裂纹和变形及损伤
		检查键有无松动、出槽及变形	无松动出槽和明显变形
		检查键槽有无裂纹与变形	无裂纹变形
		检查轮齿接触和啮合状态有无异常	齿面接触良好，啮合深度适度
		检查润滑情况	润滑良好
	齿轮罩壳	检查有无裂纹、变形与损伤	无裂纹、明显变形与损伤
		检查连接与安装有无松脱	无松脱
轴	转轴、心轴、传动轴	检查有无变形与磨损	无变形和明显磨损
		检查转动轴是否有振摆	无明显振摆
		检查键及键槽有无松动、变形、裂纹	无松动、变形、裂纹
轴承	轴承装配滚动轴承	检查有无裂纹与损伤	无裂纹、损伤
		检查润滑状况	润滑良好
		检查在空载和负载工况下有无异常振动、发热、噪声	无异常振动、噪声和明显的发热
	滑动轴承	检查轴承有无磨损	无明显磨损
		检查在空载和负载工况下是否烧损与发热	不得有烧损或明显温升陡变
车轮组	轮缘	检查有无裂纹、缺蚀、变形、磨损	无裂纹、缺蚀、明显变形、磨损
	轮毂及轮盘	检查有无裂纹、变形、磨损及损伤	无裂纹、明显变形、磨损、损伤
	车轮踏面	检查踏面有无磨损	无明显磨损
		检查主动车轮以及从动车轮直径误差	轮径误差值应符合相应标准
		检查裂纹、变形、踏面表面剥落	无裂纹与变形；无剥落
	轮毂内轴承	检查滑动轴承的润滑情况	无温升
		检查空载和负载工况时的异常振动、噪声	无异常
	车轮轮毂与端梁侧板之间的贴板	检查有无摩擦、磨损	无摩擦、磨损
		检查装配精度	安装良好

5.6.1.3 金属结构的检查

桥式起重机的金属结构每年检查 1~2 次，重点检查内容为连接的松动、脱落，结构材料和焊缝的裂纹开裂，桥梁变形，结构件的腐蚀。金属结构的检查内容和判定标准见表 5-10。

表 5-10 金属结构检查内容及判定标准

检查项目		检查内容	判定标准
主梁	主梁变形	检测主梁在起吊额定载荷时跨中的挠度以及水平旁弯和其他变形	下挠应小于 S/700，旁弯及变形值应符合规定标准
	结构件	检查金属结构件有无裂纹、腐蚀、异常变形、整体扭曲、局部失稳	不得有裂纹、明显腐蚀、异常变形、明显扭曲和局部失稳
		检查连接部分有无松动、脱落、裂纹、腐蚀	不得有松动、脱落、裂纹、腐蚀
	其他	检查金属结构表面防护	不得有油漆起泡、剥落、明显锈蚀
小车架	结构件	检查有无裂纹、变形、开裂	无裂纹、变形、开裂
		检查钢结构表面防护	不得有油漆起泡、剥落、明显锈蚀
		检查各连接有无松动、脱落	无松动、脱落
司机室和主梁连接		检查连接处母材及焊缝区有无裂纹	无裂纹
		检查螺栓等是否紧固可靠	应紧固可靠

（1）主梁变形的检查。主梁变形是桥式起重机的检查重点，内容包括下挠、水平旁弯、局部失稳等。检查方法主要用水平仪测量、拉钢丝绳测量和连通器测量等。

欲使测量准确，要做到两点：一是明确并固定测点（定基准点），二是保持测量条件不变。测量条件不变是指基准高、位置、人员等每次都一样，这样测量结果才有可比性。

（2）主梁测量的记录。测量内容应记入特制的表格中，然后对现场记录数据进行分析整理。也可以用微机对检测项目和测量数据进行处理，求出结果并打印。根据打印资料进行调整。

5.6.2 桥式起重机工作机构的故障及排除

5.6.2.1 起升机构的故障及排除

桥式起重机起升机构的常见故障及排除方法见表 5-11。

表 5-11 桥式起重机起升机构的常见故障及排除方法

零件名称	故障及损坏情况	原因与后果	排除方法
锻造吊钩	吊钩表面出现疲劳性裂纹	超载、超期使用，材质缺陷	发现裂纹即更换
	开口及危险断面磨损	严重时削弱强度、易断钩，造成事故	磨损量超过危险断面 10%，更换
	开口部位和弯曲部位发生塑性变形	长期过载，疲劳所致	立即更换
片式吊钩	吊钩变形	长期过载，容易折钩	换新
	表面有疲劳裂纹	超期、超载、吊钩损坏	更换
	销轴磨损量超过公称直径的 3% ~5%	吊钩脱落	更换
	耳环有裂纹或毛刺	耳环断裂	更换
	耳环衬套磨损量达原厚的 50%	受力情况不良	更换

续表 5 – 11

零件名称	故障及损坏情况	原因与后果	排除方法
钢丝绳	断丝、断股、打结、磨损	导致突然断绳	断股、打结停止使用；断丝，按标准更换；磨损，按标准更换
滑轮	滑轮绳槽磨损不匀	材质不均匀，安装不合要求，绳和轮接触不良	轮槽壁磨损量达原厚的 1/10、径向磨损量达绳径的 1/5 时应更换
	滑轮心轴磨损量达公称直径的 3% ~5%	心轴损坏	更换
	滑轮转不动	心轴和钢丝绳磨损严重	加强润滑，检修
	滑轮倾斜、松动	轴上定位件松动，或钢丝绳跳槽	轴上定位件松动，或钢丝绳跳槽进行检修
	滑轮裂纹或轮缘断裂	滑轮损坏	更换
卷筒	卷筒疲劳裂纹	卷筒破裂	更换卷筒
	卷筒轴、键磨损	轴被剪断，导致重物坠落	停止使用，立即对轴键等检修
	卷筒绳槽磨损和绳跳槽，磨损量达原壁厚的 15% ~20%	卷筒强度削弱，容易断裂；钢丝绳缠绕混乱	更换卷筒
齿轮	齿轮轮齿折断	工作时产生冲击与振动，继续使用损坏传动机构	更换新齿轮
	轮齿磨损达原齿厚的 15% ~25%	运转中有振动和异常声响，是超期使用，安装不正确所致	更换新齿轮
	齿轮裂纹	齿轮损坏	对起升机构应作更换，对运行机构等作修补
	因“键滚”使齿轮键槽损坏	使吊重坠落	对起升机构应作更换，对运行机构可新加工键槽修复
	齿面剥落面占全部工作面积的 30%，及剥落深度达齿厚的 10%；渗碳齿轮渗碳层磨损 80% 深度	超期使用，热处理质量问题	更换，圆周速度大于 8m/s 的减速器的高速级齿轮磨损时应成对更换
轴	裂纹	材质差，热处理不当，导致损坏轴	更换
	轴弯曲超过 0.5mm/m	导致轴颈磨损，影响传动，产生振动	更换或校正
	键槽损坏	不能传递扭矩	起升机构应作更换，运行机构等可修复使用

续表 5-11

零件名称	故障及损坏情况	原因与后果	排除方法
制动器零件	拉杆上有疲劳裂纹	制动器失灵	更换
	弹簧上有疲劳裂纹	制动器失灵	更换
	小轴、心轴磨损量达公称直径的3%~5%	抱不住闸	更换
	制动轮磨损量达1~2mm，或达原轮缘厚度的40%~50%	吊重下滑或溜车	重新车削、热处理，车削后保证大于原厚50%以上；起升机构中制动轮磨损量达40%应作报废
	制动瓦摩擦片磨损达2mm或者达原厚度的50%	制动器失灵	更换摩擦片
联轴器	联轴器半体内有裂纹	联轴器损坏	更换
	连接螺栓及销轴孔磨损	起制动时产生冲击与振动、螺栓剪断、起升机构中则易发生吊重坠落	对起升机构应更换新件，对运行等机构补焊后扩孔
	齿形联轴器轮齿磨损或折断	缺少润滑、工作繁重、打反车所致联轴器损坏	对起升机构，轮齿磨损达原厚15%即应更换。对运行机构，轮齿磨损量达原齿厚的30%时更换
	键槽压溃与变形	脱键、不能传递扭矩	对起升机构应更换，对其他机构修复使用
	销轴、柱销、橡皮圈等磨损	启、制动时产生强烈的冲击与振动	更换已磨损件
滚动轴承	温度过高	润滑油污垢完全缺油或油过多	清除污垢，更换轴承，检查润滑油数量
	异常声响（继续哑音）	轴承污脏	清除污脏
	金属研磨声响	缺油	加油
	锉齿声或冲击声	轴承保持架、滚动体损坏	更换轴承
滑动轴承	过度发热	轴承偏斜或压得过紧	消除偏斜，合理紧固
		间隙不当	调整间隙
		润滑剂不足	加润滑油
		润滑剂质量不合格	换合格的油剂
制动器	不能闸住制动轮（重物下滑）	杠杆的铰链被卡住	排除卡住故障，润滑
		制动轮和摩擦片上有油污	清洗油污
		电磁铁铁芯没有足够的行程	调整制动器
		制动轮或摩擦片有严重磨损	更换摩擦片
		主弹簧松动和损坏	更换主弹簧或锁紧螺母
		锁紧螺母松动、拉杆松动	紧固锁紧螺母
		液压推杆制动器叶轮旋转不灵	检修推动机构和电气部分

续表 5 – 11

零件名称	故障及损坏情况	原因与后果	排除方法
制动器	制动器不松闸	电磁铁线圈烧毁	更换
		通往电磁铁导线断开	接好线
		摩擦片粘连在制动轮上	用煤油清洗
		活动铰被卡住	消除卡住现象、润滑
		主弹簧力过大或配重太重	调整主弹簧力
		制动器顶杆弯曲，推不动电磁铁（在液压推杆制动器上）	顶杆调直或更换顶杆
		油液使用不当	按工作环境温度更换油液
		叶轮卡住	调整推杆机构和检查电器部分
		电压低于额定电压 85%，电磁铁吸合力不足	查明电压降低原因，排除故障
	制动器发热，摩擦片发出焦味并且磨损很快	闸瓦在松闸后，没有均匀的和制动轮完全脱开，因而产生摩擦	调整间隙
		两闸瓦与制动轮间隙不均匀，或者间隙过小	调整间隙
		短行程制动器辅助弹簧损坏或者弯曲	更换或修理辅助弹簧
		制动轮工作表面粗糙	按要求车削制动轮表面
	制动器容易离开调整位置，制动力矩不够稳定	调节螺母和背螺母没有拧紧	拧紧螺母
		螺纹损坏	更换
	电磁铁发热或有响声	主弹簧力过大	调整至合适大小
		杠杆系统被卡住	消除卡住原因、润滑
		衔铁与铁芯贴合位置不正确	刮平贴合面
减速器	有周期性齿轮颤振现象，从动轮特别明显	节距误差过大，齿侧间隙超差	修理、重新安装
	剧烈的金属摩擦声，减速器振动，机壳叮当作响	传动齿轮侧隙过小、两个齿轮轴不平行、齿顶有尖锐的刃边	修整、重新安装
		轮齿工作面不平坦	修整、重新安装
	齿轮啮合时，有不均匀的敲出声，机壳振动	齿面有缺陷、轮齿不是沿全齿面接触，而是在一角上接触	更换齿轮
	壳体，特别是安装轴承处发热	轴承破碎	更换轴承
		轴颈卡住	更换轴承
		轮齿磨损	修整齿轮
		缺少润滑油	更换润滑油

续表 5－11

零件名称	故障及损坏情况	原因与后果	排除方法
减速器	剖分面漏油	密封失效	更换密封件
		箱体变形	检修箱体剖分面，变形严重则更换
		剖分面不平	剖分面铲平
		连接螺栓松动	清理回油槽，紧固螺栓
	减速器在底座上振动	地脚螺栓松动	调整地脚螺栓
		与各部件连接轴线不同心	对线调整
		底座刚性差	加固底座，增加刚性
	减速器整体发热	润滑油过多	调整油量
钢丝绳滑轮系统	钢丝绳迅速磨损或经常破坏	滑轮和卷筒直径太小	更换挠性更好的钢丝绳，或加大滑轮或卷筒直径
		卷筒上绳槽尺寸和绳径不相匹配，太小	更换起吊能力相等但直径较细的钢丝绳，或更换滑轮及卷筒
		有脏物，缺润滑	清除、润滑
		起升限位挡板安装不正确经常磨绳	调整
		滑轮槽底或轮缘不光滑有缺陷	按标准修复或更换
	个别滑轮不转动	轴承中缺油、有污垢和锈蚀	润滑、清洗

5.6.2.2 运行机构的故障及排除

桥式起重机运行机构的常见故障及排除方法见表 5－12。

表 5－12 桥式起重机运行机构的常见故障及排除方法

故障名称		故障原因	排除方法
大车运行机构	桥架歪斜运行、啃轨	两主动车轮直径误差过大	测量、加工、更换车轮
		主动车轮不是全部和轨道接触	把满负荷小车开到大车落后的一端，如果大车走正，说明这端主动轮没和轨道全部接触，轮压小，可加大此端主动车轮直径
		主动轮轴线不正	检查和消除轴线偏斜现象
		金属结构变形	矫正
		轨道安装质量差	调整轨道，使轨道符合安装技术条件
		轨顶有油污或冰霜	消除油污和冰霜
小车运行机构	打滑	轨顶有油污等	清除
		轮压不均	调整轮压
		同一截面内两轨道标高差过大	调整轨道至符合技术条件
		启、制动过于猛烈	改善电动机启动方法，选用绕线式电动机

续表 5 – 12

故障名称		故障原因	排除方法
小车运行机构	小车三条腿运行	车轮直径偏差过大	按图纸要求进行加工
		安装不合理	按技术条件重新调整安装
		小车架变形	车架矫正
	启动时车身扭壁	小车轮压不均或主动车轮有一只悬空	调整小车三条腿现象
		啃轨	解决啃轨
车轮	踏面和轮辐轮盘有疲劳裂纹	车轮损坏	更换
	主动车轮踏面磨损不均匀	导致车轮啃轨，车体倾斜和运行时产生振动	成对更换
	踏面磨损达轮圈厚度的15%	车轮损坏	更换
	轮缘磨损达原厚度的50%	由车体倾斜、车轮啃轨所致，容易脱轨	更换

5.6.2.3 金属结构部分的故障及排除

桥式起重机金属结构部分的常见故障及排除方法见表 5 – 13。

表 5 – 13 桥式起重机金属结构部分故障及排除方法

故障名称	故障原因	排除方法
主梁腹板或盖板发生疲劳裂纹	长期超载使用	裂纹不大于 0.1mm 的，可用砂轮将其磨平；对于较大的裂纹，可在裂纹两端钻大于 ϕ8mm 的小孔，然后沿裂纹两侧开60°的坡口，进行补焊；重要受力构件部位应用加强板补焊，以保证其强度
主梁各拼接焊缝或桁架节点焊缝脱焊	原焊接质量差，有焊接缺陷	用优质焊条补焊
	长期超载使用	严禁超载使用
	焊接工艺不当，产生过大的焊接残余应力	采用合理的焊接工艺
主梁腹板有波浪形变形	焊接工艺不当，产生了焊接内应力	采取火焰矫正，消除变形，锤击消去内应力
	超负荷使用，使腹板局部失稳	严禁超负荷使用
主梁旁弯变形	制造时焊接工艺不当，焊接内应力与工作应力叠加所致	用火焰矫正法，在主梁的凸起侧加热，并适当配用顶具和拉具
主梁下沉变形	主梁结构应力，腹板波浪形变形，超载使用，热效应的影响，存放、运输不当及其他	采用火焰矫正法矫正，并沿主梁下盖板用槽钢加固；或采用预应力法矫正，加固方法则是预应力拉杆

复习思考题

5 – 1 桥式起重机的基本参数有哪些？

5 – 2 桥式起重机运行机构的集中驱动形式和分别驱动形式各用于什么场合？

5 – 3 桥式起重机工作机构的维护内容是什么？

5 – 4 桥式起重机的制动器易出现哪些故障，应如何排除？

6 带式输送机

【学习重点】

（1）带式输送机的类型；

（2）带式输送机的组成和工作原理；

（3）输送带、传动滚筒、改向装置、张紧装置、驱动装置等主要零部件的结构与原理；

（4）带式输送机的安装；

（5）带式输送机的试运行与调整；

（6）带式输送机的启动和停机注意事项；

（7）带式输送机运行中的注意事项；

（8）带式输送机的维修。

【关键词】带式输送机、带式输送机的结构和工作原理、输送带、改向装置、带式输送机的安装、带式输送机运行、带式输送机的维修

6.1 概述

6.1.1 带式输送机的应用

带式输送机是一种靠摩擦驱动、以连续方式运输物料的机械。它是用输送带传送物料的输送机械，可以将物料在一定的输送线上，从最初的供料点到最终的卸料点间形成一种物料的输送流程。它既可以进行碎散物料的输送，也可以进行成件物品的输送。除进行纯粹的物料输送外，它还可以与各工业企业生产流程中的工艺过程的要求相配合，形成有节奏的流水作业运输线。所以，带式输送机广泛地应用在冶金、矿山、煤炭、港口、交通、水电、化工等部门，进行装车、装船、转载或堆积各种散状物料或成件物品。

带式输送机与其他类型的输送机相比，具有优良的性能。在连续装载的情况下它能连续运输，生产率高，运行平稳可靠，输送连续均匀，工作过程中噪声小，结构简单，能量消耗小，运行维护费用低，维修方便，易于实现自动控制及远程操作等。

带式输送机的发展趋势是：输送量、运输距离和驱动装置的功率迅猛地增加。例如：国外露天煤矿已采用输送量达3600t/h以上、带宽3m以上、带速6～8m/s的带式输送机；出现了连接煤矿与火电厂、矿山与港口（火车站）之间的长距离带式输送机线，单机长度达8～10km，总长超过100km。

6.1.2 带式输送机的类型

常见的带式输送机有下列几种类型：

(1) 通用固定式(TD75 系列、DTⅡ系列)普通型带式输送机。此种输送机用在物料的一般输送上。如矿井地面选煤厂及井下主要运输巷道中，绝大多数采用这种类型。

(2) 花纹带式输送机。此种输送机的输送带工作面上有凸出的花纹，运送物料的倾角可以增加至35°。

(3) 钢绳带式输送机。输送机的输送带只作装载物料用，输送带由钢绳牵引运动，因此运送距离长。

根据安装的特点，带式输送机又可分为固定式、移动式和机架可伸缩式三种类型。固定式带式输送机一般应用在输送量大和使用期限长的情况下，它的机架和部件不能任意拆移。移动式带式输送机应用在距离短、运输量不大且施工地点经常变动的场合，其结构轻便，并安装有车轮或轮胎可以随意移动。伸缩式带式输送机的机架由若干节短机架拼装而成，各机架之间用螺栓或挂钩连接。这种带式输送机通常在运输长度常常改变又经常移动的情况下采用。

6.1.3 带式输送机的组成和工作原理

图 6－1 为带式输送机的结构简图。它由输送带、驱动装置、托辊、机架、清扫器、张紧装置和制动装置等组成。输送带绕经传动滚筒和尾部改向滚筒形成环形封闭带。上、下两股输送带分别支承在上托辊和下托辊上。张紧装置保证输送带正常运转所需的张紧力。工作时，传动滚筒通过摩擦力驱动输送带运行。装载装置将物料装在输送带上与输送带一同运动。通常利用上股输送带运送物料，并在输送带绕过机头滚筒改变方向时卸载。必要时，可利用专门的卸载装置在输送机中部任意点进行卸载。

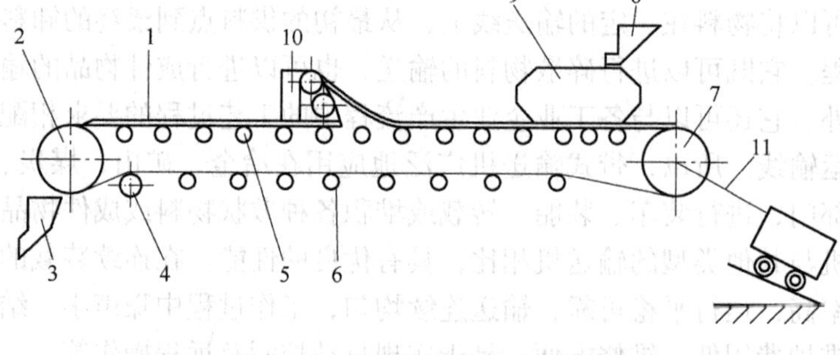

图 6－1 带式输送机的结构简图

1—输送带；2—尾部滚筒；3—卸料溜槽；4—张紧托辊；5—上托辊；6—下托辊；7—传动滚筒；8—加料漏斗；9—给料机；10—卸料器；11—张紧装置

6.1.4 通用带式输送机的主要参数

通用带式输送机产品的主要参数有带宽、带速和运输量等。表 6－1 为 TD75 型带式输送机技术参数，表 6－2 为 DTⅡ型带式输送机技术参数。

表 6－1 TD75 型带式输送机技术参数

托辊	平形托辊						槽形托辊							
带速/m·s⁻¹	0.8	1.0	1.25	1.6	2.0	2.5	0.8	1.0	1.25	1.6	2.0	2.5	3.15	4.0
带宽/mm	输送量/t·h⁻¹													
500	41	52	66	84	103	125	78	97	122	156	191	232		
650	67	88	110	142	174	211	131	164	206	264	323	391		
800	118	147	184	236	289	350		278	348	445	546	661	824	
1000		230	288	368	451	546			435	544	696	853	1033	1233
1200	345	432	553	677	821			655	819	1048	1284	1556	1858	2202
1400	496	588	753	922	1117	891			1115	1427	1748	2118	2528	2996

注：表中输送量是按水平运输、物料松散密度为 $1t/m^3$、动堆积角为 30°时的数值。

表 6－2 DTⅡ型带式输送机技术参数

带宽/mm	带速/m·s⁻¹									
	0.8	1.0	1.25	1.6	2.0	2.5	3.15	4.0	(4.5)	5.0
	运输量/t·h⁻¹									
500	69	87	108	139	174	217				
650	127	159	198	254	318	397				
800	198	248	310	397	496	620	781			
1000	324	405	507	649	811	1041	1278	1622		
1200		593	742	951	1188	1486	1872	2377	2674	2971
1400		825	1032	1321	1652	2065	2602	3304	3718	4130

注：1. 表中输送量是按水平运输、物料松散密度为 $1t/m^3$、动堆积角为 20°、托辊槽角为 35°时的数值。
2. 表中带速 4.5m/s 为非标值，一般不推荐选用。

6.2 主要零部件的结构与原理

6.2.1 输送带

输送带是用来承载物料并传递牵引力的部件，一般要求输送带具有强度高、伸长率小、挠性好、耐磨和抗腐蚀性强等特点。输送带的主要参数是宽度。

6.2.1.1 输送带的类型

使用广泛的输送带有橡胶输送带、钢丝绳芯输送带和塑料输送带，其中以橡胶输送带应用最为普遍。

（1）橡胶输送带。图 6－2 所示为橡胶输送带的结构。它是用棉织物或化纤织物挂胶后叠成的多层带芯材料，四周用橡胶作为覆盖材料。带芯层承受载荷并传递牵引力，而覆盖层主要起防止外力对带芯层损伤及有害物质对带芯腐蚀的作用。

带芯结构有两种形式。一种是夹层带芯（见图 6－2a），带芯为数层帆布组成，层与层之间靠橡胶黏结。帆布材料的选用对输送带的强度影响很大。普通帆布带芯采用棉织物，不仅要消耗大量的优质棉，而且强度低。现在广泛采用高强度的尼龙帆布芯，其强度大大超过普通棉织物帆布带芯。

另一种是整编带芯（见图6-2b）。它用高韧性的合成纤维做经纬线编织成整编带芯，其优点是强度高、厚度小、弹性大、耐冲击性能较好、柔性也好，而且由于不分层，受到较大弯曲时不会产生层间开裂现象。

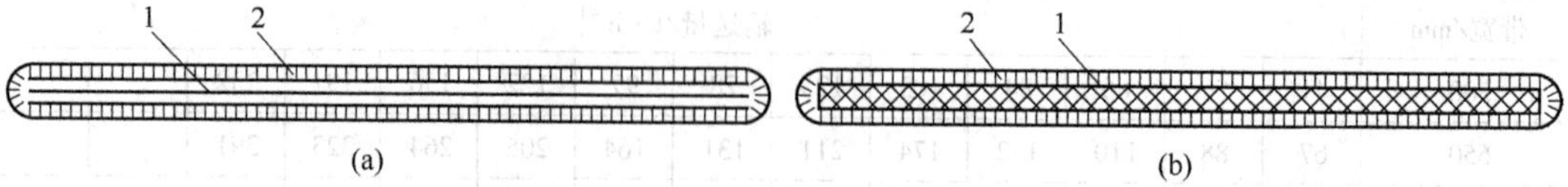

图6-2 橡胶输送带的结构

（a）夹层带芯橡胶输送带；（b）整编带芯橡胶输送带

1—带芯；2—橡胶覆盖层

（2）钢丝绳芯输送带。钢丝绳芯输送带的断面结构如图6-3所示。沿输送带长度方向平行布置一定数量的细钢丝绳做带芯。钢丝绳材料用高碳钢，为了增强与橡胶之间的黏着力，钢丝绳通常要进行镀锌或镀铜处理。钢丝绳分左、右捻两种，在输送带中间隔分布。

钢丝绳芯输送带用橡胶做覆盖物。它基本上可以分为无布层型（见图6-3a）和有布层型（见图6-3b）两种。国产钢丝绳输送带为无布层。

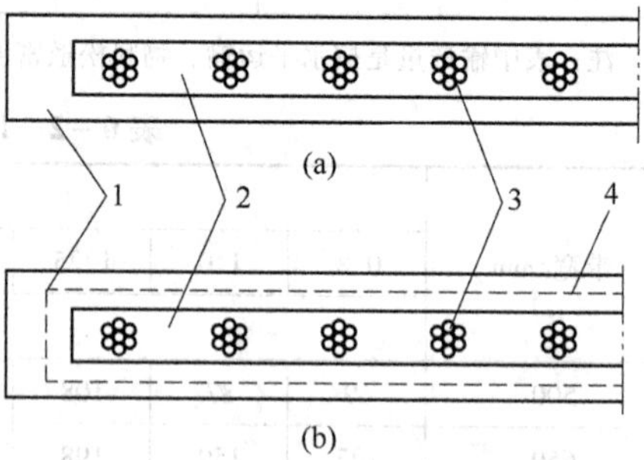

图6-3 钢丝绳芯输送带断面图

（a）无布层型；（b）有布层型

1—层面胶；2—中间胶；3—钢丝绳；4—帆布

钢丝绳芯输送带的主要优点是：抗拉强度高，弹性伸长小，成槽性好，抗疲劳与抗冲击性能好，接头寿命长，与同样强度的普通输送带比较，可用较小直径的滚筒（最小直径不得小于400mm）。

6.2.1.2 输送带的接头方法

为了方便制造和搬运，输送带的长度一般制成100~200m，因此使用时必须根据需要进行连接。输送带的接头质量对带式输送机的使用有很大影响。对织物芯输送带来说，接头方法有机械法、硫化法和冷黏法等。

机械法用专用钩卡或钉扣将带两端连接，此法简单易行、拆卸方便，但接头处强度降低较多（其强度一般相当于输送带本身强度的35%~40%），带芯外露易受腐蚀。机械法适用于带式输送机长度不大、运输无腐蚀性物料、要求检修时间较短的场合。

硫化法是将输送带的接头部位的胶布层和覆盖胶切成对称的阶梯，涂以胶浆，在0.5~0.8MPa的压力、140~145℃温度下保温一定时间，即能成无接缝的硫化接头。这种接头的强度能达到输送带强度的85%~90%，且能防止带芯腐蚀，输送带的使用寿命较长，但操作费时且需要专用的硫化设备。

钢丝绳芯带的接头一般用硫化法，硫化前先将带两端的橡胶剥去，将钢丝绳交叉搭接，然后再敷上生胶硫化。

冷黏法的操作类似硫化法，只是改用特殊黏合剂将带两端黏结而不进行硫化。这种方法的优点是接头处强度降低较少，操作简便、省时，不需要专用设备。

6.2.2 传动滚筒

传动滚筒是驱动装置的主要部件，它是依靠与输送带之间的摩擦力带动输送带运行的部件。

传动滚筒根据承载能力分为轻型、中型和重型三种。同一种滚筒又有几种不同的轴径和中心跨距供选用。

（1）轻型：轴承孔径 50～100mm，轴与轮毂为单键连接的单幅板焊接筒体结构，单向出轴。

（2）中型：轴承孔径 120～180mm，轴与轮毂为胀套连接。

（3）重型：轴承孔径 200～220mm，轴与轮毂为胀套连接，筒体为铸焊结构，有单向出轴和双向出轴两种。

输送机的传动滚筒结构（见图 6－4）有钢板焊接结构及铸钢或铸铁结构，新设计产品全部采用滚动轴承。

传动滚筒的表面形式有钢制光面滚筒、铸（包）胶滚筒等。钢制光面滚筒的主要缺点是表面摩擦系数小，所以一般用在周围环境湿度小的短距离输送机上。铸（包）胶滚筒的主要优点是表面摩擦系数大，适用于环境湿度大、运距长的输送机。铸（包）胶滚筒按其表面形状又可分为光面铸（包）胶滚筒、人字形沟槽铸（包）胶滚筒和菱形铸（包）胶滚筒。

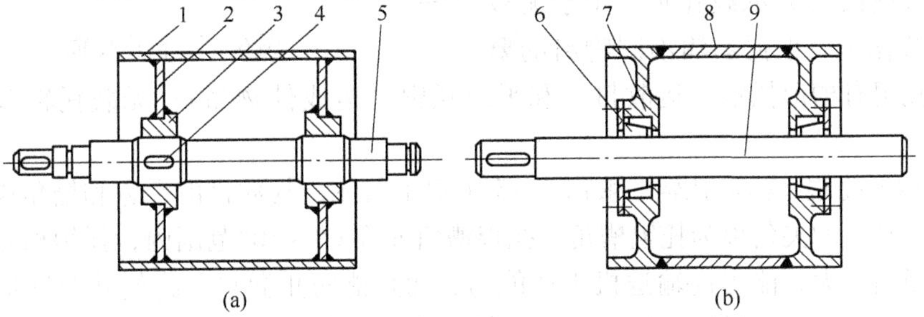

图 6－4 传动滚筒的结构示意图

（a）钢板焊接结构；（b）铸焊结构

1，8—筒体；2，7—辐板；3—轮毂；4—键；5，9—轴；6—胀套

6.2.3 改向装置

带式输送机采用改向滚筒或改向托辊组来改变输送带的运动方向。

改向滚筒可用于输送带 180°、90°或小于 45°的方向改变。一般布置在尾部的改向滚筒可使输送带改向 180°，布置在垂直重锤张紧装置上方的改向滚筒可改向 90°。改向 45°以下一般用于增加输送带与传动滚筒间的围包角。改向滚筒直径有 250mm、315mm、400mm、500mm、630mm、800mm、1000mm 等规格，选用时可与传动滚筒直径匹配。改向 180°时改向滚筒的直径可比传动滚筒直径小一挡，改向 90°或 45°时可随改向角减小而适当取小 1～2 挡。

改向托辊组是若干沿所需半径弧线布置的支承托辊，它用在输送带弯曲的曲率半径较大处，或用在槽形托辊区段，使输送带在改向处仍能保持槽形横断面。输送带通过凸弧段时，由于托辊槽角的影响，输送带两边伸长率大于中心，为降低输送带应力应使凸弧段曲率半径尽可能大。

6.2.4 托辊

托辊的作用是支承输送带及带上的物料，减小带条的垂度，保证输送带平稳运行，在有载分支形成槽形断面，可以增大运输量和防止物料的两侧撒漏。一台输送机的托辊数量很多，托辊质量的好坏，对输送机的运行阻力、输送带的寿命、能量消耗及维修与运行费用等影响很大。

托辊是影响带式输送机的使用效果和输送带使用寿命的最重要部件之一。对托辊的基本要求是：托辊表面光滑，自重较轻，轴承保证良好的润滑，回转阻力系数小，轴向窜动量小，经久耐用，密封装置防尘性能和防水性能好，使用可靠，使用成本低。

托辊一般由外筒、中心轴、轴承及密封装置组成。外筒一般用无缝钢管制造，也有用电焊钢管或尼龙制造的，但后者使用的效果不理想，未被推广。筒内装有滚动轴承，用来减小托辊的运行阻力和输送带的磨损。密封装置保证轴承免遭粉尘进入。国产带式输送机托辊直径一般为 89mm、108mm、133mm、159mm 四种。

托辊按用途可分为槽形托辊（见图 6－5）、平形托辊（见图 6－6）、缓冲托辊和调心托辊等。

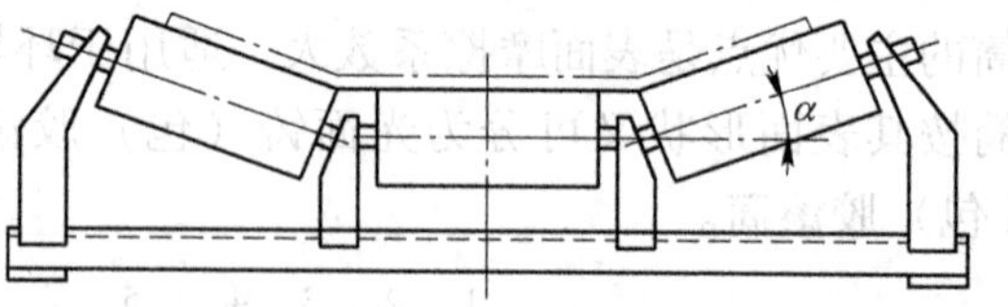

图 6－5 槽形托辊

用于有载段的为承载托辊，用于无载段的为无载托辊。根据运输不同物料的要求，承载托辊有槽形托辊（运散料）和平形托辊（运成件物品）；无载托辊多采用平形托辊。

（1）槽形托辊。槽形托辊一般由 2～5 个辊子组成，其数目由带宽和槽角决定。最外侧辊子与水平线的夹角称为托辊槽角。托辊槽角 α 在 0°～60°范围内，托辊槽角增大后使物料堆积断面增大，能提高输送机生产能力，而且能防止撒料、跑偏并能够提高运输倾角。槽角的大小，常由运输带的成槽性决定，目前最常用的三节式托辊的槽角为 30°。槽形三托辊长度总和应较输送带的带宽大 100～200mm。

（2）平形托辊。平形托辊多用于输送成件物品。另外，在受料段处的支承托辊，由于距张紧装置的尾轮较近，对采用槽形托辊的较厚的输送带要使其从平面变成槽形确有困难，因此该处的支承托辊也宜采用平形托辊。

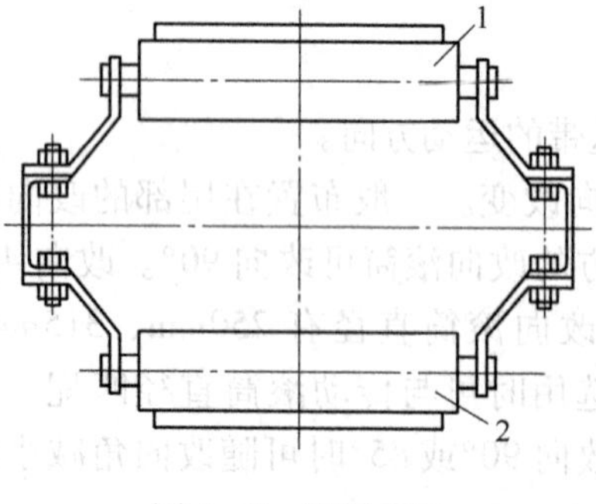

图 6－6 平形托辊

1—平形上托辊；2—平形下托辊

（3）缓冲托辊。在输送带的受料处，为了缓和物料对输送带的冲击，须装设缓冲托辊。缓冲托辊的构造与一般托辊基本相同。缓冲托辊一般有橡胶圈式（见图 6－7a）和弹簧板式（见图 6－7b）两种。橡胶圈式就是在辊体外面套装若干橡胶圈；弹簧板式是托辊的支座具有弹性，以缓冲物料的冲击。

（4）调心托辊。在通用固定式带式输送机上，

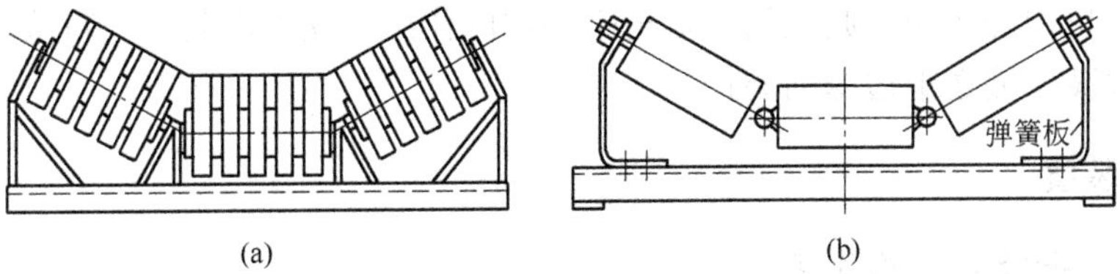

图 6-7 缓冲托辊

（a）橡胶圈式缓冲托辊；（b）弹簧板式缓冲托辊

托辊是固定地安装在机架上，为了防止输送带在工作时发生跑偏，可以通过安装调心托辊来调偏。

带式输送机的上部有载段一般每隔 10 组托辊设置一组槽形调心托辊（见图 6-8）；下部无载段一般每隔 6～10 组设置一组平形调心托辊（见图 6-9）。

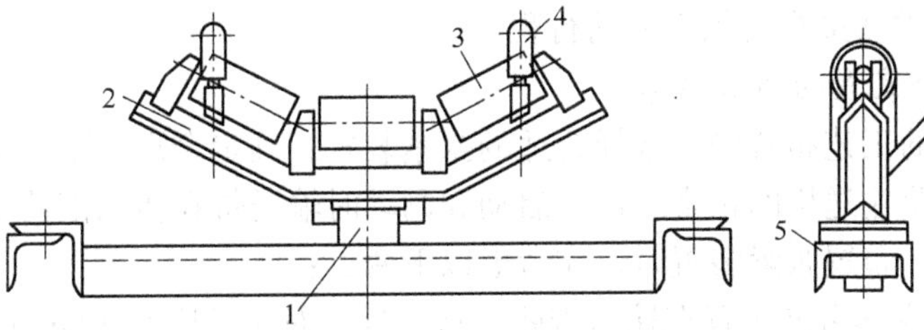

图 6-8 槽形调心托辊安装外形

1—回转架；2—支架；3—托辊；4—立辊；5—底座

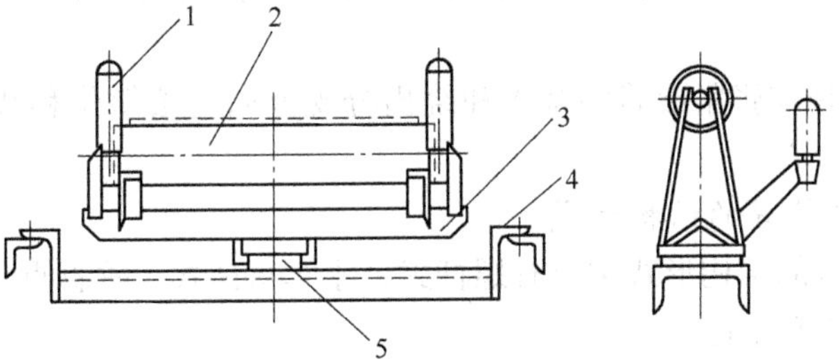

图 6-9 平形调心托辊安装外形

1—立辊；2—托辊；3—支架；4—底座；5—回转架

调心托辊除完成一般支承作用外，还有自动进行输送带调偏的作用。正常运行时，调心托辊只起支承作用。当输送带向某侧发生一定量的跑偏时，输送带的一边便压于该侧的立辊上。立辊带动回转架转动，使回转架上的槽形托辊轴线方向发生变化，这就相当于输送带在一个偏斜托辊上运行一样。这时垂直于托辊回转轴的托辊速度 $\boldsymbol{v}_g$ 与输送带的速度 $\boldsymbol{v}_d$ 方向不相吻合（见图 6-10）。托辊的速度 $\boldsymbol{v}_g$ 可分解为 $\boldsymbol{v}_d$ 和 $\boldsymbol{v}'_g$，可见 $v'_g = v_d \tan\alpha$，这个速度将促使

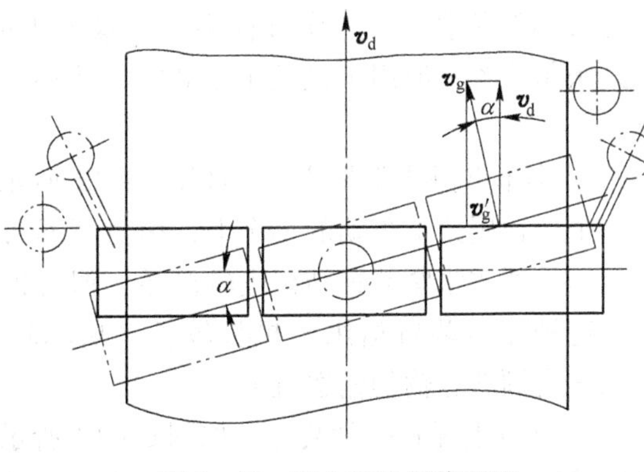

图 6-10 调心托辊调偏原理

输送带往输送机中心运动，起到纠正输送带跑偏的作用。立辊内装有一对滚珠轴承，可以绕轴旋转，以减小输送带边缘的磨损。

6.2.5 张紧装置

6.2.5.1 张紧装置的作用

张紧装置的作用主要有以下几点：

（1）保证输送带达到必要的张力，以免在传动滚筒上打滑，并依靠摩擦力将传动滚筒的圆周力传给输送带。

（2）保证托辊间输送带的挠度在规定的范围以内，以防止输送带在各支承托辊之间过分松弛下垂而引起撒料和输送带跑偏，增加运行阻力。

（3）补偿输送带的伸长量。

（4）为输送带重新接头提供必要的行程。

6.2.5.2 张紧装置的布置要求

在带式输送机的工艺布置中，选择合适的张紧装置，确定合理的工作位置，是保证输送带的使用寿命以及输送机的正常运输、启动和制动时输送带在传动滚筒上不打滑的必要条件。一般情况下，布置张紧装置时，应考虑以下两点：

（1）张紧装置应尽可能布置在输送带张力最小处。对于长度在300m以上的水平或坡度在5%以下的输送机，张紧装置应设在紧靠传动滚筒的无载段上；对于距离较短的输送机和坡度在5%以上的上行输送机，张紧装置多半布置在输送机尾部，并以尾部滚筒作为张紧滚筒。

（2）应使输送带在张紧滚筒的绕入和绕出分支方向与滚筒位移线平行，而且施加的张紧力要通过滚筒中心。

6.2.5.3 张紧装置的结构形式

常用的张紧装置的结构形式主要有螺杆式、小车重锤式、垂直重锤式等，多用于机长小于600m的带式输送机上。

（1）螺杆式张紧装置。如图6－11所示，张紧滚筒轴支承在两端轴承座上，轴承安装在带有螺母的滑架上，滑架可在尾架上移动。转动尾架上的螺杆可使滚筒前后移动，以调节输送带的张力。螺杆的螺纹应能自锁，以防松动。螺杆式张紧装置的结构简单，但张紧力的大小不易掌握，工作过程中，张紧力不能保持恒定。螺杆式张紧装置一般用于机长小于80m、功率较小的带式输送机。

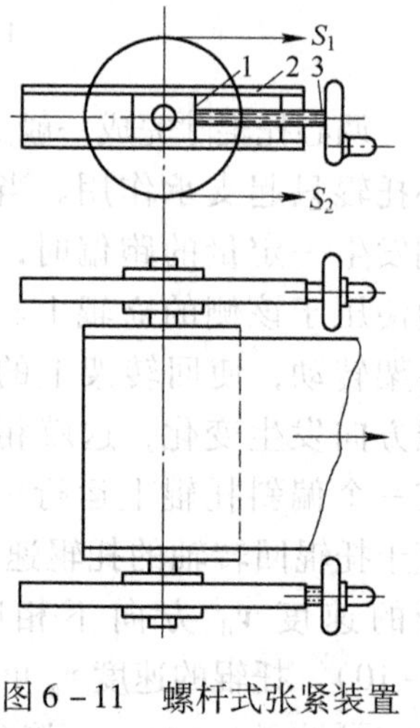

图6－11 螺杆式张紧装置
1—轴承座；2—滑架；3—螺杆

（2）小车重锤式张紧装置。如图6－12所示，张紧滚筒装在一个可在尾架上移动的小车上，由重锤通过滑轮拉紧小车，小车重锤式张紧装置结构也较简单，但可保持恒定的张紧力。这种张紧装置适用于机长较长、功率较大的输送机上，尤其是倾斜运输的输送机上。

（3）垂直重锤式张紧装置。如图6－13所示，垂直重锤式张紧装置适用于长度较大的输送机，或输送机末端位置受到限制的情况。这种张紧装置总是装在传动滚筒近处或是利用输送机走廊下面的空间位置；而小车式张紧装置总是装在输送机的末端张紧从动滚筒上。

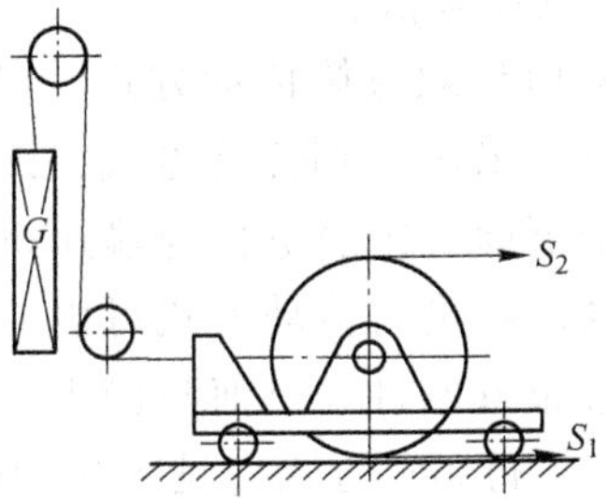

图 6－12 小车重锤式张紧装置

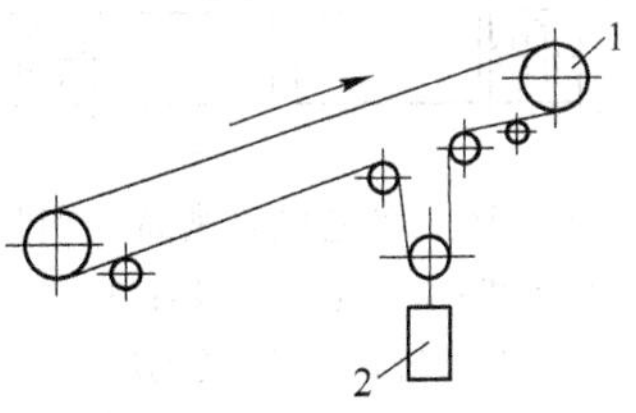

图 6－13 垂直重锤式张紧装置

1—传动滚筒；2—重锤

6.2.6 驱动装置

驱动装置是带式输送机的动力传递机构。它一般由电动机、联轴器、液力耦合器、减速器及传动滚筒等组成。根据传动滚筒的设置，驱动装置可分为单滚筒驱动、双滚筒驱动和多滚筒驱动。

(1) 单电机单滚筒传动方式。单滚筒驱动方案应用最广泛，它由电动机、联轴器、减速器、液力耦合器、制动器和传动滚筒等组成，如图 6－14 所示。电动机一般用封闭式鼠笼电动机。在要求启动平稳时，配以液力耦合器或粉末联轴器。功率大于 200kW 或要求启动电流小、力矩大的场合，可采用绕线型电动机。

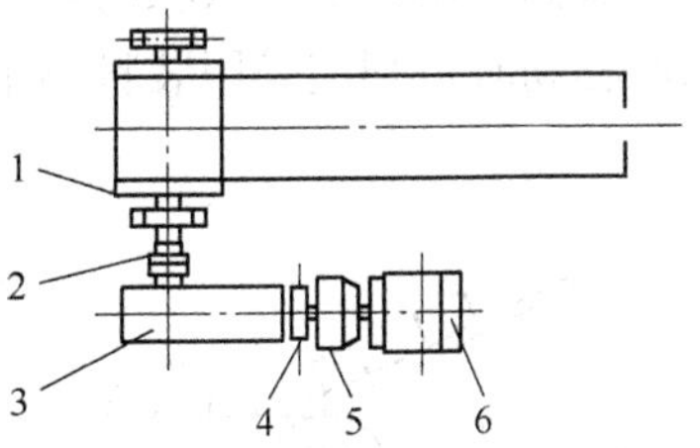

图 6－14 单电机单滚筒驱动

1—传动滚筒；2—联轴器；3—减速器；4—制动器；5—液力耦合器；6—电动机

在要求结构紧凑和重量轻巧的情况下，有将电动机和减速器装入驱动滚筒内的，称为电动滚筒。电动滚筒驱动也属于单滚筒驱动，它有油冷及风冷两种，适用于环境潮湿和有腐蚀性工况的场合。

(2) 单电机双滚筒传动方式。在单滚筒驱动能力不够的情况下，采用双滚筒驱动。单电机双滚筒传动系统如图 6－15 所示。带式输送机采用双滚筒驱动的目的，主要是为了增加输送带在传动滚筒上的包角，从而提高牵引力。当采用单电机传动时，两个主动滚筒 5 和 8 之间必须用一对传动比为 1∶1 的齿轮 6 和 7 联系起来，使两个滚筒的转速相同，转向相反。

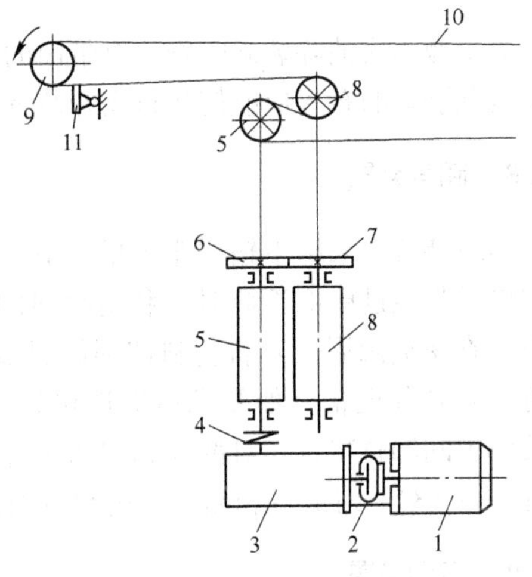

图 6－15 单电机双滚筒驱动

1—电动机；2—液力耦合器；3—减速器；4—联轴器；5，8—传动滚筒；6，7—齿轮；9—卸载滚筒；10—输送带；11—清扫装置

单电机驱动的优点是设备制造简单，电

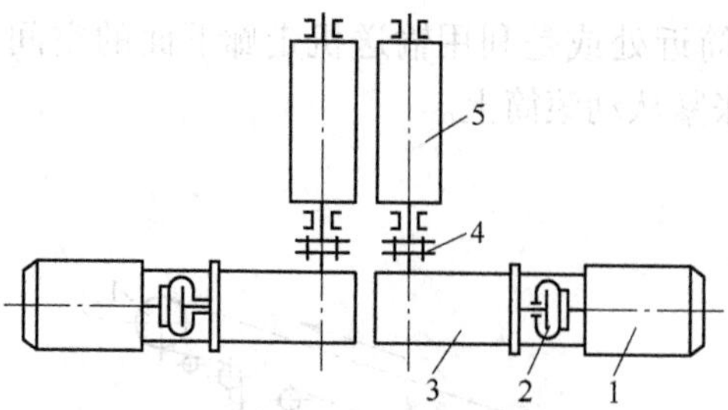

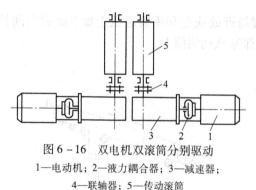

图 6－16　双电机双滚筒分别驱动
1—电动机；2—液力耦合器；3—减速器；
4—联轴器；5—传动滚筒

控设备小，便于维护运转；缺点是随着运输距离的缩短，将形成大马拉小车现象，致使电动机运行功率降低。

（3）双电机双滚筒传动方式。双电机双滚筒驱动通常采用分别传动方式，即每台电机带动一个滚筒。按照电机与输送机轴线的方位，双电机双滚筒传动方式可以分为平行布置和垂直布置两种。目前我国生产的带式输送机均为平行布置方式（见图 6－16）。

6.2.7　装载装置

装载装置的作用是通过它把物料装到输送带上。

装载装置的形式按运输物品的特性而定。成件物品常用倾斜滑板（见图 6－17a）或直接放到运输带上；散状物料用装料漏斗（见图 6－17b）；如装料位置需要沿带式输送机纵向移动时，则应采用装料小车（见图 6－17c），使它沿安装在机架结构上的轨道移动。

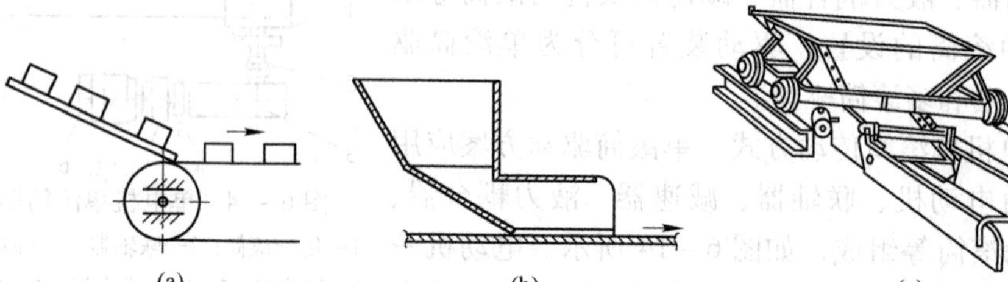

图 6－17　装载装置
（a）倾斜滑板；（b）装料漏斗；（c）装料小车

为了减小或消除装载时物料对带面的冲击和因装载产生的附加阻力、减轻带面磨损，要求装载装置的布置应能使物料离开装置时的速度接近于带的运动速度。

6.2.8　卸载装置

卸载装置用来卸下输送带上的物料。带式输送机一般是在输送带绕过尾部滚筒时，利用物料的自重和所受的离心力（在滚筒圆周上）将物料卸到卸料漏斗中，然后由漏斗再导入其他设备。如要求沿输送机纵向任意处卸载时，可采用中间卸料装置。对散粒物料可采用双滚筒卸载小车（见图 6－18），对成件物品可采用卸载挡板等。

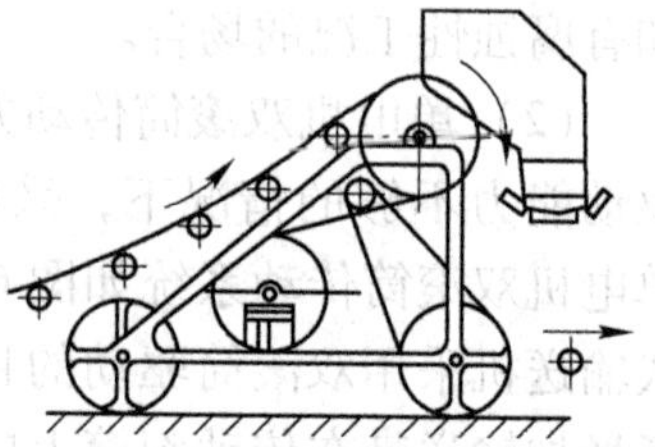

图 6－18　卸载小车

6.2.9　清扫装置

清扫装置用来清除输送机在卸载后仍贴附在带面上的剩余碎散物料。如不设法清除这些残余物料，带面通过改向滚筒和无载区段的托辊时将产生剧烈的磨损；同时增加输送机的运行阻力和降低生产率。所以，为了保持输送带清洁，防止损坏，必须对输送带表面进行清扫。下面介绍几种常用的清扫装置或方法。

（1）刮板清扫器。国产带式输送机一般采用刮板清扫器。它是使刮板贴近输送带面，将输送带表面上黏结的物料刮掉。按照作用方式刮板清扫器可分为重锤式和弹簧式两种，前者在老式输送机上使用较多，但使用效果不佳，已逐渐为弹簧式清扫器取代。

（2）旋转清扫刷。这种清扫装置是采用压制麻刷或尼龙刷，使之顺输送带运行方向或反方向旋转进行清扫（见图6－19）。这种旋转清扫刷适用于清扫粉末状物料。

（3）螺旋滚筒清扫器。这种清扫设备是一个带螺旋槽的橡胶滚筒，如图6－20所示。其清扫效果好，但需要较大功率，适用于大型输送机。

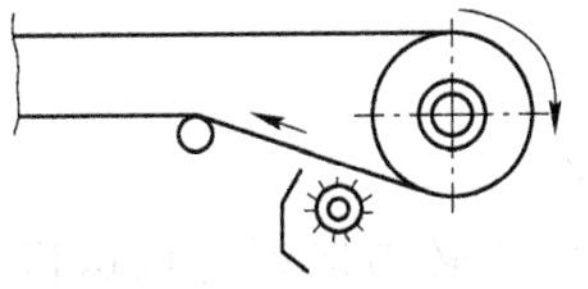

图6－19　尼龙刷旋转清扫器

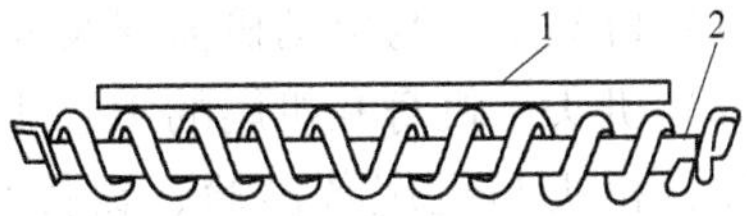

图6－20　螺旋滚筒清扫器

1—输送带；2—橡胶滚筒

（4）链板式清扫器。这种清扫装置是在两条链子之间安装一些刮板，并使之顺输送带的运行方向回转，以达到清扫输送带的目的。这种清扫器适用于清理黏性细粉状物料，但它对较小的输送机不适用。

（5）高压水冲洗法。这种方法是用高压水将输送带上的细粉状物料冲洗掉，它适用于清扫很潮湿的物料或细小颗粒。

现行国产带式输送机通常是在机头卸载滚筒下设置弹簧式清扫器，对输送带有载段装载面进行清扫，在机尾换向滚筒附近安装犁形刮板清扫器，使刮板紧贴输送带内表面（即无载段输送带的上表面）而达到清扫的目的。

6.3　带式输送机的安装与调试

6.3.1　带式输送机的安装

6.3.1.1　安装前的准备工作

输送机安装前的主要准备工作包括：

（1）根据输送机的安装线路和倾角在地面上定出安装中心线。

（2）根据验收规则进行验收。

（3）熟悉安装技术要求和输送机图纸要求。

（4）培训安装工作人员和输送机操作工。

（5）组装输送机。

（6）检查各个部件及其保护装置的动作可靠性。

（7）根据安装场地具体搬运条件（搬动工具、起重设备、现场巷道等），确定搬运的最大尺寸和重量。

（8）在拆卸任何较大部件前，应按照组件图上的编号打上标记和方向，以便于安装时就位。

（9）编制并贯彻安装安全技术措施。

6.3.1.2 安装步骤

输送机的安装顺序主要取决于现场的布置情况，一般是由内向外逐台安装。每台输送机的安装要根据机型和机道情况因地制宜，一般的安装顺序是：

验收基础→给定中心线和标高点→安装机架（头架、中间架、尾架）→安装下托辊及导向滚筒→将输送带放在下托辊上→安装上托辊→安装张紧装置、传动滚筒、驱动装置→将输送带绕过头、尾滚筒→输送带接头→张紧输送带→安装清扫器、逆止器、导料槽→安装电气控制及保护装置→空载试运转→验收

6.3.1.3 安装要求及注意事项

（1）机头底座与电动机需安装固定在水泥基础上。

（2）机头、机身和机尾的中心线必须保证成一条直线。

（3）机头与机尾各滚筒、铰接托辊、H 形支架的位置必须保证与输送机的中心线垂直。

（4）机尾的固定必须固定在水泥基础上，不允许有松动。

（5）钢架落地输送机机身 H 形支架两侧应基本水平，纵向连接钢管（纵梁）应尽量调整成直线分布形式，不可有较大的纵向弯曲，以防输送带跑偏。

（6）全部滚筒、托辊、驱动装置安装后应转动灵活。

（7）重型缓冲托辊安装时，应按照图纸要求保证弹簧的预紧力。

（8）输送带接头时，应将张紧滚筒放在最前方位置，并尽量拉紧输送带。输送带卡子接头应卡接牢固，卡子接头成直角；输送带硫化接头必须符合设备出厂技术文件的规定；输送带连接后应平直，在 10m 长度上的直线度为 20mm。

（9）安装调心托辊时，应使挡轮位于输送带运行方向上辊子的后方。

（10）弹簧清扫器、空段清扫器按照安装总图规定的位置进行焊接。弹簧清扫器与机架焊接时要保证压簧的工作进程有 20mm 以上，并使清扫器扫下来的物料落入漏斗。各种物料的易清扫性能不同，应视具体情况调整压簧的松紧程度来改变刮板对输送带的压力，达到既能清扫黏着物又不致引起阻力过大的程度。刮板的清扫面与输送带接触，长度不应小于 85%。

（11）回转式清扫刷子的轴线应与滚筒平行，刷子应与输送带接触，其接触长度不应小于 90%。

（12）导料槽与输送带间压力应适当。

（13）安装驱动装置时，应注意电动机、减速器、联轴器的轴线同心。

（14）保护装置和制动装置必须现场模拟测试，保证灵敏、准确、可靠。

（15）可伸缩带式输送机拉紧装置应工作可靠。

（16）输送机的各个转动和活动部分，必须用安全罩加以防护。

6.3.2 带式输送机的试运行与调整

6.3.2.1 试运转前的检查与调整

（1）检查全部滚筒胀圈螺栓，试运转前必须进行一次紧固，4h 空载试运转后再进行 1 次紧固。

（2）检查电控及保护装置空动作是否正常。

（3）检查全部驱动电动机旋转方向和电源电压是否正确。

（4）检查各减速器是否注油，油量是否适当。

（5）检查各部件轴承座是否注入润滑脂，必要时重新注入润滑脂。

（6）检查全部机械部件与钢结构架的连接螺栓以及各地脚螺栓是否紧固或缺件。

（7）检查托辊在横梁上的安放情况。

（8）仔细检查输送带的缠绕方向是否与设计方向一致。

（9）检查输送带全长不要与结构架接触，清除结构上因运输或安装过程中碰撞而产生的毛刺或伤痕，以免刮伤输送带。

（10）彻底清扫安装时放置在输送带上的工具、材料等机外物品。

（11）检查给料装置是否灵活可靠、卸料口是否畅通无阻。

（12）注意滚柱逆止器的星轮安装方向是否与逆止方向相符。

6.3.2.2　未装输送带前的试运转

当机头传动装置和电气设备都安装好后，不安装输送带，先进行传动装置的空载运转试验，检查联轴器和减速器运转是否平稳、轴承声音和温度是否正常。若装有制动器时，要注意制动器的动作是否灵活可靠。同时，也要保证制动保护装置处于良好的工作状态。特别要注意的是，当采用双电动机分别驱动主、副传动滚筒时，必须使两个传动滚筒的旋转方向相反，并与输送带工作时的运行方向一致，否则无法进行工作。

6.3.2.3　装上输送带以后的空运转及调整

当带式输送机的机械部分、电气设备以及输送带等全部安装调试好后，即可进行整机空载试运转。在试运转中应该做好下列工作：

（1）拉紧输送带，在输送机运转之前，开动拉紧绞车，给输送带以一定的初始张力，从而保证输送机在启动和运转过程中输送带不打滑。初始张力的大小，一般根据输送带的悬垂度情况来决定。

（2）运转中要注意观察和检查。试运转时，在输送机全线各主要部位都要派专人观察输送带和输送机各组成部分的运转情况。倘若输送带在传动滚筒上打滑，则必须停止运转，增加输送带张力，否则会损伤输送带；如果输送带跑偏达到可能使输送带或其他部件受损伤的程度，也必须立即停止运转。在最初运转时期要注意检查所有控制装置的运转情况。

（3）输送带跑偏的调整。由于安装的原因，输送机在运转过程中可能发生输送带跑偏的问题，因而需在试运转中进行调整，使输送带保持在正中位置运行。调整输送带跑偏方法应根据输送带运行方向和输送带跑偏方向来确定。调整导向滚筒和托辊时的一般原则是：在导向滚筒处，输送带往哪边跑即调紧哪边；在托辊处，输送带往哪边跑，就在哪边将托辊朝输送带运动方向移动一定距离，但一次不能移太多，应观察输送带运动情况进行适当调整。输送带运行时最大跑偏不超过带宽的5%。

（4）根据验收规范，空载试运转应不少于4h。

6.3.2.4　有载试运转

当确认整个输送机空载运行情况良好后，就可以进行加载运转，开始时轻载，如一切正常即可加满载。在加载运行中应该注意以下几个问题。

（1）检查减速器、联轴器、电动机等的运转声音及温升情况。

（2）试运转后，输送机各部轴承温度及温升严禁超过：

滑动轴承——温度70℃，温升35℃；

滚动轴承——温度80℃，温升40℃。

（3）在双电动机拖动的情况下，为了保证两个电动机的实际功率分配较合理，必须通过调整来确定液力耦合器的相应充油量。

（4）重新调整输送带张力，保证输送带在滚筒上不打滑。

（5）保证各胶带清扫器正常。

（6）检查调整托辊的灵活性及效果。

（7）检查各电气控制及保护系统，应灵敏可靠。

（8）测定带速、空载功率、满载功率。

（9）有载试运转应不少于8h。

6.4 带式输送机的使用与维修

6.4.1 带式输送机的启动和停机注意事项

（1）带式输送机不应在非正常工作条件下使用。

（2）带式输送机一般应在空载的条件下启动。在双电动机传动时可按先后顺序启动电动机，也可同时启动电动机。

（3）在多台带式输送机联合使用组成运输系统时，应采用可以闭锁的启动装置，以便通过集控室按一定顺序启动和停机。

（4）带式输送机正常停机前，必须将输送机上的物料全部卸完，方可切断电源。

（5）带式输送机因意外故障停机时，必须先进行详细检查，找出停机原因，并排除故障后，才能继续使用。

（6）在正常运行时，应尽量避免频繁停车，尤其应尽量避免重载停车，以延长使用寿命。

（7）用户应保持带式输送机有规律地加料，尽量避免超载。

（8）为防止突发事故，每台带式输送机还应设置就地启动或停机的按钮，可以单独停止任意一台。

（9）为了防止输送带由于某种原因被纵向撕裂，当带式输送机长度超过30m时，沿着带式输送机全长，应间隔一定距离（如25～30m）安装一个紧急停机装置。必须让全体工作人员了解沿线停机装置功能，沿线停机装置应操作简便，安装可靠。

6.4.2 带式输送机运行中的注意事项

（1）启动前，先发出信号，警告与本工作无关的人员离开输送机转动部位和输送区域；严禁人员搭乘非载人带式输送机；不得运送规定物料以外的其他物料及过长的材料和设备。

（2）启动电动机，观察机头传动装置、滚筒、清扫器及其他附属装置的工作情况。

（3）注意胶带张紧情况。

（4）加载后注意胶带运行情况，发现跑偏，立即调整。

（5）加载后注意电动机、减速器和滚筒的温升，发现异常，应停机检查处理。

（6）注意各种仪表的指示情况，发现异常，立即停机处理。

（7）集中精力，听清开机、停机信号，不得出现误操作。

（8）发现胶带严重跑偏、撕带、断带、冒烟、塞带、打滑、严重超载等非常情况时，应立即停机。

（9）更换拦板、刮泥板、托辊时必须停车，切断电源，并有专人监护。

（10）应及时停车清除输送带、传动滚轮、改向滚轮和托辊上的杂物，严禁在运行的输送带下清矿。

6.4.3 带式输送机的维修

带式输送机的维修可分为日常维修和定期检修。

6.4.3.1 日常维修

（1）检查输送带的接头部位是否有异常情况，如割伤、裂纹等。

（2）检查输送带的上、下层胶及边胶是否有磨损处。

（3）检查并调整清扫装置、卸料装置。

（4）保持每个托辊转动灵活，及时更换不转或损坏的托辊。

（5）防止输送带跑偏，保证输送带的成槽性。

6.4.3.2 定期检修

（1）定期给各种轴承、齿轮加油。

（2）拆洗减速器，检查齿轮的磨损情况并更换严重磨损零件。

（3）拆洗滚筒、托辊的轴承，更换润滑油。

（4）检查并紧固地脚螺栓及其他连接螺栓。

（5）检查并更换严重磨损的其他零部件。

（6）修补或更换输送带。

复习思考题

6-1 简述带式输送机的结构组成和工作原理。

6-2 简述带式输送机张紧装置的作用、结构形式及工作原理。

6-3 简述带式输送机托辊的种类、结构特点及工作原理。

6-4 简述带式输送机的使用与维修的注意事项。

7 特种带式输送机介绍

【学习重点】

（1）波状挡边带式输送机的结构及工作原理；

（2）波状挡边带式输送机的整机布置形式；

（3）波状挡边带式输送机的特点；

（4）气垫带式输送机的结构及工作原理；

（5）气垫带式输送机的结构形式及特点；

（6）圆管带式输送机的结构及工作原理；

（7）圆管带式输送机的主要零部件；

（8）圆管带式输送机的特点。

【关 键 词】波状挡边带式输送机、气垫带式输送机、圆管带式输送机、结构及工作原理

连续输送机械在国民经济的各行业中是不可缺少的机械设备，其中带式输送机因为应用面广、量大而发展相对较快。在此，介绍3种特种带式输送机。

7.1 波状挡边带式输送机

7.1.1 波状挡边带式输送机的发展及应用

波状挡边带式输送机起源于欧洲，用于克服空间限制，减少占地面积，是对传统提升方法的改革。前西德的Scholtz公司在20世纪60年代初首先研制成功这种输送设备，其在欧洲曾风行一时。同时该公司与汉诺威大学合作，建立了波状挡边带式输送机的试验台，使之不断完善和发展。20世纪80年代末开始向大型化方向发展。现在该公司已为世界许多国家生产制造了2万余台波状挡边带式输送机，主要用于大倾角或垂直提升的连续输送。1969年此技术被引进美国和加拿大，但当时在北美洲由于土地不那么昂贵，因此并没有引起重视从而没有得到推广。直到1989年世界最大的胶带生产厂——美国胶带服务公司创建了挡边输送带部，波状挡边带式输送机才在北美洲得到发展。

我国从20世纪80年代初开始研制波状挡边带式输送机，1990年北京起重运输机械研究所开发出DJ型波状挡边带式输送机系列图纸，并开始推广使用。经过10余年的生产和使用实践，波状挡边带式输送机技术不断地完善和改进。1998年北京起重运输机械研究所、青岛运输设备厂等作为主要起草单位，制定了《波状挡边带式输送机》（JB/T 8908—1999）行业标准，推广了我国波状挡边带式输送机的发展。

在国外，波状挡边带式输送机不但已大型化（大带宽、大提升高度及大运量），并且已用于地下采矿、地下建筑工程中。目前国外波状挡边带式输送机系列参数为：带宽

2400mm、挡边高630mm、带速3.75m/s、倾角90°、输送量6000t/h。

我国自贡运输机械总厂于1999年12月为四川省投资公司电冶有限公司生产了一台提升高度104.5m、带宽800mm、输送量140t/h的波状挡边带式输送机。目前国内波状挡边带式输送机系列参数为：带宽1600mm、挡边高400mm、带速2.5mm/s、倾角90°、输送量300t/h。

波状挡边带式输送机技术在连续卸船机上的应用发展迅速，芬兰Kone公司、德国Koch公司、瑞士Buhler公司生产的连续卸船机均成功应用了其提升与输送技术。特别是目前日本的日立公司、石川岛公司及三菱公司等生产的散粮连续卸船机，其垂直提升和水平输送采用同一条输送带完成，更加展现了波状挡边输送机技术的巨大优势。

7.1.2 波状挡边带式输送机的结构及工作原理

波状挡边带式输送机是较为先进和灵活的物料输送系统。与普通带式输送机的结构及工作原理相似，它主要由卸料漏斗、传动滚筒、拍打清扫器、挡边输送带、压带轮、挡轮、上托轮、改向滚筒、下托轮、导料槽、空段清洗器、尾部滚筒、张紧装置等组成，如图7-1所示。与普通带式输送机的主要区别在于输送带的结构形式，波状挡边带式输送机的输送带是由基带、波状挡边和横隔板组成的，如图7-2所示。另外在改向滚筒、压带轮、托辊等部分二者的差别也较大。

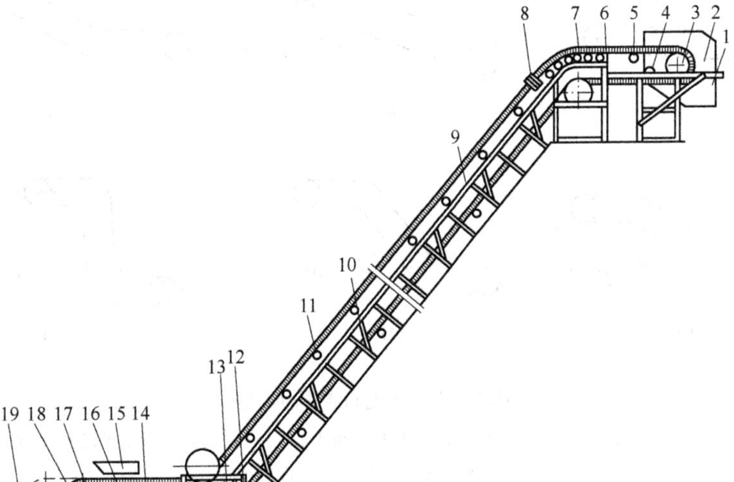

图7-1 波状挡边带式输送机的结构

1—卸料漏斗；2—头部护罩；3—传动滚筒；4—拍打清扫器；5—挡边输送带；6—凸弧机架；7—压带轮；8—挡轮；9—中间机架；10—中间架支腿；11—上托轮；12—凹弧段机架；13—改向滚筒；14—下托轮；15—导料槽；16—空段清洗器；17—尾部滚筒；18—张紧装置；19—尾架

7.1.3 波状挡边带式输送机的整机布置形式

波状挡边带式输送机可采用如图7-3所示的6种基本布置形式。其中S形设有上水平段、下水平段和倾斜段，并在下水平段受料，在上水平段卸料，具有较好的受料和卸料条件。上水平段与倾斜段之间采用凸弧段机架连接，下水平段与倾斜段之间采用凹弧段机架相连，以实现输送带的圆滑过渡。

7.1.4 波状挡边带式输送机的主要零部件

波状挡边带式输送机的典型结构布置如图 7－1 所示，下面介绍它的主要零部件。

(1) 波状挡边输送带。波状挡边输送带由基带、波状挡边和横隔板组成（见图 7－2），在输送机中起牵引和承载作用。波状挡边、横隔板和基带形成了输送物料的容器，从而实现大倾角物料输送。

基带是由上覆盖橡胶、下覆盖橡胶、带芯和横向刚性层组成，带宽一般大于挡边高度的 4 倍，而挡边之间的横向距离一般大于物料最大块度的 2 倍。

波状挡边可由加强型硫化橡胶制造，配置高度 40 ~ 100mm；也可由纤维织物组织制造而成，配置高度 120 ~ 630mm。

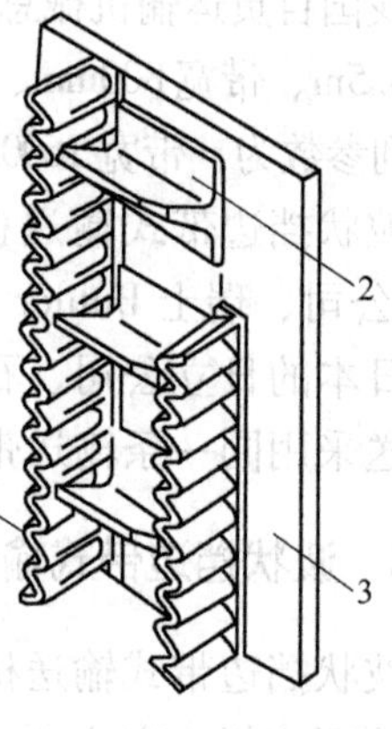

图 7－2 波状挡边输送带结构

1—波状挡边；2—横隔板；3—基带

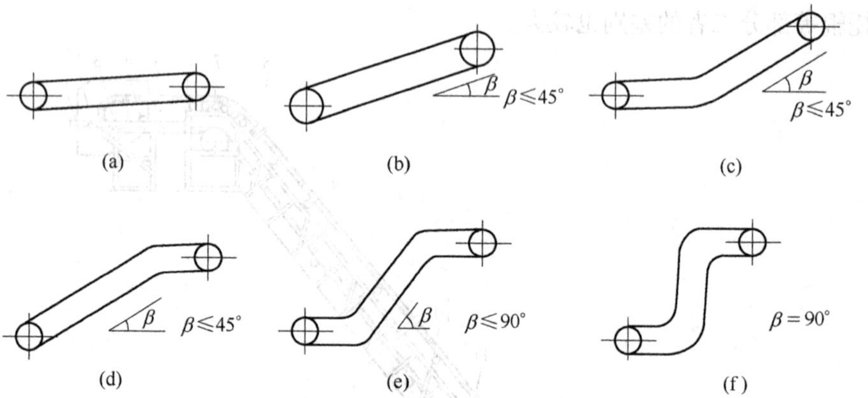

图 7－3 整机布置基本形式

（a）水平布置；（b）直线布置；（c）L 形布置；（d）直线倾斜带水平卸料布置；（e）S 形布置；（f）S 形垂直布置

横隔板一般由复合材料制成，要求韧性大、耐冲击性强。横隔板可做成 T 型、TS 型、C 型、TC 型或 TCS 型（见图 7－4）。一般来讲，当输送机倾角小于 40°时，横隔板采用 T 型或 TS 型；当输送机倾角大于 40°时，横隔板采用 C 型、TC 型或 TCS 型。当输送角度小于 75°时，横隔板高度应不小于最大物料块度的 $\frac{3}{4}$；当输送角度大于 75°时，横隔板高度应大于 1.5 倍的最大物料块度。横隔板之间的距离不应小于 2 倍的最大物料块度。加强型硫化橡胶制造的横隔板高度为 20 ~ 600mm；纤维织物组织制造的横隔板高度为 280 ~ 600mm。

横隔板通过拴接与波状挡边内峰连接，并与波状挡边一起通过冷硫化方式固结在基带上，这样就组成了输送带。

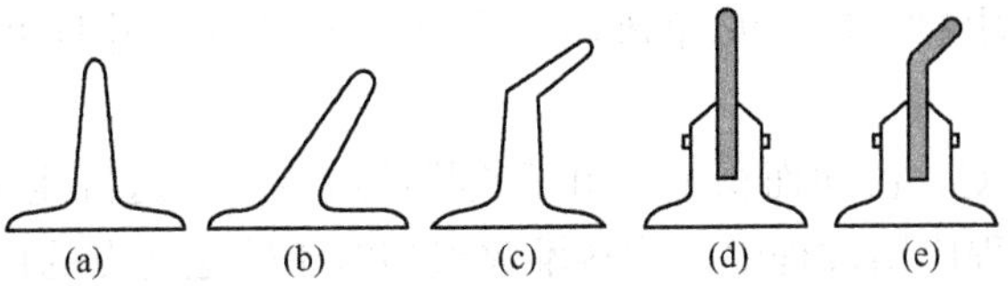

图7-4 波状挡边输送带类型

(a) T型；(b) C型；(c) TC型；(d) TS型；(e) TCS型

(2) 压带轮和托带轮。压带轮和托带轮的作用是相同的，都是压住挡边带工作面的空边，用于改变输送带的运行方向。选用两者之中的一种布置在波状挡边输送机凸弧段的回空分支和凹弧段的承载分支处。压带轮由复式轮缘、轴、轴承座组成。压带轮用于输送带上表面（承载面），大轮缘压在挡边带两侧的空边上，小轮缘则轻轻压在两条挡边上（见图7-5）。

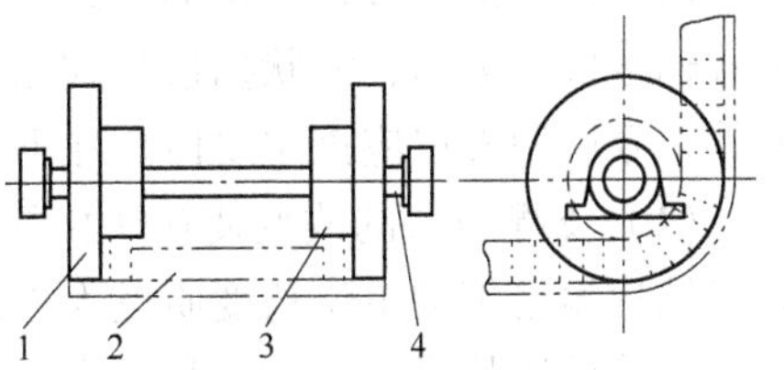

图7-5 压带轮

1—大轮；2—波状挡边输送带；3—小轮；4—轮轴

压带辊组（托带轮组）由若干个悬臂辊子按一个较大的、公共的曲率半径布置，支承于挡边输送带空边上，形成一个圆弧段用于使输送带改向，从而实现从水平到倾斜（或垂直）的平稳过渡。

(3) 托辊。托辊用于支承输送带和带上的物料，使其稳定运行。它有上平形托辊、下平形托辊两种形式。

(4) 立辊。立辊用于限制输送带跑偏，并安装在上、下过渡段机架上，每个过渡段机架上设有4个立辊，上、下分别安装2个。

(5) 驱动装置。驱动装置是输送机中的动力部分，由电动机、减速器、逆止器等组成。

(6) 传动滚筒。传动滚筒是动力传递的主要部件，输送带借其与传动滚筒之间的摩擦力而运行。传动滚筒有胶面和光面之分，胶面滚筒有助于增加滚筒和输送带之间的附着力。

(7) 改向滚筒。改向滚筒安装于输送带下表面（非承载面），用于改变输送带的运行方向。

(8) 拍打清料装置。拍打清料装置用于拍打输送带背面，震落粘在输送带上的物料。

(9) 张紧装置。张紧装置的作用是使输送带具有足够的张力，保证输送带和传动滚筒间不打滑；限制输送带在各支承间的垂度，使输送机正常运转。张紧装置有螺杆式张紧和重力式张紧两种结构形式。

7.1.5 波状挡边带式输送机的特点

波状挡边带式输送机由于其特有的结构形式，具有如下特点：

(1) 输送量大。输送带两侧的波状挡边使输送带载荷截面积增大，提高输送量，并能防止物料散落。目前波状挡边带式输送机的输送能力可达到6000t/h。

(2) 变角容易，且提升高度大。由于采用不同形式的横隔板以及独特的结构形式，波状挡边带式输送机能够在0°~90°的仰角范围内输送物料，并且可以在垂直提升过程中扭转180°。

（3）布置灵活多变，占地面积小。由于波状挡边带式输送机能在0°~90°全范围角度输送物料，因此在工程应用过程中，物料堆放点相对于输送终点的位置不受约束，可根据具体的地形地貌和要求进行布置，提高了场地利用率，减小占地面积。

7.1.6 波状挡边带式输送机的发展趋势

从原理上讲，各种结构的带式输送机都可以采用波状挡边输送带构成新型的波状挡边带式输送机。因而，波状挡边带式输送机除向大运量、大带宽、大提升高度的发展方向发展外，今后的发展应该主要体现在下面几个方面：

（1）支撑方式的改变使输送机的运行更加稳定。输送带的支撑方式起着重要的作用，波状挡边输送带的单位长度质量大于普通输送带，从而使其支撑与导向变得更加灵活。现在存在采用坏状吊挂、索道和轨道的波状挡边输送机和口袋式带式输送机的构想。特别是索道波状挡边输送机已经在工程实际中应用，理论上，单机长度可达25km。

（2）灵活的布置方式。波状挡边带式输送机可以如同普通带式输送机一样，成为移动输送机，从而适应矿山开采的需要。波状挡边带式输送机适用于大倾角输送物料的特点与平面转弯技术的结合可以充分适应矿山开采和企业内部空间限制的要求，给其带来更加广泛的应用领域。

（3）应用范围广。由于波状挡边带式输送机的大倾角输送物料能力，输送机可以通过调整倾角来适应不同的物料输送，这远远地优于普通带式输送机，目前已经应用改变倾角进行卸船。这种“变形金刚”的特点今后将在不同的领域中应用，例如大坝的堆积、地铁工程的挖掘等。

7.2 气垫带式输送机

7.2.1 气垫带式输送机的发展及应用

气垫带式输送机是20世纪70年代由荷兰首先研制成功的一种连续输送设备。由于气垫带式输送机具有运行平稳、不跑偏、不撒料、结构简单、维修费用低及水平输送时节省能耗等特点，近年来气垫带式输送机日益引起人们的重视，美、英、俄、日本、加拿大等国都已加紧生产和研制，有关气垫带式输送机的专利已有几十项。初期国外气垫带式输送机多用于输送面粉、谷物、木屑等密度较小的散状物料，近几年来才开始用于输送磷酸盐、矿石等密度较大的散状物料，并逐渐向长距离、大运量方向发展。

英国西蒙公司在卸船机上首次采用垂直气垫式压带输送机，利用空气的压力使两条带之间产生足够的压力，从而夹紧物料，实现物料的垂直提升。1981年该设备首次在以色列的海法港投入使用。1983年我国大连港和天津港的散粮码头分别从西蒙公司引进了气垫压带式卸船机。1986年天津港又从西蒙公司引进了8条总长度2105m、输送量1000t/h的全气垫封闭型气垫带式输送机。日本三菱公司在气垫带式输送机的开发中，采用了圆管式气室及圆管式盘槽的新结构，从而减小了焊接变形，大大提高了气室和盘槽的精度。国外的气室及盘槽的加工一般是采用模压，因此为整机气室的安装带来了方便。

目前国外气垫带式输送机已在粮食、电力、医药、化工、煤炭等部门得到了广泛应用。单机最大输送距离已达1000m以上，带速已达6m/s。

我国气垫带式输送机于20世纪80年代初由太原重型机械学院开始研究开发。为了更好地适应国民经济发展的需要，提高气垫带式输送机的技术水平，20世纪90年代初太原重型机械学院负责起草制定了气垫带式输送机的部分标准，有力推动了气垫带式输送机的发展。经过近二十年的努力，目前我国已有多个厂家生产气垫带式输送机。气垫带式输送机在煤炭、电力、冶金、化工、农业以及港口码头等的应用已形成一定的规模。

7.2.2 气垫带式输送机的结构及工作原理

图7-6为气垫带式输送机的原理示意图。输送带围绕传动滚筒和改向滚筒运行，从而把物料从料斗运到料仓。输送机的纵向支架是一个封闭型的长形箱体，俗称气箱(室)。气箱上部制作成盘槽形状，称之为盘槽。输送带及其物料由盘槽上的“垫层”支承，由传动滚筒驱动，连续运行，空载分支仍然用平形托辊支承。采用一台中低压风机，通过气箱进风口，不停地把空气吹入气箱。空气沿气箱纵向流动充满气箱形成一定的压力，并通过盘槽上的无数节流气孔逸入槽底。由于节流气孔的布置尺寸和孔径是经过优化组合设计的，因此在输送带和盘槽之间便形成一层稳定的气垫层，气垫支承着输送带及物料，变原托辊带式输送机的固体滚动摩擦为流体摩擦，显著地减小了摩擦阻力，同时克服了原托辊带式输送机波浪式运行的弱点，运行平稳可靠。

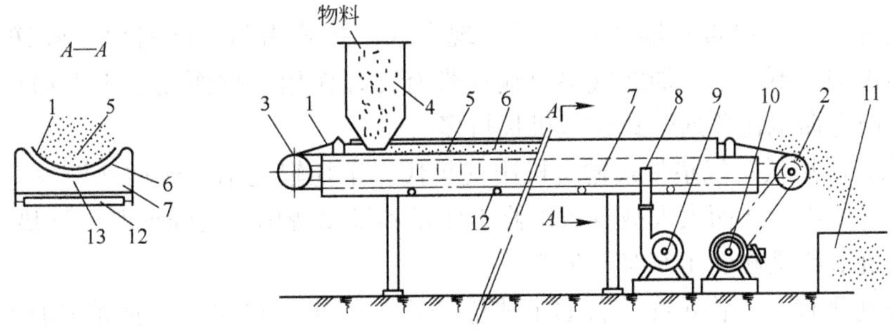

图7-6 气垫带式输送机的原理示意图

1—输送带；2—传动滚筒；3—改向滚筒；4—料斗；5—物料；6—盘槽；7—气箱；8—气箱进风口；9—风机；10—电动机；11—料仓；12—下托辊；13—节流气孔

7.2.3 气垫带式输送机的结构形式

气垫带式输送机一般有4种结构形式，如图7-7所示。

如图7-7（a）、图7-7（b）所示，若承载分支与空载分支一样，均制作一个纵向封闭型的长形气箱，用气垫支承，则称之为全气垫带式输送机。它能充分体现气垫带式输送机的优点，但设备造价较高，质量较重。

如图7-7（c）、图7-7（d）所示，承载分支用气垫支承，空载分支用托辊支承，故称之为混合型气垫带式输送机。该结构为国内使用最广泛的结构，主要适用于室内和有输送机走廊等的场合。

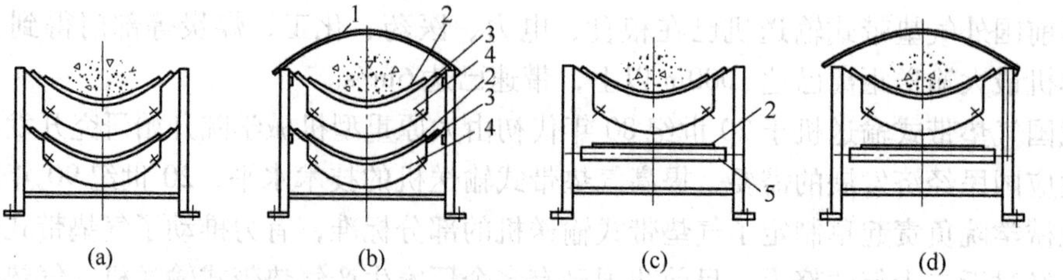

图 7-7 气垫带式输送机的结构形式

（a）全气垫敞开型；（b）全气垫密封型；（c）混合敞开型；（d）混合密封型

1—密封罩；2—输送带；3—盘槽；4—气箱；5—托辊

7.2.4 气垫带式输送机的特点

气垫带式输送机主要有以下特点：

（1）运行阻力小，耗能低。气垫带式输送机以气垫代替托辊支承，变滚动摩擦为流体摩擦，大大减小了牵引力和运行阻力，在输送量和工艺条件相同的情况下，功率消耗比普通带式输送机节约 10% ~25%。输送量越大，输送距离越长，节能效果越显著。

（2）重量轻。由于气箱采用箱形断面，气垫带式输送机的纵向支架可承受较大弯矩和扭矩。又因托辊数量极少（仅在输送机两端各设几套过渡托辊），输送带层数较少，厚度较薄，自重较轻，单位自重的强度系数与刚度系数比较大，从而大大提高了设备的装载能力。

（3）寿命长。气垫带式输送机便于实现全线防护式密封，同时由于输送带张力小，磨损小，不跑偏，不撕带，加之气垫对输送带有冷却作用，故而输送带寿命可延长 1 ~2 倍，设备使用寿命也比普通带式输送机长得多。

（4）维修费用低。气垫带式输送机用气垫代替了托辊支承，转动部件少，事故点少，可靠性强，磨损小，从而大大减少了维修工作量和维修费用。实践证明，气垫输送机比普通带式输送机节约维修费用 60% ~75%。

（5）输送平稳，工作可靠。普通带式输送机运行中，输送带是波浪式向前运行，物料颠簸，撒料严重，输送带跑偏、磨损大。气垫带式输送机完全克服了上述缺点，运行十分平稳，不颠簸，不撒料，不跑偏，不扬尘，不会把散料的粒度自动分级，特别适宜输送按工艺比例配制好的混合散料。

（6）启动功率低，可以直接满载启动。普通带式输送机的启动功率大，一般约为运行功率的 1.5 ~2.5 倍，并且难以实现全线满载启动。气垫带式输送机只要形成稳定的气垫层之后，驱动电动机的启动功率与运行功率相差甚微，并且在全线满载时，无须采取任何辅助措施便可轻易直接启动。

（7）输送能力高。气垫带式输送机最佳运行速度 3 ~4m/s，最低运行速度 0.8m/s，最高可达 12m/s，因此，可大大提高输送能力。加之其装料断面大，平稳性好，在同一输送量和工艺条件下，气垫带式输送机可减小 1 ~2 级型号，即托辊输送机需采用 B1200 时，气垫输送机只需采用 B1000 或 B800，普通带式输送机采用 6 层强力带，气垫机只需用 3 ~4 层普通输送带或轻型输送带，从而大大节约了投资。

（8）宜于密封，污染小。气垫带式输送机沿机长设有密闭气箱，可以进行全线密封，易于安装防护罩及安全设施，宜于密闭输送和安装吸尘装置，污染小，噪声小，净化环境，实现文明生产。

7.2.5 气垫带式输送机的发展趋势

今后，气垫带式输送机主要朝着以下几个方向发展：

(1) 大型化，提高运输能力。为了适应高产高效节约化生产的需要，气垫带式输送机的输送能力要加大。长距离、高带速、大运量、大功率是今后发展的必然趋势。

(2) 提高零部件性能和可靠性。设备开机率的高低主要取决于零部件的性能和可靠性。除了进一步完善和提高现有零部件的性能和可靠性之外，还要不断开发研究新的技术和零部件，如高性能可控软启动技术、动态分析与监控技术等，使气垫带式输送机的性能得到进一步提高。

(3) 扩大功能，一机多用化。气垫带式输送机是一种理想的连续运输设备，目前还不能充分发挥其应有的效能。如将其结构作适当修改，并采取一定的安全措施，就可拓展运人、运料或双向运输等功能，做到一机多用，使其发挥最大的经济效益。

(4) 开发专用机种。在运输系统的布置上经常会出现一些特殊要求，如弯曲、大倾角甚至垂直提升等。而这些场合用常规的气垫带式输送机是无法胜任的。为了满足某些特殊要求，应开发特殊型气垫带式输送机，如大倾角或垂直提升输送机等。在输送化工、食品、建材、粮油和饲料等产品时，必须面临的问题是污染：外界环境对输送物的污染和输送物对外界环境的污染，这种场合就需要使用专用的全封闭带式输送机，但目前气垫带式输送机的密封效果还有待进一步提高。

7.3 圆管带式输送机

7.3.1 圆管带式输送机的发展及应用

随着现代化生产发展的要求，环保已成为当今时代一个日趋重要的问题。输送系统在工作中产生的粉尘和撒料，对环境的污染已经引起世界各国输送机设计、制造、使用及行政管理等部门越来越多的关注。为了减少输送过程的污染，提倡环保无公害化输送物料，人们研制出多种形式的封闭型带式输送机。在众多封闭型带式输送机中，圆管带式输送机开发最早，发展最快，应用最广泛。

圆管带式输送机由日本管状带式输送机株式会社于1964年首先提出，并于1979年进入实际应用阶段，在32个国家和地区获得了专利。由于它构造简单、可密闭输送物料、输送倾角一般可达30°、可空间弯曲布置等，故在矿山、电厂、港口、化工、冶金及建材等行业得到了广泛的应用，特别是在美国、日本、德国等发达国家应用更为普遍，发展更为迅速。根据日本普利司通（Bridgestone）公司1997年的统计数据，该公司及其代理在世界范围内共提供了750多台圆管带式输送机，其中在日本本国使用的就有500多台，总长度接近100km。日本普利司通公司的圆管带式输送机技术在当前是代表了世界先进水平，已基本上形成了设计理论和产品系列，并在32个国家和地区获得专利，并向12个国家和地区转让了此项技术，形成了国际性的管状带式输送机的学术团体，并且每年由普利司通公司主办一次圆管带式输送机技术研讨会。

德国KRUPP公司的圆管带式输送机也代表世界先进水平，其主要技术来自汉诺威大学的起重运输机械研究所。该公司的圆管带式输送机的输送带结构较为特殊，所以推广应用较慢，但其在自动调整扭转方面具有特点。目前已基本形成对该机自主开发的新势头。

我国在20世纪80年代初开始研制圆管带式输送机，国内第一台圆管带式输送机（半圆管式的）由太原重型机械学院设计，吉林市机械厂制造，用于吉林市化工厂。随着我国国民经济的飞速发展，圆管带式输送机逐渐引起国内生产厂家、用户及设计院所的高度重视。2001年10月在贵阳召开了第一次全国性的“环保型输送设备——圆管带式输送机”专题研讨会，参加会议的有高等院校、设计院所、制造厂家及用户等共计80余人。大家对圆管带式输送机产生浓厚的兴趣并给予极大的关注。圆管带式输送机将会在各行各业得到广泛的应用。

7.3.2 圆管带式输送机的结构及工作原理

图7-8、图7-9为圆管带式输送机的原理示意图。

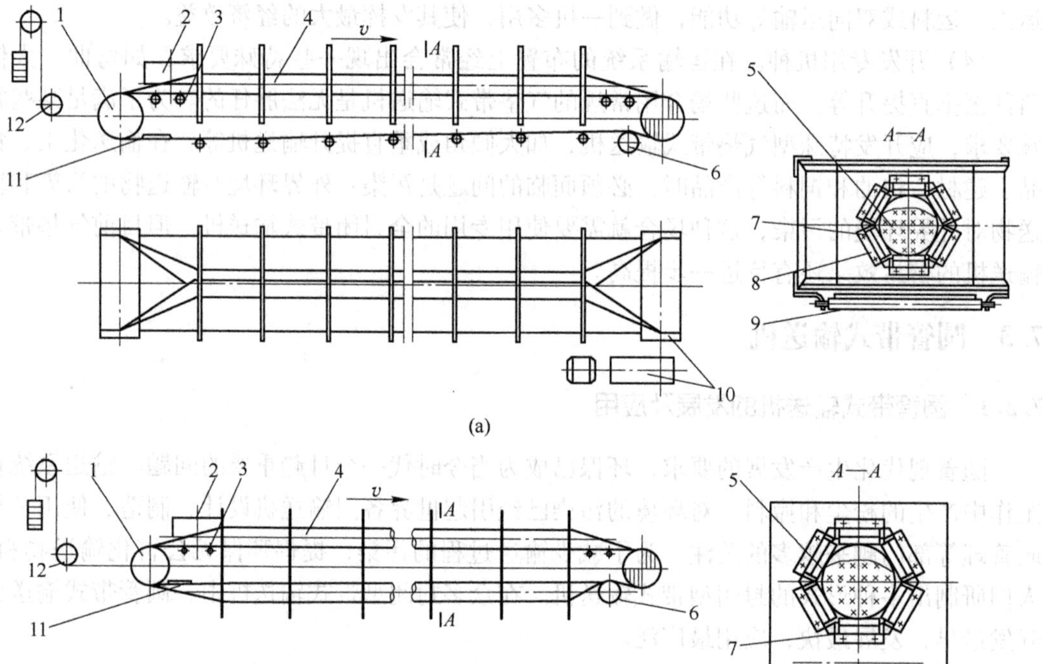

(a)

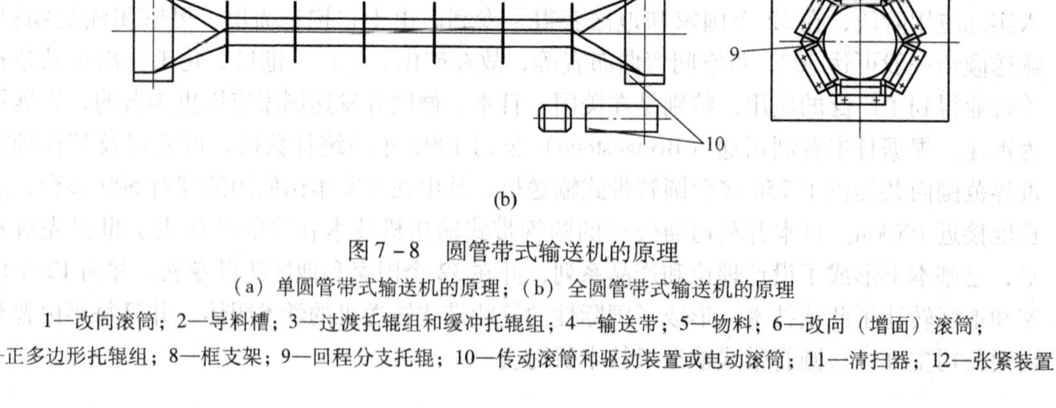

(b)

图7-8 圆管带式输送机的原理

（a）单圆管带式输送机的原理；（b）全圆管带式输送机的原理

1—改向滚筒；2—导料槽；3—过渡托辊组和缓冲托辊组；4—输送带；5—物料；6—改向（增面）滚筒；7—正多边形托辊组；8—框支架；9—回程分支托辊；10—传动滚筒和驱动装置或电动滚筒；11—清扫器；12—张紧装置

圆管带式输送机的工作原理与普通带式输送机相似，也是依靠摩擦驱动使输送带及物料移动的。它用按一定间距布置的正六边托辊组强制把输送带卷成圆管状，将散状物料包裹起来输送。圆管带式输送机的头部、尾部、受料点、卸料点、张紧装置等在结构上与普通带式输送机基本相同，输送带在尾部过渡段受料后，逐渐将其卷成圆管状进行物料密闭输送，到头部过渡段再逐渐展开成平形直至卸料。除输送机中间部分把输送带卷成圆管状与普通输送机不同外，过渡段的长度及其槽形托辊组的布置形式也不同，每一组槽形托辊的角度和宽度都要随着输送带变化，使每组托辊的轮廓线与输送带在任意断面上的形状吻合，使托辊起到支撑作用。

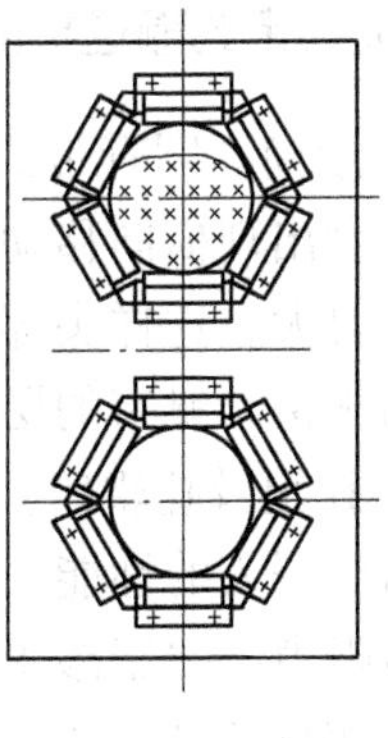

图 7-9 日本式六角形托辊

平形输送带在装料后被托辊自动包裹成圆管状或三角状或四方状等各种形式，其中以圆管状最为普通，卸料时再自动打开成平形，卸完料后以平形带的形式（也可包圆）返回装料处。所用成圆形的托辊组的形式可以为 12 个、8 个、6（前 3 后 3）个普通托辊或 6 个无缝托辊（或两个半圆形托辊或一个长椭圆形托辊），输送带边互相搭接。

7.3.3 圆管带式输送机的类型

圆管带式输送机按照结构特点可分为以下几种：

（1）日本式圆管带式输送机。其特点是承载段和回程段都成管形，全用六角形托辊（见图 7-9），驱动装置只能在机头部，爬坡在 30°以下，特大半径转弯，固定安装。

（2）德国式圆管带式输送机。其特点是承载段和回程段都成管形，全用三角形托辊，前 3 后 3，双三角的安排，成等边三角形（见图 7-10），驱动装置只能在机头，爬坡也在 30°以下，大半径转弯，比日本式小，也是固定安装。

（3）中国式圆管带式输送机。其特点是承载段成管形，回程段可为平形或圆形，承载段采用无缝六角形托辊或三个平形托辊（见图 7-11），驱动装置不仅能在机头部，还可在回程段任意点上，机头能升降、伸缩，并可制成移动式圆管带式输送机。

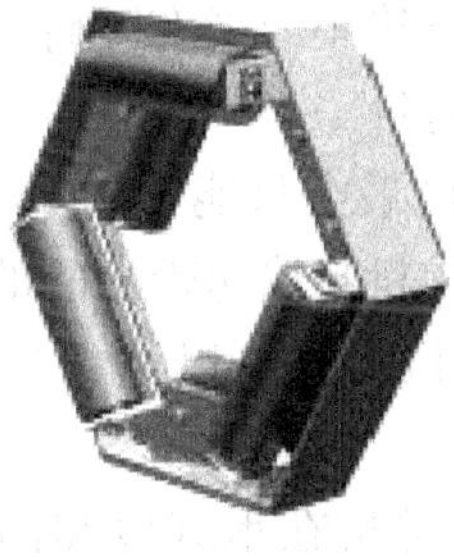

图 7-10 德国式三角形托辊

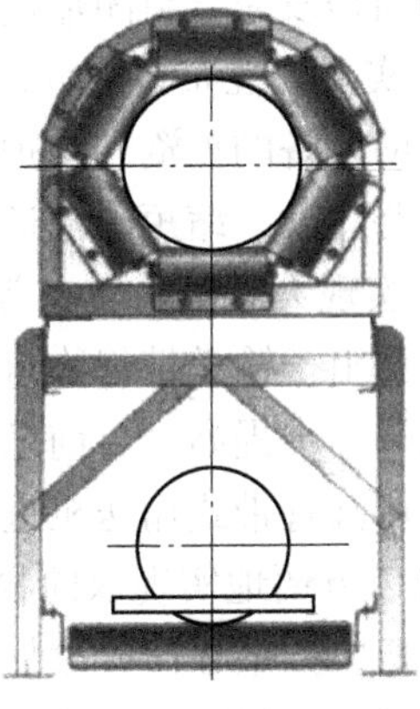

图 7-11 中国式回程段平形托辊

7.3.4 圆管带式输送机的主要零部件

（1）滚筒。圆管带式输送机的输送带通常会产生左右的扭转状态，因此在头部滚筒处输送带会出现横向移动，所以用于圆管带式输送机的滚筒的宽度要比普通带式输送机的滚筒宽度要大，这样头部卸料槽内部宽度尺寸也应加大。滚筒的直径与所使用的圆管带式输送机的规格、帆布的层数和种类及中间橡胶的嵌入方法有关。

（2）托辊及托辊组。圆管带式输送机所用的托辊，要求运行阻力小以及更好的防止雨水及粉尘浸入的性能。根据日本托辊的调查结果，当调整黄油的充填率时，可以获得更小的回转阻力。关于渗水性的要求问题，普通带式输送机的槽形托辊组的侧辊槽角一般为35°左右，而圆管带式输送机的六边形托辊组的侧辊倾角为60°乃至90°，因此如果密封不好，雨水易于浸入，在短时间内可能出现托辊不转的现象。

（3）输送带。输送带是圆管带式输送机的承载件，同时也是牵引构件。输送带应具有良好的弹性、纵向柔性、一定的横向刚度、抗疲劳性能及耐磨损性能。因此它与普通带式输送机的输送带在结构和橡胶配方上均有不同。

输送带采用的抗拉体（芯层）有织物芯和钢丝绳芯两种。织物带的芯层成阶梯状，边缘处芯层薄，从而具有较好的柔性，保证边缘搭接部分有较好的密封性。钢丝绳芯带中的钢丝绳直径应采用稍小点，在保证总张力的情况下增加其钢丝绳的根数，这样可减小带厚，使纵向及横向具有一定的柔性，从而使其具有良好的密封性和抗疲劳性能。

7.3.5 圆管带式输送机的特点

与其他封闭带式输送机、普通带式输送机相比，圆管带式输送机因其所特有的结构形式，具有明显的特点。

7.3.5.1 优点

（1）圆管带式输送机采用的输送带接近于普通输送带，因而符合用户的使用习惯，容易被使用者接受。而其他类型的密闭输送带式输送机所采用的输送带与普通带式输送机差别很大。

（2）可防止外部杂物混入输送物料，也能防止物料遭受雨淋或日晒等损害，并可实现承载段和回程段完全封闭输送，原理上可以避免漏料、撒料等，可满足环保要求。

（3）能实现柔性布置设计，可以实现小半径三维空间转弯，避免了中间转运站的设立和相应辅助设备的投资和维护费用。特别适合于空间比较狭小或者有障碍物等复杂环境下的输送线路建设，缩短了输送距离，从而降低工程的总造价。

（4）能实现大倾角输送。普通槽形带式输送机提升角度最大只能达到18°左右，而圆管带式输送机由于输送带将物料围包在管内输送，增大了物料与输送带之间的摩擦力，输送角度可以进一步提高。目前已投入应用的圆管带式输送机最大可以达到30°倾斜输送，也有提出采用圆管带式输送机进行垂直提升的方案。

（5）可以方便地实现双向物料输送。由于圆管带式输送机在承载段和回程段均采用封闭管筒输送，如果在回程段加装受料口，回程段仍然可以输送物料，并且中间加料可在任何点通过打开和封闭输送带完成。

（6）机架宽度小。圆管带式输送机采用圆形截面输送物料，以较低的带宽，获得了同样大小的有效输送面积。据统计，在同等输送截面的情况下，采用圆管输送机在宽度方向上可以减为原来的1/3。从而降低土建施工时的空间需求、减少钢材等结构材料的消耗，降低成本和工时。

7.3.5.2 缺点

（1）材质和制造要求相对较高。尽管圆管带式输送机所采用的输送带仍然为平形输送带，但是由于要将输送带导向成圆管形状，同时要求密封，因而要求输送带的边缘与普通带式输送机的情况不同。另外为了使输送带导向成圆管形状，并且在输送机运行过程中保持圆管形状，因而对输送带的刚度要求也不同，需要在设计和制造中特别考虑。

（2）由于在输送机的运行中物料被围包在圆管内，增大了物料与输送带的挤压力，因此输送机的运行阻力系数要比普通带式输送机大。

（3）与普通带式输送机相比，在带速和带宽相同的条件下输送量小。例如：带宽为1000mm时，普通带式输送机的物料的最大截面积为0.0944m^2（托辊槽角35°，堆积角为10°），而圆管带式输送机的物料截面积仅为0.0409m^2。

（4）从结构上来看，圆管带式输送机不会产生如同普通带式输送机的输送带跑偏问题，但是存在输送带的扭转问题，严重时会使输送带的边缘进入两个托辊的间隙内，造成输送带的损坏。

尽管圆管带式输送机有上述的缺点，但它因具有密闭输送、易于空间转弯、占用空间小等显著特点，成为在水泥、钢铁、化工、粮食等领域广泛应用的一种新型特种带式输送机。

复习思考题

7-1 简述波状挡边带式输送机的应用、主要零部件及工作原理。

7-2 简述气垫带式输送机的应用、主要零部件及工作原理。

7-3 简述圆管带式输送机应用、类型、主要零部件及工作原理。

8 板式输送机、振动输送机及叉车

【学习重点】

（1）板式输送机的结构及工作原理；

（2）板式输送机的分类；

（3）振动输送机的工作原理；

（4）振动输送机的分类；

（5）叉车的组成和分类；

（6）叉车的主要技术参数；

（7）内燃叉车的动力装置；

（8）内燃叉车底盘。

【关 键 词】板式输送机、振动输送机、惯性振动输送机、偏心连杆振动输送机、电磁振动输送机、动力装置

8.1 板式输送机

8.1.1 板式输送机的结构及工作原理

板式输送机由驱动装置、张紧装置、牵引链、板条、驱动及改向链轮、机架等部分组成（见图8－1）。它是利用固接在牵引链上的一系列板条在水平或倾斜方向输送物料的输送机。它的承载件是平板，或是两侧带有侧板的槽形板。这些板片连接在一根或两根封闭的牵引链条上。链条环绕驱动星轮和张紧星轮。驱动星轮轴上安装驱动装置。张紧装置都采用螺杆式。因为链条星轮传动速度不均匀，坠重式的张紧装置容易引起摆动。运输物品和输送机上的运动构件等的重量都由滚轮支承，滚轮装在片式关节链的销轴上，沿着导向机架滚动运行。

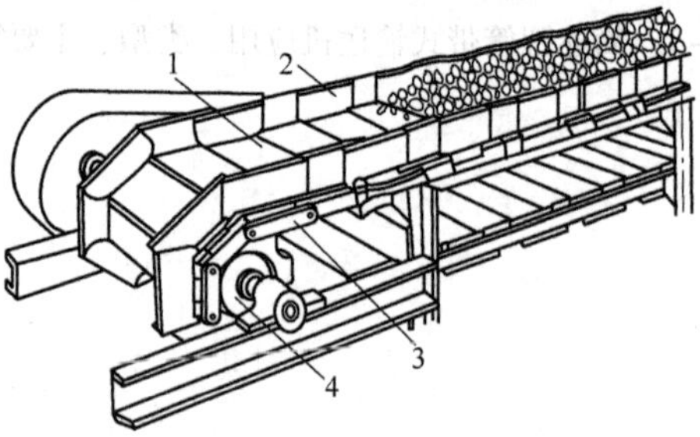

图8－1 板式输送机

1—板条；2—挡边；3—链条；4—驱动装置

板条的形状依输送物料的不同而异。输送成件物品时采用平板条；输送粒度较大的散状物料时采用带挡边的搭接板条；输送粒度较小的物料时采用带挡边的槽形板条，如图8－2所示。带挡边的槽形板条可增加输送倾角和增大输送能力。

一般的板式输送机的输送能力在$840m^3/h$以下，板条宽度在1600mm以内，输送速度在0.1～0.66m/s之间，输送距离一般不大；带挡边的板式输送机在地面上工作的距离可

达300m；在地面下，例如在翻车机下的地坑中的工作距离有的达到600m。板式输送机可输送沉重的、大块的和炽热的物料，在输送的同时还可完成一些生产操作，如烘干、冷却、洗涤等。

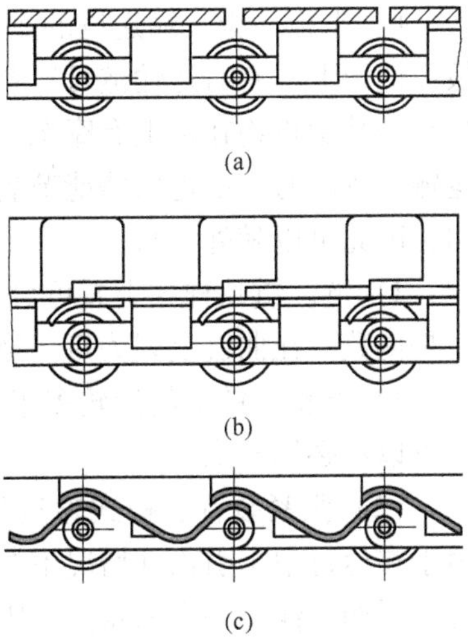

图8-2 板条的断面简图
(a) 平板条；(b) 带挡边的搭接板条；(c) 带挡边的槽型板条

8.1.2 板式输送机的分类

板式输送机是用连接于牵引链上的各种结构和形式的平板或鳞板等承载构件来承托和输送物料的。其结构形式多样，种类繁多，一般可按下述方法进行分类。

(1) 按输送机的安装形式可分为：固定式和移动式。

(2) 按输送机的布置形式可分为：水平型、水平-倾斜型、倾斜型、倾斜-水平型、水平-倾斜-水平型等。

(3) 按牵引构件的结构形式可分为：套筒滚子链式、冲压链式、铸造链式、环链式及可拆链式等。

(4) 按牵引链的数量可分为：单链式和双链式。

(5) 按底板的结构形式可分为：鳞板式（有挡边波浪型、无挡边波浪型、有挡边深型等）和平板式（有挡边平型和无挡边平型等）。

(6) 按输送机的运行特征可分为：连续式和脉动式。

(7) 按驱动方式可分为：电力机械驱动式及液力机械驱动式。

8.1.3 板式输送机的结构

板式输送机是连续输送机的一种，如图8-3所示。它的基本结构是在一根或两根封闭的牵引链总成上，安装许多块平板，作为承载的装置，把物料装在这些平板上。当牵引链条带着链板移动时，物料也被向前输送。牵引链条在输送机两端绕过驱动链轮和张紧链轮。驱动链轮带动牵引链总成运行。

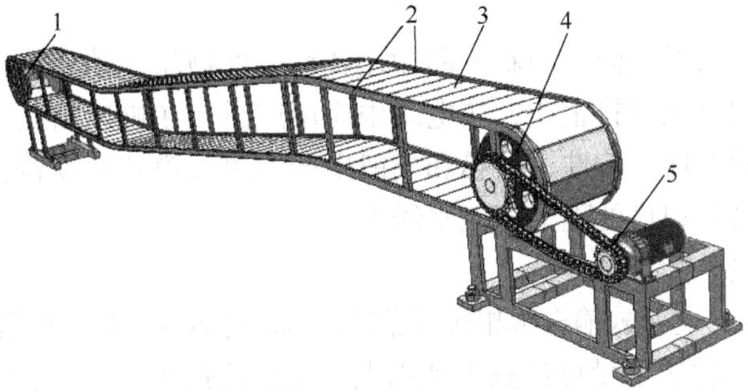

图8-3 板式输送机结构示意图
1—张紧链轮；2—牵引链条；3—链板总成；4—驱动链轮；5—驱动装置

(1) 链板总成。链板总成由片式链条和平板组成。链条内装滚动轴承或滑动轴承，分为单耳板式、双耳板式。

1）平板。板式输送机的平板（承载板），通常有有边的和无边的两种。边可装在平板或链板上，有时运输链可以装有固定的边，分别固定在运输链两边的外框上。该做法的缺点是被运输物在边上有摩擦，因而增大了摩擦力。其优点是平板构造较简单，尤其当被运输物较厚时，链走回路能节省很多空间。这种构造的另一个优点是在固定边上可以装活门，因此可以随处卸料。

2）链。链从样式上看可分成直的和曲的两种，直的优点是紧凑，不过链节数目一定要是偶数。在曲链上因为每一链节都相同，因此无上述要求。

3）滚轮。链上的滚轮多半是带轮缘的，有的当作加料用输送机，因为线路较短，滚轮可以不必加轮缘。

（2）张紧装置。板式输送机的安装张紧力，并不是在安装时张紧一次就能解决的。由于在运行中牵引构件情况不断发生变化，链条、链轮发生磨损等，因此必须随时调节，使牵引构件保持一定的张力。因此，在板式输送机中，必须通过张紧装置来调节张紧力。

张紧装置的作用是使链条在无载荷时具有一定的初张力，这样就可以防止牵引机构过于松弛，保证链条与链轮的轮齿紧密啮合不致掉链，使输送机在运行时有足够的稳定性，保证牵引机构顺畅运转。

张紧装置按照调节的方法可分为手动式和重锤式（自动）；按照安装在输送机中的位置可分为末端式和中间式。

（3）驱动装置。驱动装置有时也称为驱动站，它是将驱动电动机的动力，传递到驱动链轮，从而带动牵引构件进行工作的装置。驱动装置通常都是由驱动电动机、减速器和附加的减速传动机构及驱动轮组成。

（4）传动装置。传动装置用来传递驱动装置的转动力矩，并传递或改变驱动装置运动的速度与方向。

（5）支架。板式输送机的支架包括传动装置支架、张紧装置支架、中间支架等。支架通常用角钢或槽钢焊接制作而成。

（6）润滑装置。润滑装置分为人工润滑和自动润滑两种形式。

8.1.4 板式输送机的应用范围及主要优缺点

板式输送机可在水平方向或倾斜方向输送各种成件物品、散装物料、堆装物料，在冶金工业、化学工厂和建筑材料企业、热电站中应用广泛。在机械制造行业中，板式输送机广泛用于运输灼热的锻件、铸件、沙箱和模锻生产中边缘锐利的废料，以及用在装配、冷却、冲洗、烘干、筛分和热处理工艺流水线上。

板式输送机的主要优点是：

（1）适用范围广。与带式输送机相比可靠性较高，可运输散装、堆装、成件包装的物品。

（2）载重量大。输送重量可达数十吨以上，尤其适用于大重量物料的输送。

（3）输送线路布置灵活，可水平、爬坡、转弯输送，上坡输送时倾角可达45°。

（4）能安装中间驱动，可以保证在任意距离内不间断输送。

（5）牵引链强度大，可用作长距离输送。

（6）运行平稳可靠。

板式输送机的主要缺点有：

（1）重量大，运动部分造价高。

（2）与带式输送机相比，板面运动速度低。

（3）由于有大量的铰接点，这些节点磨耗大，且运动阻力大，故维护量较大。

8.2 振动输送机

8.2.1 振动输送机的工作原理

振动输送机的工作原理是通过激振器强迫承载体（输料管或者输送槽）按照一定的方向做简谐运动或近似于简谐的运动，当其振动加速度达到某一值时，物料便在承载体内沿输送方向做连续微小的抛掷运动或者滑动，从而达到输送的目的。物料输送轨迹如图8－4所示。

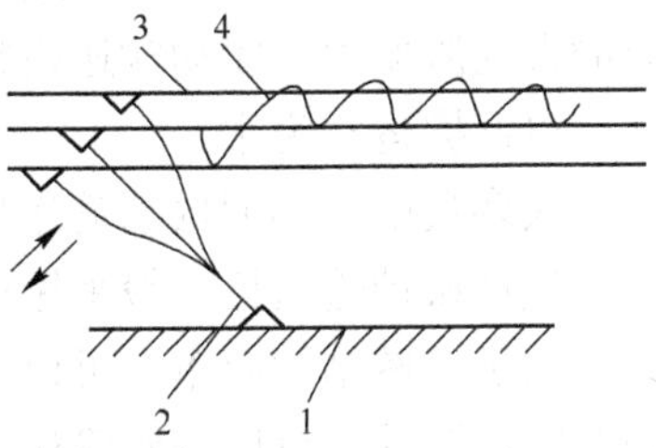

图8－4 物料输送轨迹

1—机架；2—激振器；3—承载体；4—物料运动轨迹

8.2.2 振动输送机的分类

按驱动装置的不同，振动输送机可分为：

（1）惯性振动输送机。它由惯性激振器（或振动电动机）、主振弹簧、料槽等组成，惯性激振器（或振动电动机）使偏心块旋转，产生的离心惯性力激起料槽振动，促使槽内物料不断地向前移动。惯性振动输送机一般采用中等频率和振幅。

（2）偏心连杆振动输送机。它由偏心轴、连杆、连杆端部弹簧和料槽等组成。电动机带动偏心轴旋转，使连杆端部做往复运动，激起料槽做定向振动，促使槽内物料不断地向前移动。偏心连杆振动输送机一般采用低频率与大振幅或中等频率与中等振幅。

（3）电磁振动输送机。它由电磁激振器、隔振弹簧和料槽等组成。整流后的电流通过线圈时，产生周期变化的电磁吸力，激起料槽产生振动，促使槽内物料不断地向前移动。电磁振动输送机一般采用高频率、小振幅激振器。

按物料输送方向的不同，振动输送机可分为：

（1）水平振动输送机。物料的输送方向为水平方向。

（2）垂直振动输送机。物料的输送方向为垂直向上。

本节只介绍水平振动输送机。

8.2.3 振动输送机的应用及特点

振动输送机广泛应用于矿山、冶金、煤炭、建材、轻工、化工、电力、粮食等各行业中，用于把块状、颗粒状及粉状物料从贮料仓或漏斗中均匀连续或定量地输送到受料装置中去，例如破碎、选煤、筛分、运输、包装等机械的给料、配料等。

振动输送机的结构简单，重量较轻，造价不高；能量消耗少，设备运行费用比较低；可以对含尘的、有毒的、带挥发性气体的物料进行密封输送，有利于保护环境；可以多点给料和多点卸料；可以输送高温物料，一般温度可达到200℃，如果承载体采用耐热钢，再加上冷却设施，可以输送温度更高的物料。例如：采用风冷时，可以输送500℃左右的物料，采用水夹套冷却时，可以输送1000℃左右的物料。如果对结构进行改造，就可以在输送过程中同时实现对物料的冷却、烘干、筛分和混合等工艺。但是，对输送黏湿性物料和粒度非常小的粉状物料效果不佳，输送距离较短。

8.2.4 振动输送机的结构

8.2.4.1 惯性振动输送机

惯性振动输送机采用惯性激振器驱动或者振动电动机直接激振。

惯性激振器通常为分离拖动式，电动机和激振器之间采用万向联轴节或者弹性联轴器、V形带进行连接。惯性激振器两根带有偏心块的激振轴做同步反向旋转，产生单一指向的惯性激振力，驱动输送机槽体做直线振动。物料的运动状态既有滑行运动又有抛掷运动，以抛掷运动为主。

大多数中、小型振动输送机是采用振动电动机直接激振的。

惯性振动输送机一般采用中幅中频，还有少数采用小幅高频，输送距离和输送量都不大。由于机械结构简单，可以采用结构尺寸较小的激振器产生较大的激振力。由于可以实现非定向振动，可以达到输送脱水、落砂、筛分等工艺的要求。

惯性振动输送机有两种常用的结构类型。

（1）单质体惯性振动输送机。单质体惯性振动输送机（见图8－5）一般在远超共振状态下工作，采用电动机、V带带动惯性激振器。安装方式有座式和吊式两种，既可以用导向板弹簧支承在底架上，也可用螺旋弹簧悬吊起来。

（2）双质体惯性振动输送机。双质体振动输送机（见图8－6），即带隔振弹簧的单质体振动输送机，采用惯性激振器驱动或者用振动电动机直接驱动，惯性激振器或振动电动机和共振质体构成一个共振单元，其激振力经一定倍数放大后作用在输送槽体上。该机在近亚共振状态下工作，因而功率消耗小。

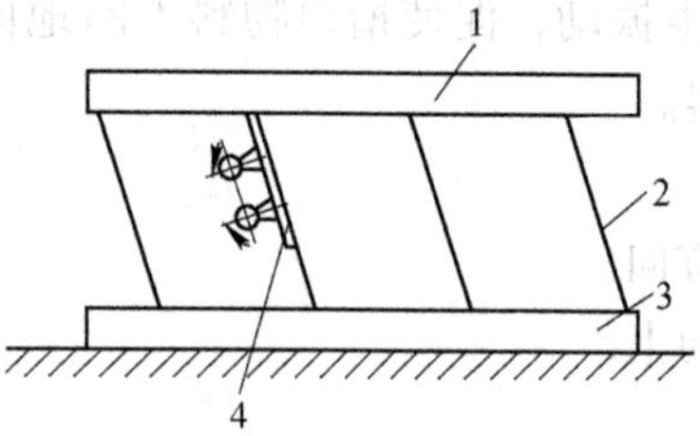

图8－5 单质体惯性振动输送机

1—输送槽；2—导向板支承弹簧；3—底架；4—惯性激振器

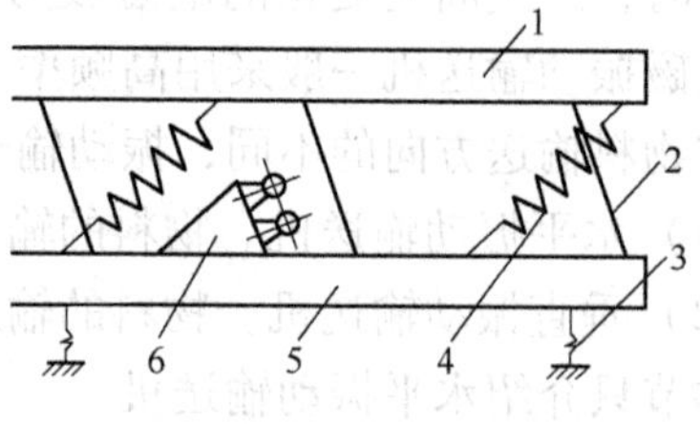

图8－6 双质体惯性振动输送机

1—输送槽；2—导向板支承弹簧；3—隔振弹簧；4—主振弹簧；5—减振架；6—惯性激振器

GZS型惯性振动输送机（见图8－7）是双质体惯性振动输送机，它用于各种粒状、中等块度以下非黏性物料（含水量小于5%），最适宜输送高磨耗、高温度（300℃以下）物料，如水泥熟料、烘干热矿渣、砂等。该机输送量大、重量轻、电耗低；负载特性好，机槽振幅受电压波动对输送量的影响很小；启动快，在满载情况下

图8－7 GZS型惯性振动输送机

能正常启动；停机快，停机时整机稳定；结构简单，调试容易，磨损件少，维修量少；安装方便，不需专用地基和地脚螺栓，便于移动位置；隔振性能好，故适宜水泥熟料及矿渣库顶输送。

8.2.4.2 偏心连杆振动输送机

偏心连杆振动输送机的偏心连杆为该机的振动系统，用来传递激振力或位移。其常见的激振方式有刚性连杆和弹性连杆两种，前者为直接激振，后者为间接激振。由于弹性连杆式具有传动机构受力小及启动功率小的优点，因此被广泛应用。

弹性连杆振动输送机是利用振动原理，由动力带动一只偏心轴，由偏心轴带动弹性拉杆，借助弹簧的弹性力，使槽体内的物料颗粒产生一定的振幅和振动频率，从而使物料颗粒由原来的位置产生向上、向前抛掷的作用，使物料颗粒接连不断地向前跳跃，从而达到输送的目的。

弹性连杆振动输送机通常采用高频低幅，因此可以实现大运量和长距离的输送。该机结构简单，制造维修方便，也可作一定范围的调频和调幅，噪声较小，所以被广泛应用，但是不适于输送易碎物料。

常用的弹性连杆振动输送有以下四种形式。

（1）单槽偏心连杆振动输送机（见图8－8）。该机结构比较简单，有较大的动载荷传给地基，所以槽体需具有足够的刚度。一般在近亚共振状态下工作。

（2）双槽平衡式偏心连杆振动输送机（见图8－9）。两个输送槽通过主振弹簧和摆杆联系在一起，摆杆通过橡胶铰链支承在支架上。要求上下输送槽质量相等，使惯性力相互平衡，经过严格平衡之后，可以不需隔振，地基所受动载荷很小。一般在近亚共振状态下工作。

该机所需激振力及电动机功率较小，适于大运量、长距离输送，但结构较复杂，多点给料卸料不方便。

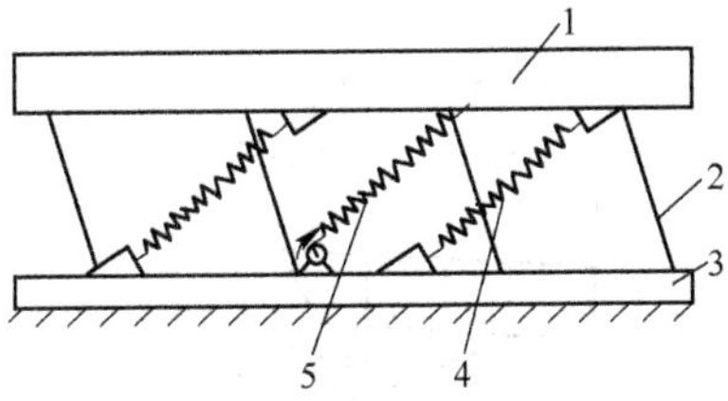

图8－8 单槽偏心连杆振动输送机

1—输送槽；2—支承弹簧；3—底架；4—主振弹簧；5—弹性连杆驱动机构

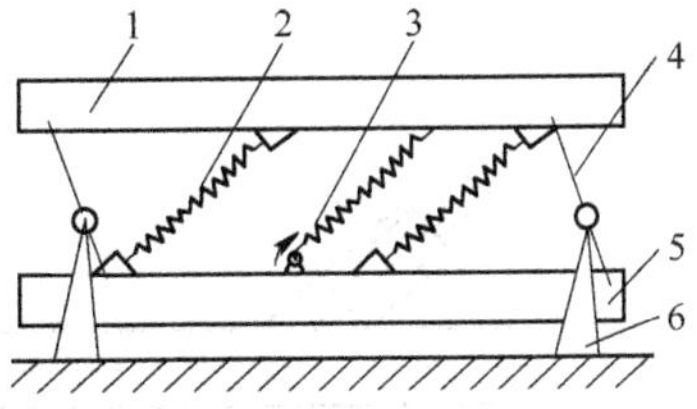

图8－9 双槽平衡式偏心连杆振动输送机

1—上输送槽；2—主振弹簧；3—弹性连杆驱动机构；4—摆杆；5—下输送槽；6—支架

（3）带隔振弹簧的单槽偏心连杆振动输送机（见图8－10）。该种振动输送机也称不平衡式振动输送机，上质体为输送槽，下质体为加有配重的平衡质体（减振架），其质量约为上质体的3～5倍，这样可以减小下质体的振幅，从而减小传给基础的动载荷。由于有隔振弹簧，传给基础的动载荷就更小，一般在近亚共振状态下工作，振幅稳定，进出料口容易布置。

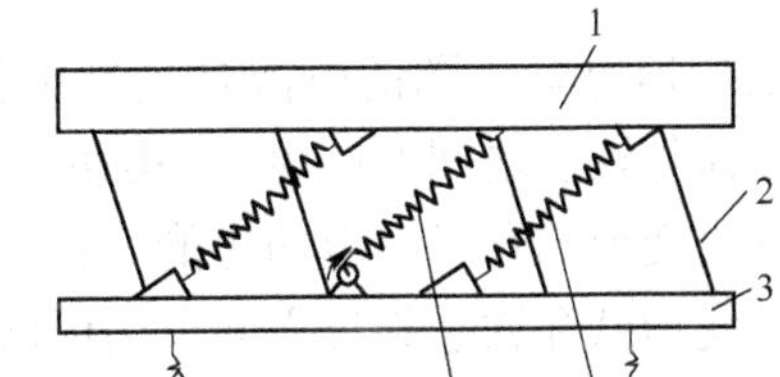

图8－10 带隔振弹簧的单槽偏心连杆振动输送机

1—输送槽；2—支承弹簧；3—减振架；4—主振弹簧；5—弹性连杆驱动机构；6—隔振弹簧

（4）带隔振弹簧的双槽平衡式偏心连杆振

动运输机（见图8－11、图8－12）。该机与不隔振平衡式振动输送机比较，隔振性能更好，安装更为简单。如果采用螺旋弹簧隔振，机器工作声音柔和，可以保持良好的工作环境。一般在近亚共振的状态下工作。该机振幅稳定，输送量也大，但结构复杂，机身较重，高度也大。因此，该机用于要求输送量大和隔振好的场合，单机输送长度可达30m。

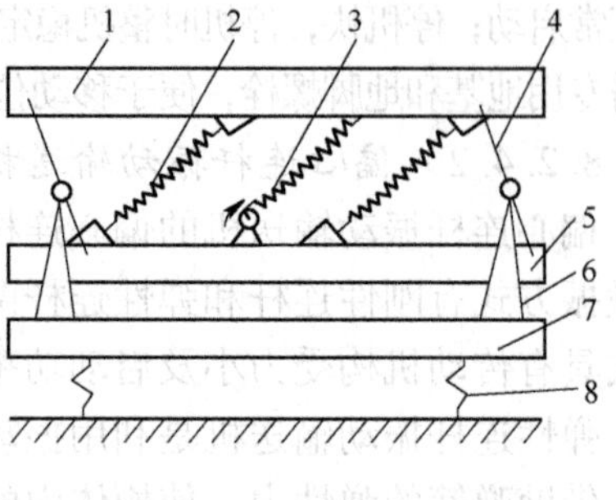

图8－11 带隔振弹簧的双槽平衡式偏心连杆振动运输机的原理

1—上输送槽；2—主振弹簧；3—弹性连杆驱动机构；4—摆杆；5—下输送槽；6—支架；7—减振架；8—隔振弹簧

8.2.4.3 电磁振动输送机

如图8－13所示，电磁振动输送机采用电磁激振器进行驱动，承载体质量 m_1 和平衡质量 m_2 用弹簧组连接在一起，形成一个双质体的定向振动弹性系统。一般在近亚共振的状态下工作。

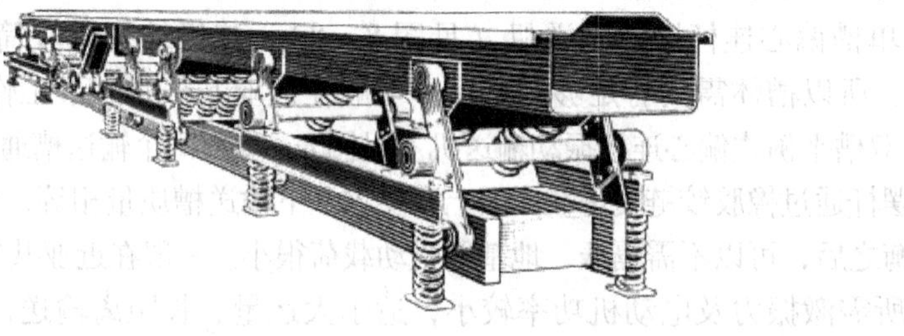

图8－12 带隔振弹簧的双槽平衡式偏心连杆振动运输机的外形

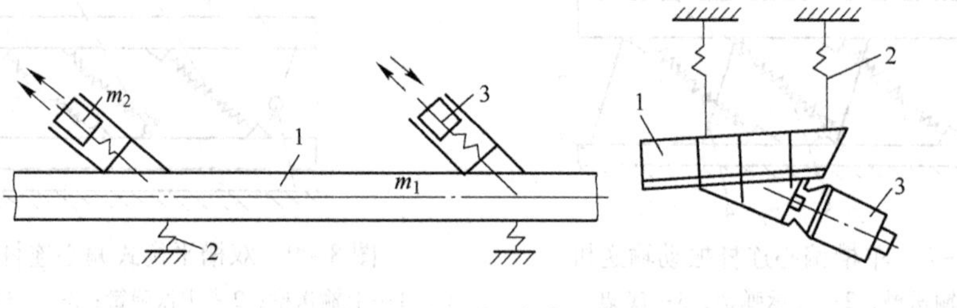

图8－13 电磁振动输送机

1—输送槽；2—隔振弹簧；3—电磁激振器

激振器电磁线圈的电流是经过单相半波整流的，当线圈接通后在正半周内有电流通过，衔铁与铁芯之间便产生了一脉冲电磁力，互相吸引，这时槽体向后运动，激振器的主弹簧发生变形储存了一定的势能。在负半周线圈中无电流通过，电磁力消失，主弹簧释放能量，使衔铁和铁芯朝反方向离槽体向前运动。于是电磁振动给料机以交流电源的频率做每分钟3000次的往复振动。由于槽体的底平面与激振力作用线有一定的夹角，因此槽体中的物料沿抛物线的轨迹连续不断地向前运动。调节整流电压的高低，即可控制电磁振动给料机的送料量。给料机采用可控硅整流供电。改变可控硅的导通角，即可控制输出电压的高低。根据使用条件，可取不同信号来控制可控硅导通角的大小，以达到自动定量送料的目的。

一般用得较多的是板弹簧电振机，虽然激振器重量较大，但是调整弹簧刚度比较容易；采用螺旋弹簧电振机，虽然激振器较轻，螺旋弹簧承载能力高，能产生较大的振幅，但是由于振动受气隙限制，振幅也不能太大，而且调整弹簧刚度也不方便；采用橡胶弹簧电振机，结构紧凑。

由于电磁激振器的频率高，振幅小，所以电磁振动输送机的输送速度比较慢，对承载体的刚度要求也比较高，另外，受供电电压的影响比较大，噪声也比较大。其优点是操作安全可靠，输送量可以调节，可作定量输送。

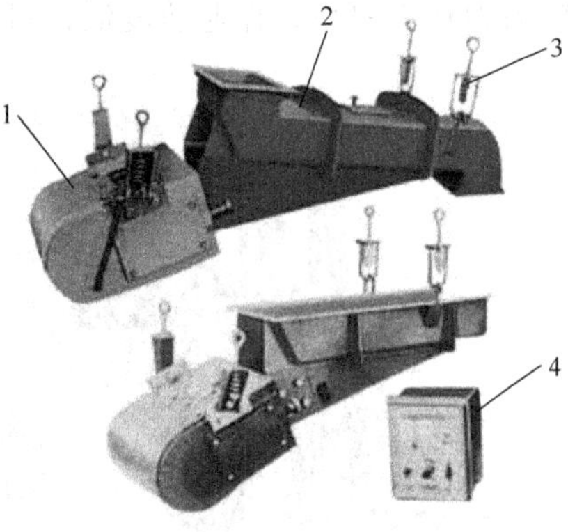

图 8－14 GZ 型电磁振动给料机
1—电磁激振器；2—输送槽；
3—隔振弹簧；4—控制仪

图 8－14 为 GZ 型电磁振动给料机的外形图。该系列电磁振动给料机广泛应用于矿山、冶金、煤炭、建材、化工、电力、粮食等行业，用于把块状、颗粒状及粉状物料从贮料仓或其他贮料设备中均匀连续或定量地送到受料设备中。该系列电磁振动给料机具有体积小、噪声低、重量轻、工作频率高、耗电少等优点，可用于自动控制的流程中实现生产流程自动化。它能无级调节给料量，可在额定电压、振幅条件下频繁启动和连续运转，安装维修方便。

8.3 叉车

8.3.1 叉车的应用与功能

叉车是一种通用的起重运输机械，它是由轮式底盘车辆（由动力装置、底盘、电气设备等组成）和一套能垂直升降及前后倾斜的工作装置组成的。叉车以内燃机或蓄电池与电动机为动力，带有货叉承载装置，具有自行能力，工作装置可完成升降和前后倾、夹紧、推出等动作，能实现成件物资的装卸、搬运和拆码垛作业。

由于叉车具有对成件物资进行装卸和短距离运输作业的功能，并可装设各种可拆换的属具，因此能机动灵活地适应多变的物料搬运作业场合，可以进入车厢、船舱和集装箱内进行货件的装卸搬运作业，经济高效地满足各种短途物料搬运作业的要求。它适于在工厂、机场、车站、港口、货场、现代物流、邮政等场所进行成件、成箱货物的装卸、码垛以及短途运输，还能够换装不同的工作属具，如叉套、铲斗或吊杆，以扩大使用范围。

8.3.2 叉车的组成和分类

叉车的结构一般由动力装置、底盘、工作装置与液压系统、电气设备等组成。

叉车的种类繁多，分类方法多样，下面只介绍两种常用的分类方法。

（1）按动力源不同分类。按动力源的不同，叉车可分为内燃叉车、电动叉车、手动叉车三种。

1）内燃叉车（见图 8－15）。内燃叉车以内燃机为动力，可分为汽油叉车、柴油叉车和液化石油气叉车。其特点是储备功率大，载荷能力一般为 1.2～8.0t，作业通道宽度一般为3.5～5.0m，行驶速度快，爬坡能力强，作业效率高，对路面要求不高。但其结构复杂，维修困难，污染环境，噪声较大。

2）电动叉车（见图8－16）。电动叉车以蓄电池为动力。其特点是结构简单，操作方便，污染少，噪声低。由于受蓄电池容量的限制，其驱动功率和起重量都较小（一般承载能力为0.4～6t），作业速度低，对路面要求高，需配备充电设施。

图8－15 8t平衡重式内燃叉车

图8－16 4.5t平衡重式电动叉车

3）手动叉车（见图8－17）。手动叉车是专供在通道窄小的仓库、车间内部装卸、搬运货物而设计的。其特点是转弯半径小，无驾驶台，通过操纵杆控制叉车工作装置的升降。

（2）按叉车的用途不同分类。按用途的不同，叉车可分为普通叉车（通用型）和特种叉车（专用型）。

8.3.3 叉车的主要技术参数

表示叉车结构特点和工作性能的参数称为叉车的技术参数。叉车的技术参数分为质量参数、尺寸参数和性能参数。

8.3.3.1 质量参数

（1）空车质量（自重）。空车质量是指完全装备好的叉车质量，以kg计。叉车自重是表示叉车质量的技术指标。类型相同的叉车在额定起重量和载荷中心距相同的条件下，自重轻则表示材料利用经济，结构设计合理。

图8－17 手动叉车

（2）载质量（额定起重量）。载质量是指叉车装运时最大额定载物质量，即货物重心至货叉前壁的距离不大于载荷中心距时，允许起升货物的最大质量，以t表示。当货叉上的货物重心超出了规定的载荷中心距时，由于叉车纵向稳定性的限制，起重量应相应减小。载质量是叉车承载能力的标志，超载会造成叉车损坏和降低安全使用性能。图8－18表示叉车上载有货物时，货物的中心线与载荷中心距 C 重合，此时叉车上装载货物的质量 Q 与叉车铭牌上规定的载质量一致，即为额定起重量。

（3）总质量。空车质量与载质量之和为总质量。叉车驾驶员应掌握叉车总质量，以便在通过危险地段（如覆盖地沟、高坡地沟、高坡边缘、松软地面和冰上通过等）时作出正确判断。

(4) 桥负荷。叉车桥负荷是指在水平路面上，叉车满载或空载时门架直立，路面对前后桥车轮的垂直静反力。叉车的桥负荷不仅决定轮胎的尺寸和数量，而且直接影响叉车的使用性能。

叉车满载运行时，后桥应有一定的负荷，才不致使叉车在转向时无法操纵。叉车空载运行时，前轮应有足够的附着力，避免车轮打滑。根据叉车的使用经验，叉车桥负荷按以下比例分配较为合理——满载时，前后桥负荷之比约为9:1，空载时约为4:6。进入铁路棚车内作业的叉车，最大桥负荷和轮压应考虑棚车地板许可的承载能力。

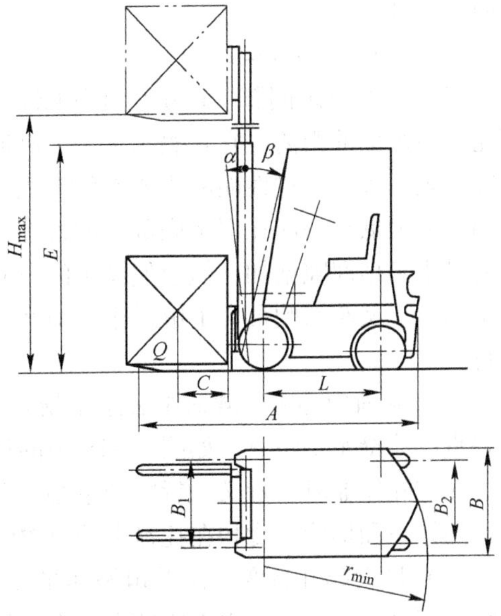

图8-18 叉车载货示意图

A—总长；B—总宽；B_1—前轮距；B_2—后轮距；C—载荷中心距；E—总高；H_{max}—最大起升高度；L—叉车轴距；Q—额定起重量；r_{min}—最小转弯半径；α—门架前倾角；β—门架后倾角

8.3.3.2 尺寸参数

(1) 叉车外形尺寸。叉车的外形尺寸是指叉车的总长 A、总宽 B 和总高 E，如图8-18所示。为了使叉车具有较好的机动性能，外形尺寸（特别是车长）应尽量减小。

叉车长——叉尖至车体尾部最后端的水平距离称为总长。

叉车宽——平行于叉车纵向对称平面两极端面的距离称为总宽。

叉车高——门架垂直，货叉落至最低位置，由地面至车体最上端的垂直高度称为总高。

叉车驾驶员要掌握叉车外形尺寸，以便于安全进出车间、仓库等地。

(2) 轴距。叉车轴距是指叉车前后桥中心线间的水平距离，如图8-18所示的尺寸L。轴距直接影响叉车的最小转弯半径和纵向稳定性。车身长度、自重、前后桥负荷等也与轴距有关。轴距短的叉车纵向稳定性差。当叉车各个部件在叉车纵向相对于前桥的位置基本不变时，增大轴距有利于提高叉车的纵向稳定性，并使后桥负荷减小，但会使车身和长度增加，最小转弯半径增大。当叉车满载运行时，由于后桥负荷过小，有可能在转向时无法操纵。减小叉车轴距将车身长度缩短，转弯半径减小，有利于提高叉车的机动性，但不利于保证叉车的纵向稳定。过度减小轴距，叉车的自重反而有可能增大，因为车架长度虽然缩短，但为了保证纵向稳定，必须增加平衡质量。叉车轴距一般较小，因此在行驶时应注意控制车速和行驶方向。

(3) 轮距。叉车轮距是指同一轴上左右两轮中心的距离，双轮胎为两端两轮中心间的距离。叉车前轮距是根据车架前部、门架和轮胎的宽度及其相互位置确定的，采用标准的汽车后桥作叉车前桥时，前轮距就已经确定，后轮距视叉车的支撑方式而定，增加轮距有利于保证叉车的横向稳定，但会使最小转弯半径和叉车总宽增大。轮距尺寸如图8-18中的尺寸 B_1 和 B_2。轮距窄的叉车横向稳定性差，增大轮距有利于提高叉车的横向稳定性，但会使车身总宽和最小转弯半径增加。厂内叉车轮距较窄，要正确操作以保持叉车的横向稳定性。

8.3.3.3 性能参数

(1) 最小离地间隙。最小离地间隙是指满载时除车轮以外，车体上固定的最低点至车轮接地表面的距离，它是表示叉车无碰撞地越过地面凸起障碍物的能力。叉车最小离地间隙是表示叉车通过性能的主要参数。最小离地间隙越大，叉车的通过性越好。叉车车体上固定的最低点一般在门架底部、前桥中部、后桥中部和平衡重下部等处。增大车轮直径可使最小离地间隙增加，但会使叉车的重心提高，转弯半径加大，从而降低叉车的稳定性和机动性。叉车驾驶员应了解最小离地间隙，当遇路面障碍时，便于判断是骑越通过还是绕行。

(2) 载荷中心距。载荷中心距是指在货叉上放置标准的货物时，其货物重心线至货叉垂直段前壁水平距离，如图 8 - 18 中的尺寸 C，单位为 mm。

在实际作业时，货叉上货物的重心线并无固定不变的位置，因此，它与托盘的尺寸、货物的体积和形状、货物在托盘上的放置情况等多种因素有关。

(3) 最大起升高度。在平坦坚实的地面上，叉车满载，轮胎气压正常，门架垂直，货物升至最高处，货叉水平段的上表面至地面的垂直距离称为叉车的最大起升高度，简称为起升高度，如图 8 - 18 中的 H_{max}，单位为 mm 或 m。

叉车的最大起升高度根据装卸货物的需要而定，如无特殊要求，应符合叉车标准的规定。采用两节门架式的叉车时，我国各吨位叉车的最大起升高度大多为 3m，在铁路运输方面，进车厢的叉车使用的起升高度多为 2m。如果要增加叉车最大起升高度，就需增加叉车前部的门架、液压缸和链条的长度或高度，或者采用三节门架式。因此，当增加最大起升高度时，为了保证叉车的稳定性，应相应地减小叉车的起重量。

(4) 自由起升高度。自由起升高度是指在不改变叉车的总高时，货叉可能起升的最大高度。叉车运行时，货叉必须离开地面，一般为 300mm，如果叉车的自由起升高度不低于这个数值，那么，叉车就能自由通过净空不低于叉车总高的车门或库门，从而提高叉车的通过性。用于码垛的叉车，当货叉架和货叉起升到内门架的顶部时，叉车总高仍不改变，称为全自由起升。具备全自由起升的叉车可用于净空较小的车、船和集装箱内，作业十分方便。

(5) 门架倾角。门架倾角是指空载的叉车在平坦坚实的地面上，门架相对于垂直位置向前和向后的最大倾角，如图 8 - 18 中的 α、β。门架前倾角 α 的作用是为了便于叉取和卸下货物。后倾角 β 的作用是当叉车带货运行时，防止货物从货叉上滑落，增加叉车运行时的纵向稳定性。前倾角是考虑到作业时叉车可能从具有一定坡度的地面上叉取水平放置的托盘的情况而确定的。因此，门架前倾角 α 应不小于在水平地面上叉卸托盘时所需的最小前倾角与仓库地面的正常倾角之和。增大门架后倾角，一般对叉车运行时货物和整车的纵向稳定都有利，但过大的后倾角既受到叉车结构上的限制，也不利于保证叉车的横向稳定性。我国叉车标准对门架倾角的规定为：前倾角为 6°，后倾角为 12°。

(6) 最大起升速度。在不做特殊说明时，叉车最大起升速度通常是指叉车满载货物时起升的最大速度，单位为 m/min。最大起升速度对叉车作业效率有着直接的影响。最大起升速度的提高，主要取决于叉车的液压系统。过大的起升速度会给安全作业带来不利影响。最大起升速度常与叉车的动力类型、起重量大小以及最大起升高度等因素有关。电瓶叉车由于受蓄电池容量以及电动机功率的限制，其最大起升速度低于起重量相同的内燃叉车。具有大起重量的叉车由于作业安全的要求和液压系统的限制，最大起升速度都比中小吨位的叉车低。当叉车的最大起升高度较小时，过大的起升速度难以充分利用。目前我国叉车最大起升速度的情况是：电瓶叉车为12m/min、内燃叉车为25m/min。

(7) 接近角、离去角。接近角为水平面与切于前轮轮胎外缘（静载）的平面之间的最大夹角。离去角为水平面与切于车辆后部车轮轮胎外缘（静载）的平面之间的最大夹角。接近角和离去角表示车辆接近或离去地面障碍物时不发生碰撞的可能性，角度大，碰撞的可能性小。企业内叉车的接近角与离去角均偏小，所以驾驶叉车时应引起注意。

(8) 最小转弯半径。叉车空载低速运行时，打满方向盘，车体最外侧和最内侧至转弯中心的最小距离分别称为最小外侧转弯半径 $r_{\min外}$ 和最小内侧转弯半径 $r_{\min内}$。最小外侧转弯半径是决定叉车机动性（在最小面积内转弯的能力）的主要参数。车体外侧距转向中心最远处，通常在叉车尾部（平衡重处）。在个别情况下，如货叉加长，则可能在货叉尖处。在不做特殊说明时，叉车最小转弯半径就是指最小外侧转弯半径（见图8－18）。最小外侧转弯半径越小，则叉车转弯时需要的地面面积越小，机动性越好。

影响叉车最小转弯半径的因素除叉车的轴距、后轮轮距（与转向轮的中心距有关）、转向车轮的最大偏转角等外，还有叉车的外形尺寸（特别是车长）和尾部（平衡重）形状。

(9) 最大爬坡度。叉车的最大爬坡度是指叉车空载和满载时，在正常的路面情况下，以低速挡等速运行时所能爬越的最大坡度，通常以度或百分数表示。最大爬坡度越大越好。企业叉车最大爬坡度较小，所以在纵向坡道上抵御上坡时的后倾翻车或下坡时的前倾翻车能力较差。

叉车空载行驶时的最大爬坡度通常取决于驱动轮与地面的附着力。满载行驶时的最大爬坡度一般由发动机的最大扭矩和低速挡的总传动比决定。我国叉车标准规定了叉车满载运行时的最大爬坡度，其中内燃叉车为20%，电瓶叉车为5%或10%。

(10) 最高运行速度。叉车满载运行时所能达到的最高车速称为最大行驶速度，单位为km/h。提高运行速度对提高叉车的作业效率有很大影响。据统计，叉车作业时运行时间一般约占全部作业时间的2/3，缩短运行时间对提高叉车作业生产率有很大影响。缩短运行时间的途径之一是提高叉车的运行速度。但是叉车的作业特点是运距短、停车和起步的次数多，过分提高叉车行驶速度，不仅会使发动机功率增大，经济性降低，而且受装卸货物场地的限制，很难保证货物安全。影响叉车最大运行速度的主要因素是叉车作业时的运行距离和起步及停车时的加速度。从经济观点看，最高运行速度应以叉车进行正常装卸和码垛作业为宜，而不是用于运输货物。

(11) 最大牵引力。若牵引力大，则叉车起步快，加速能力强，爬坡能力好，牵引性能好。由于叉车的运距短，停车和起步的次数多，所以其加速能力的好坏十分重要。在叉车的性能参数中，通常标出的最大牵引力是拖钩牵引力。叉车作为牵引车使用时，也必须知道它的拖钩牵引力。

8.3.4 内燃叉车的动力装置

内燃叉车的动力装置多采用往复活塞式发动机作为驱动力，一般为普通车用汽油机和柴油机，少数厂家配用液化气发动机。动力装置将燃油产生的热能转变为机械动力，通过底盘的传动系统和行驶系统驱动叉车行驶，并通过液压系统驱动工作装置，完成装卸货物的任务。

各种内燃叉车发动机的基本原理相似，基本构造也大同小异。汽油机通常由两大机构和五大系统组成，即曲柄连杆机构、配气机构、供给系统、润滑系统、冷却系统、点火系统和启动系统等，如图 8-19 所示。柴油发动机的结构大体上与汽油机相同，但由于使用的燃料、混合气形成和点燃方式的不同，柴油机的结构与汽油机略有不同。柴油机由两大机构、四大系统组成，没有化油器、分电器、火花塞，而另设有喷油泵和喷油器等，如图 8-20 所示。有的柴油机还增设废气涡轮增压器等。

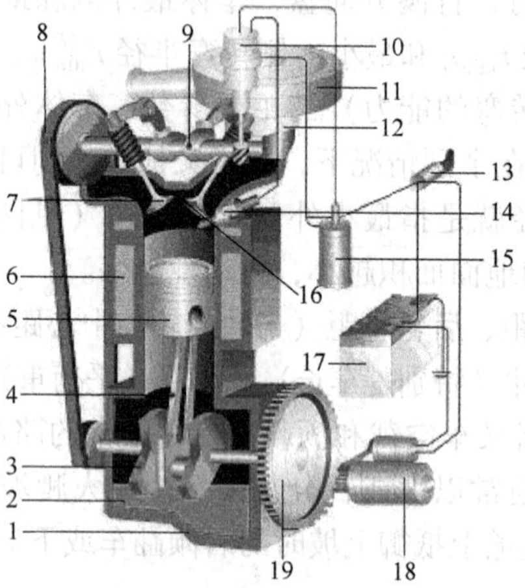

图 8-19 汽油机的基本结构

1—油底壳；2—润滑油；3—曲轴；4—连杆；5—活塞；6—冷却水；7—排气门；8—正时链条；9—凸轮轴；10—分电器；11—空气滤清器；12—化油器；13—点火开关；14—火花塞；15—点火线圈；16—进气门；17—蓄电池；18—启动机；19—飞轮

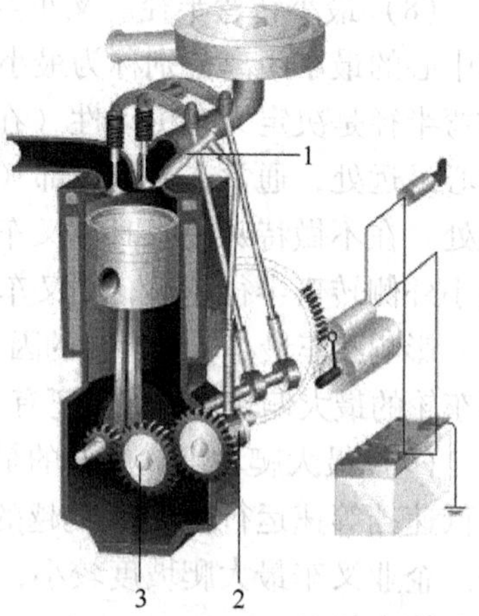

图 8-20 柴油机基本结构

1—喷油器；2—喷油泵；3—正时齿轮

8.3.4.1 四冲程汽油机工作原理

发动机的功能是将燃料在气缸内燃烧产生的热能转换为机械能，对外输出动力。能量转换过程是通过不断地依次反复进行“进气—压缩—做功—排气”四个连续过程来实现的，发动机气缸内进行的每一次将热能转换为机械能的过程称为一个工作循环，如图 8-21所示。

在一个工作循环内，曲轴旋转两周，活塞往复四个行程，称为四冲程发动机。

（1）进气行程。活塞在曲轴的带动下由上止点移至下止点。此时排气门关闭，进气门开启。在活塞移动过程中，气缸容积逐渐增大，气缸内形成一定的真空度。空气和汽油的混合物通过进气门被吸入气缸，并在气缸内进一步混合形成可燃混合气。

（2）压缩行程。进气行程结束后，曲轴继续带动活塞由下止点移至上止点。这时，进、排气门均关闭。随着活塞移动，气缸容积不断减小，气缸内的混合气被压缩，其压力和温度同时升高。

（3）做功行程。压缩行程结束时，安装在气缸盖上的火花塞产生电火花，将气缸内的可燃混合气点燃，火焰迅速传遍整个燃烧室，同时放出大量的热能。燃烧气体的体积急

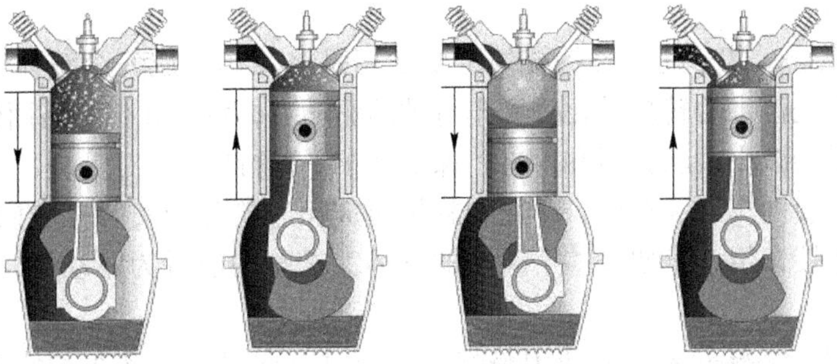

图 8－21 四冲程汽油机工作原理

（a）进气行程；（b）压缩行程；（c）做功行程；（d）排气行程

剧膨胀，压力和温度迅速升高。在气体压力的作用下，活塞由上止点移至下止点，并通过连杆推动曲轴旋转做功。这时，进、排气门仍旧关闭。

（4）排气行程。排气行程开始，排气门开启，进气门仍然关闭，曲轴通过连杆带动活塞由下止点移至上止点，此时膨胀过后的燃烧气体（或称废气）在其自身剩余压力和在活塞的推动下，经排气门排出气缸之外。当活塞到达上止点时，排气行程结束，排气门关闭。

8.3.4.2 四冲程柴油机工作原理

四冲程柴油机的工作循环同样包括进气、压缩、做功和排气四个过程，在各个活塞行程中，进、排气门的开闭和曲柄连杆机构的运动与汽油机完全相同。只是由于柴油和汽油的使用性能不同，柴油机和汽油机在混合气形成方法及着火方式上有根本的差别。

（1）进气行程。在柴油机进气行程中，被吸入气缸的只是纯净的空气。

（2）压缩行程。因为柴油机的压缩比大，所以压缩行程终了时气体压力高。

（3）做功行程。在压缩行程结束时，喷油泵将柴油泵入喷油器，并通过喷油器喷入燃烧室。因为喷油压力很高，喷孔直径很小，所以喷出的柴油呈细雾状。细微的油滴在炽热的空气中迅速蒸发气化，并借助于空气的运动，迅速与空气混合形成可燃混合气。由于气缸内的温度远高于柴油的自燃点，因此柴油随即自行着火燃烧。燃烧气体的压力、温度迅速升高，体积急剧膨胀。在气体压力的作用下，活塞推动连杆，连杆推动曲轴旋转做功。

（4）排气行程。排气行程开始，排气门开启，进气门仍然关闭，燃烧后的废气排出气缸。

8.3.5 内燃叉车底盘

内燃叉车底盘是叉车的重要组成部分，其作用是装配各部件总成，实现发动机的动力传递，确保叉车正常行驶。内燃叉车底盘由传动系统、行驶系统、转向系统、制动系统和附属设备组成。

（1）传动系统。叉车的传动系统主要由离合器、变速器、传动轴和驱动桥等组成。它将发动机发出的动力传给驱动车轮和工作装置，使叉车行驶和作业。即通过减速增矩、变速、接合或分离动力以及改变动力的传递方向，使动力装置适应叉车的行驶和作业需要。

(2) 行驶系统。叉车的行驶系统的主要功用是将叉车构成一个整体，支承叉车的总质量；将传动系统传来的转矩转化为叉车行驶的驱动力；承受并传递路面作用于车桥上的各种阻力及力矩；减小振动、缓和冲击，保证叉车平顺行驶。

行驶系统一般由车架、车桥、车轮和悬架组成。车轮分别安装在转向桥与驱动桥上，车桥通过悬架连接车架，车架是整个叉车的基体。叉车的前桥为驱动桥，后桥为转向桥，前轮大后轮小。

(3) 转向系统。转向系统的功用是驾驶员通过方向盘操纵叉车，使工程机械保持稳定的直线行驶或平稳、灵活地及时改变行驶方向（即转向)。

叉车一般用于货场、仓库内进行装卸作业或短途运输，操作场地小和转向频繁，常需要原地转向。因此叉车对转向的要求比其他机动车辆更高，要求其转向轻快灵活，转角大，转弯半径小。

常见叉车转向系统的类型有机械式转向系统、液压助力转向系统和全液压转向系统三种。

(4) 制动系统。叉车制动系统通常由脚制动和手制动两部分组成。脚制动主要用于叉车行驶中减速以至停车。手制动一般为机械式，用以保证叉车停车后能可靠地保持在原地不动，或当脚制动失灵时紧急使用。

叉车上常采用的制动器是自动增力式制动器。这种制动器的特点在于它是手制动装置（驻车制动器）和脚制动装置（行车制动器）共用的制动器，其中手制动操纵机构为机械式，脚制动操纵机构为液压式。

制动系统工作的可靠性决定着叉车的安全性，它不仅可以保证叉车以较高的平均速度行驶，而且还可以提高叉车的作业生产率。

8.3.6 叉车的工作装置

叉车的工作装置主要是由门架、货叉架、货叉、挡货架、起重链条、滚轮、升降油缸和倾斜油缸等组成，它通常由液压系统控制工作，是叉车进行装卸作业的执行机构。叉车的工作装置用来取、放、升、降货物，并在短途运输中承载货物，从而使叉车完成装卸、堆垛、短距离运输等工作。

叉车的工作装置根据不同工作要求，有多种结构形式，图 8－22 是工作装置的基本形式。

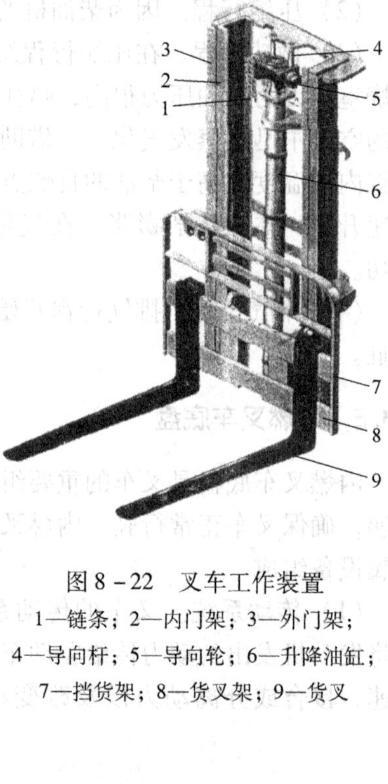

图 8－22 叉车工作装置

1—链条；2—内门架；3—外门架；4—导向杆；5—导向轮；6—升降油缸；7—挡货架；8—货叉架；9—货叉

8.3.7 电动叉车的动力装置

电动叉车是以蓄电池和直流电动机为动力的，蓄电池和直流电动机也是电气设备的重要组成部分。

(1) 动力型蓄电池。目前，在电动叉车上使用的电源基本上都是动力型蓄电池。动力型蓄电池也称牵引型蓄电池，其工作原理与启动型蓄电池基本相同。

如图8－23所示，动力型蓄电池由正负极柱、正负极板、隔板、防护板、加液口、蓄电池盖、蓄电池壳等组成。正极板一般采用管式极板，负极板是涂膏式极板。管式正极板是由一排竖直的铅锑合金芯子、外面套以玻璃纤维编结成的管子，管芯在铅锑合金制成的栅架格上，并由填充的活性物质构成。由于玻璃纤维的保护，管内的活性物质不易脱落，因此管式极板寿命相对较长。

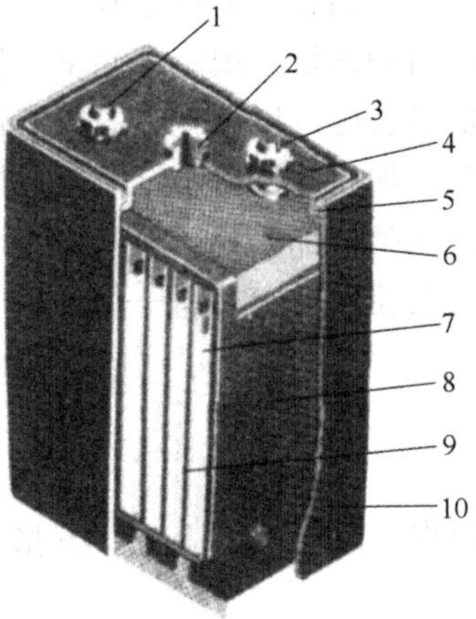

图8－23　叉车动力型蓄电池结构

1—负极柱；2—加液口盖；3—正极柱；4—蓄电池盖；5—胶封；6—防护板；
7—正极板；8—隔板；9—负极板；10—蓄电池壳

将单体的动力型蓄电池通过螺栓紧固连接或焊接，可以组合成不同容量的电池组，电动叉车是以电池组的形式提供电源的。

动力型蓄电池自出厂之日起，在温度为5～40℃，相对湿度不大于80%的环境中，保存期为两年。若超过两年，容量和使用寿命都会相应地降低。

（2）直流电动机。目前，电动叉车的驱动装置，大多数采用串励式直流电动机，它将蓄电池的电能转化成机械转矩，驱动叉车的行走轮或油泵电动机转动。在行走电动机的控制中，电动机的方向变换和调速控制由调速控制器完成。

复习思考题

8－1　简述板式输送机的应用、种类、主要零部件的结构。

8－2　简述振动输送机的工作原理及类型。

8－3　简述惯性振动输送机的结构及工作原理。

8－4　简述偏心连杆振动输送机的结构及工作原理。

8－5　简述叉车的应用及类型。

8－6　简述普通叉车的结构组成。

附录　起重机吊装指挥信号

吊装指挥信号是表达吊装操作的语言，通过信号以保证各操作岗位动作协调一致，安全施工。目前，起重指挥信号已由国家统一规定，起重工程技术人员必须要求起重施工人员严格按国家统一规定的标准信号实施，以利施工的规格化、国际化。

指挥信号有哨声加手势、哨声加旗语、指示灯模拟总控以及配合报话器、电话、喇叭等。对于自行式起重机的指挥多用哨声加手势或哨声加旗语；对于大型设备吊装仍多采用哨声加旗语指挥。其传递程序为总指挥—分指挥—岗位指挥—操作者。现将常用的旗语、手势和哨声信号分述如下。

A　通用手势信号

（1）预备（注意）：手臂伸直，置于头的上方，五指自然伸开，手心朝前保持不动，如附图 1 所示。

（2）要主钩：单手自然握拳，置于头上，轻触头顶，如附图 2 所示。

（3）要副钩：一只手握拳，小臂向上不动；另一只手伸出，手心轻触前只手的肘关节，如附图 3 所示。

附图 1　预备

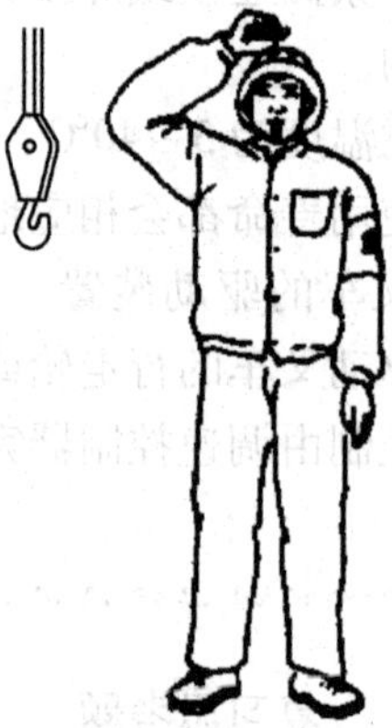

附图 2　要主钩

附图 3　要副钩

（4）吊钩上升：小臂向侧上方伸直，五指自然伸开，高于肩部，以腕部为轴转动，如附图 4 所示。

（5）吊钩下降：手臂伸向侧前下方，与身体夹角约为 30°，五指自然伸开，以腕部为轴转动，如附图 5 所示。

（6）吊钩水平位移：小臂向侧上方伸直，五指并拢，手心朝外，朝负载应运行的方向，向下挥动到与肩相平的位置，如附图 6 所示。

附图4 吊钩上升

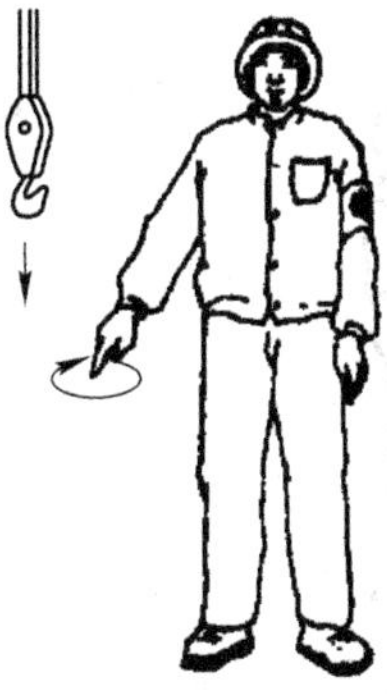
附图5 吊钩下降

附图6 吊钩水平位移

(7) 吊钩微微上升：手臂伸向侧前上方，手心朝上高于肩部，以腕部为轴，重复向上摆动手掌，如附图7所示。

(8) 吊钩微微下降：手臂伸向侧前下方，与身体夹角约为30°，手心朝下，以腕部为轴，重复向下摆动手掌，如附图8所示。

(9) 吊钩水平微微位移：小臂向侧上方自然伸出，五指并拢，手心朝外，朝负载应运行的方向，重复做缓慢的水平运动，如附图9所示。

附图7 吊钩微微上升

附图8 吊钩微微下降

附图9 吊钩水平微微位移

(10) 微动范围：双小臂曲起，伸向一侧，手心相对，其间距与负载所要移动的距离接近，如附图10所示。

(11) 指示降落方向：五指伸直，指出负载应降落的位置，如附图11所示。

(12) 停止：小臂水平置于胸前，五指伸开，手心朝下，水平挥向一侧，如附图12所示。

(13) 紧急停止：两小臂水平置于胸前，五指伸开，手心朝下，同时水平挥向两侧，如附图13所示。

(14) 工作结束：双手五指伸开，在额前交叉，如附图14所示。

B 运行式起重机专用手势信号

(1) 升臂：手臂向一侧水平伸直，拇指朝上，余指握拢，小臂向上摆动，如附图15所示。

附图 10　微动范围

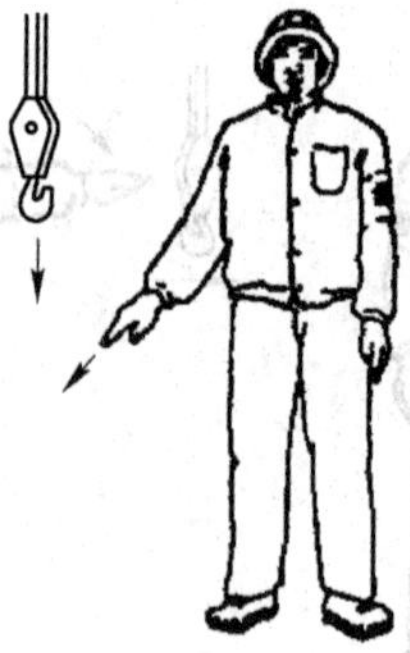

附图 11　指示降落方向

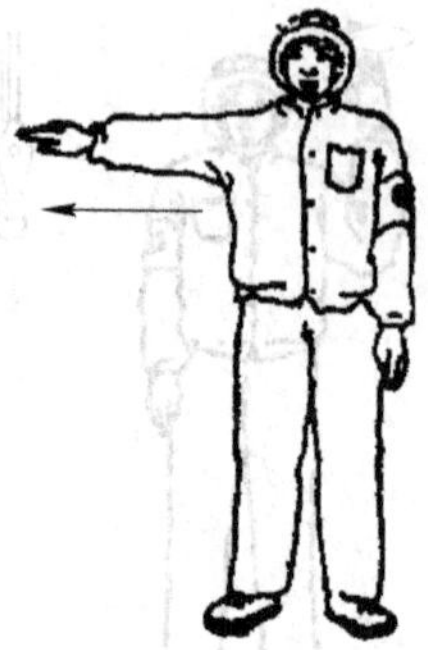

附图 12　停止

附图 13　紧急停止

附图 14　工作结束

附图 15　升臂

（2）降臂：手臂向一侧水平伸直，拇指朝下，余指握拢，小臂向下摆动，如附图 16 所示。

（3）转臂：手臂水平伸直，指向应转臂的方向，拇指伸出，余指握拢，以腕部为轴转动，如附图 17 所示。

（4）微微升臂：一只小臂置于胸前一侧，五指伸直，手心朝下，保持不动；另一只手的拇指对着前手手心，余指握拢，上下移动，如附图 18 所示。

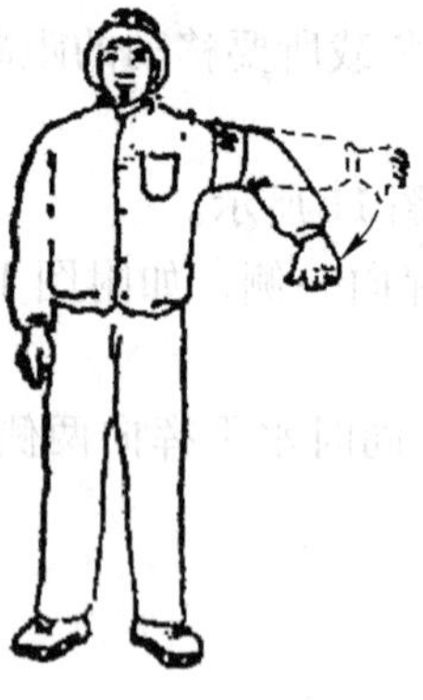

附图 16　降臂

附图 17　转臂

附图 18　微微升臂

（5）微微降臂：一只小臂置于胸前一侧，五指伸直，手心朝上，保持不动；另一只手的拇指对着前手手心，余指握拢，上下移动，如附图19所示。

（6）微微转臂：一只小臂向前平伸，手心自然朝向内侧；另一只手的拇指指向前只手的手心，余指握拢转动，如附图20所示。

（7）伸臂：两手分别握拳，拳心朝上，拇指分别指向两侧，做相斥运动，如附图21所示。

附图19　微微降臂

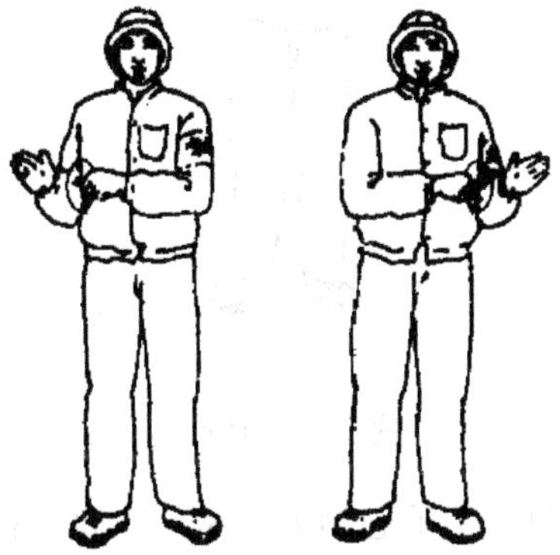

附图20　微微转臂

附图21　伸臂

（8）缩臂：两手分别握拳，拳心向下，拇指对指，做相向运动，如附图22所示。

（9）履带起重机回转：一只小臂水平前伸，五指自然伸出不动，另一只小臂在胸前做水平重复摆动，如附图23所示。

（10）起重机前进：双手臂先向前平伸，然后小臂曲起，五指并拢，手心对着自己，做前后运动，如附图24所示。

附图22　缩臂

附图23　履带起重机回转

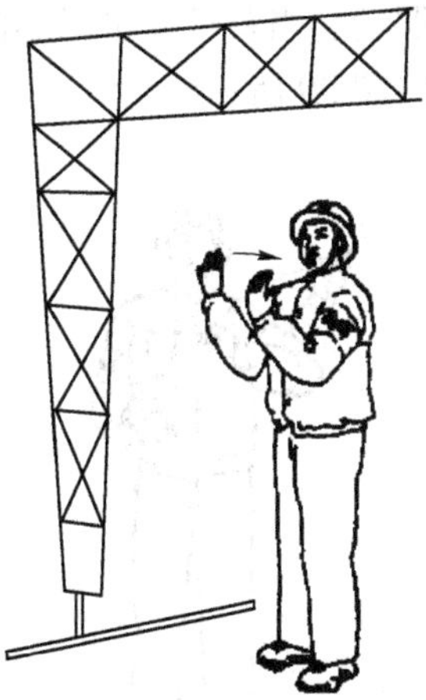

附图24　起重机前进

（11）起重机后退：双小臂向上曲起，五指并拢，手心朝向起重机，做前后运动，如附图25所示。

（12）抓取（吸取）：两小臂分别置于侧前方，手心相对，由两侧向中间摆动，如附图26所示。

（13）释放：两小臂分别置于侧前方，手心朝外，两臂分别向两侧摆动，如附图27

所示。

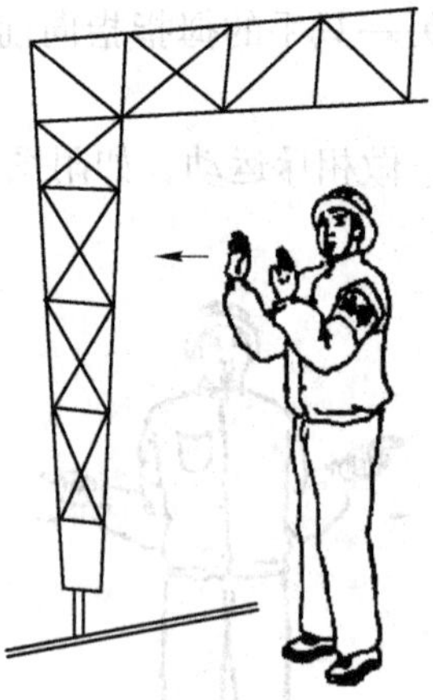

附图 25 起重机后退

附图 26 抓取

附图 27 释放

(14) 翻转：一小臂向前曲起，手心朝上，另一小臂向前伸出，手心朝下，双手同时进行翻转，如附图 28 所示。

C 船用起重机（或双机抬吊）专用手势信号

(1) 微速起钩：两小臂水平伸向侧前方，五指伸开，手心朝上，以腕部为轴，向上摆动。当要求双机以不同的速度起升时，指挥起升速度快的一方，手要高于另一只手，如附图 29 所示。

(2) 慢速起钩：两小臂水平伸向侧前方，五指伸开，手心朝上，小臂以肘部为轴向上摆动。当要求双机以不同的速度起升时，指挥起升速度快的一方，手要高于另一只手，如附图 30 所示。

附图 28 翻转

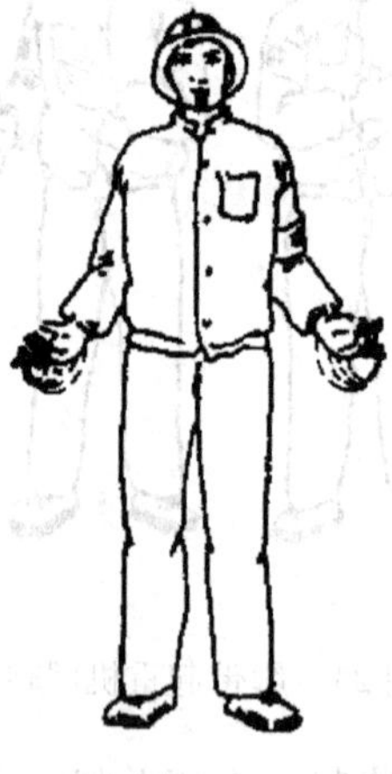

附图 29 微速起钩

附图 30 慢速起钩

(3) 全速起钩：两臂下垂，手心朝上，全臂向上挥动，如附图 31 所示。

(4) 微速落钩：两小臂水平伸向侧前方，五指伸开，手心朝下，手以腕部为轴向下摆动。当要求双机以不同的速度降落时，指挥降落速度快的一方，手要低于另一只手，如附图 32 所示。

（5）慢速落钩：两小臂水平伸向侧前方，五指伸开，手心朝下，小臂以肘部为轴向下摆动。当要求双机以不同的速度降落时，指挥降落速度快的一方，手要低于另一只手，如附图 33 所示。

附图 31　全速起钩

附图 32　微速落钩

附图 33　慢速落钩

（6）全速落钩：两臂伸向侧上方，五指伸出，手心朝下，全臂向下挥动，如附图 34 所示。

（7）一方停止，一方起钩：指挥停止的手臂作“停止”手势，指挥起钩的手臂则做相应速度的起钩手势，如附图 35 所示。

（8）一方停止，一方落钩：指挥停止的手臂作“停止”手势，指挥落钩的手臂则做相应速度的落钩手势，如附图 36 所示。

附图 34　全速落钩

附图 35　一方停止，一方起钩

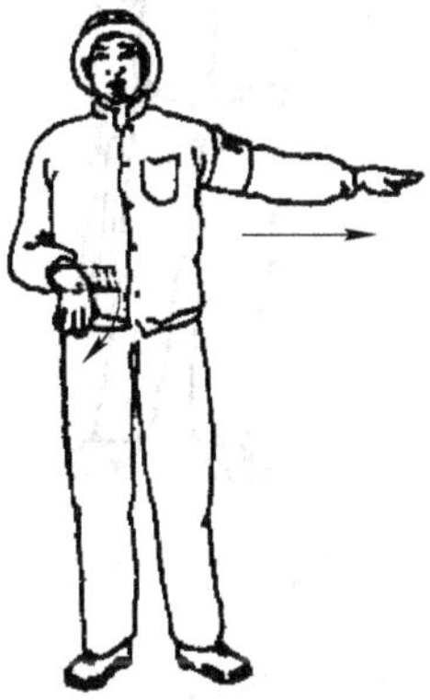

附图 36　一方停止，一方落钩

D　旗语指挥信号

（1）预备：单手持红、绿两旗上举，如附图 37 所示。

（2）要主钩：单手持红、绿旗，旗头轻触头顶，如附图 38 所示。

（3）要副钩：一只手握拳，小臂向上摆动，另一只手拢红、绿旗，旗头轻触前只手的肘关节，如附图 39 所示。

附图 37　预备

附图 38　要主钩

附图 39　要副钩

（4）吊钩上升：将绿旗上举，红旗自然放下，如附图 40 所示。

（5）吊钩下降：将绿旗拢起下指，红旗自然放下，如附图 41 所示。

（6）吊钩微微上升：将绿旗上举，红旗拢起横在绿旗上，互相垂直，如附图 42 所示。

附图 40　吊钩上升

附图 41　吊钩下降

附图 42　吊钩微微上升

（7）吊钩微微下降：将绿旗拢起下指，红旗横在绿旗下，互相垂直，如附图 43 所示。

（8）升臂：将红旗上举，绿旗自然放下，如附图 44 所示。

（9）降臂：将红旗拢起下指，绿旗自然放下，如附图 45 所示。

（10）转臂：将红旗拢起，水平指向应转臂的方向，如附图 46 所示。

（11）微微升臂：将红旗上举，绿旗拢起横在红旗上，互相垂直，如附图 47 所示。

（12）微微降臂：将红旗拢起下指，绿旗横在红旗下，互相垂直，如附图 48 所示。

附图 43　吊钩微微下降

附图 44　升臂

附图 45　降臂

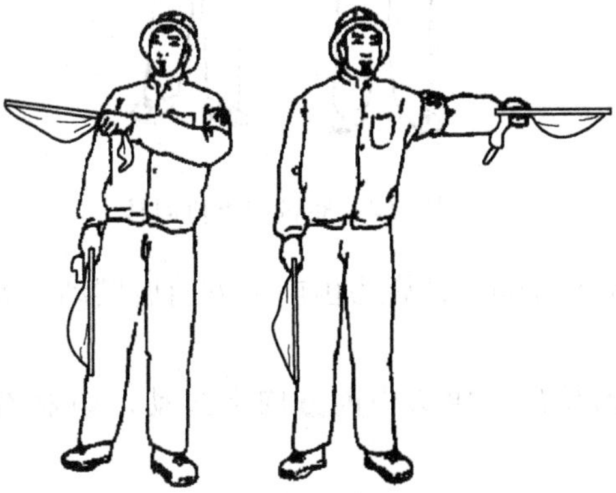

附图 46　转臂

附图 47　微微升臂

附图 48　微微降臂

（13）微微转臂：将红旗拢起，放在腹前，指向应转臂的方向，将绿旗拢起，竖在红旗前，互相垂直，如附图 49 所示。

（14）伸臂：将两旗分别拢起，横在两侧，旗头外指，如附图 50 所示。

（15）缩臂：将两旗分别拢起，横在胸前，旗头对指，如附图 51 所示。

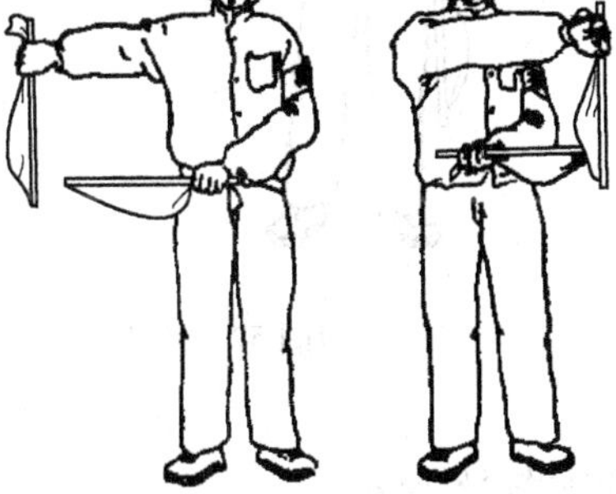

附图 49　微微转臂

附图 50　伸臂

附图 51　缩臂

（16）微动范围：两手分别拢旗，伸向一侧，其间距与负载所要移动的距离接近，如附图 52 所示。

（17）指示降落方向：单手拢绿旗，指向负载应降落的位置，旗头进行转动，如附图 53 所示。

（18）履带起重机回转：一只手拢旗，水平指向侧前方，另一只手持旗，水平重复挥动，如附图 54 所示。

附图 52 微动范围

附图 53 指示降落方向

附图 54 履带起重机回转

（19）起重机前进：将两旗分别拢起，向前上方伸出，旗头由前上方向后摆动，如附图 55 所示。

（20）起重机后退：将两旗分别拢起，向前伸出，旗头由前方向下摆动，如附图 56 所示。

（21）停止：单旗左右摆动，另外一面旗自然放下，如附图 57 所示。

附图 55 起重机前进

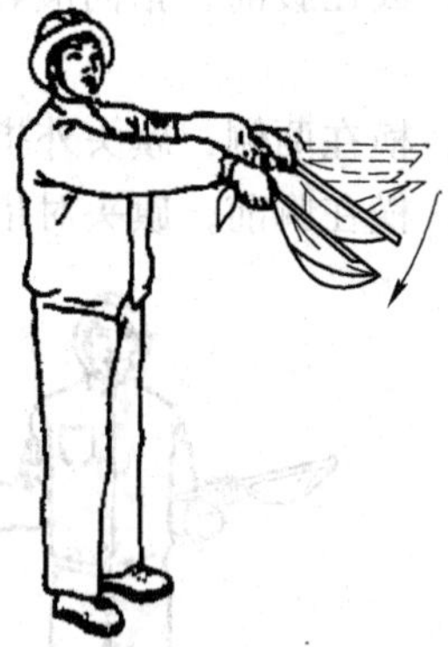

附图 56 起重机后退

附图 57 停止

（22）紧急停止：双手分别持旗，同时左右摆动，如附图 58 所示。

（23）工作结束：将两旗拢起，在额前交叉，如附图 59 所示。

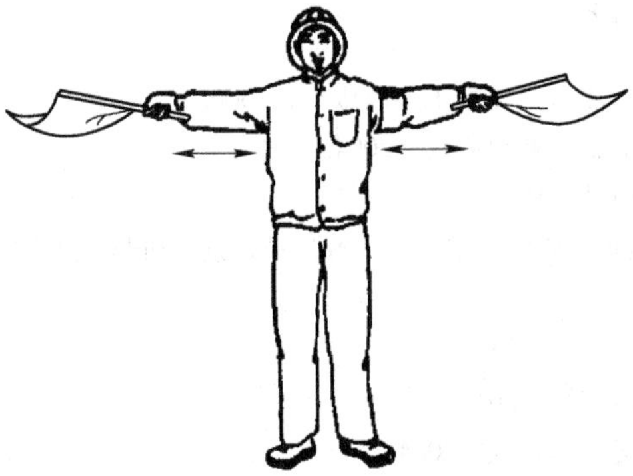

附图 58　紧急停止

附图 59　工作结束

E　声响信号（哨声）

(1) 预备、停止：一长声。
(2) 上升：两短声。
(3) 下降：三短声。
(4) 微动：断续短声。
(5) 紧急停止：急促的长声。

参考文献

[1] 黄大巍，李风，毛文杰．现代起重运输机械［M］．北京：化学工业出版社，2006.
[2] 王庆春．冶金通用机械与冶炼设备［M］．北京：冶金工业出版社，2004.
[3] 陈道南．起重运输机械［M］．北京：冶金工业出版社，1988.
[4]《机械工程师手册》第二版编辑委员会．机械工程师手册（第二版）［M］．北京：机械工业出版社，2000.
[5] 罗又新．起重运输机械［M］．北京：冶金工业出版社，1993.
[6] 华玉洁．起重机械与吊装［M］．北京：化学工业出版社，2005.
[7] 张劲，卢毅非．现代起重机械［M］．北京：人民交通出版社，2004.
[8] 严大考．起重机械［M］．郑州：郑州大学出版社，2003.
[9] 范俊祥．塔式起重机［M］．北京：中国建筑工业出版社，2004.
[10] 郑祖斌．通用机械设备［M］．北京：机械工业出版社，2004.
[11] 张钺．新型带式输送机设计手册［M］．北京：冶金工业出版社，2001.
[12] 杨长骙．起重机械［M］．北京：机械工业出版社，1987.
[13] 张质文，虞和谦，王金诺，等．起重机设计手册［M］．北京：中国铁道出版社，1998.
[14] 顾迪民．起重机事故分析和对策［M］．北京：人民交通出版社，2001.
[15] 黄金新．国外轮式起重机［M］．北京：中国建筑工业出版社，1982.
[16] 张青，张瑞军．工程起重机结构与设计［M］. 北京：化学工业出版社，2008.
[17] 朱森林．塔式起重机使用技术及高空拆除方法［M］. 北京：机械工业出版社，2005.
[18] 朱学敏．起重机械［M］. 北京：机械工业出版社，2007.
[19] 顾迪民．工程起重机［M］. 北京：中国建筑工业出版社，1979.
[20] 陈金潮．叉车技术与应用［M］. 南京：东南大学出版社，2008.
[21] 马庆丰．叉车维修图解手册［M］. 南京：江苏科学技术出版社，2009.
[22] 李宏．叉车操作工培训教程［M］. 北京：化学工业出版社，2009.
[23] 江华，尹祖德．叉车构造、使用、维修一书通［M］. 北京：机械工业出版社，2011.
[24] 马建民．叉车使用维修一书通［M］. 广州：广东科技出版社，2008.